工业分析化学

张锦柱　杨保民　王　红　张　斌　编著

北　京
冶　金　工　业　出　版　社
2021

内 容 简 介

工业分析化学是一门涉及面广、实践性强、应用广泛的学科，它集生产、管理、鉴定、评价于一身，是承担监测、检测、技术管理及生产指导任务的部门及其相关科技人员不可缺少的有力工具。

本书内容包括试样的采取和制备、硅酸盐分析、矿石分析、煤的工业分析、工业水质分析、钢铁分析、有色金属分析、稀土元素和贵金属分析、合成氨生产分析、硫酸生产分析、化学肥料分析、工业污染监测、有机定量分析、石油产品分析和农药分析。

本书可供相关科技人员参考，也可作为大学理工科教材。

图书在版编目(CIP)数据

工业分析化学/张锦柱等编著.—北京：冶金工业出版社，2008.8（2021.8 重印）

ISBN 978-7-5024-4332-0

Ⅰ.工…　Ⅱ.张…　Ⅲ.工业分析　Ⅳ.TQ014

中国版本图书馆 CIP 数据核字(2008)第 100632 号

出 版 人　苏长永

地　　址　北京市东城区嵩祝院北巷 39 号　邮编　100009　电话　(010)64027926

网　　址　www.cnmip.com.cn　电子信箱　yjcbs@cnmip.com.cn

责任编辑　李培禄　美术编辑　彭子赫　版式设计　张　青

责任校对　王永欣　责任印制　禹　蕊

ISBN 978-7-5024-4332-0

冶金工业出版社出版发行；各地新华书店经销；北京虎彩文化传播有限公司印刷

2008 年 8 月第 1 版，2021 年 8 月第 4 次印刷

787mm×1092mm　1/16；18.5 印张；446 千字；285 页

36.00 元

冶金工业出版社　投稿电话　(010)64027932　投稿信箱　tougao@cnmip.com.cn

冶金工业出版社营销中心　电话　(010)64044283　传真　(010)64027893

冶金工业出版社天猫旗舰店　yjgycbs.tmall.com

（本书如有印装质量问题，本社营销中心负责退换）

前　言

本书是根据生产部门、科研单位广大科技人员和大专院校师生的需要编写的。工业分析化学是一门涉及面宽、实践性强、应用范围广泛的应用型学科，它集生产、管理、鉴定、评价于一身，是承担监测、检测、技术管理及生产指导任务的部门及其科技人员不可或缺的有力工具。随着全球经济的一体化，质量和环保越来越成为人们讨论和评价发展经济的热点和主题。评价一个国家经济发展的优劣，着重点已经不是数量的多少而是质量的高低。工业分析化学肩负着从原料到产品，更重要的是生产过程本身的严格的质量控制任务。以前所提的“产品的竞争是产品质量的竞争”这句话已经过时，现在应该提出的是这样的口号：“产品的竞争是生产质量的竞争!”在当今生产质量竞争严酷的现实面前，工业分析化学担当着排头兵的责任。基于以上考虑，我们在原来编写的《工业分析》教材的基础上，结合几十年来的教学、科研以及联系生产实际所积累的大量信息与经验，在广泛听取相关科技人员意见的基础上写成此书。目的有两个：一是为生产及科研部门有关科技及管理人员和大专院校师生提供一本参考书；二是抛砖引玉，以期引起该领域专家学者的重视，给予我们更多的指导与帮助，使本学科领域从理论到实践进一步系统和完善。

本书内容包括试样的采取和制备、硅酸盐分析、矿石分析、煤的工业分析、工业水质分析、钢铁分析、有色金属分析、稀土元素和贵金属分析、合成氨生产分析、硫酸生产分析、化学肥料分析、工业污染监测、有机物定量分析、石油产品分析和农药分析。分析测定中的误差和数据处理在工业分析测定中具有特殊意义。事实上，有限数据的统计处理与所报结果的可靠性是密切相关的。因此在绪论部分，对误差的产生和传递、分析结果的统计检验、平均值的置信区间和置信度等问题，作了专门论述。

在编写过程中，听取了一些生产部门、科研院所和高等院校专家的宝贵意见，在此一并致谢。

全书共16章，其中第1章，第5章~第8章，第9章（部分），第10章，第12章（部分）由张锦柱执笔，第2章~第4章，第13章由杨保民执笔，第9章（部分），第11章，第12章（部分）由张斌执笔，第14章~第16章由王红执笔。全书由张锦柱整理定稿。

由于编者水平有限，错漏之处，恳请读者批评指正。

编　者

2008年1月

目　录

1 绪　　论

1.1　工业分析化学的内容、任务和特点

工业分析化学是分析化学在工业生产中的应用。工业分析化学是研究工业生产中的原料、辅助材料、中间产品或者反应过程中变化着的物料、最终产品、副产品以及生产中各种废物的化学组成的分析方法及有关理论的一门学科。它的作用除了完成包括资源勘探、原材料选择、生产过程控制、产品质量检验以及环境保护等一系列分析测试任务外，工业分析化学还作为一种重要手段参与到科技创新、技术革新和新工艺探索过程中，并且承担着工艺评价、产品质量评价和环境评价等适应现代工业规范化、标准化生产与管理的重任。工业分析化学在国民经济许多生产部门中起着指导、促进和参与管理的重要作用。

工业分析化学是在掌握分析化学基本原理的基础上，研究从原料、中间产品到成品的一系列复杂物质的测定过程。其中包括液态、固态和气态物质的测定；从含量方面讲，包括常量组分和微量组分的测定；从对象方面讲，包括无机分析和有机分析；按测定方法来分，包括化学分析和仪器分析；按生产过程的要求，分快速分析和标准分析以及介于两者之间的标类分析。

工业分析化学的对象统称工业物料。工业物料成分往往比较复杂，干扰因素较多。在工业分析化学中必须考虑消除各种杂质的干扰。另外，工业物料的数量往往很大，有的大到成千上万吨，并且固体物料往往不均匀。为获得代表全部物料的平均试样，正确采样是工业分析化学的重要环节。

测定一般在溶液中进行，固体物料如矿石等一般不是很容易溶解的，有的需要采用熔融、烧结等办法制备分析溶液。正确制备试液，也是工业分析化学的重要环节。

测定方法根据不同需要分为标准分析法、标类分析法和快速分析法。

标准分析法是十分准确可靠的方法，它是由国家科学技术委员会或有关主管业务部门审核、批准并作为法律公布施行的，简称“国标”或“部标”。标准分析法对分析的各种条件和制度（如取样的方法和试剂规格与配制）都有严格规定。仲裁分析或要求准确度较高的分析，均应采用标准分析法。

标类分析法是标准分析法以外的其他准确测定方法的统称，也必须有较高的准确度。它是因化验室设备、条件以及测定人员的熟练情况等而设定的接近于标准分析法的同一类方法。一般来讲，标类法比标准分析法过程要简便些，但必须有分析人员严谨科学的分析判断和精密熟练的技能技巧来保证具有较高的准确度。标类分析法测定结果，可作为工艺计算、成本核算和产品质量评定的依据。

快速分析法主要是讲求时效性，常用于生产过程控制分析，其准确度要求可略低一些。如纯氧顶吹转炉炼钢，冶炼时间仅几十分钟，需要在很短时间内测定出炉内钢的成

分，就必须进行快速的“炉前分析”。快速分析结果不作为工艺计算、成本核算及产品质量评定的依据。快速分析要求分析方法简捷方便、省时可靠，要求分析人员有一定的测定经验和熟练的操作技能。另外，快速分析法常常不是固定不变的，常因操作者的经验、水平和技能而不断地向简化和快速方面发展。快速分析虽然对准确度的要求略低一些，但从某种意义上讲，对分析人员水平和经验的要求还是比较高的。

工业分析化学的允许误差又叫公差。在标准分析法中一般都注明相应的允许误差。几次平行测定的平均值的绝对偏差不得超过允许误差，否则，结果不合格，须重新测定。

对于那些要求报出准确结果的分析测定，如对批量原材料和批量产品的测定，分析结果对产品质量评价和在经济利益方面有重大影响的测定以及对有争议的结果的复核及仲裁分析等，一般应进行多次测定（10次以内），对所得数据进行分析比较和合理取舍，采用有限数据的统计处理办法，最终报出合理可靠的分析结果。

工业分析化学门类众多、内容广泛、对象复杂多变、测定方法千差万别，是一门融化学、物理、物理化学、电子技术及数理统计等理论为一体的综合应用学科。对工业分析化学的学习和研究，一般采用以典型物料带动一般物料的分析测定方法，在分析理论指导下进行大量的实际测定，积累经验、触类旁通，最终达到灵活运用、熟能生巧、融会贯通的目的。

1.2 误差产生的原因和减免方法

在定量分析中，要求测定结果具有一定准确度，因为不准确的结果会导致产品报废、资源浪费，甚至在科学上得出错误的结论。但是客观存在的真实值是不可能绝对准确地测知的。同其他测量方法一样，在分析化学中尽管采用最先进精密的仪器，分析方法十分可靠，用最熟练的分析人员对同一样品进行多次重复测定，其结果也不尽相同。这说明误差是客观存在、不可避免的。研究误差的目的首先是了解误差产生的原因和规律性，以便在有限次的测定中尽量采取措施减小误差，然后对所得数据进行归纳取舍等一系列分析处理，最终得出合理的结果。

1.2.1 误差的表示方法

1.2.1.1 准确度

准确度是指测定结果与真实值之间的接近程度。结果越接近真实值，准确度越高。准确度是用绝对误差或相对误差的大小来表示的。x_i 表示实测值，x_T 表示真值，则

$$\text{绝对误差} = x_i - x_T \tag{1-1}$$

$$\text{相对误差} = \frac{x_i - x_T}{x_T} \tag{1-2}$$

负值为负误差，说明测定结果低于真实值。误差的绝对值越小表示准确度越高。

相对误差是表示绝对误差在测定数值中所占的百分率，用它表示准确度比绝对误差更客观合理。

1.2.1.2 精密度

精密度是指几次平行测定结果之间互相接近程度，也即个别值与平均值之间的接近程

度。精密度是用绝对偏差或相对偏差的大小来表示的。x_i 为个别值，$\bar{x}$ 为平均值，则

$$绝对偏差 = x_i - \bar{x} \tag{1-3}$$

$$相对偏差 = \frac{x_i - \bar{x}}{\bar{x}} \tag{1-4}$$

精密度一般不计正、负。用相对偏差表示精密度更加客观合理。

【例1】 某铁矿石含铁为25.00%，今进行三次测定，结果为：第一次24.96%，第二次25.02%，第三次25.05%，分别计算测定结果的准确度和精密度。

解　测定结果平均值 $x = \frac{24.96 + 25.02 + 25.05}{3}\% = 25.01\%$

则

	准确度	精密度
第一次：	$\frac{24.96-25.00}{25.00} = -0.16\%$；	$\frac{24.96-25.01}{25.01} = 0.2\%$；
第二次：	$\frac{25.02-25.00}{25.00} = 0.08\%$；	$\frac{25.02-25.01}{25.01} = 0.04\%$；
第三次：	$\frac{25.05-25.00}{25.00} = 0.2\%$；	$\frac{25.05-25.01}{25.01} = 0.16\%$；
平均值：	$\frac{25.01-25.00}{25.00} = 0.04\%$。	

1.2.1.3　*准确度与精密度之间的关系*

图1-1为甲乙丙丁四人对同一样品的分析结果。可以看出：甲的准确度和精密度较高；乙的精密度更高但准确度较低；丙的准确度和精密度都低；丁的准确度看似较高，但这是碰巧得到的，因其精密度太差，其结果根本不可靠。

因此可以说：高精密度是获得高准确度的先决条件。但高精密度不一定能保证高准确度。

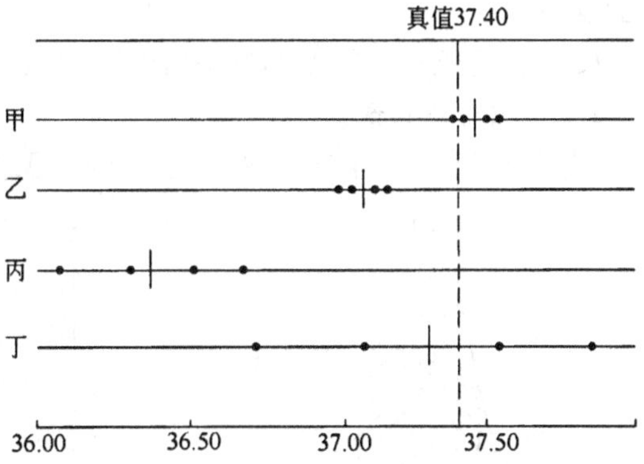

图1-1　甲乙丙丁四人对同一样品分析结果
（·为个别值；| 为平均值）

1.2.1.4　*公差*

国家及有关主管机构对一些重要的产品质量鉴定制定了统一的标准方法，称为“国家标准”和“部颁标准”。同时还规定了分析的“允许误差”，也称“公差”。如果测定结果超出公差范围，则必须重新测定。公差的制定很严格，是经若干单位多次平行测定，并将所得数据集中起来统计处理后制定出来的。下面是原冶金部部颁标准“镁化学分析方法”中规定测定铁含量的公差（用绝对误差表示）：

铁含量 w（Fe）/%	公差/%
<0.02	0.001
0.02~0.04	0.006
>0.04	0.008

1.2.2 误差产生的原因及减免误差的方法

产生误差的原因很多，归纳起来主要分为两类，即系统误差和偶然误差。

1.2.2.1 系统误差

在测定过程中，由于某种固定原因所造成的误差称为系统误差。这类误差的特点是具有单向性、重现性和可查性。图1-1中乙的测定就有明显的系统误差。系统误差按产生的途径分为下面四种：

（1）方法误差。由于分析方法不够完善造成的误差。如在重量分析中，因沉淀物有少量溶解损失造成的误差；指示剂选择不当造成终点误差过大等等均属方法误差。

（2）试剂误差。试剂不纯，蒸馏水不纯，即试剂中有固定干扰离子存在所引起的误差。

（3）仪器误差。由于分析仪器本身缺陷所造成的误差。如天平两臂不等长，砝码质量不标准，滴定管的刻度不准确等。

（4）操作误差。由于操作者的主观原因造成的误差，如对终点颜色判断有差异，有人偏深、有人偏浅等。如果因操作错误产生错误结果不能叫操作误差，只能叫过失误差，不属于系统误差范畴。

对于系统误差的减免，可采用以下几种办法：

（1）对照试验。即用标准试样对照测定或用另一种分析方法对照测定或者用另外的人员进行对照测定。对照试验可以全面检查系统误差。

（2）空白试验。即在不加试样情况下，按照试样分析手续进行同样分析测定，所得结果称为空白值，从试样分析结果中扣除空白。空白试验可检查试剂或器皿带进杂质所产生的误差。

（3）校正仪器。仪器不准确所引起的误差可通过校正仪器加以消除。

1.2.2.2 偶然误差

在测定过程中，由于一些难于控制、无法避免的偶然因素所造成的误差称为偶然误差。偶然误差的方向、大小都不固定，譬如测定过程中温度、气压的变化，灰尘和空气中一些杂质的影响，操作者读取天平和滴定管读数时最后一位数估计不准等等都会造成数据的波动，形成偶然误差。图1-1中甲乙两人各自的测定结果都不是完全一致，都有微小差异，属于偶然误差。偶然误差客观存在，但是产生的原因无从查找，因而又叫不可查误差。

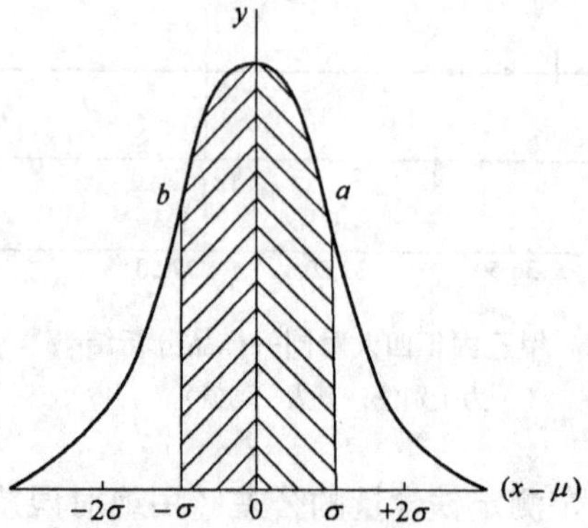

图1-2 偶然误差的正态分布曲线

偶然误差的大小决定了分析结果精密度的高低。虽然偶然误差无法通过校正等办法予以消除，但它的出现服从统计规律，即正态分布规律。这一规律可用形如图 1-2 的正态分布曲线表示。

图中 $x-\mu$ 表示偶然误差，x 为个别值，μ 为总体平均值，y 为误差出现的概率密度，σ 为总体标准偏差（以上定义见后）。这一分布规律是大量数据（上百次测定）宏观统计结果。由图可见：

（1）数值相等符号相反的误差出现的机会相等。如图中当误差为 σ 时，其概率密度为 σa；误差为 $-\sigma$ 时，其概率密度为 $-\sigma b$，而 $\sigma a=-\sigma b$。另外，误差在 $0\sim\sigma$ 区间内出现的概率（称为区间概率）为曲边形面积 $0\sigma ay$；误差在 $0\sim-\sigma$ 范围内出现的区间概率为曲边形面积 $0(-\sigma)by$，两曲边形面积相等。即绝对值相等的误差，其区间概率相等。这一特性可称之为偶然误差的对称性。

（2）小误差出现的概率比大误差出现的概率大。计算表明，误差在 $0\sim\sigma$ 区间的区间概率为 34.15%（即 $0\sigma ay$ 曲边形面积占整个曲线所围成的曲边形面积的 34.15%）；而误差在 $\sigma\sim2\sigma$ 区间的区间概率仅为 13.60%。即误差越小，其区间概率越大。这一特性可称之为偶然误差的峰值性。

由此可见，偶然误差是有规律可循的。首先，小误差出现的概率大，大误差出现的概率小；其次，只要测定次数足够多，取其平均值，便可使偶然误差正负抵消，得到准确结果。

1.3 偶然误差的正态分布和区间概率

1.3.1 偶然误差的正态分布曲线

对某铁矿石进行 30 次平行测定，所得结果在 24.4% ~25.3% 之间，平均值 $\bar{x}=24.8\%$。今按组距 $\Delta S=0.10\%$ 分组，共分为 10 组，每组内的数据数称为频数 n_i，频数与总数据数 n 之比 n_i/n 称为概率。概率除以组距，得到概率密度 y，即

$$y=\frac{n_i}{n\cdot\Delta S} \tag{1-5}$$

将上述数据归类整理，结果列于表 1-1。

表 1-1 数据分布表

组 号	分组/%	频数 n_i	概率 $\frac{n_i}{n}$	概率密度 $\frac{n_i}{n\cdot\Delta S}$
1	24.35 ~24.45	1	0.033	0.33
2	24.45 ~24.55	2	0.067	0.67
3	24.55 ~24.65	2	0.067	0.67
4	24.65 ~24.75	4	0.133	1.33
5	24.75 ~24.85	8	0.267	2.67
6	24.85 ~24.95	6	0.200	2.00
7	24.95 ~25.05	3	0.100	1.00
8	25.05 ~25.15	2	0.067	0.67
9	25.15 ~25.25	1	0.033	0.33
10	25.25 ~25.35	1	0.033	0.33

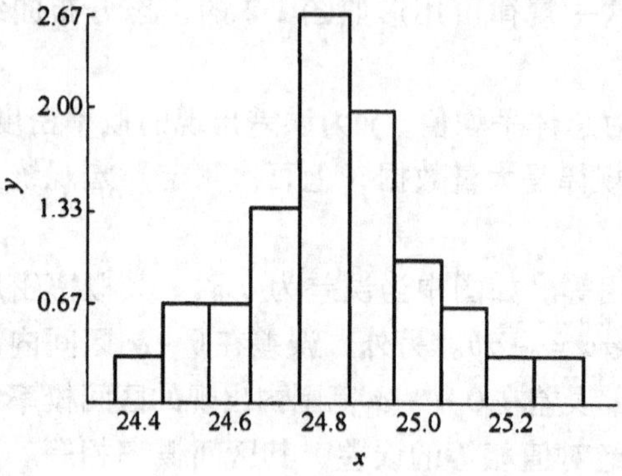

图 1-3 概率密度直方图

以概率密度 y 为纵坐标，测量值 x 为横坐标。在横坐标上框出相应的组值范围，即得如图 1-3 所示的概率密度直方图。图中各直方上端中点所对应的横坐标值为各组的组平均值。每个直方的面积，代表各组数据在总数据中所占比例即概率。组平均值越接近总平均值（24.8%），其直方面积越大，概率也就越高。总平均值所在的那个组，其概率最高。连接各直方上端中点，所得连线即是正态分布曲线的轮廓图（图中未画出）。

如果测定次数无限多、分组无限细，可得到概率密度曲线为一条平滑的正态分布曲线，见图 1-4。该曲线对应的方程称为正态分布方程

$$y = \frac{1}{\sigma\sqrt{2\pi}}\exp\left(-\frac{[x-\mu]^2}{2\sigma^2}\right) \tag{1-6}$$

式中 y——概率密度；

x——个别测定值；

μ——总体平均值；

σ——总体标准偏差

$$\sigma = \sqrt{\frac{\Sigma(x_i-\mu)^2}{n}} \tag{1-7}$$

x_i——个别测量值；

n——测定次数。

式中，σ 又叫方差，是正态分布曲线两拐点所对应的横坐标之值。见图 1-4，σ_1 较小，数据集中，曲线瘦高；σ_3 大，数据分散，曲线矮胖。σ 常用来表示测量结果的精密度，σ 越小精密度越高。如果是有限次测定，用样本平均值 x 代值 μ，以自由度 $f = n - 1$ 代替 n，计算出的标准偏差称为样本标准偏差，用 S 表示

$$S = \sqrt{\frac{\Sigma(x_i-x)^2}{n-1}} \tag{1-8}$$

式中，S 常用来表示有限次测定结果的精密度，用它比用相对偏差更能反映数据的离散情况，更加客观合理。S 越小精密度越高。

1.3.2 偶然误差的区间概率

从图 1-4 看出，总体标准偏差（即精密度）σ 值不同的各种数据其正态分布曲线形状也不同。从正态分布方程式 (1-6) 分析可知，方程中除变量 x、y 外，还有参量 σ 和 μ。不同数据描绘的

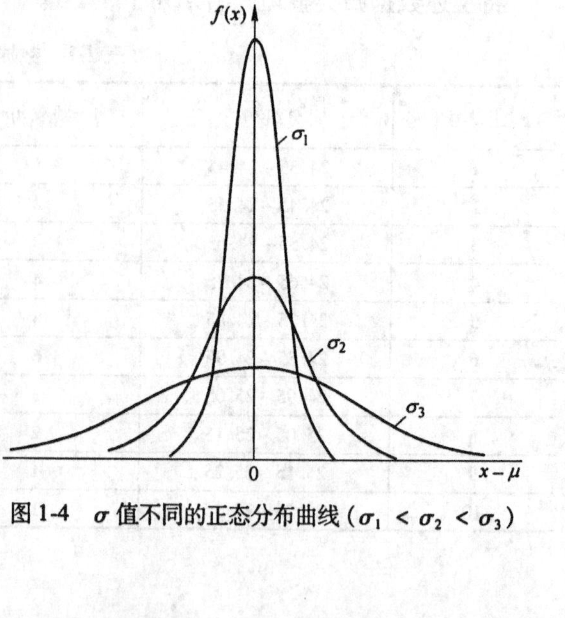

图 1-4 σ 值不同的正态分布曲线（$\sigma_1 < \sigma_2 < \sigma_3$）

正态分布曲线将因 σ 和 μ 不同而形态各异，偶然误差的区间概率也将因曲线形状不同而千差万别。为统一起见，将参变量 σ、μ 合并到自变量中，引入新的自变量 u，设

$$u = \frac{x-\mu}{\sigma} \tag{1-9}$$

代入式（1-6），正态分布方程变换为

$$f(x) = \frac{1}{\sigma\sqrt{2\pi}}\exp\left(-\frac{u^2}{2}\right) \tag{1-10}$$

从式（1-9）得　$dx = \sigma du$

分别乘以式（1-10）两边得

$$f(x)\,dx = \frac{du}{\sqrt{2\pi}}\exp\left(-\frac{u^2}{2}\right) = \Phi(u)\,du$$

则

$$y = \Phi(u) = \frac{1}{\sqrt{2\pi}}e^{-\frac{u^2}{2}} \tag{1-11}$$

即得到关于 $y-u$ 的正态分布方程，称为标准正态分布方程。各种测定，只要测定次数很多（无限次），不管相互间 σ 和 μ 值如何不同，代入式（1-11）后所描绘出的曲线其形状都一样，都合而为一条形如图 1-5 的标准曲线，称为标准正态分布曲线。

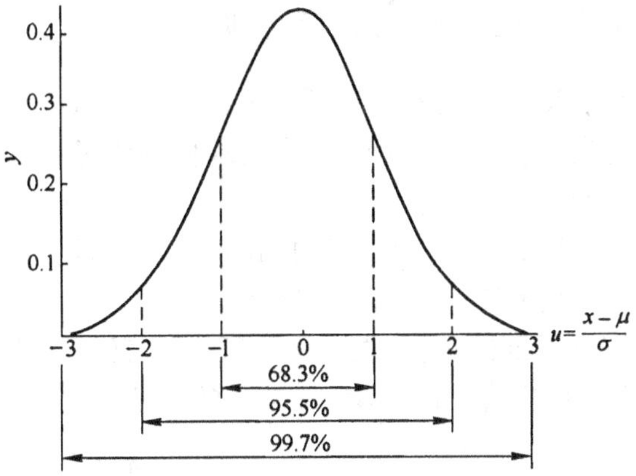

图 1-5　标准正态分布曲线

概率密度的区间积分结果（即区间面积），便是偶然误差在该区间出现的概率。显然

$$\int_{-\infty}^{\infty}\Phi(u)\,du = \frac{1}{\sqrt{2\pi}}\int_{-\infty}^{\infty}e^{-\frac{u^2}{2}}du = 1 \tag{1-12}$$

而在区间 $-\sigma \sim \sigma$ 内（即 u 为 $-1 \sim 1$）积分

$$\int_{-1}^{+1}\Phi(u)\,du = \frac{1}{\sqrt{2\pi}}\int_{-1}^{+1}e^{-\frac{u^2}{2}}du = 0.683 \tag{1-13}$$

式（1-13）表明，对于任何测定，只要是无限次测定（前提条件），无论其 σ 和 μ 值如何不同，但偶然误差在 $-\sigma \sim \sigma$ 区间出现的概率都是一样的，都为 68.3%。同样，偶然误差在 $-2\sigma \sim 2\sigma$ 区间（u 值为 $-2 \sim 2$）出现的概率为 95.5%，偶然误差在 $-3\sigma \sim 3\sigma$ 区间（u 值为 $-3 \sim 3$）出现的概率为 99.7%。也就是说进行 1000 次测定，偶然误差超过 $\pm 3\sigma$ 的只有三次。以上讨论的就是偶然误差的统计规律，对任何无限次的测定均适用。

1.4　有限数据的统计处理

1.4.1　偶然误差的 t 分布

对于有限次测定，偶然误差当然不属于标准正态分布。对其分布规律的研究，英国化学家 W. S. Gosset 提出了以 t 代 u 的解决办法。t 定义为

$$\pm t = \frac{\bar{x}-\mu}{S/\sqrt{n}} = \frac{\bar{x}-\mu}{S}\sqrt{n} \tag{1-14}$$

以概率密度 y 为纵坐标，t 为横坐标，便得到类似于正态分布的 t 分布曲线（图 1-6）。曲线中自由度 $f = n-1$。f 为参变数，曲线因 f 值不同各异。f 大则曲线瘦高，f 小则曲线

矮胖。当$f=\infty$时，分布曲线趋近于标准正态分布曲线。

根据t分布曲线，可以求出偶然误差的区间概率。但因概率（即曲边形面积）与参量f有关，如果f不同，尽管在同一区间如在$-\frac{S}{\sqrt{n}}\sim+\frac{S}{\sqrt{n}}$区间（即$t$为$-1\sim+1$），其区间概率也不同。因此，对有限次测定来说，利用t分布曲线求偶然误差的区间概率无实际意义。

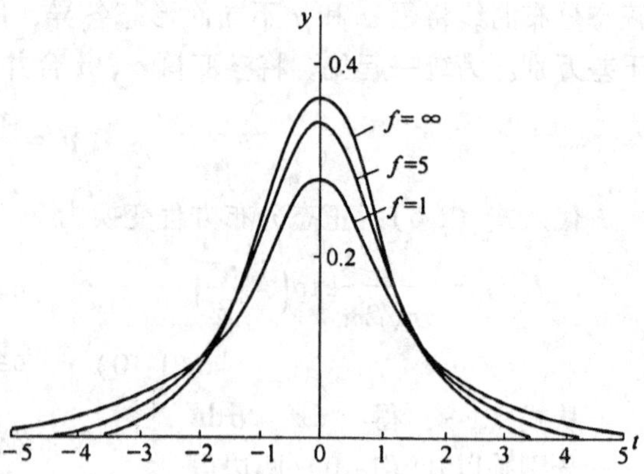

图1-6 t分布曲线

如果从另外一个角度提出问题，即根据自由度f和概率P，求出对应的t值，这对解决下面要讨论的关于平均值的置信区间问题，将起到很重要的作用。表1-2为不同自由度f和置信度P（即概率）下的t值表，供计算平均值的置信区间时查用。

表1-2 t分布表

t 置信度P/% / 自由度f	50	90	95	99
1	1.00	6.31	12.71	63.66
2	0.82	2.92	4.30	9.93
3	0.76	2.35	3.18	5.84
4	0.74	2.13	2.78	4.60
5	0.73	2.02	2.57	4.03
6	0.72	1.94	2.45	3.71
7	0.71	1.90	2.37	3.50
8	0.71	1.86	2.31	3.36
9	0.70	1.83	2.26	3.25
10	0.70	1.81	2.23	3.17
20	0.69	1.73	2.09	2.85
∞	0.67	1.65	1.96	2.58

1.4.2 平均值的置信区间

利用偶然误差的t分布规律，可以对测定结果平均值的置信区间作出合理估计。变换式（1-14）得

$$\mu=\bar{x}\pm t\frac{S}{\sqrt{n}} \tag{1-15}$$

这表示在一定的置信度下，总体平均值μ处在以平均值$\bar{x}$为中心的$\pm t\frac{S}{\sqrt{n}}$范围内。或者说，总体平均值μ处在以平均值$\bar{x}$为中心的$\pm t\frac{S}{\sqrt{n}}$范围内的可信程度（把握程度）为P。P称为置信度，$\bar{x}\pm t\frac{S}{\sqrt{n}}$称为置信区间。

对于有限次测定，只要选定置信度 P（一般选 95%），并根据 P 与 f 值，由 t 分布表查到相应 t 值，再根据测定的 $\bar{x}$、S 和 n 值，即可计算出置信区间。

【例 2】 分析试样中铜含量，得如下结果：$\bar{x} = 38.51\%$，$S = 0.04\%$，$n = 4$，分别求置信度为 95% 和 99% 时平均值的置信区间。

解 （1）根据置信度 $P = 95\%$，$f = 3$，查表得 $t = 3.18$，则

$$\mu = \left(38.51 \pm 3.18 \times \frac{0.04}{\sqrt{4}}\right)\ (\%) = 38.51 \pm 0.06\ (\%)$$

（2）置信度 $P = 99\%$，$f = 3$，查表得 $t = 5.84$，则

$$\mu = \left(38.51 \pm 5.84 \times \frac{0.04}{\sqrt{4}}\right)\ (\%) = 38.51 \pm 0.12\ (\%)$$

计算结果表明，对于相同的测定结果，置信度高者置信区间大，置信度低者置信区间相应缩小。

1.5 误差的控制与检验

1.5.1 误差的传递

分析结果是通过一系列的测量步骤之后得到的，每一个步骤的测量误差都会反映到分析结果中来。它们是怎样影响分析结果的准确度呢？这就涉及误差的传递问题。

1.5.1.1 *在加减运算方面的误差传递*

如果分析结果 R 是由三个单项测量数据 A、B、C 加减运算的结果。如

$$R = A + B - C \tag{1-16}$$

设各单项测量数据的绝对误差 ΔA、ΔB 和 ΔC 引起 R 的绝对误差为 ΔR，则

$$R + \Delta R = (A + \Delta A) + (B + \Delta B) - (C + \Delta C) \tag{1-17}$$

式（1-17）－式（1-16）得 $\Delta R = \Delta A + \Delta B - \Delta C$

最为不利的情况是各项绝对误差的累加，产生最大的分析误差，即

$$\Delta R_{最大} = \Delta A + \Delta B + \Delta C$$

因此，加减运算方面的误差传递是以绝对误差的形式传递的。分析结果的最大绝对误差，是各测量步骤绝对误差的总和。

1.5.1.2 *在乘除运算方面的误差传递*

如果分析结果 R 是各单项测量数据 A、B、C 乘除运算的结果，如

$$R = \frac{AB}{C} \tag{1-18}$$

各单项测量数据的绝对误差 ΔA、ΔB 和 ΔC，引起 R 的绝对误差为 ΔR，则

$$R + \Delta R = \frac{(A + \Delta A)(B + \Delta B)}{(C + \Delta C)} = \frac{AB + A\Delta B + B\Delta A + \Delta A\Delta B}{C + \Delta C}$$

略去 $\Delta A\Delta B$ 项得：

$$R + \Delta R = \frac{AB + A\Delta B + B\Delta A}{C + \Delta C}$$

$$\Delta R = \frac{AB + A\Delta B + B\Delta A}{C + \Delta C} - R = \frac{AB + A\Delta B + B\Delta A}{C + \Delta C} - \frac{AB}{C}$$

$$\Delta R = \frac{AC\Delta B + BC\Delta A - AB\Delta C}{C(C + \Delta C)}$$

两边分别除以式（1-18）得

$$\frac{\Delta R}{R} = \frac{AC\Delta B + BC\Delta A - AB\Delta C}{AB(C + \Delta C)}$$

在分母中，因 $\Delta C \ll C$，即 $C + \Delta C \approx C$，则上式变为

$$\frac{\Delta R}{R} = \frac{\Delta A}{A} + \frac{\Delta B}{B} - \frac{\Delta C}{C}$$

最为不利的情况是各项相对误差的累加，产生最大的分析误差，即

$$\left(\frac{\Delta R}{R}\right)_{最大} = \frac{\Delta A}{A} + \frac{\Delta B}{B} + \frac{\Delta C}{C}$$

因此，乘除运算方面的误差传递是以相对误差形式传递的。分析结果的最大相对误差，是各测量步骤相对误差的总和。

1.5.2　控制测量条件以减小误差

根据分析化学对各单项测定的相对误差不大于 ±0.1% 的要求，因此：

（1）因分析天平称量的绝对误差为 ±0.0002g（两次称量），则天平称量质量 m 不能小于 0.2g，

因为

$$\frac{\pm 0.0002}{m} \leqslant 0.1\%$$

所以

$$m \geqslant 0.2\text{g}$$

（2）因滴定管读数的绝对误差为 ±0.02mL（两次读数），则滴定剂的体积 V 不能小于 20mL，因为

$$\frac{\pm 0.02}{V} \leqslant \pm 0.1\%$$

所以

$$V \geqslant 20\text{mL}$$

1.5.3　误差的检验

1.5.3.1　系统误差的检验——t 检验

t 检验是检查测定有无系统误差的最有效的方法之一。通常是对标准试样几次测定（一般测 3~5 次），将测得的平均值 $\bar{x}$ 与标样的 μ 值进行比较。根据偶然误差的 t 分布规律，即在 95% 置信度下，总体平均值 μ 在平均值的置信区间内，属偶然误差，否则，为系统误差。因此，检验时，将标准试样的 μ 值和测定数据 $\bar{x}$、S、n 等代入式（1-14），即

$$t = \frac{|\bar{x} - \mu|}{S}\sqrt{n}$$

求出 t 值，记为 $t_{计}$。再据 $P = 95\%$ 和 $f = n - 1$，查 t 表（表 1-2）得 t 表值，记为 $t_{表}$。如果 $t_{计} < t_{表}$，说明总体平均值 μ 落在平均值置信区间内，$\bar{x}$ 与 μ 的差异属于偶然误差，测定无系统误差。如果 $t_{计} > t_{表}$，证明有显著性差异，测定存在系统误差。

【例 3】　甲乙两人对含 Al 为 40.50% 的标样分别进行测定，测定结果分别为

	$\bar{x}(\%)$	n	$S(\%)$
甲	40.42	6	0.05
乙	40.42	4	0.06

解 (1) 计算甲的测定有无系统误差

$$t_{计(甲)} = \frac{|40.42 - 40.50|}{0.05} \times \sqrt{6} = 3.92$$

按 $P = 95\%$，$f = 6 - 1 = 5$，查 t 值表得 $t_{表(甲)} = 2.57$。$t_{计} > t_{表}$，说明甲的测定有系统误差。

(2) 计算乙的测定有无系统误差

$$t_{计(乙)} = \frac{|40.42 - 40.50|}{0.06} \times \sqrt{4} = 2.67$$

按 $P = 95\%$，$f = 4 - 1 = 3$，查 t 值表得 $t_{表(乙)} = 3.18$。$t_{计} < t_{表}$，说明乙的测定无系统误差。

1.5.3.2 可疑数据的取舍——Q 检验

这是对过失误差的检验。个别可疑数据可能是由操作错误造成，称过失误差。这样的数据应坚决除去。但有些数据看似离群值，经检验仍属偶然误差范畴，应予保留。

检验的依据仍然是在 95% 的置信度下，计算该可疑值是否落在平均值的置信区间。如果是，则属于偶然误差范畴，应保留；如果不是，证明有显著性差异，应舍弃。检验的办法是：

(1) 排队：将各数据按由小到大的次序排队（也可以由大到小）

$$x_1, x_2, \cdots, x_{n-1}, x_n$$

(2) 计算极差 R：

$$R = x_n - x_1$$

(3) 求可疑值的 $Q_{计}$：即用可疑值与邻近值之差（绝对值）除以极差

$$Q_{计} = \frac{|x_1 - x_2|}{R} \quad 或 \quad Q_{计} = \frac{|x_n - x_{n-1}|}{R}$$

(4) 查 Q 值表：根据置信度 $P = 95\%$（或 90%）和 n 查表 1-3 得 $Q_{表}$ 值。

表 1-3 Q 值表（测定次数 n 在 10 以内）

$P/\%$	n							
	3	4	5	6	7	8	9	10
90	0.94	0.76	0.64	0.56	0.51	0.47	0.44	0.41
95	1.53	1.05	0.86	0.76	0.69	0.64	0.60	0.58

(5) 比较并决定取舍：如果 $Q_{计} < Q_{表}$，可疑值属偶然误差范畴，应保留；如果 $Q_{计} > Q_{表}$，可疑值有显著性差异，属过失误差，应舍弃。

1.6 有效数字及其运算规则

为了得到准确的分析结果，不仅要准确测量，而且还要正确记录与计算。这些都涉及数字的问题。测量所得的数字不仅表示数量的多少，而且还反映出测量质量的高低。因此，需要引入有效数字的问题。

1.6.1 有效数字

有效数字是指测量中实际能测到的数字。有效数字的位数与量器的精度直接相关。通常是由量器能准确读到的位数再外加一位估读出来的数，构成有效数字的位数。最后一位估读数又称可疑数字。可疑数字在每次读取时，可能产生上、下1个单位的误差。如分析天平称量某物质，质量为1.0000g，其实际质量在1.0000±0.0001g范围内的某一数值。其绝对误差为±0.0001g，相对误差为

$$\frac{\pm 0.0001}{1.0000}\times 100\% = \pm 0.01\%$$

这一数值也反映出天平的精度。如果只图书写方便，将上述质量记为1.0g，是错误的。这表明，其绝对误差为±0.1g，相对误差为10%，这只能视为台秤称量的结果。

同样，滴定管刻度准确到0.1mL，外加一位估读数，可读到0.01mL。当体积读数为25.00mL，其相对误差为

$$\frac{\pm 0.01}{25.00}\times 100\% = 0.04\%$$

如果记录为25.0mL，则相对误差为0.4%，也是错误的，只能视为量筒量取的结果。

当然，夸大测量精度也不行。如将台秤称量读数记为1.0000g、滴定管读数记为25.0000mL等都是不对的。总之，有效数字中的每一位数字都代表一定意义。

在分析化学中，通常要求单项测定误差不大于0.1%（相对误差）。因此，对各单项测定的数据一般要求保留四位有效数字。在确定有效数字位数时，注意数字中的“0”具有两种功能，作为普通数字使用，它是有效数字；如果用于数字开头，它只起定位作用，不是有效数字。下列数字均为四位有效数字：25.00，3.025，0.9820，0.005585，4.200×10^{-3}等。

另外，像1600、3825等数字位数不明确，无法确定是几位有效数字。如果写成1.6×10^3（2位）、3.285×10^3（4位），其位数就一目了然了。

分析化学中时常遇到表示倍数、分数关系的数字和一些非测量所得的数字，在计算中不计其位数，可视为足够有效。又如pH值、*PM*、*PK*、lgα等数值的有效数字位数取决于尾数部分的位数（首数仅代表方次），如pH值为3.12（2位）。一般只取1～2位即可。

1.6.2 有效数字的修约

对分析数据进行处理时，应按有关运算规则合理保留有效数字位数，一般采用“四舍六入五留双，五后有数按六办”的办法修约。如将下列数据修约为四位有效数字

12.834 ⟶12.83　13.846 ⟶13.85　11.835 ⟶11.84

11.845 ⟶11.84　11.8451 ⟶11.85

1.6.3 有效数字运算规则

在测定结果的计算中，每个数据的误差都会传递到结果里面。因此，应按有关运算规则对数据进行合理取舍。既不过多保留尾数使计算复杂化，也不舍弃过多尾数增大结果的

误差。运算过程应是先修约再运算。

1.6.3.1 加减法运算

有效数字相加减，将产生各数据间的绝对误差传递，结果的绝对误差应与数据中绝对误差最大者一致。也就是说，几个数据相加减，结果的有效数字的保留，应以各数据中小数点后位数最少的那个数据为依据。如 $0.013\underset{\cdot}{3}+12.4\underset{\cdot}{2}+5.433\underset{\cdot}{6}+3.10\underset{\cdot}{6}$，可疑数字下加黑点，由于第二个数据在小数点后第二位已不准确，尽管其他三个数据在小数点后第二位仍准确，但运算结果在小数点后第二位也是不准确的。因此，应以第二个数据为依据，对其他数据进行修约。

$$
\begin{array}{rr}
\text{未修约} & \\
0.013\underset{\cdot}{3} & \\
12.4\underset{\cdot}{2} & \\
5.433\underset{\cdot}{6} & \\
+\quad 3.10\underset{\cdot}{6} & \\
\hline
20.9\underset{\cdot}{7}\underset{\cdot}{2}\underset{\cdot}{9} &
\end{array}
\qquad\qquad
\begin{array}{rr}
\text{修约后} & \\
0.01 & \\
12.4\underset{\cdot}{2} & \\
5.43 & \\
+\quad 3.11 & \\
\hline
20.9\underset{\cdot}{7} &
\end{array}
$$

如果不管各数准确度如何统统相加减，得出 $20.9\underset{\cdot}{7}\underset{\cdot}{2}\underset{\cdot}{9}$ 这样的结果是不合理的。

1.6.3.2 乘除法运算

根据误差传递原理，有效数字相乘除，将产生各数据间的相对误差传递，结果的相对误差应与数据中相对误差最大者一致。因此，有效数字保留应以数据中位数最少的那个数据为依据。如

$$0.03\underset{\cdot}{2}\times 4.1\underset{\cdot}{0}\times 20.0\underset{\cdot}{3}$$

$$
\begin{array}{r}
\text{未修约} \\
0.03\underset{\cdot}{2} \\
\times\quad 4.1\underset{\cdot}{0} \\
\hline
3\underset{\cdot}{2}\underset{\cdot}{0} \\
+\quad 12\underset{\cdot}{8} \\
\hline
0.13\underset{\cdot}{1}\underset{\cdot}{2}\underset{\cdot}{0} \\
\times\quad 20.0\underset{\cdot}{3} \\
\hline
\underset{\cdot}{3}\underset{\cdot}{9}\underset{\cdot}{3}\underset{\cdot}{6}\underset{\cdot}{0} \\
+2.\underset{\cdot}{6}\underset{\cdot}{2}\underset{\cdot}{4}\underset{\cdot}{0} \\
\hline
2.\underset{\cdot}{6}\underset{\cdot}{2}\underset{\cdot}{7}\underset{\cdot}{9}\underset{\cdot}{3}\underset{\cdot}{6}\underset{\cdot}{0}
\end{array}
\qquad\qquad
\begin{array}{r}
\text{修约后} \\
0.03\underset{\cdot}{2} \\
\times\quad 4.1 \\
\hline
3\underset{\cdot}{2} \\
+\quad 12\underset{\cdot}{8} \\
\hline
0.1\underset{\cdot}{3}\underset{\cdot}{1}\underset{\cdot}{2} \\
\times\quad 20 \\
\hline
2.\underset{\cdot}{6}\underset{\cdot}{2}\underset{\cdot}{4}\underset{\cdot}{0}
\end{array}
$$

取值为 2.6 即可。

2 试样的采取、制备和分解

试样的采取、制备和分解是分析工作首先碰到的问题，正确处理好这三个问题是整个分析工作的关键，由于实际工作中分析的物料各种各样，对分析结果的要求也各有差异，因此试样的采取、制备和分解方法也各不相同。在这里仅就一些共同性的、原则性的问题作介绍。

2.1 试样的采取

试样的采取是个十分重要的问题。在进行分析之前，首先要保证所取试样具有代表性，即试样的组成和被分析物料整体的平均组成一致。否则，分析工作即使做得十分认真、十分准确，也是没有意义的。因为在这种情况下，分析结果仅代表了所取试样的组成，并不能代表分析物料整体的平均组成。更为有害的是提供了无代表性的分析数据，会给实际工作带来难以估计的损失。

实际工作中要分析的物料各种各样，有的物料组成极不均匀。对那些组成比较均匀的物料（如金属、液体、气体以及尿素、碳铵等化工产品等)，可任意采取一部分或稍加混合后取一部分，即成为具有代表性的分析试样。而像钢锭、镁锭等物料，因表面和内部的凝固时间不同，造成表面和内部所含杂质量有所不同，因此，必须在不同部位和不同深度钻孔取样。对于组成不均匀的物料，要取得具有代表性的试样是比较困难的，既要考虑物料的物理状态、贮存条件等，也要考虑对准确度的要求等因素。下面将从采样量、采样单元数和采样方法三个方面加以讨论。

2.1.1 采样量

为了取得具有代表性的试样，采样量应为多少，可按下面的 Demond-Haiferdall 经验公式进行计算

$$Q = Kd^a \tag{2-1}$$

式中 Q——应采取试样的最低可靠质量（kg）；

d——试样中最大颗粒的直径（mm）；

K,a——经验常数，与物料的种类、均匀程度和易破碎程度有关。一般矿石的 K 值介于 0.05 ~ 1 之间，样品越不均匀，K 值就越大，某些特殊样品其 K 值可大于 1；a 的数值介于 1.5 ~ 2.7，一般由实验确定。各类矿石的 K 值见表 2-1。

Richards-Ueuott 等人把 a 规定为 2，省去了由实验求 a 的麻烦，于是式(2-1)可简化为

$$Q = Kd^2 \tag{2-2}$$

例如，采取某矿石样品，若试样颗粒最大直径为 10mm，K 值取 0.5，则最低采取试样量为

$$0.5 \times 10^2 = 50 \quad (\text{kg})$$

若采取质量低于此值，样品将失去代表性。

2.1.2 采样单元

经验公式（2-1）和式（2-2）解决了采取试样的质量应是多少的问题，而对于不均匀的物料，为了获得具有代表性的试样，除了考虑所取试样的最低质量外，还必须解决应选取多少个采样点或采样单元的问题。

表 2-1 各类矿石的缩分系数 K 的参考值

矿 种	K 值
铁、锰	0.1 ~ 0.2
铜、钼、钨	0.1 ~ 0.5
镍（硫化物）、钴	0.2 ~ 0.5
镍（硅酸盐）、铝土矿（均一的）	0.1 ~ 0.3
铬	不大于 0.25 ~ 0.3
铅、锌、锡	0.2
铝土矿	0.3 ~ 0.5
锑、汞	不小于 0.1 ~ 0.2
菱镁矿、石灰石、白云石	0.05 ~ 0.1
脉金（颗粒基本上小于 0.1mm）	0.2
脉金（颗粒基本上不大于 0.6mm）	0.4
脉金（颗粒基本上大于 0.6mm）	0.8 ~ 1
铌、钽、锆、铪、铍、铯、钪及稀土元素	0.1 ~ 0.2，一般为 0.2
磷灰石（矿物分布均匀者）、萤石、黄铁矿、高岭土、黏土、石英岩	0.1 ~ 0.2
明矾、石膏、硼矿	0.2

采样单元应为多少，主要由下列两个因素决定：

（1）试样中组分含量与整批物料中组分平均含量之间的允许误差，即采样的准确度。准确度要求越高，则采样单元应越多。

（2）物料的不均匀程度。物料的不均匀程度既与物料颗粒大小有关（如块状、粒状和粉状，其均匀程度是不同的），也与组分在颗粒中的分布有关。物料越不均匀，采样单元应越多。

当然，在一定准确度的前提条件下，还应考虑试样制备所花费的人力和物力，即应选用能达到预期准确度的最经济的采样单元数。

采样单元数，用以下方法计算。

2.1.2.1 一步采样公式

如果对分为 N 个采样点的物料进行采样，采样单元数 n 为

$$n = \left(\frac{t\sigma'}{E}\right)^2 \tag{2-3}$$

式中 E ——试样中组分含量与整批物料中组分平均含量之间的允许误差；

σ' ——各个试样单元之间标准偏差的估计值；

t ——选定置信度下的概率系数（查 t 值表，见表 1-2）。

σ' 值一般由以下几种方法获得：

（1）按物料生产过程统计规律预先估计。

（2）根据以前各批类似物料在相同情况下取样时所得标准偏差估算。

(3) 如果无法估算，可直接测定。

t 值与置信度和测定次数有关，选定置信度（一般为90%或95%）后，根据测定次数，即可从表1-2中查到 t 值。

从式（2-3）可以看出，测定次数、置信度、允许误差、标准偏差估计值，直接影响采样单元数的多少。例如某物料各个试样单元标准偏差估计值为0.15%，置信度为95%，允许误差 E 为0.10%，测定次数为5次。查 t 值表得 t 为2.78，则采样单元数 n 为

$$n = \left(\frac{2.78 \times 0.15\%}{0.10\%}\right)^2 = 17.4 \approx 18$$

即应从18个采样点，分别采取一份试样。

2.1.2.2　两步采样公式

物料的采样单元可分为基本单元和次级单元两种。例如，一列车矿石共有 N 个车皮，采样时首先选取若干车皮（基本单元），然后从这些车皮中分别各取若干个采样单元（次级单元）。这种采样方法，属于两步采样法。

如果整批物料明显地分成许多单元（如桶、箱、堆等），或者可以人为地分为许多单元（如某天或某班组的产品），都可用两步采样法。其计算公式为

$$n = \frac{N(\sigma'^2_{\omega} + n'\sigma'^2_{b})}{Nn'\left(\frac{E}{t}\right)^2 + n'\sigma'^2_{b}} \tag{2-4}$$

式中　n——采取试样的基本单元数；

N——整批物料总单元数；

n'——从基本单元中采取试样的次级单元数；

σ'_b——各个基本单元间的标准偏差的估计值；

σ'_{ω}——各次级单元间的标准偏差估计值；

E 和 t 的意义同式（2-3）。

式（2-4）所说明的问题和式（2-3）基本上是一致的。即随着标准差估计值的增大（即试样越不均匀），允许误差 E 的减小（即采样准确度要求越高），采样单元数就越大。

对于某特定物料，在一定的准确度要求下，n 值随 n' 的不同而变化。n' 值可由下式计算

$$n' = \frac{\sigma'_{\omega}}{\sigma'_{b}}\sqrt{\frac{C_1}{C_2}} \tag{2-5}$$

式中　C_1——采取和处理试样基本单元的平均费用；

C_2——采取和处理试样次级单元的平均费用。

2.1.3　采样方法

试样的采取方法与物料的赋存状态密切相关，不同的赋存状态，具有不同的采样方法。下面将分别进行介绍。

2.1.3.1　固体物料的采样

固体物料可以是各种坚硬的金属物料、矿物原料、天然产品等，也可以是各种颗粒状、膏状的工业产品、半成品等。

各种金属材料，虽然经过熔融、冶炼处理，组成比较均匀，但是在冷却、凝固过程中，由于纯组分常常在物体的表面先凝固，杂质向内部移动；物体的内部后凝固，杂质含量较高。铸件越大，这种不均匀现象越严重。因此不能仅从物体表面取试样，也不应仅从物体的不同部位钻取部分试样，而是应使钻孔穿过整个物体厚度或厚度的一半，收集钻屑作为试样。也可以把金属材料在不同部位锯断，收集锯屑作为试样。

矿物原料如矿石、煤炭等，常常露天堆放。这些物料一般来讲分布是不均匀的（粒度、组分等）。在堆放过程中往往发生“分层”现象，使得物料更加不均匀。因而从已堆好的物料堆中采取试样时，应从物料的不同部位、不同深度分别采取试样。但是，在实际操作时不可能扒开物料堆进行取样，这会破坏物料的贮存条件，促使空气流通，引起物料组分发生变化。如果贮存的是燃料，甚至可能引起自燃。因此，在堆积的物料中取出代表性强的试样是较为困难的。一般用相互垂直的线将物料堆分成若干区域（单元），用锹或铲以深0.5~0.7m处各取一份作为试样。在运输皮带上取样较为容易，只要间隔一定时间采取一份试样即可。但取样时必须从皮带全宽度上取得，因为在输送过程中，也会发生“分层”现象。

如果物料是桶、袋、箱、捆等形式，首先应从一批包装中确定若干件，然后用适当的取样器从每件中取出若干份。这类取样器一般都可以插入各种包装的底部，以便从不同深度采取试样。图2-1所示是几种不同形式的采样器。

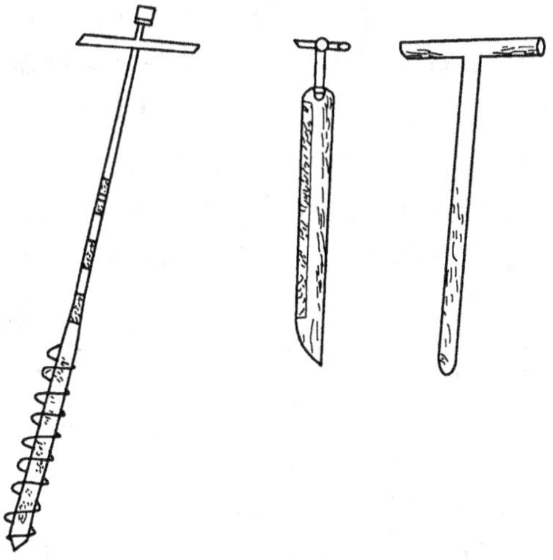

图2-1 几种不同形式的采样器

2.1.3.2 液体物料的采样

液体物料的组成一般是比较均匀的，采样也比较容易，采样量可以较少。但是采样时也要考虑可能存在的任何不均匀性。在采样时主要注意以下两点：

（1）采样容器和采样用的管道必须清洁，在取样前应用被采取的物料冲洗。

（2）在取样过程中要避免物料组分发生任何变化。

此外，取得的试样应保存在密闭的容器中。如果试样见光有可能发生变化，则应贮存于棕色容器内。同时，还应注意试样的贮存温度、时间等因素。

2.1.3.3 气体物料的采样

由于气体分子的扩散作用，物料组成都较为均匀，因而要取得具有代表性的气体试样，主要考虑取样时如何防止杂质的混入。

气体取样装置主要由取样探头、试样导出管和贮样器组成。最简单的取样装置是医用注射器。有时还需要备有流量计和抽气装置。

2.2 试样的制备

对于不均匀的物料，试样的采取量通常是很大的，多达数十千克，甚至上百千克，并且组成不均匀、颗粒大小悬殊。而实验室分析的样品一般只需几克或几十克，最多不超过几百克。同时，为了便于试样的分解，还要求试样必须有足够小的粒度。因此，在分析之前必须对原始样品进行加工处理，缩减试样量，并使之成为组成均匀（能代表整个原始样品的组成）、粒度很细（易于分解）的试样。上述过程称为试样的制备。制备试样的步骤一般包括破碎、过筛、混合和缩分。

2.2.1　破碎

为了破碎试样，可用各种破碎机。较硬的试样可用颚式轧碎机，中等硬度的或较软的试样可用锤磨机。为了进一步粉碎试样，还需用滚磨机（较硬）、球磨机（不太硬）等。当然也可用手工操作破碎试样。破碎试样一般分为粗碎、中碎、细碎三种方式。通常总是由粗碎、中碎再到细碎。

在破碎试样的过程中，常常会引起试样组成的改变，为避免或减小试样组分的变化，应该注意以下事项。

（1）在每个样品破碎前，须先将破碎器械的各部分清扫干净；

（2）碎样时应尽量防止粉末飞扬，整个破碎过程损失不得超过全部样品的5%；

（3）碎样过程中，任何未能磨细过筛的颗粒都不能弃去，必须破碎至全部通过筛孔；

（4）加工过程由于挤压、摩擦等作用，温度升高使某些样品发生化学变化。例如失去结晶水、低价态变为高价态等。

试样只要磨细到能保证组成均匀和容易分解即可，将试样研磨过细是不必要的，既花费大量的人力和物力，也会增加试样组分发生变化的可能性。各种矿样加工细度参见表2-2。

表2-2　矿样加工细度和烘样温度

矿石名称	细度/mm(目)	温度/℃	矿石名称	细度/mm(目)	温度/℃
硅酸盐	0.094(160)	105	锰、铬	0.094(160)	105
花岗岩	0.094(160)	105	石灰石	0.094(160)	105
闪长岩	0.094(160)	105	白云石	0.094(160)	105
伟晶岩	0.094(160)	105	汞	0.125(120)	60
泥页岩	0.094(160)	105	岩石、泥岩	0.094(160)	105
碳酸岩	0.094(160)	105	物相分析	0.147(100)	60
萤　石	0.094(160)	105	滑　石	0.094(160)	105
铅锌铜	0.125(120)	80	钨、锡	0.074(200)	105
铁、铍	0.074(200)	105	锑	0.094(160)	80
铜	0.094(160)	80	单矿物	0.074(200)	105
铀	0.074(200)	105	石英砂	0.074(200)	105
金红石	0.074(200)	105	黏　土	0.094(160)	105
碳质页岩	0.094(160)	105	铝　土	0.094(160)	150
钛铁矿	0.074(200)	105	盐、芒硝	0.147(100)	60
铬铁矿	0.074(200)	105	铬镍矿	0.074(200)	105
黄铁矿	0.147(100)	60	高岭土	0.094(160)	105
磷　矿	0.125(120)	105	毒　砂	0.094(160)	105
石　膏	0.125(120)	55	硼、镁	0.125(120)	105
油页岩	0.177(80)	80			

2.2.2 过筛

在试样破碎过程中，每次破碎后都要过筛。过筛的样品必须全部通过规定的筛号，少量不能过筛的样品必须研磨使其过筛，不得损失，否则将影响试样的代表性。一般先用粗筛，随着试样颗粒逐渐减小，筛孔的目数相应增加，标准筛的网目和孔径大小关系见表2-3。

表2-3 分析用分样筛号及孔径

筛号	孔径		网线直径/in	筛号	孔径		网线直径/in
	in	mm			in	mm	
$3\frac{1}{2}$	0.223	5.66	0.057	45	0.0138	0.35	0.0087
4	0.187	4.76	0.050	50	0.0117	0.297	0.0074
5	0.157	4.00	0.044	60	0.0098	0.250	0.0064
6	0.132	3.36	0.040	70	0.0083	0.210	0.0055
8	0.0937	2.38	0.0331	80	0.0070	0.177	0.0047
10	0.0787	2.00	0.0299	100	0.0059	0.149	0.0040
12	0.0661	1.68	0.0272	120	0.0049	0.125	0.0034
14	0.0555	1.41	0.0240	140	0.0041	0.105	0.0029
16	0.0469	1.19	0.0213	170	0.0035	0.088	0.0025
18	0.0394	1.10	0.0189	200	0.0029	0.074	0.0021
20	0.0331	0.84	0.0165	230	0.0024	0.062	0.0018
25	0.0280	0.71	0.0146	270	0.0021	0.053	0.0016
30	0.0232	0.59	0.0130	325	0.0017	0.044	0.0014
35	0.0197	0.50	0.0114	400	0.0015	0.037	0.0013
40	0.0165	0.42	0.0098				

2.2.3 混合

在一个样品中常含有数种矿物，而不同矿物的密度、硬度、化学成分互不相同。有的矿物很脆，有的很坚硬；有的密度大，有的密度小。经过几次破碎和过筛后，会明显地看到难破碎的组分留在后面呈现不均匀的分布。因此，为了保证试样具有代表性，经破碎、过筛后的试样必须加以混合，使其组成均匀。

将样品均匀混合的方法有堆锥法、环锥法、掀角法、二分器法和机械拌匀法等。

2.2.4 缩分

在样品加工过程中，由粗碎、中碎到细碎的每一操作后，都要进行缩分。缩分的目的是在保证样品具有代表性的前提下，减少样品的处理量，提高工作效率。

缩分的方法有四分法、正方形法和二分器法等方法。为了保证样品逐级破碎、逐级缩分后的试样具有代表性（注意保留副样），缩分时必须遵循式（2-2），即

$$Q \geqslant Kd^2$$

上式也称经验缩分公式。

例如，有一矿样质量为2kg，已全部通过20目筛，求需要缩分出有代表性的样品最小质量，至多缩分多少次（K取0.2）。

通过20目筛的矿样最大颗粒直径d由表2-3查得为0.84mm，应保留样品的最小质量为

$$0.2 \times 0.84^2 = 0.141\text{kg}$$

缩分次数m为

$$m = \frac{\lg(Q_{采样}) - \lg(Q_{缩分})}{\lg 2} = \frac{\lg 2 - \lg 0.141}{\lg 2} = 3.8$$

计算结果说明保留试样的最小质量为0.141kg，只允许缩分3次，否则将使试样失去代表性。若欲进一步缩分，必须经过研磨并通过较大的筛号。

由于试样中常含有水分，其含量往往随温度、湿度及试样的分散程度不同而改变，从而使试样的组成因所处环境及处理方法的不同而发生波动。为了解决这个问题，应选用下述各种措施。

（1）在称量试样之前，先在一定温度下烘干试样，驱除水分；

（2）采用风干或干燥的办法，使试样中水分的含量保持恒定；

（3）在分析测定的同时，测定试样的水分含量，然后用干基表示各组分含量。

各种矿物烘干温度见表2-2。

2.3　试样的分解

分解试样就是将试样中的待测组分全部转变为适合于测定的状态。通常是在试样分解后，使待测组分以可溶盐的形式进入溶液，或者使其保留于沉淀中，并进一步与其它组分分离。有时也以气体形式将待测组分导出，再以适当的试剂吸收或任其挥发。

分解试样的方法有溶解法、熔融法、半熔（烧结）法、燃烧法及升华法等。在实际分析工作中，较常用的是溶解法、熔融法和烧结法三种。

试样的分解是一个复杂而又重要的问题。分析工作中对试样分解的一般要求是：

（1）试样分解完全。试样分解完全是正确分析的先决条件。应选择适当的分解方法，控制适当的温度和时间等，使试样完全分解。

（2）待测组分不应有损失。

（3）不能引入含有待测组分的物质。在分解试样时，要防止加入的试剂或被腐蚀的容器中含有待测组分。

（4）不应引入对待测组分测定有干扰的物质。

此外，分解试样最好能与干扰组分的分离相结合，而且所用的分解方法应尽量满足简便、快速、经济等要求。

总之，选择正确的分解试样的方法，是保证分析工作顺利进行的重要一环。由于试样组成复杂，组分含量变化大，并且某些元素在共存时的存在形式与行为和它们单独存在时不尽一致，要合理、正确地选择试样的分解方法是比较复杂的。另外，样品性质不同，分析的要求不同，分解的方法也必然不同。因此必须熟悉各种溶（熔）剂的性质，特别是与各种离子或化合物的反应特性；了解各种容器的材料组成和性能；掌握各种分解方法的

特点和条件，以及所采用的测定方法，才能正确选择并拟定合理的分解方案。

2.3.1 溶解法

溶解法包括水溶、酸溶和碱溶三种方法，比较常见的是酸溶法。

用酸作为分解试剂，主要是利用酸的氢离子效应。同时，不同的酸还有其不同的氧化、还原、络合等作用。为了提高分解效率，经常同时使用几种酸或加入其他盐类。

(1) 盐酸。盐酸对于许多金属氧化物、硫化物、碳酸盐以及电动序位于氢以前的金属或合金，盐酸是一种良好的溶剂，所生成的氯化物除少数几种（如 $AgCl$、$HgCl_2$、$PbCl_2$）外，都易溶于水。由于 Cl^- 具有还原性和络合能力，还可溶解软锰矿（MnO_2）和赤铁矿（Fe_2O_3）等。

(2) 硝酸。硝酸具有氧化性，除了金和铂族元素难溶于硝酸以外，绝大多数金属都能被硝酸溶解。但能被硝酸钝化的金属（如铝、铬、铁）以及与硝酸作用生成不溶性酸的金属（如锡、钨）都不能用硝酸溶解。

硝酸也是硫化物矿样的良好溶剂，只是在溶解过程中会析出单质硫。如果在硝酸中加入氯酸钾或饱和溴水，则可把硫氧化为 SO_4^{2-}。

用硝酸溶解试样后，溶液中常含有亚硝酸和其它低价氮氧化物，常能破坏某些有机试剂，应煮沸溶液或加入某些试剂（如尿素），将它们除去。

(3) 硫酸。浓热的硫酸具有很强的氧化性和脱水能力，能溶解多种合金和矿石，还常用以分解破坏有机物。其沸点高（338℃），加热溶液至硫酸冒白烟（SO_3）可以除去溶液中的 HCl、HNO_3、HF 等低沸点酸。但是，大多数硫酸盐的溶解度常比相应的氯化物和硝酸盐小，碱土金属和铅的硫酸盐溶解度更小，不宜使用硫酸溶解上述类似的试样。

(4) 磷酸。磷酸加热时变成焦磷酸，具有很强的络合能力，常用来溶解合金钢和难溶矿物。

(5) 高氯酸。浓热的高氯酸是一种强的氧化剂，可使各种铁合金（包括不锈钢）溶解。加热蒸发至冒白烟（203℃），可除去低沸点酸。但热浓的高氯酸遇有机物易发生爆炸，应先加浓硝酸破坏有机物后再加入高氯酸。

(6) 氢氟酸。氢氟酸的酸性较弱，但络合能力较强，常与硫酸、硝酸、高氯酸混合使用以分解含钨、铌的合金钢、硅酸盐和其它矿石。用氢氟酸分解试样通常应在铂皿、聚四氟乙烯容器中进行。使用聚四氟乙烯容器时，加热温度不应超过250℃，以免聚四氟乙烯分解产生有毒的氟异丁烯气体。

氢氟酸对人体有毒和有腐蚀性，应避免吸入氢氟酸蒸气，也不可接触氢氟酸。

(7) 混合溶剂。利用各种无机酸配成混合溶剂或在无机酸中加入氧化剂（还原剂）配成各种氧化性（还原性）混合溶剂，常常具有更强的溶解能力或加速溶解反应的进行。例如王水（三份 HCl 与一份 HNO_3 混合）能溶解铂、金及硫化汞等难溶化合物；浓 $H_2SO_4 + K_2SO_4$ 分解有机物，可使有机氮转变为 NH_4^+。

(8) 氢氧化钠溶液。铝和铝合金以及某些酸性为主的两性氧化物（如 AS_2O_3）可用氢氧化钠溶解。一般浓度为20%～30%，反应须在白金器皿或聚四氟乙烯容器中进行。

2.3.2 熔融法

用酸不能分解或分解不完全的试样，常采用熔融法分解。熔融法是利用酸性或碱性熔剂，在高温下与试样发生复分解反应，生成易溶解的反应产物。由于熔融时反应物浓度和温度（300～1000℃）都很高，因而分解能力很强。但是，由于熔融法的操作温度较高，有时可达1000℃以上，又必须在一定的容器中进行，除由熔剂带进大量碱金属离子外，所用的容器因受到熔剂的侵蚀，还会带入一些容器材料。同时某些组分在高温下挥发损失严重，都会给以后的分析测定带来影响，甚至使某些测定不能进行。因此，在选择试样分解方法时，应尽可能地采用溶解法。某些试样，也可以先用酸溶分解，剩下的残渣再用熔融法分解。

熔融法所用熔剂按其性质可分为酸性熔剂和碱性熔剂两大类。常用的酸性熔剂为钾（钠）的酸性硫酸盐、焦硫酸盐及酸性氟化物；常用的碱性熔剂为碱金属的碳酸盐、氢氧化物、过氧化物、硼酸盐等。

选择熔剂的基本原则是：酸性试样用碱性熔剂，碱性试样用酸性熔剂。使用时还可加入氧化剂或还原剂助熔。

2.3.2.1 *碱金属碳酸盐熔融*

碳酸钠熔融：碳酸钠是分解硅酸盐矿物常用的熔剂，也是氧化物、硫酸盐、磷酸盐、碳酸盐、氟化物等矿物的良好熔剂。例如熔融分解长石（$NaAlSi_3O_8$），其分解反应为

$$NaAlSi_3O_8 + 3Na_2CO_3 = NaAlO_2 + 3Na_2SiO_3 + 3CO_2\uparrow$$

熔融产物 $NaAlO_2$ 可溶于一般酸中，制得可供分析测定用的溶液。

碳酸钠熔融分解的温度一般为950～1000℃，时间为0.5～1h。遇有锆石、金红石、铬铁矿、铝土矿等难分解的矿物时，须在硅碳棒熔炉中加热至1200℃，但时间不宜超过15min，以防硅碳棒老化和试样中某些组分分解挥发造成损失。采用碳酸钠熔融分解时，一般应在铂坩埚中进行。

在碳酸钠中加入少量氧化剂助熔，可以提高分解能力。常用的氧化剂有硝酸钾、氯酸钾、高锰酸钾、过氧化钠等。例如在测定矿石中总硫量时（$BaSO_4$ 重量法），在碳酸钠中加入少许氧化剂熔融分解试样，不仅可避免各种价态的硫的损失，而且试样分解也较彻底。但是加入的氧化剂比例不宜过大，以免侵蚀铂坩埚。

在某些情况下，还可以在碳酸钠中加入还原剂，在熔融过程中造成还原气氛来分解试样。例如分解含砷、锑、锡、钼、铋、钒、钨的试样所用的“硫-碱熔法”。此法可在瓷坩埚中进行，一般按 Na_2CO_3: S = 4: 3 混合作为溶剂，先以低温逐渐升温至300℃，保温30min，再升至450℃，保温30min即可使试样分解完全。

碳酸钾熔融：碳酸钾易吸湿，而且钾盐被沉淀吸附的倾向较钠盐大，因此碳酸钾较少单独作熔剂。但是，如含有铌、钽的试样，由于铌酸、钽酸的钠盐微溶于水，不溶于高浓度的钠盐溶液，在分解这类试样时，有时也可以用碳酸钾作熔剂。

在分解硅酸盐等试样时，为了降低氟、氯等元素的挥发损失，常采用1: 1的 K_2CO_3 和 Na_2CO_3 作熔剂，其熔点降至700℃。

2.3.2.2 *碱金属氢氧化物熔融*

碱金属氢氧化物都是低熔点的强碱性熔剂，熔融速度快、熔块易被水或稀酸溶解。可分解各种硅酸盐，也可将含氧化铝、二氧化钛、二氧化锡的矿样以及铬铁矿、独居石等分解。

由于氢氧化钠、氢氧化钾固体都极易吸收水分，熔融开始时要缓慢加热，以防水分逸出引起溅失。熔融温度应控制在450～600℃，熔融不能在铂坩埚中进行，只能在铁、镍、石墨、银、金坩埚中进行。

在分解难熔的试样时，也可用NaOH与少量Na_2O_2或KNO_3混合作熔剂。在用碳酸钠作熔剂时，加入氢氧化钠可以降低熔点，提高分解试样的能力。

2.3.2.3 过氧化钠熔融

过氧化钠的熔点为495℃，呈粉状，易吸收空气中的水，受潮后分解为NaOH和O_2，使用时应注意密闭封存。

过氧化钠与碳、木屑、铝粉、硫磺等易被氧化的物质作用时会发生燃烧甚至爆炸，并且试剂不易提纯，常含有微量的硅、铝、钙、铜以及由包装用的铁皮引入的锡等，因此在分析中较少采用。

过氧化钠既是强碱又是强氧化剂，主要被用来分解某些Na_2CO_3和NaOH不能分解的试样，如锡石、钛铁矿、钨矿、铬铁矿、绿柱石等。熔融前应将试样与熔剂混合，缓慢升温以防飞溅。熔融温度约为600～700℃，一般在铁坩埚中进行。熔块以水浸取时，许多金属阳离子形成氢氧化物沉淀析出，两性元素或非金属元素形成含氧酸根离子进入溶液。浸取液应煮沸驱除过量的Na_2O_2溶解后所形成的H_2O_2。

2.3.2.4 焦硫酸钾熔融

焦硫酸钾是一种强烈的酸性熔剂，熔点为419℃，熔融时分解析出SO_3，能与各种难于分解的碱性氧化矿物如铝土矿、磁铁矿、铌铁矿、钛铁矿等反应，使之转变为硫酸盐。例如分解金红石（天然TiO_2）的反应为

$$K_2S_2O_7 = SO_3 + K_2SO_4$$

$$TiO_2 + 2SO_3 = Ti(SO_4)_2$$

焦硫酸钾熔融可在瓷坩埚或石英坩埚中进行，也可以在铂坩埚中进行，但对铂坩埚稍有腐蚀，通常每次熔融约损耗1mg铂。

熔融温度一般控制在400℃左右，时间不宜过长，以免SO_3大量挥发或使硫酸盐分解为难溶的氧化物。熔块一般用稀硫酸浸出，必要时可加入酒石酸、草酸等络合剂，以防止某些金属离子（如Ta（V）、Nb（V）等）水解析出沉淀。

2.3.3 烧结法

烧结法又称半熔法，是让试样与固体试剂在低于熔点的温度下进行反应，达到分解试样的目的。因为加热温度较低，时间需要较长，但不易腐蚀坩埚，通常可在瓷坩埚中进行。

2.3.3.1 过氧化钠烧结

尽管用过氧化钠分解试样效果很好，但由于该熔剂在高温下严重腐蚀坩埚，限制了它的应用范围。但是，许多矿物在铂坩埚中与四倍量的过氧化钠混匀后，于480℃的高温中烧结7min就能将试样分解，熔块可溶于水或无机酸，并且试剂对铂坩埚基本没有腐蚀。

过氧化钠烧结法能分解的矿物有磁铁矿、重晶石、天青石、石膏、黑钨矿、白钨矿、锆英石、铬铁矿等。铌钽矿较难熔，重复几次也能分解。

2.3.3.2 碳酸钠-氧化剂烧结

用1:1的Na_2CO_3和Na_2O_2与一般的硅酸盐试样混匀，在镍坩埚中于400℃烧结1～2h，效果较好，对坩埚腐蚀极微。将磷酸盐试样与6倍量的Na_2CO_3-KNO_3（12:1）混合熔剂于瓷坩埚中混匀，700～750℃烧结30～40min，即可完全分解。手续简便，坩埚不易损坏。

2.3.3.3 碳酸钠-氧化镁（氧化锌）烧结

常用于分解硫化物、氧化物、硅酸盐以及煤等矿物。该法最初主要用来灰化煤以测量煤中的全硫量（硫酸钡重量法）。目前常用于测定试样中硫、硼、硒、氯和氟的试样分解，通常在无盖的瓷坩埚或刚玉坩埚中进行。

2.3.3.4 碳酸钙-氯化铵烧结

常用于测定硅酸盐中钾和钠的试样分解。烧结温度为750℃至800℃，反应产物仍为粉末状，但钾、钠已转变为氯化物，可用水浸取。

一般情况下，NH_4Cl的用量与试样量相当，$CaCO_3$的用量为8～15倍试样量。熔融前将试样和试剂在乳钵中研磨、混匀，容器采用特制的铂坩埚（高形铂坩埚）。

2.3.4 微波溶样技术

自1975年Abu-Samra等首次用微波炉湿法溶解了一些生物样品后，关于微波溶样的研究和设备的制造受到极大的重视，出版了许多有关微波制样的专著，微波制样仪器已实现了商品化，可以说微波溶样已达到了广泛的应用阶段。

所谓微波是指频率在300～300000MHz的电磁辐射，它是一种特殊的能源。传统的加热技术都是先加热物体表面，然后热能“由表及里”，即所谓外加热。微波加热是一种“内加热”，即待分解样品与溶剂的混合物吸收微波，能产生即时深层加热的效果。同时，微波产生的交变磁场使介质分子极化，极性分子随高频磁场（一般为2450MHz）快速转向与交替定向排列，导致分子高速振荡。这种振荡受到分子热运动和相邻分子间的相互作用的干扰和阻碍，产生类似摩擦的作用，使分子获得较高的能量。因为这两种作用，样品表面层不断搅动、破裂，不断产生新鲜表面与溶剂反应，促进样品迅速溶解。

微波溶样与常规的湿式样品分解法相比有许多独特的优点：

（1）加热能量损失小，加热效率高，基本上不产生热辐射，避免了环境高温，改善了工作环境。

（2）微波穿透力强，加热均匀，对某些难溶样品的分解特别有效。例如，若用目前最高效的高压消除法分解锆英石，即使是处理不稳定的锆英石，在200℃也需加热2天；而用微波加热分解，仅需20min～2h便可完全分解。

（3）传统加热需要较长的时间预热才能达到所需加热温度，微波加热在微波管启动10～15s后样品即开始溶解。

（4）微波溶样所用试剂量少，空白值显著降低，且能避免痕量元素的损失及样品的污染，提高了分析的准确度。

（5）微波溶样不仅可以实现自动化，而且还能与分离技术联用，用于形态分析。

微波溶样所需设备主要是微波炉和反应罐。实验室专用微波炉的设计比较完善，可用微机控制，使用功率和所需时间均可预编程序，且有多种功能，自动化程度高，抗腐蚀能力强，但价格昂贵。家庭用普通微波炉略加改装后也可用于分析实验室，但其抗腐蚀能力差。反应罐即盛装样品和溶剂的器皿，它必须要用微波能够透过的材料（如玻璃、陶瓷和塑料）制成。最早使用的反应罐多为敞开式，现在多用封闭式。聚四氟乙烯能透过微波，且强度高、抗腐蚀性强，是目前广泛应用的反应罐材料。

微波溶样技术已广泛应用于地质、生物、植物、食品、环境及其他样品溶液的制备。常见的溶样方法有常压消除法、高压消解法、熔融和灰化及连续流动微波消解法等。

3 硅酸盐分析

3.1 概述

3.1.1 硅酸盐在自然界的存在及其分析的目的和意义

硅位于元素周期表第三周期ⅣA 族，是典型的亲氧元素，与氧结合形成硅氧四面体(SiO_4^{4-})，并由硅氧四面体与几乎所有元素以各种形式结合生成不同的硅酸盐。硅酸盐主要包括水泥、玻璃、陶瓷、耐火材料、冶金炉渣等人造硅酸盐和天然硅酸盐类矿物、岩石。

硅酸盐类矿物在自然界中分布非常广泛，是主要的造岩矿物，按质量计，约占地壳质量的85%以上。按二氧化硅的不同含量，地质学上把硅酸盐岩石划分为酸性岩($w(SiO_2) > 65\%$)、中性岩($w(SiO_2) = 52\% \sim 65\%$)、基性岩($w(SiO_2) = 45\% \sim 52\%$)、超基性岩($w(SiO_2) < 45\%$)等。

硅酸盐类矿物种类很多，约在800种以上，约占自然界已知矿物种类的三分之一。有些矿物本身就是工业上和国防上极其重要的非金属材料和原料，如云母、长石、石棉、滑石、高岭石等。此外，一系列有用元素如铍、锂、硼、锆、铷、铯等，大部分取之于硅酸盐矿物。

硅酸盐分析在国民经济建设中是很有意义的。它可以帮助地质学家了解岩石内部组分含量的变化、元素在地壳内的迁移情况和变化规律、元素的集中和分散、岩浆的来源及可能出现的矿物，以求解决矿体岩相分带，阐明岩石成因等问题；确定硅酸盐的工业品位；指导冶金工业生产（炉渣分析）等。另外，冶金工业矿石原料的杂质分析，其实质也是硅酸盐分析的一部分。

3.1.2 硅酸盐的组成及分析项目

硅酸盐的种类很多，几乎所有天然元素都有可能与硅形成硅酸盐。组成硅酸盐的主要元素是氧、硅、铝、铁、钙、镁、钠、钾，其次是锰、钛、硼、锆、锂、氟等。它们主要是形成惰性气体型离子的元素和部分过渡型离子的元素。

硅酸盐矿物和岩石组成非常复杂，根据实际工作的需要，通常测定以下一些成分。

主要成分：SiO_2、Al_2O_3、Fe_2O_3、FeO、MnO、TiO_2、CaO、MgO、Na_2O、K_2O、P_2O_5、H_2O^+、H_2O^-。

次要成分：Cr_2O_3、V_2O_5、ZrO_2、$(Ce、Y)_2O_3$、SrO、BaO、CuO、NiO、CoO、Li_2O、B_2O_3。

某些稀有元素，如铷、铯、铌、钽等，以及贵金属和稀土元素，在有些情况下，也要进行测定。上述13项主要成分，在硅酸盐全分析中必须予以测定，它们的百分含量总和接近于100%。次要成分一般不需要每项都进行测定，通常应根据矿物鉴定、化学定性分析、光谱分析等资料，以及实际需要确定分析项目。

3.1.3 硅酸盐的分解

3.1.3.1 使用氢氟酸分解

氢氟酸是分解硅酸盐试样最好的溶剂，大多数硅酸盐均可被氢氟酸分解。由于氟离子的存在对某些测定有干扰，试样分解后须将氟除去。氢氟酸常与硫酸或高氯酸混合使用。由于硫酸、高氯酸的存在，不但可以防止反应过程中四氟化硅的水解，而且还能有效除氟(加热冒白烟)，同时也可使钛、锆、铌、钽等转化为硫酸盐或高氯酸盐，防止其生成氟化物部分挥发损失。

3.1.3.2 熔融分解

使用过氧化钠作为熔剂可使所有硅酸盐分解。熔融时坩埚会受到严重腐蚀，组成坩埚的物质会大量进入熔融物中，对分析有影响。因此，常采用过氧化钠烧结法来分解试样，一般烧结温度控制在550℃左右，烧结10~15min即可分解。因过氧化钠常带有少量钙等杂质，在进行全分析时，要定量加入过氧化钠，并带空白试验。

碳酸钠、苛性碱也常用于硅酸盐的熔融分解（详见2.3试样的分解）。

若需在同一试样中测定钾和钠，可选用偏硼酸锂作熔剂。将5倍量的偏硼酸锂与试样混合，在铂坩埚中于900~1000℃熔融15min即能完全分解。

3.2 硅酸盐系统分析

硅酸盐分析是19世纪上半叶分析化学家们最热衷的研究课题，经过前后一百多年的不断完善，形成了经典的系统分析方法。1947年以来，出现了多种“快速”分析流程。本节将对经典系统分析、碱熔系统分析和酸溶系统分析进行介绍。

3.2.1 经典系统分析

经典系统分析是基于将元素先进行分组分离，然后进行测定。这种系统分析过程需对干扰物质作完善的分离，耗时较长，且需要精湛与熟练的操作技术，不能适应生产发展的需要。但由于其分析结果比较准确，适用范围广泛，在目前标准试样的制定、外检试样分析及仲裁分析中仍有应用。

经典系统分析的分析过程大致包括以下几个步骤：试样的分解；二氧化硅的分离和测定；三氧化物的沉淀和测定；草酸钙的沉淀和测定；磷酸铵镁的沉淀和测定等，其分析流程如下：

试样在铂坩埚中用碳酸钠熔融，熔块水提取、盐酸酸化，两次盐酸蒸干脱水，灼烧、称重，然后用氢氟酸-硫酸处理沉淀，再灼烧、称重，然后根据损失的质量确定二氧化硅的含量。

沉淀硅酸后的滤液及测定二氧化硅所剩残渣处理液，用氨水两次沉淀铁、铝、钛等氢氧化物，过滤、洗涤。沉淀用盐酸溶解，定容。分取溶液分别用磺基水杨酸分光光度法测定三氧化二铁、EDTA容量法测定三氧化二铝、双氧水分光光度法测定二氧化钛。

在分离氢氧化物沉淀后的滤液中，加入草酸铵将Ca^{2+}转化为CaC_2O_4沉淀，用重量法测定氧化钙含量或将草酸钙沉淀溶于硫酸，用高锰酸钾容量法测定。

在分离草酸钙沉淀后的滤液中，加入磷酸氢二铵沉淀镁，用重量法测定氧化镁的含量(灼烧成焦磷酸镁)。

氧化钾和氧化钠须另取试样测定。

3.2.2 快速系统分析

快速系统分析的特点是在一份试样制成的溶液中，取部分溶液不经分离或很少分离(有时用掩蔽剂)，即可用分光光度法、络合滴定法、原子吸收分光光度法等方法分别测定各种成分。但是，快速分析流程大都只限于解决主成分的系统分析问题，且对高含量元素的分光光度法测定和原子吸收分光光度法测定条件较苛刻。与经典系统分析相比较而言，整个分析用时较少，但准确尚有一些问题需要进一步加以解决。

近年来拟定的快速系统分析很多，依其分解试样的手段不同，可分为酸溶系统分析和碱熔系统分析两种类型。

3.2.2.1 酸溶系统分析

用酸溶法分解试样，除 H^+ 外不再引入其他阳离子，在一次称样中，可以同时测定包括钾、钠在内的九种组分。但是，二氧化硅的测定需单独称样进行测定。酸溶快速系统分析的方案很多，但基本上大同小异。下面将介绍其中之一的一个分析流程，其流程如下：

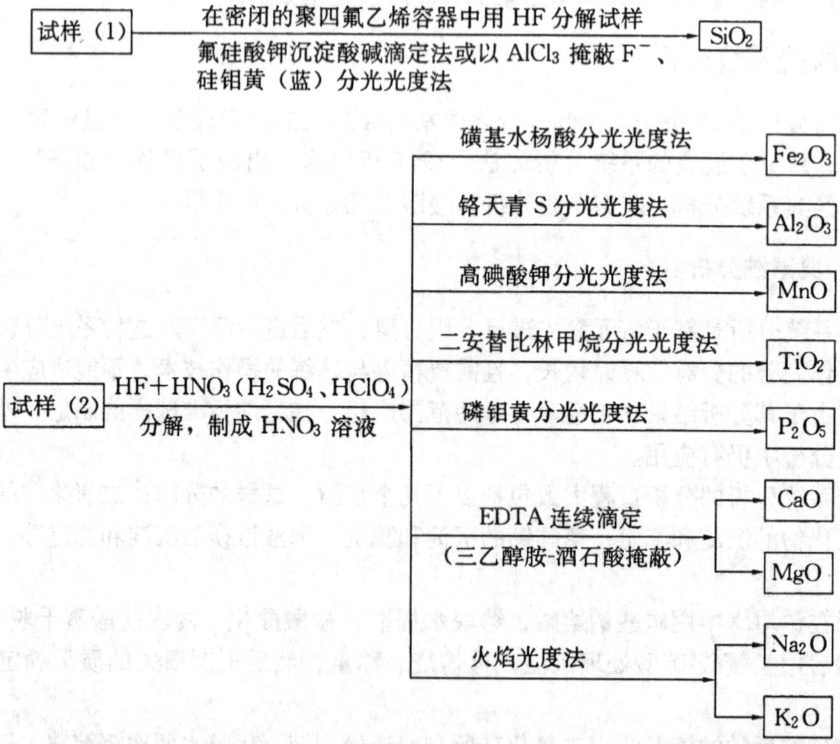

但是，并不是所有的硅酸盐矿物和岩石都能被分解。若试样中铝、钛含量较高，用氢氟酸-高氯酸（硫酸、硝酸）分解时就不够完全，超基性岩石试样就更难分解。最近采用的加压溶解法虽增强了酸分解矿物的能力，提高了分解效果，但仍存在不少问题，尚需进一步研究。

3.2.2.2 碱熔系统分析

碱熔快速系统分析在试样分解时基本上与经典系统分析一致，而后续测定过程又与酸溶快速系统分析基本相同。碱熔分解法比酸溶分解法有更为广泛的适用性，但操作手续较为复杂，特别是熔融分解通常在高温下进行，会带入较多的坩埚材料和熔剂离子，对一些元素的测定会产生影响，甚至使测定不能进行。典型的碱熔系统分析流程如下：

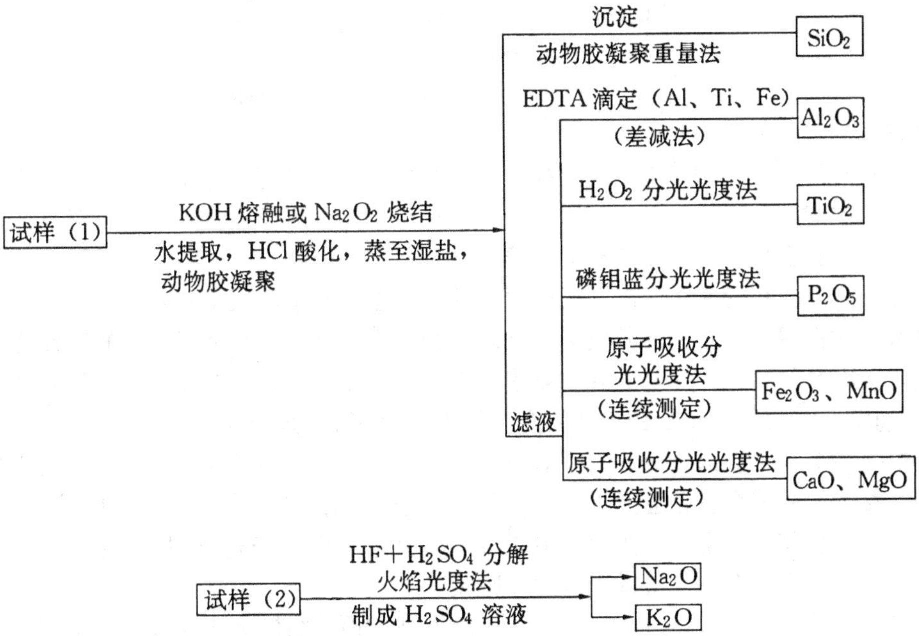

若欲在一份试样中同时测定钾、钠，可选用偏硼酸锂作熔剂，但试样分解后，熔块不易提取，尚需进一步研究。重量法测定二氧化硅，操作繁琐、费时，可采用氟硅酸钾沉淀酸碱滴定法或硅钼蓝分光光度法。

3.3 二氧化硅的测定

二氧化硅是硅酸盐分析最主要的测定项目之一，进行矿石全分析时也须测定二氧化硅的含量。经典的测定方法是二次盐酸蒸干脱水重量法。目前经常采用动物胶凝聚重量法、氟硅酸钾滴定法。此外，还有适于高含量二氧化硅矿物的氢氟酸挥发重量法和用于微量测定的硅钼蓝分光光度法等。本节主要介绍动物胶凝聚重量法测定二氧化硅。

3.3.1 方法原理

试样经碱熔融分解，盐酸提取，将溶液蒸发至湿盐状，加入盐酸，用动物胶凝聚硅酸，过滤使硅酸与其他元素分离，沉淀经 1000℃ 灼烧后称量即可得二氧化硅含量。

硅酸是一种极弱的无机酸，其离解常数分别为 1.7×10^{-10} 和 1.6×10^{-12}，溶解度极小，很容易从溶解的硅酸盐中被其他酸置换出来。但是，所形成的硅酸，只有一部分以白色片状的水凝胶形式析出，大部分的硅酸仍然以水溶胶的形式留在溶液中。这些以水溶胶形式存在的硅酸胶粒均带有负电荷，由于同性电荷互相排斥，降低了胶粒互相碰撞结合成较大颗粒而聚沉的可能性。同时，硅酸溶胶是亲水性胶体，在胶体微粒周围形成紧密的水化外壳，也阻碍着微粒互相结合成较大的颗粒。要使硅酸完全析出，必须设法使硅酸胶体微粒凝聚为较大的颗粒。加热破坏水化外壳和加入强电解质或带有相反电荷的胶体，都可以减少或消除微粒的电荷，促使硅酸溶胶微粒聚沉。

动物胶是一种富含氨基酸的蛋白质，在水溶液中能形成亲水性的胶体溶液，在溶液中存在下述平衡

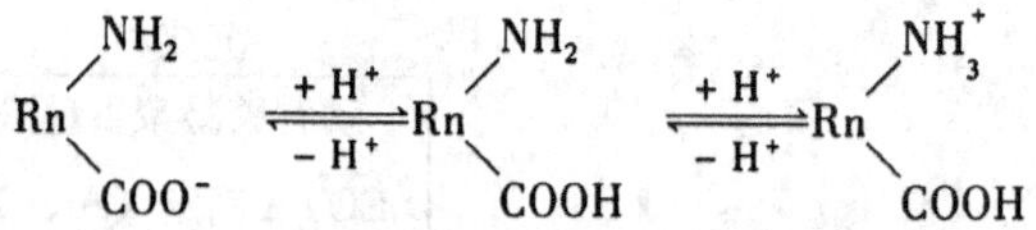

其等电点的 pH 值等于 4.7。

在酸性溶液中，硅酸质点带负电荷，动物胶质点带正电荷。正负电荷相互吸引，彼此中和电性，硅酸凝聚析出。此外，由于动物胶是亲水性很强的胶体，它能从硅酸胶团上夺取水分，破坏其水化外壳，促使硅酸凝聚。

动物胶凝聚硅酸的完全程度与凝聚时的酸度、温度及动物胶的用量有密切的关系。硅酸在强电解质作用下，能促使其胶凝，又因动物胶只有在 pH 值小于 4.7 的酸性溶液中才能形成带正电荷的胶粒，并与硅酸质点中和电荷而凝聚，所以，凝聚作用在浓酸溶液中进行较为适宜，一般在 8mol/L 的浓盐酸介质下进行凝聚。动物胶在温度过高的情况下，特别是在浓盐酸溶液中会部分分解，使其凝聚能力减弱；温度过低时，其夺取硅酸水分的能力减弱，凝聚作用减缓，甚至不完全，而且会吸附较多的杂质。一般温度控制在 60 ~ 70℃为宜。动物胶的用量一般为 25 ~ 100mg，少于此用量会使硅酸凝聚不完全，反之，大量动物胶的存在会使硅酸复溶或过滤速度减慢。

硅酸被动物胶凝聚后，由于加水溶解可溶性盐类而使溶液体积增大，酸度降低，导致极少硅酸沉淀复溶。放置时间越久，复溶的量也越大。洗涤沉淀时随着洗涤剂用量的增多和洗涤时间的延长复溶量也相应增大。因此要求过滤前溶液体积不宜过大、放置时间不宜太长以及洗涤液的用量要适当，否则均会导致测定结果偏低。

如试样中含氟量高于 0.3% 时，应将熔融物用硼酸饱和的盐酸溶液提取，使氟结合成氟硼酸，在溶液蒸发时以 BF_3 的形式挥发除去。过剩的硼酸也会干扰测定，可加入甲醇溶液反复蒸发，使其全部形成易挥发的硼甲醚（硼酸甲酯）而挥发逸去。

用动物胶凝聚重量法测定二氧化硅，只要正确掌握蒸干、凝聚酸度、凝聚后体积，以及洗涤等步骤，滤液中残留的二氧化硅量可低于 2mg，二氧化硅沉淀中杂质量亦可低于 2mg。在一般硅酸盐分析中，对沉淀和滤液中的二氧化硅不再进行回收。但在精密分析时，需对滤液中的二氧化硅进行回收校正，二氧化硅沉淀亦应用氢氟酸处理。

本法适用于硅酸盐、碳酸盐、铁矿、锰矿及一般铜、铅、锌、镍矿等试样中 1% 以上二氧化硅的测定。

3.3.2 试剂

动物胶溶液（1%）。称取 1g 动物胶溶于预先热至 70℃的 100mL 水中（临时配制）。

3.3.3 分析步骤

称取 0.5000g 试样，置于铂坩埚中，加入 4g 无水碳酸钠，混匀后，上面再盖一层碳

酸钠。将坩埚置于高温炉中于1000℃熔融40～60min，取出冷却，放入250mL烧杯中。加入1∶2 HCl 30～40mL，加热至熔块溶解完全，用水洗净坩埚及盖。将烧杯放在水浴上或低温电热板上蒸发至湿盐状，取下冷却。小心用玻棒压碎盐类，加入浓盐酸20mL，搅拌均匀，放置过夜（或加热微沸1min）。将烧杯置于70℃的水浴中，加入新配制的1%动物胶溶液10mL，充分搅拌1min，于水浴上保温10min。取下加入热水20mL，搅拌使盐类溶解。用中速定量滤纸过滤，滤液收集于250mL容量瓶（供测定铁、铝、钛、钙、锰、镁和磷用），用热的2% HCl溶液洗涤烧杯和沉淀各数次，用一小片定量滤纸擦净烧杯，然后用热水洗涤沉淀8～10次。将滤纸连同沉淀一起移入已恒重的瓷坩埚中，低温灰化后，放入高温炉内，于1000℃灼烧1h，取出放入干燥器中冷却30min称量，再灼烧至恒量为止。

$$SiO_2\% = \frac{m_1 - m_2}{m} \times 100\%$$

式中 m_1——坩埚质量＋沉淀质量，g；

m_2——坩埚质量，g；

m——试样质量，g。

3.4 三氧化二铝的测定

硅酸盐矿物和岩石中三氧化二铝的测定方法很多，属于重量法的有磷酸铝法、8-羟基喹啉铝法及差减法；滴定法有酸碱滴定法、EDTA络合滴定法等；分光光度法有铝试剂法、铬天青S法等。目前常采用的是EDTA络合滴定法和铬天青S分光光度法。本节仅介绍EDTA络合滴定法，铬天青S分光光度法参见8.2节。

3.4.1 方法原理

铝能与EDTA形成中等强度的无色络合物（稳定常数$K=10^{16.13}$），但反应在室温下进行很慢，只有在沸腾的溶液中才能较快地络合完全。铝对二甲酚橙、铬黑T、PAN等金属离子指示剂都有封闭作用，用EDTA直接滴定时缺乏适当的指示剂。此外，在低酸度时，Al^{3+}易与OH^-生成一系列的多羟基络合物，这些多羟基络合物与EDTA反应缓慢，络合比不定，对滴定不利；若提高溶液酸度，虽可减少多羟基络合物的形成，但将导致铝与EDTA络合不完全。因此，EDTA络合滴定测定铝只能用间接滴定法。在复杂物质测定中，均采用氟化物置换滴定法测定铝的含量。

氟化物置换滴定法是在微酸性溶液中加入过量的EDTA，将溶液煮沸，调节溶液pH值为5～6，使Al^{3+}、Fe^{3+}、Cu^{2+}、Zn^{2+}、Pb^{2+}、Ti（Ⅳ）、Ni^{2+}等离子与EDTA完全络合，选用适当的指示剂，用锌盐溶液回滴过量的EDTA。然后加入氟化铵，利用F^-能与Al^{3+}生成更稳定的络合物这一性质，使AlY^-转变为更稳定的络合物AlF_6^{3-}，释放出与Al^{3+}等物质量的EDTA，再用锌盐标准溶液滴定。反应式如下：

$$AlY^- + 6F^- = AlF_6^{3-} + Y^{4-}$$

$$Y^{4-} + Zn^{2+} = ZnY^{2-}$$

钛（Ⅳ）、锆（Ⅳ）、锡（Ⅳ）、钍（Ⅳ）等与EDTA形成稳定的络合物，加入氟化物后又能释放出 EDTA，使测定结果偏高。在一般的硅酸盐中，锡、钍、锆含量均很低，只考虑钛对测定的影响。通常采取另外测定钛含量，然后扣除之。也可加入钽试剂、乳酸、酒石酸等消除干扰。若钛含量较高，可采用铝、钛连续滴定。即在加入氟化物之前，加入苦杏仁酸置换出 Ti-EDTA 中的 EDTA，用锌盐标准溶液滴定测定钛，然后再测铝。

锰量大于 1mg 时，终点变化不明显，可用苯甲酸铵、六次甲基四胺或氨水沉淀铝，使铝与锰分离。

大量铁的存在会干扰测定，须用 NaOH 将 Fe^{3+}、Al^{3+} 分离。

试样中有大量的 Ca^{2+} 会使终点不稳定；PO_4^{3-} 存在会使结果偏低（形成 $AlPO_4$ 沉淀）。可提高溶液酸度至 pH 值为 4.3，以铋盐作滴定剂消除干扰。

本法适用于 1% 以上三氧化铝的测定。

3.4.2 试剂

（1）0.02mol/L EDTA 溶液。称取 7.5g 乙二胺四乙酸二钠溶于水中，稀释至 1000mL。

（2）氯化锌标准溶液。称取 1.2821g 金属锌（99.99%）于 150mL 烧杯中，加入 15mL 盐酸（1∶1），加热溶解并蒸发至 2～3mL，移入 1000mL 容量瓶中，用氨水（1∶1）中和至甲基橙指示剂变黄，然后再以盐酸（1∶1）滴至指示剂变红，并过量 5 滴，用水定容。此溶液每毫升相当于 1mg 三氧化二铝。

（3）乙酸-乙酸钠缓冲溶液（pH 值为 5～6）。称取 200g 结晶乙酸钠（$NaC_2H_3O_2 \cdot 3H_2O$）溶于 500mL 水中，加入 10mL 冰乙酸，用水稀释至 1000mL。

（4）钽试剂（N-苯甲酰基苯羟胺）。称取 2.5g 钽试剂溶于 500mL 无水乙醇中。

（5）0.5% 二甲酚橙水溶液。

3.4.3 分析步骤

吸取分离二氧化硅后的滤液 25.00mL 于 300mL 锥形瓶中，加水 20mL，用氨水调至氢氧化铁沉淀出现，以盐酸（1∶1）溶解并过量 2mL，加热煮沸、冷却。加入 10mL 钽试剂，放置 5min，加入 40mL EDTA 溶液（若铝量较高，可增加），在 60℃ 保温至钛与钽试剂的沉淀凝聚。取下冷却，以甲基橙为指示剂，用氨水（1∶1）调至黄色并过量 2 滴，加入 10mL 乙酸-乙酸钠缓冲溶液，煮沸 3min 取下冷却至室温。加入 3～4 滴 0.5% 二甲酚橙指示剂，用氯化锌标准溶液滴定至溶液刚变红紫色，此读数不计。然后加入 1～2g 氟化铵，煮沸 3min，取下冷却至室温，用氯化锌标准溶液滴定至溶液刚变红紫色为终点。记下读数，按下式计算三氧化二铝的百分含量：

$$Al_2O_3\% = \frac{T \cdot V}{m} \times 100\%$$

式中 T——氯化锌标准溶液对三氧化二铝的滴定度，g/mL；

V——滴定消耗氯化锌标准溶液体积，mL；

m——分取试样质量，g。

3.5 原子吸收分光光度法测定铁和锰

铁的测定方法很多，目前常用的是滴定分析法、分光光度法、原子吸收分光光度法。

在滴定分析法中，除络合滴定法外，都是以氧化还原反应为基础的氧化还原滴定法，这些方法又因测定 Fe^{2+} 或 Fe^{3+} 以及采用不同的氧化剂或还原剂以及不同的指示剂而分成若干种。在光度法中，由于选用的显色剂不同，也有多种测定铁的方法。在硅酸盐岩石中，用原子吸收分光光度法测定铁时，一般与铁共存的元素不干扰测定，方法简便、快速，是目前测定铁的发展方向。

硅酸盐岩石中，锰的含量较低，通常采用高锰酸分光光度法和原子吸收分光光度法。由于原子吸收分光光度法方法简便、快速，干扰较少，很有实用价值。

3.5.1 方法原理

在空气-乙炔火焰中，铁、锰的化合物易于原子化，可分别于波长 248.3nm 和 279.5nm 处，测量铁、锰基态原子对铁、锰空心阴极灯特征辐射的吸收进行定量分析。

影响铁、锰原子吸收分光光度法准确度的主要干扰是化学干扰。当硅的质量浓度大于 20mg/L 时，对铁的测定产生负干扰；当硅的质量浓度大于 50mg/L 时，对锰的测定也出现负干扰。在系统分析中，硅已被分离，可不考虑干扰问题。若单称样分析，可用氢氟酸，氟化铵处理或经高氯酸冒烟消除干扰。10% 以下的盐酸、高氯酸不影响测定，磷酸、硫酸浓度（质量分数）大于 3% 时使测定结果偏低。

一般来说，铁、锰的原子吸收分光光度法分析的基体干扰不太严重，由分子吸收或光散射造成的背景吸收也可忽略。但是，由于铁、锰的光谱线较复杂，在所测定的吸收线附近存在着单色器不能分离的邻近线，使测定的灵敏度下降及工作曲线弯曲，应选用较小的光谱通带予以改善或消除。但应注意，光谱通带太小会使光强度减弱，信噪比降低，也会影响测定。

铁、锰的氧化物比较稳定，应选用富燃性火焰，以提高测定的灵敏度。

本法适用于测定 w（Fe）=0.01% ~1.0%、w（Mn）=0.01% ~0.5% 的试样；工作曲线范围分别为 0 ~ 1000μg/100mL 和 0 ~ 500μg/100mL。

3.5.2 仪器、试剂

（1）WFX-1B 或 310 型原子吸收分光光度计，工作条件见表 3-1。

表 3-1 原子吸收分光光度法测定 Fe、Mn、Ca、Mg 工作条件

元　素	Fe	Mn	Ca	Mg
波长/nm	248.3	279.5	422.7	285.2
灯电流/mA	4	2	2	2
燃烧器高/mm	6	6	6	6
单色器通带/nm	0.2	0.2	0.4	0.4
空气流量/L·min^{-1}	7	7	7	7
乙炔流量/L·min^{-1}	1.7	1.7	2.0	1.7

（2）铁、锰空心阴极灯。

（3）乙炔钢瓶或乙炔发生器。

（4）空气压缩机，应备有除水、除尘装置。

(5) 铁标准贮备液。准确称取光谱纯金属铁 0.6995g，溶入 60mL 1∶1 的硝酸中，加热驱除氮氧化物，移入 1000mL 容量瓶中，用 1% 的盐酸稀释至刻度，此溶液含三氧化二铁为 1.000mg/mL。

(6) 锰标准贮备液。准确称取 0.7745g 光谱纯金属锰（称量前用稀硫酸洗去表面氧化物，再用去离子水洗去酸，烘干。在干燥器中冷却尽快称取），用 10mL 1∶1 的硝酸溶解，加入驱除氮氧化物，移入 1000mL 容量瓶中，用 1% 的盐酸稀释至刻度，此溶液含氧化锰为 1.000mg/mL。

(7) 铁锰混合标准使用液。分别移取铁和锰标准贮备液 50.00mL 和 25.00mL，置于 1000mL 容量瓶中，用 1% 的盐酸稀释至刻线，摇匀。此溶液每毫升含 Fe_2O_3 50.0μg、氧化锰 25.0μg。

3.5.3 分析步骤

3.5.3.1 标准曲线的绘制

分别吸取铁锰混合标准溶液 0.00mL、1.00mL、2.00mL、4.00mL、6.00mL、8.00mL、10.00mL 于 100mL 容量瓶中，用 1% 的盐酸稀释至刻线，摇匀。用 1% 的盐酸调零后，在选定的仪器工作条件下测量其相应的吸光度，经空白校正后绘制标准曲线。

3.5.3.2 试样的测定

方法一：分取分离二氧化硅后的滤液 10.00mL 于 100mL 容量瓶中，用 1% 的盐酸稀释至刻线，摇匀。在测定标准系列溶液的同时，测量试样及空白样的吸光度。由试样吸光度减去空白样吸光度，从标准曲线上查出试样中三氧化二铁、氧化锰的量，并由下式分别计算含量

$$Fe_2O_3\% = \frac{A \times 10^{-6}}{m} \times 100\%$$

$$MnO\% = \frac{A \times 10^{-6}}{m} \times 100\%$$

式中　m——分取试样的质量，g；

A——由标准曲线查出的 Fe_2O_3 或 MnO 量，μg。

方法二：称取试样 0.5000g 置于聚四氟乙烯烧杯中，加入 10mL 氢氟酸、10mL 硝酸、3～4mL 高氯酸，于电热板上加热蒸发至高氯酸冒烟，取下冷却，用水冲洗烧杯，继续加热至高氯酸冒尽白烟，取下冷却。沿杯壁加入 5mL 1∶1 的盐酸，加热溶解盐类，冷至室温，移入 100mL 容量瓶中，用 1% 的盐酸定容。以下操作同方法一。

3.6 二氧化钛的测定

二氧化钛的测定，一般可采用重量法、滴定法、分光光度法和极谱法等。

硅酸盐类矿物中钛的含量一般较低，通常均采用光度法进行测定。主要的分析方法有过氧化氢分光光度法、钛铁试剂分光光度法、变色酸分光光度法和二安替比林甲烷分光光度法等。本节主要介绍二安替比林甲烷分光光度法测定硅酸盐中的二氧化钛。

3.6.1 方法原理

在0.5～4mol/L的盐酸或浓度为其二分之一的硫酸溶液中，钛（Ⅳ）与二安替比林甲烷（DAPM）生成黄色可溶性络合物，其最大吸收波长为390nm，摩尔吸光系数为1.47×10^4L/（mol·cm），借此进行光度测定。其反应式如下

$$TiO^{2+} + 3DAPM + 2H^+ \longrightarrow [Ti(DAPM)_3]^{4+} + H_2O$$

二安替比林甲烷与钛的络合物在较宽的酸度范围内其吸光度无显著变化。但是，当酸度低于0.25mol/L时，钛（Ⅳ）离子显著水解和聚合，使反应进行不完全；酸度过高，将使显色剂质子化，降低了显色剂的有效浓度，显色反应进行不完全。值得注意的是，硫酸介质能显著降低有色溶液的吸光度，使灵敏度降低；高氯酸会与DAPM生成白色沉淀，不应存在。

显色剂用量对显色反应速度有较大影响。若显色剂浓度在0.001～0.01mol/L，需要20h显色才能完全。一般需加入过量的显色剂促进显色反应速度，宜控制在0.03mol/L以上。

二安替比林甲烷分光光度法测定钛有较高的选择性，大多数金属离子均不干扰测定。CrO_4^{2-}、VO_3^-、Ce^{4+}等离子本身有颜色影响测定，以抗坏血酸还原至低价后，可消除影响。若这些离子含量达百分之几时，可取两份溶液，其中一份不加显色剂作参比液以抵消其影响。

铁（Ⅲ）能与DAPM形成棕色络合物，严重干扰测定。可用抗坏血酸将其还原成铁（Ⅱ），消除干扰。在50mL待测液中，1mL 1%的抗坏血酸能使10mg的铁（Ⅲ）不干扰测定。

钒量高时，可用硫脲消除干扰。锆的干扰可加入EDTA抑制。F^-和H_2O_2能与钛（Ⅳ）生成稳定的络合物而影响测定，须预先除去。

在$C_2O_4^{2-}$存在下，显色反应速度减慢，需加入Cu^{2+}催化。

本法适用于各种硅酸盐岩石及多种金属矿石中（0.00*n*～*n*）%钛的测定。

3.6.2 仪器、试剂

（1）72型或721型分光光度计。

（2）2%抗坏血酸水溶液。

（3）1%二安替比林甲烷溶液。称取1g二安替比林甲烷溶于100mL 2mol/L的盐酸溶液中。

（4）二氧化钛标准溶液。准确称取在1000℃下灼烧过的光谱纯二氧化钛0.1000g，置于铂坩埚中，加焦硫酸钾1g，在850℃熔融20min，取出冷却。将坩埚放入400mL烧杯中，以浓硫酸浸取，用5%的稀硫酸洗净坩埚，加热煮沸至溶液澄清，冷却，移入100mL容量瓶中，用水稀释至刻线，摇匀。此溶液含二氧化钛1.00mg/mL。吸取5.00mL于100mL容量瓶中，用1mol/L盐酸稀释至刻线，摇匀。此溶液含二氧化钛50μg/mL。

3.6.3 分析步骤

3.6.3.1 标准曲线的绘制

分别吸取含二氧化钛50μg/mL的标准溶液0.00mL、1.00mL、2.00mL、4.00mL、

6.00mL、8.00mL、10.00mL 于 100mL 容量瓶中，加 2% 抗坏血酸溶液 5mL，摇匀。放置数分钟后，加 10mL 1∶1 盐酸，20mL 1% 二安替比林甲烷溶液，用水稀释至刻线，摇匀。1h 后，在 390nm 处用 1.0cm 比色皿以空白作参比溶液测量其吸光度并绘制标准曲线。

3.6.3.2　试样的测定

吸取分离二氧化硅后的滤液 5.00 ~ 10.00mL，置于 100mL 容量瓶中，按标准曲线的绘制手续进行显色、测量。由试样吸光度，在标准曲线上查出二氧化钛的量，并由下式计算含量

$$TiO_2\% = \frac{A \times 10^{-6}}{m} \times 100\%$$

式中　m——分取试样的质量，g；

A——由标准曲线查出的 TiO_2 量，μg。

3.7 氧化钙、氧化镁的测定

钙镁普遍存在矿物和岩石中。在大部分硅酸盐物料中，钙或镁的含量不足 1%。经典的测定方法是将钙以草酸钙形式沉淀，然后用重量法或氧化-还原法进行测定；镁则以磷酸铵镁的形式沉淀，用重量法测定。目前常用 EDTA 滴定法、分光光度法、火焰分光光度法及原子吸收分光光度法测定氧化钙和氧化镁。本节主要介绍原子吸收分光光度法连续测定硅酸盐岩石中氧化钙和氧化镁。

3.7.1 方法原理

将含有氯化锶和 EDTA 的稀盐酸试液喷入空气-乙炔火焰中，使钙、镁原子化，分别于波长 422.7nm 和 285.2nm 处，测量钙、镁基态原子对钙、镁空心阴极灯特征辐射的吸收进行定量测定。

原子吸收分光光度法测定钙、镁的最大优点是测定的专属性，它可以简便地解决钙、镁相互之间的影响和其他元素的干扰问题。

在空气-乙炔火焰中，铝、钛、铁、锆、铪、钍、铬、钒、铀以及硅酸盐、磷酸盐、硫酸盐等，都能与钙、镁生成难挥发的化合物，抑制钙、镁的原子化，产生负干扰。此种干扰可加入释放剂锶盐、镧盐或保护剂 8-羟基喹啉、EDTA 克服其影响。

本法适用于铜矿、铁矿、铅锌矿、硅酸盐及岩石中 0.1% ~ 2.5% 的氧化钙、0.01% ~ 2.5% 的氧化镁的测定。在 0 ~ 1000μg/100mL 内均符合比尔定律。

3.7.2 仪器、试剂

（1）WFX-1B 或 310 型原子吸收分光光度计。仪器工作条件见表 3-1。

（2）氧化钙标准溶液。准确称取在 105 ~ 110℃ 下干燥至恒重的碳酸钙（$CaCO_3$）1.7846g 置于 300mL 烧杯中，加水 20mL，滴加 1∶1 盐酸至完全溶解，再多加 10mL。加热煮沸除去二氧化碳，冷却后移入 1000mL 容量瓶中，用水稀释至刻线，摇匀。此溶液含氧化钙 1.00mg/mL。

（3）氧化镁标准溶液。准确称取经 800℃ 灼烧至恒重的氧化镁 1.0000g，溶于 20mL 1∶1 盐酸中，移入 1000mL 容量瓶中，用水稀释至刻线，摇匀。此溶液含氧化镁

1.00mg/mL。

（4）钙、镁混合标准使用液。吸取上述氧化钙、氧化镁标准溶液各25.00mL置于250mL容量瓶中，用水稀释至刻线，摇匀。此溶液每毫升含氧化钙、氧化镁均为100μg。

（5）20%氯化锶溶液。

3.7.3 分析步骤

3.7.3.1 标准曲线的绘制

准确吸取0.00mL、1.00mL、2.00mL、4.00mL、6.00mL、8.00mL、10.00mL钙、镁混合标准使用液于100mL容量瓶中，依次加入1mL 20%氯化锶溶液、5mL 0.02mol/L EDTA溶液，用1%的盐酸溶液稀释至刻线，摇匀。用1%的盐酸调零后，在选定的条件下测量其相应的吸光度，经空白校正后绘制标准曲线。

3.7.3.2 试样的测定

吸取分离二氧化硅后的滤液10.00mL于100mL容量瓶中，加入1mL 20%氯化锶溶液、5mL 0.02mol/L EDTA溶液，用1%的盐酸溶液稀释至刻线，摇匀。在测定标准系列溶液的同时，测量试样及空白样的吸光度。由试样吸光度减去空白吸光度，从标准曲线上查出试样中氧化钙、氧化镁的量，并由下式计算含量

$$CaO\% = \frac{A \times 10^{-6}}{m} \times 100\%$$

$$MgO\% = \frac{A \times 10^{-6}}{m} \times 100\%$$

式中 m——分取试样的质量，g；

A——由标准曲线查出的CaO或MgO的量，μg。

4 矿 石 分 析

4.1 概述

地壳中具有相对固定化学组成和一定物理化学性质的天然产物称为矿物。在自然界中，它们以单质或化合物的形式存在，若为固态矿物，其还具有确定的内部结构。矿石是指在地壳中从有用矿物较集中的地方开采出来的固体物质；有用矿物的赋存状态和集中程度（品位）均能满足现代工业的要求，能在当前技术和经济条件下从中提取一种或数种有工业价值的元素。随着现代选矿技术的发展和矿石资源逐渐减少，常常把那些含有用矿物品位不高的岩石也当作矿石使用。

矿石的组成相当复杂，除被研究的矿物组分外，往往同时伴生多种矿物。当伴生矿物的品位达到一定要求时，可作为有用的伴生组分进行回收利用。

矿石是冶金工业的基础原料。矿石分析是保证产品质量、控制冶炼过程和研究新工艺必不可少的手段，也是进行地质勘探和综合利用矿产资源的主要依据。

矿石分析往往需要进行多种项目的分析，根据不同需要，可进行简项分析、组合分析或全分析。本章仅介绍一些矿石主成分分析的有关原理和方法，其他项目的分析参见本书有关章节。

4.2 铁矿石中铁的测定

铁是地球上分布最广的金属元素之一，在地壳中的平均含量为5.8%，在丰度表中位于氧、硅和铝之后，居第四位。自然界中已知的铁矿物有300多种，但工业矿物为数不多，主要有磁铁矿、赤铁矿、镜铁矿、褐铁矿和菱铁矿等。

铁矿石中常伴生的金属元素有锰、铬、镍、钴、钒、铜、铅、锌、钼、钨、锡等。其中锰、钒、铬、钴、镍、钼、钨通常只有少量存在，但这些元素在冶炼过程中可以大大提高钢铁的质量，属有益组分。而铅、铜、锌、锡则为有害组分。值得注意的是，有的铁矿还伴生稀有金属或稀土元素，其工业价值甚至超过铁矿石。

工业上对铁矿石中铁的品位要求是：菱铁矿大于30%~35%；褐铁矿大于45%~50%；赤铁矿大于54%~58%；磁铁矿大于56%~60%。达不到以上品位要求的，要进行选矿处理。

铁矿石分析一般只测定全铁（TFe）、硅、硫、磷。为了了解矿石的氧化状态和选矿的需要，需测定亚铁；从冶炼的角度考虑，要求测定可溶铁（盐酸可溶）和硅酸铁。

4.2.1 试样的分解

铁矿石通常用盐酸加热分解，如残渣为白色，表明试样分解完全。若残渣有黑色或其他颜色，可用氢氟酸或氟化铵处理。磁铁矿分解速度很慢，可加几滴氯化亚锡溶液加速分解或用硫-磷混合酸（1∶2）分解。铁矿石的系统分析常用碱熔法分解试样，常用的熔剂有碳酸钠、过氧化钠、氢氧化钠和过氧化钠-碳酸钠（2∶1）混合熔剂。熔融通常在银坩埚、镍坩埚或石墨坩埚中进行。也可用过氧化钠在镍坩埚中烧结分解试样。

4.2.2 全铁的测定——重铬酸钾滴定法

铁矿石中铁的测定方法很多，常用的有 EDTA 滴定法、重铬酸钾滴定法、高锰酸钾滴定法、铈量法和碘量法等。由于重铬酸钾滴定法具有快速、准确和容易掌握等优点，被广泛采用。

重铬酸钾滴定法测定全铁的方法依还原方式的不同，分为二氯化锡还原重铬酸钾法和三氯化钛还原重铬酸钾法。由于二氯化锡还原重铬酸钾法需使用剧毒的汞盐，逐渐被后者所取代。

4.2.2.1 二氯化锡还原重铬酸钾法

A 方法原理

在盐酸或硫酸介质中，用 $SnCl_2$ 作为还原剂，将试液中的 Fe^{3+} 还原成 Fe^{2+}，过量的 $SnCl_2$ 用 $HgCl_2$ 除去。在硫-磷混合酸存在下，以二苯胺磺酸钠为指示剂，用 $K_2Cr_2O_7$ 标准溶液滴定，其反应式为

$$2Fe^{3+}+Sn^{2+}+6Cl^{-}=\!=\!=2Fe^{2+}+SnCl_6^{2-}$$

$$Sn^{2+}+4Cl^{-}+2HgCl_2=\!=\!=SnCl_6^{2+}+Hg_2Cl_2\downarrow$$

$$6Fe^{2+}+Cr_2O_7^{2-}+14H^{+}=\!=\!=6Fe^{3+}+2Cr^{3+}+7H_2O$$

为了使试液中全部 Fe^{3+} 被还原并阻止 Fe^{2+} 再被氧化，通常需加入稍微过量的 $SnCl_2$，然后加入 $HgCl_2$ 除去过剩的 $SnCl_2$。此时应生成白色沉淀。由于反应速度较慢，加入 $HgCl_2$ 后应加以搅拌，并放置 3～5min。如果还原时加入 $SnCl_2$ 过量太多，则 $HgCl_2$ 进一步被还原成单质汞，产生灰色或黑色沉淀。金属汞易被 $K_2Cr_2O_7$ 氧化，使测定结果偏高，且使滴定终点难于观察。遇此情况，必须重做。

Fe^{3+} 能氧化指示剂，且本身的黄色影响终点观察。加入 H_3PO_4 可使 Fe^{3+} 形成稳定的络合物 $[Fe(HPO_4)_2]^-$，降低了 Fe^{3+}/Fe^{2+} 电对的电位，使滴定突跃范围变宽，便于选择指示剂和使 $Cr_2O_7^{2-}$ 与 Fe^{2+} 反应更完全。同时，由于生成 $[Fe(HPO_4)_2]^-$ 无色络离子，消除了 Fe^{3+} 的黄色对终点观察的影响。但应注意，在磷酸存在时，Fe^{2+} 更易被空气氧化，所以加入磷酸后应立即滴定。

用 $SnCl_2$ 还原 Fe^{3+} 时，应保持小体积和较高的酸度（6mol/L 以上）和温度，否则还原较慢，且 $SnCl_2$ 容易发生水解。

滴定时溶液的酸度应控制在 1～3mol/L 范围内。酸度过高，终点变色迟钝，会使测定结果偏高；酸度过低，滴定反应不完全。

由于 $SnCl_2$ 能将 Cu^{2+} 还原为 Cu（Ⅰ），Cu（Ⅰ）能被重铬酸钾氧化，同时 Cu^{2+} 又能催化 Fe^{2+} 被空气氧化，因此，铜的含量大于 0.5mg 时，应预先用氨水分离（钴、镍、铂等干扰元素也被分离）。

钨、钼、铬、砷、锑等存在量不是很大时，将试样用碱熔融，水浸取熔块，分离上述干扰元素（铁以 $Fe(OH)_3$ 形式沉淀）。

Ti（Ⅳ）的干扰可在用 $SnCl_2$ 还原之前加入适量的氟化物消除。若试样中钛含量较高，最好采用钛-铁连续滴定的方法，消除钛对测定的干扰。

硝酸的存在影响还原和滴定，可用硫酸冒烟或盐酸低温反复蒸干除去。

本法适用于5%以上铁的测定。

B 试剂

（1）10%氯化亚锡溶液。称取 10g $SnCl_2 \cdot 2H_2O$ 溶于 30mL 盐酸中，加水稀释至100mL。加少许锡粒。

（2）硫-磷混合酸。将 150mL 浓硫酸在搅拌下缓慢加入 500mL 水中，冷却后，加入150mL 磷酸，用水稀释至 1000mL，摇匀。

（3）饱和氯化汞水溶液。

（4）0.5%二苯胺磺酸钠水溶液。

（5）重铬酸钾标准溶液。称取在 150℃烘干 2h 的重铬酸钾 3.5119g，加水溶解后，移入 1000mL 容量瓶中，用水稀释至刻线，摇匀。此溶液每毫升相当于 4.00mg 铁。必要时以铁标准溶液标定。

C 分析步骤

称取 0.2000g 试样于 300mL 烧杯中，用水润湿，加入氟化钠 0.5g、1∶1 盐酸 20mL，低温加热溶解。待试样全部溶解后（使溶液保持 5～10mL），趁热滴加 10%二氯化锡溶液至黄色消失，过量 1～2 滴，用水冲洗杯壁，加水 100mL，冷却至室温。加入饱和氯化汞溶液 10mL，放置 3～5min。加入硫-磷混合酸 15mL、二苯胺磺酸钠指示剂 3～4 滴，用 $K_2Cr_2O_7$ 标准溶液滴定至稳定的紫红色为终点，用下式计算铁的含量

$$Fe\% = \frac{T \cdot V}{m} \times 100\%$$

式中 T——重铬酸钾标准溶液对铁的滴定度，g/mL；

V——滴定消耗重铬酸钾标准溶液的体积，mL；

m——试样质量，g。

对于比较特殊的铁矿，应分离后再进行铁的测定。

（1）含钒和钼的铁矿：碱熔融，水浸取，过滤分离钒和钼后，沉淀用盐酸溶解，按上述方法还原、滴定。

（2）含铜的铁矿：试样用盐酸分解后，用 1∶1 氨水中和至微氨性并过量 5mL，过滤，以 2% $NH_4Cl\text{-}NH_3 \cdot H_2O$ 溶液洗涤。沉淀用盐酸溶解，按上述方法还原、滴定。

（3）含砷和锑的铁矿：试样分解后制成硫酸溶液，加入氢溴酸使砷和锑呈溴化物挥发除去。

4.2.2.2 三氯化钛还原重铬酸钾法

A 方法原理

在盐酸或硫酸介质中，用 $SnCl_2$ 将试液中大部分的 Fe^{3+} 还原为 Fe^{2+}，剩余少量的 Fe^{3+} 用 $TiCl_3$ 使其完全还原为 Fe^{2+}，过量的 $TiCl_3$ 用稀重铬酸钾氧化（钨酸钠或靛蓝为指示剂）。在硫-磷混合酸存在条件下，以二苯胺磺酸钠为指示剂，用 $K_2Cr_2O_7$ 标准溶液滴定。

B 试剂

(1) 0.5g/L 稀重铬酸钾溶液。

(2) 250g/L 钨酸钠溶液。称取 25g 钨酸钠（Na_2WO_4）溶于适量水中，加 5mL 浓磷酸，用水稀释至 100mL，摇匀。

(3) 1g/L 靛蓝溶液。称取 0.1g 靛蓝（$C_{16}H_8O_8N_2S_2Na_2$）溶于 100mL 硫酸（1+1）中，混匀。

(4) 15g/L 三氯化钛溶液。取 2mL 三氯化钛溶液（质量分数为 15%~20%），用1∶5 盐酸稀释至 30mL，摇匀后在冰箱中保存备用。

(5) 高氯酸（1+1）。

(6) 其他试剂。同二氯化锡还原重铬酸钾法。

C 分析步骤

称取 0.2000g 试样于 300mL 烧杯中，用少量水润湿，加入氟化钠 0.5g、1∶1 盐酸 20mL，低温加热溶解。待试样全部溶解后，趁热边搅拌边滴加 10% 二氯化锡溶液至试液呈浅黄色，用少量水吹洗杯壁，加水 100mL，然后用下列方法之一进一步还原 Fe^{3+} 和氧化过量的三氯化钛。

方法一：以钨酸钠为指示剂，稀重铬酸钾氧化。

将试液流水冷却至室温，滴加 15 滴钨酸钠溶液（250g/L），边搅拌边滴加三氯化钛溶液至出现稳定蓝色，过量 1~2 滴，滴加稀重铬酸钾溶液（0.5g/L）至蓝色刚好消失。

方法二：以靛蓝为指示剂，稀重铬酸钾氧化。

将试液加热至近沸，趁热加入 6 滴靛蓝溶液，边搅拌边滴加三氯化钛至试液由蓝色变为无色，再过量 2~3 滴。然后逐滴加入稀重铬酸钾溶液至试液呈稳定蓝色。

往上述任一方法处理好的试液中加入硫-磷混合酸 20mL、二苯胺磺酸钠指示剂 3~4 滴，用 $K_2Cr_2O_7$ 标准溶液滴定至稳定的红色为终点。用同样方法平行做空白试验。用下式计算铁的含量

$$Fe\% = \frac{T \cdot (V - V_0)}{m} \times 100\%$$

式中 T——重铬酸钾标准溶液对铁的滴定度，g/mL；

V——滴定试样消耗重铬酸钾溶液的体积，mL；

V_0——滴定空白消耗重铬酸钾溶液的体积，mL；

m——试样质量。

对于比较特殊的铁矿，应分离后再进行铁的测定，具体方法见二氯化锡还原重铬酸钾法。试样处理过程中，如果加入过量的 $SnCl_2$ 溶液，则滴加 3% 的 H_2O_2 至溶液呈浅黄色。

4.2.3 亚铁和可溶铁的测定

4.2.3.1 亚铁的测定

铁矿中的亚铁是指磁铁矿、菱铁矿及一些硅酸盐中的亚铁，不包括硫化物矿物中的亚铁。当分析含有硫铁矿试样中的亚铁时，试样的分解比较复杂，最好能控制一定的酸量和时间，以免部分硫铁矿分解而引起误差。

亚铁的测定一般是在二氧化碳保护气氛下，用盐酸和氟化钠在高温电炉上分解试样。

试样溶解完全后，加硼酸除去氟的干扰，加入硫-磷混合酸和指示剂，用重铬酸钾标准溶液滴定。

为了防止试样中亚铁氧化，一般试样只要求过100目筛，且不烘干。

4.2.3.2 *可溶铁的测定*

可溶铁是指能溶于盐酸的含铁矿物，溶样时不能同时加入其他试剂，也不能将试样灼烧处理。试样用盐酸分解后，按全铁测定方法进行测定。

4.3 锰矿石中锰的测定

锰在地壳内的平均含量为0.1%，在自然界中分布比较广泛。目前已知的锰矿物有150多种，具有工业价值的锰矿物只有碳酸锰和氧化锰两种类型。最常见的矿石是软锰矿（MnO_2）、硬锰矿（$MnO \cdot MnO_2 \cdot nH_2O$）、水锰矿（$Mn_2O_3 \cdot H_2O$）、褐锰矿（$Mn_2O_3$）、黑锰矿（$Mn_3O_4$）和菱锰矿（$MnCO_3$）等。在这些矿物中，锰的含量 w（Mn）可达50%～70%。

锰矿中常含有二氧化硅、磷、硫、砷、铝、钡、钙、镁、钠和钾等杂质，有时也伴生有铜、钴、镍及其他稀有金属。其中，二氧化硅、硫、磷和砷都是锰矿石中的有害杂质。磷含量的高低是评价锰矿石的一个重要指标。

锰是钢铁工业不可缺少的重要的脱硫剂和脱氧剂。钢中加入少量锰，能增加硬度、延展性、韧性和抗磨能力。锰钢、锰铁以及锰的有色金属合金，在工业上都极为重要。

4.3.1 试样的分解

锰矿石大多数易被盐酸或硝-盐混合酸分解。如果试样不要求测定二氧化硅，可用氢氟酸和硫酸分解。如仅要求测定锰，可用磷酸、磷酸和过氧化氢或磷酸和硝酸分解。对于不易用酸分解的试样，可以采用碱性或酸性熔剂进行熔融。

4.3.2 锰的测定

锰的测定方法很多，有重量法、滴定法、分光光度法、电位滴定法和原子吸收分光光度法等。电位滴定法测定锰矿石中锰的含量为国家和国际标准方法。本节主要介绍电位滴定法。

4.3.2.1 *方法原理*

在pH值为6.5～7.5的焦磷酸钠介质中，用铂电极作指示电极，钨或银电极作参比电极组成工作电池，用高锰酸钾标准溶液滴定试液中的锰（Ⅱ）至锰（Ⅲ），其反应式为

$$4Mn^{2+} + MnO_4^- + 15H_2P_2O_7^{2-} + 8H^+ = 5Mn(H_2P_2O_7)_3^{3-} + 4H_2O$$

滴定过程中（25℃）铂电极的电极电位为

$$\varphi_{Pt} = \varphi^0_{Mn^{3+}/Mn^{2+}} + 0.059\lg\frac{[Mn^{3+}]}{[Mn^{2+}]}$$

由于溶液中存在大量的 $H_2P_2O_7^{2-}$，Mn^{3+} 的浓度很小，且可认为恒定，则上式可写为

$$\varphi_{Pt} = \varphi^0_{Mn^{3+}/Mn^{2+}} + K - 0.059\lg[Mn^{2+}]$$

随着滴定剂 $KMnO_4$ 的加入，Mn^{2+} 的浓度逐渐减小，在化学计量点附近产生电位突跃

(大于60mV)。滴定终点可通过作图法或电位的突跃确定。

酸度对测定有较大的影响，须严格控制溶液的pH值在6.5~7.5。酸度太高，滴定反应不完全，甚至不能反应；酸度太低，$KMnO_4$ 会转化为 MnO_4^{2-}，也可导致滴定反应不能进行。

焦磷酸钠能与 Mn^{3+} 形成稳定的络合物，降低了 Mn^{3+}-Mn^{2+} 电对的电位，使滴定反应速度加快和更加完全。同时，由于焦磷酸钠的存在，增强了 Mn^{3+} 的稳定性，抑制 Mn^{3+} 发生下列歧化反应

$$2Mn^{3+} + 2H_2O = Mn^{2+} + MnO_2 + 4H^+$$

焦磷酸钠的用量一般为锰量的300倍以上。

铬（Ⅲ）和砷（Ⅲ）对测定有干扰。可在碱性溶液中加入过氧化钠处理，将 Mn^{2+} 氧化为 MnO_4^{2-}、Cr^{3+} 氧化为 CrO_4^{2-}，然后加入乙醇煮沸，使锰酸盐还原为二氧化锰水合物析出与铬分离。也可在热的高氯酸溶液中加入盐酸，将铬以氯化铬酰（CrO_2Cl_2）形式挥发除去。三价砷的干扰可在酸性条件下用硝酸将其氧化为五价，干扰即可消除。

本法适用于 w（Mn）=8%~60%的测定。

4.3.2.2 仪器、试剂

（1）ZD-2型自动电位滴定计（213型铂电极为指示电极，216型银电极为参比电极）。

（2）PHS-2型酸度计。

（3）焦磷酸钠饱和溶液。

（4）高锰酸钾标准溶液。称取0.9878g优级纯高锰酸钾溶于100mL预先煮沸并冷却的蒸馏水中，移入1000mL容量瓶中，用同样的蒸馏水稀释至刻线，摇匀。此溶液对锰的滴定度 $T_{Mn/KMO_4}=0.001374g/mL$。

4.3.2.3 分析步骤

称取0.1000g试样于250mL聚四氟乙烯烧杯中，加入7mL盐酸，加热10min取下，加入3mL硝酸、5mL高氯酸、5mL氢氟酸，置于电热板上加热至试样完全分解，并蒸发至冒白烟，剩余体积约0.5mL，取下。加15mL水，煮沸至可溶性盐类溶解。冷却，迅速加入100mL饱和焦磷酸钠溶液，用1∶1硫酸和1∶1氨水调至pH值为7（用pH计或精密试纸测试），插入铂-银电极，开动搅拌器，在不断搅拌下，用高锰酸钾标准溶液滴定至仪器的指针发生明显偏转（电位突跃），即为终点，用下式计算锰的含量

$$Mn\% = \frac{T \cdot V}{m} \times 100\%$$

式中 T——高锰酸钾标准溶液对锰的滴定度，g/mL；

V——滴定消耗高锰酸钾标准溶液体积，mL；

m——称取试样质量，g。

对于酸易溶的试样，只需用盐酸、硝酸溶解。

若有黑色二氧化锰析出，加几滴盐酸使之溶解；大量铬存在时，将铬氧化至铬酸盐后，滴加盐酸，使成氯化铬酰挥发除去。

4.4 铬铁矿中铬的测定

铬在地壳中的平均含量 w（Cr）为0.035%，属于亲石元素。铬的工业矿物统称为铬

铁矿，它包括外表彼此相似而化学性质互异的数种铬尖晶石矿物。其中具有工业利用价值的矿物有镁铬铁矿、铝铬铁矿、富铬尖晶铬铁矿等矿物。

在铬铁矿中，通常含 Cr_2O_3 8%～62%、FeO 0～18%、MgO 6%～16%、Al_2O_3 0～30%和 Fe_2O_3 2%～30%。常伴生铂族元素（如锇、铱、铂、钌、铑和钯）、钴、钛、钒和镍等有用元素，在综合利用铬铁矿时都应作出评价。伴生的有害杂质有二氧化硅、磷和硫，其平均允许含量为：$w(SiO_2) \leqslant 10\%$、$w(P) \leqslant 0.07\%$、$w(S) \leqslant 0.05\%$。

铬能提高钢的机械性能和使钢具有特定的物理化学性质，是冶炼合金钢的重要合金元素。铬铁矿在工业上除用于生产铬盐和氧化铬等化工产品外，主要用于生产铬铁。

4.4.1 试样的分解

过氧化钠是一种强氧化性熔剂，对铬铁矿有很强的分解能力，在试样分解的同时定量地将铬氧化至6价。用过氧化钠分解铬铁矿可分为熔融和半熔两种方式。熔融温度为650～700℃，半熔温度为（520±10）℃，常用银、铁、镍和高铝坩埚。在过氧化钠中加入五分之二或二分之一的氢氧化钠，可降低过氧化钠的熔点而仍保持其强氧化能力和分解矿物能力，减少对坩埚的腐蚀。在（520±10）℃熔融25～30min即可使试样分解完全。此外，硼酸-碳酸钠的混合熔剂对铬铁矿也有很强的分解能力。

磷酸在加热至100～300℃时，具有极强的溶解矿物能力。镁铬铁矿、铝铬铁矿和尖晶石等难溶矿物均可被磷酸完全分解。加入硫酸，分解温度可提高至360～380℃，有利于试样分解，并可防止焦磷酸盐的出现，改善了单独使用磷酸分解试样的条件，广泛应用于铬铁矿的简项分析。硫酸与磷酸的比例一般为1:2或1:1。

4.4.2 铬的测定

铬铁矿中铬的含量较高，一般采用硫酸亚铁铵容量法测定。

4.4.2.1 *方法原理*

试样用硫-磷混合酸分解后，以硝酸银为催化剂，用过硫酸铵将试样中的铬全部氧化至6价。其反应式如下

$$2Cr^{3+} + 3S_2O_8^{2-} + 7H_2O \xlongequal{Ag^+} Cr_2O_7^{2-} + 6SO_4^{2-} + 14H^+$$

试液中的锰（若试样中锰量很低，可在氧化前加入少量的硫酸锰溶液）被氧化至高锰酸根，标志氧化作用完全（紫色出现）。过量的氧化剂过硫酸铵经煮沸除去。由于高锰酸根干扰测定，可在氧化完全后加入少量盐酸或氯化钠还原，其反应式为

$$2MnO_4^- + 10Cl^- + 16H^+ = 2Mn^{2+} + 5Cl_2\uparrow + 8H_2O$$

反应产生的氯气经煮沸除去。

调节酸度至1～3mol/L，以二苯胺磺酸钠或邻苯氨基苯甲酸为指示剂，用硫酸亚铁铵标准溶液滴定至溶液由蓝紫色突变为亮绿色为终点。

过硫酸铵氧化 Cr^{3+} 至 $Cr_2O_7^{2-}$ 时，硫酸的浓度（质量分数）不宜超过5%，否则氧化不完全。

锰、钒和铈对测定有干扰，它们均能被过硫酸氧化至高价态，又能被硫酸亚铁铵还原，使测定结果偏高。除锰如上述，钒和铈的干扰可用校正法消除。若试样中含钒0.5%

以上，一般采用返滴定法消除钒的干扰。

本法适用于0.1%以上铬的测定。

4.4.2.2　试剂

（1）0.2%二苯胺磺酸钠溶液。

（2）硫酸亚铁铵标准溶液。称取20g硫酸亚铁铵（$FeSO_4 \cdot (NH_4)_2SO_4 \cdot 6H_2O$）溶于1000mL 5%硫酸中（如混浊须过滤），贮于棕色瓶中，然后用重铬酸钾标准溶液标定。

4.4.2.3　分析步骤

准确称取0.2g试样于500mL锥形瓶中，以少量水润湿。加入10mL磷酸、10mL硫酸，摇散试样，盖上瓷坩埚盖，置于高温电炉上加热分解并经常摇动锥形瓶以防试样粘附在瓶底。试样分解完全后，取下冷却。加水200mL，摇匀。加入1%硝酸银溶液1mL、1%硫酸锰溶液0.5mL和数片素烧瓷片，加入4~5g过硫酸铵，于电炉上加热至出现高锰酸盐的紫色再煮沸10min，取下稍冷，加入10%氯化钠溶液5mL，加热煮沸至溶液透明清亮后再微沸10min驱尽氯气。取下迅速冷却，用硫酸亚铁铵标准溶液滴定至浅黄色，加入2滴二苯胺磺酸钠指示剂，继续滴定至溶液由蓝紫色突变为亮绿色为终点，按下式计算铬的含量

$$Cr\% = \frac{T \cdot V}{m} \times 100\%$$

式中　T——硫酸亚铁铵标准溶液对铬的滴定度，g/mL；

V——滴定消耗硫酸亚铁铵标准溶液体积，mL；

m——试样质量，g。

4.5　铜矿石中铜的测定

铜在地壳中的平均含量为0.01%，一般在基性岩石的含量较高。铜是典型的亲硫元素，其原生矿物几乎全是硫化物。自然界中已知的含铜矿物约有280余种，主要的工业矿物有黄铜矿$CuFe_xS_2$（常与黄铁矿伴生）、斑铜矿Cu_5FeS_4、辉铜矿Cu_2S、铜蓝CuS、黝铜矿$Cu_{12}Sb_4S_{13}$、黑铜矿CuO、赤铜矿Cu_2O、孔雀石$CuCO_3 \cdot Cu(OH)_2$、蓝铜矿$2CuCO_3 \cdot Cu(OH)_2$和自然铜等。其中辉铜矿和黄铜矿分布最广，是冶炼铜的主要矿物原料。

根据矿物的种类和矿石氧化率（指铜的氧化率），可将铜矿石划分为硫化铜矿石、氧化铜矿石和混合矿石等三种自然类型。

（1）硫化铜矿石。目前世界上80%的铜来源于此类矿石。在硫化铜矿石中，矿石氧化率小于10%。其中最重要的原生硫化铜矿物是黄铜矿，其次是方黄铜矿、斑铜矿和辉铜矿等。其边界品位为0.3%，工业品位为0.5%。

（2）氧化铜矿石。在此类矿石中，矿石氧化率大于30%。主要包括碳酸盐类、硅酸盐类和硫酸盐类矿物。其边界品位为0.5%，工业品位为0.7%。

（3）混合铜矿石。矿石氧化率介于10%~30%。

铜常与硫元素伴生，常含有硒、碲、锗、镓、铊、金和银等稀散元素，应注意对铜矿石进行综合分析和评价。

4.5.1　试样的分解

硫化铜矿石，如黄铜矿、辉铜矿等，均易溶于硝酸或王水中，通常加入盐酸煮沸数分

钟，使硫、砷等元素逸出，然后加入硝酸加热分解。有时在加入硝酸分解硫化矿之前，预先加入少量溴水或氯酸钾，使试样中的硫化物氧化成硫酸盐，避免由于硝酸作用析出的单质硫包裹试样。

在实际应用中，先将试样在低温500～600℃焙烧，再加酸分解，避免大量硫的析出。

氧化铜矿石及含硅酸盐矿物，如赤铜矿、硅孔雀石等，不易被酸完全分解。在简项分析中，可用酸与氟化物分解试样。

除上述分解方法外，也可用氯化铵-硝酸铵(1∶1)或氯化铵-硝酸铵-硫酸铵(1∶1∶1)的混合物作熔剂来分解试样。

4.5.2 铜的测定

铜矿石中铜的含量变化幅度较大，涉及的测定方法也较多。对于高、中含量铜的测定多采用碘量法；低含量铜的测定可采用铜试剂、双硫腙和新亚铜灵等分光光度法、极谱法和原子吸收分光光度法。

经典的碘量法测定的铜范围较宽，但对于组成比较复杂的矿物，需进行干扰元素的分离，操作手续较复杂。本节主要介绍快速碘氟法。

4.5.2.1 *方法原理*

在pH值为3～4的微酸性溶液中，加入氟化氢铵掩蔽铁，用碘化钾与试液中Cu^{2+}反应，生成难溶于稀酸的CuI，析出相应的I_2。以淀粉为指示剂，用硫代硫酸钠标准溶液滴定，其反应式为

$$2Cu^{2+} + 4I^- = 2CuI + I_2$$

$$I_2 + 2S_2O_3^{2-} = 2I^- + S_4O_6^{2-}$$

$S_2O_3^{2-}$与I_2的反应最适宜的酸度范围是pH值等于3.5～4。

在碱性溶液中，I_2与$S_2O_3^{2-}$会发生如下副反应

$$S_2O_3^{2-} + 4I_2 + 10OH^- = 2SO_4^{2-} + 8I^- + 5H_2O$$

而且I_2还会发生歧化反应。

在酸性溶液中，$S_2O_3^{2-}$会分解，其反应式为

$$S_2O_3^{2-} + 2H^+ = SO_2 + S + H_2O$$

I^-易被空气氧化

$$4I^- + 4H^+ + O_2 = 2I_2 + 2H_2O$$

而且，在强酸性溶液中干扰也会增加，例如，As（Ⅴ）、Sb（Ⅴ）等也要氧化I^-为I_2，使测定结果偏高。

I^-与Cu^{2+}的反应是可逆的，为使I^-与Cu^{2+}反应完全，I^-必须过量。实际分析中一般加入2g左右的KI即可使Cu^{2+}与I^-定量地反应。过量的I^-存在，还可使I_2形成I_3^-，减小I_2的挥发。

CuI沉淀表面会吸附少量I_2导致结果偏低。可在接近滴定终点前加入硫氰酸盐使CuI转化为溶解度更小的CuSCN，消除CuI对I_2的吸附。硫氰酸盐不宜加入过早，否则会产生下述反应，使结果偏低。

$$6Cu^{2+} + 7SCN^- + 4H_2O = 6CuSCN\downarrow + SO_4^{2-} + CN^- + 8H^+$$

氟化物对 Fe^{3+} 的掩蔽作用与溶液的 pH 值有较大的关系。当 pH 值为 2 ~ 3 时，1g 氟化氢铵可掩蔽 200mg Fe^{3+}；pH 值在 3.5 ~4 时，1g 氟化氢铵可掩蔽 300mg Fe^{3+}。

当试样中存在大量的锰时，用 $NH_3 \cdot H_2O$ 调节 pH 易使溶液局部 pH 值太大，使 Mn^{2+} 被空气氧化为二氧化锰，生成的二氧化锰能氧化 I^-，使结果偏高。若采用乙酸铵调节 pH 值，不会发生上述现象，可避免锰的影响。

NO_2^- 对测定有干扰，可在分解试样时，加热至硫酸冒烟将其驱除或用尿素使之分解。

5 价钒在测定条件下能氧化碘离子，严重干扰测定。对含钒的试样，本法不适用。

本法适用于 $w(Cu) = 0.1\%$ 以上铜的测定。

4.5.2.2 试剂

(1) 乙酸-乙酸铵溶液（pH 值为 5）。称取 90g 乙酸铵置于 400mL 烧杯中，加 150mL 水和 100mL 冰乙酸，待溶解后，用水稀释至 300mL。

(2) 0.5% 淀粉溶液。称取 0.5g 可溶性淀粉置于 200mL 烧杯中，用少量水调至糊状，在不断搅拌下加到 100mL 沸水中，煮沸，冷却备用。

(3) 硫代硫酸钠标准溶液（约 0.05mol/L）。称取 12.41g $Na_2S_2O_3 \cdot 5H_2O$，溶于 1000mL 新煮沸放冷的水中，摇匀。用铜标准溶液进行标定，方法如下：

准确吸取铜标准溶液（1.000mg/mL）25.00mL，加入 1mL 10% 三氯化铁溶液，滴加乙酸-乙酸铵溶液调节溶液 pH 值。以下操作同分析步骤。

(4) 40% 硫氰酸钾溶液。称取 40g 硫氰酸钾用 100mL 水溶解，加 2g KI 溶解后，加入 2mL 0.5% 淀粉溶液，滴加碘液至溶液呈蓝色，用硫代硫酸钠标准溶液滴定至蓝色消失。

4.5.2.3 分析步骤

称取 0.1000 ~0.5000g 试样于 250mL 烧杯中，加少量水润湿，加 10 ~15mL 盐酸，低温加热 3 ~5min（若试样中硅含量较高时，需加入 0.5g 氟化氢铵），取下稍冷，加 5mL 硝酸继续溶解。待全部溶解后，取下加 1:1 硫酸 5mL，继续加热至冒白烟（若试样中碳含量较高，需加 5mL 高氯酸，加热至无黑色残渣）。冷却后，用水冲洗杯壁，保持体积在 30mL 内，加热溶解盐类，取下冷至室温。滴加乙酸-乙酸铵溶液（若铁含量较小，需补加 1mL 10% 三氯化铁溶液）至红色不再加深并过量 3 ~5mL，然后滴加氟化氢铵饱和液至红色消失并过量 1mL，摇匀。加入 2 ~3g 碘化钾，摇匀，迅速用硫代硫酸钠标准溶液滴定至淡黄色。加入 2mL 0.5% 淀粉溶液（若铅、铋含量较高，需提前加淀粉溶液），继续滴定至浅蓝色，加 1mL 40% 硫氰酸钾溶液，剧烈摇振至蓝色加深，再滴定至蓝色恰好消失为终点，按下式计算铜的含量

$$Cu\% = \frac{T \cdot V}{m} \times 100\%$$

式中 T——硫代硫酸钠标准溶液对铜的滴定度，g/mL；

V——滴定消耗硫代硫酸钠标准溶液的体积，mL；

m——称取试样质量，g。

4.6 铅矿石中铅的测定

铅在地壳中的含量约为 0.0016%，多以硫化物、碳酸盐等形态存在。铅的单一金属

矿床很少见，常与锌伴生。有时也与其它元素如锗、铜、镉、金和银等伴生，形成多金属矿床。

根据铅矿石所含成分不同，将铅矿石分为两大类。一类为硫化矿石，约占90%以上，主要是方铅矿 PbS。另一类为氧化矿石，其组成比较复杂，主要包括铅矾 $PbSO_4$、白铅矿 $PbCO_3$ 等次生矿物。

铅在铅矿中的含量变化较大，通常为百分之一至百分之几十，在多金属矿石中的含量可能低于百分之一，在岩石中的含量低于万分之一。一般工业要求为：硫化矿的边界品位为0.3% ~0.5%，工业品位为0.7% ~1.0%；氧化矿的边界品位为0.5% ~0.7%，工业品位为1.0% ~1.5%。

4.6.1　试样的分解

铅矿一般能为盐酸或盐酸和硝酸的混合酸所分解。如方铅矿及白铅矿可直接用盐酸-硝酸分解，铅矾则较难溶于盐酸。至于某些含铅的硅酸盐岩石，试样先用酸分解后，滤出残渣，再用碱熔融。

硫化矿石，应先用盐酸分解，使大部分硫以硫化氢形式逸出，再加硝酸使试样完全分解。

为了分离铅，试样可先用盐酸-硝酸分解后，再用硫酸冒烟使铅生成难溶的硫酸铅沉淀与大部分干扰元素分离。

4.6.2　铅的测定

测定铅的方法较多，重量法中最准确的是硫酸铅法，此外还有钼酸铅、铬酸铅以及电解析出二氧化铅的方法。虽然这些方法能得到较准确的结果，但手续复杂，已很少应用。生产中应用最广泛的是 EDTA 滴定法和铬酸铅滴定法。对于低含量铅的测定一般采用极谱法和原子吸收分光光度法。本节将介绍 EDTA 滴定法。

4.6.2.1　*方法原理*

试样用盐酸、硝酸分解，以硫酸沉淀铅与其他元素分离，用乙酸-乙酸钠缓冲溶液溶解硫酸铅，在 pH 值为5.5 ~6.0 的条件下，以二甲酚橙为指示剂，用 EDTA 标准溶液滴定至溶液由紫红色刚变亮黄色为终点，其反应式为

$$Pb^{2+} + H_2SO_4 = PbSO_4\downarrow + 2H^+$$

$$PbSO_4 + 2AC^- = Pb(AC)_2 + SO_4^{2-}$$

$$H_2Y^{2-} + Pb^{2+} = PbY^{2-} + 2H^+$$

硫酸铅在10% ~30%的稀硫酸溶液中溶解度最小。硫酸浓度低于10%或大于30%，都会使硫酸铅溶解度增大。盐酸、硝酸能显著地增大硫酸铅的溶解度，必须经过二次硫酸冒烟驱除。但冒烟温度不宜太高，时间不宜过长，否则铁、铝、铋等元素易生成难溶硫酸盐，夹杂在硫酸铅沉淀中干扰测定。

锑、铋含量高时易水解，夹杂于硫酸铅沉淀中影响测定。锑量不超过50mg 时，可加入酒石酸与锑络合，减少夹杂；少量铋也可用酒石酸消除影响。酒石酸对硫酸铅沉淀完全有一定的影响，须严格控制酒石酸用量。

大量的二氧化硅影响乙酸-乙酸钠对硫酸铅的浸取，应在分解试样时加入氟化钾，使其呈 SiF_4 逸去。

夹杂在硫酸铅沉淀中的少量铁、铝，应加入氟化钾掩蔽；少量锑、铋用酒石酸掩蔽。若铋量太高，可用“铋盐返滴定法”消除其影响。即在 pH 值为 5～6 的乙酸-乙酸钠缓冲溶液中，以二甲酚橙为指示剂，用 EDTA 标准溶液滴定铅铋含量，然后调整溶液 pH 值为 1.5～2.0，加入 pH 值为 1.8 的盐酸-氯化钾缓冲溶液，用硝酸铋标准溶液滴定释放出的与铅等物质量的 EDTA。

当试样含钡时，铅与钡结合成稳定的复盐沉淀（一部分铅进入硫酸钡晶格），使铅不能完全被乙酸-乙酸钠缓冲溶液浸取，严重干扰测定。可在氨性溶液中加入过量的 EDTA 标准溶液，加热使其溶解。然后调节溶液酸度，并在 pH 值为 5.5～6.0 的乙酸-乙酸钠缓冲溶液中，以乙酸铅标准溶液返滴定过量的 EDTA（此条件下，BaY^{2-} 已离解），从而计算铅的含量。

试样中含砷量高时，可在硫酸冒烟时加氢溴酸除去。

本法适用于1%以上铅的测定。

4.6.2.2 试剂

（1）乙酸-乙酸钠缓冲溶液（pH 值为 5.5～6）。称取 200g 结晶乙酸钠，用水溶解后，加入冰乙酸 10mL，稀释至 1000mL，摇匀。

（2）0.2%二甲酚橙水溶液（不宜久放）。

（3）EDTA 标准溶液。称取 3.5g 乙二胺四乙酸二钠于烧杯中，加水溶解，稀释至 1000mL，摇匀。用铅标准溶液标定，方法如下：

吸取铅标准溶液（2.000mg/mL）25.00mL 于 250mL 烧杯中加 1 滴甲基橙指示剂，滴加 1∶1 氨水至溶液由橙红色变为黄色，加入 20mL 乙酸-乙酸钠缓冲溶液、50mL 水、2 滴 0.2%二甲酚橙指示剂，用 EDTA 标准溶液滴定至溶液由酒红色刚变亮黄色为终点。标定时应作空白试验。

4.6.2.3 分析步骤

准确称取 0.4～0.5g 试样于 250mL 烧杯中，用少量水润湿，加盐酸 15mL，于低温电炉上加热溶解，蒸发至 3～5mL，加 10mL 硝酸，继续加热数分钟，取下稍冷，加入 0.5g 氯酸钾（试样含硫及有机物少时不用加），加热使有机物完全氧化，加入 30mL 1∶1 硫酸，蒸发至冒三氧化硫浓烟并保持 5min，取下冷却，用水淋洗杯壁，加水 50mL，加热煮沸 2min，放置 2h 或过夜，用棉花铺纸浆过滤（也可用定性滤纸），用 10%硫酸溶液洗涤烧杯和沉淀各 5 次，将沉淀连同棉球放回原烧杯中，加乙酸-乙酸钠缓冲溶液 50mL，加热搅拌至沸并保持 5min，使硫酸铅沉淀完全溶解。取下冷却，加入 0.1g 抗坏血酸（消除少量 Fe^{3+} 对指示剂的影响）、3～4 滴 0.2%二甲酚橙指示剂，用 EDTA 标准溶液滴定至溶液由酒红色变为亮黄色为终点，按下式计算铅的含量

$$\text{Pb}\% = \frac{T \cdot V}{m} \times 100\%$$

式中 T——EDTA 标准溶液对铅的滴定度，g/mL；

V——滴定消耗 EDTA 标准溶液体积，mL；

m——称取试样质量，g。

4.7 锌矿石中锌的测定

锌在地壳中的平均含量约为0.02%。在自然界中，单一的锌矿床很少见，多与铅或铜的矿物共生，构成铅锌矿或铜锌矿。目前用来生产锌的矿石，几乎都是硫化矿。

在自然界中，已发现的锌矿物有50多种，常见的仅10多种。主要矿物有闪锌矿ZnS、菱锌矿$ZnCO_3$、红锌矿ZnO和异极矿$Zn_2SiO_4 \cdot H_2O$。

闪锌矿常与铅的硫化物共生，并常伴生有少量镉、铜、金、银、锗、锡、铟等元素。锌精矿是由铅锌矿、铜锌矿或铅铜锌等多金属矿石中浮选而得。在锌精矿中锌含量约为50%，铜和铅的含量变化较大，介于千分之几到百分之几之间。

工业上对锌矿石的一般要求为：硫化矿的边界品位为0.5% ~0.8%，工业品位为1% ~2%；氧化矿的边界品位为2%，工业品位为3%。

4.7.1 试样的分解

锌矿比较容易分解，一般先用盐酸后用硝酸即可完全分解。含硫高且酸不能完全分解的试样，应先在700 ~750℃灼烧30min，再用氢氧化钠（钾）熔融。对于含锡石等难熔矿石，可用过氧化钠熔融分解。

4.7.2 锌的测定

在测定锌的各种方法中，EDTA滴定法测定常量锌在工业生产中占主要地位。低含量锌多采用极谱法和原子吸收分光光度法。本节仅介绍EDTA滴定法。

4.7.2.1 *方法原理*

试样经酸分解，在pH值为5 ~6的乙酸-乙酸钠缓冲溶液中，以二甲酚橙作指示剂，用EDTA标准溶液滴定，其反应式如下

$$H_2Y^{2-} + Zn^{2+} = ZnY^{2-} + 2H^+$$

在滴定条件下，干扰元素较多，除碱土金属和砷等少数金属离子外，其他金属离子如铅、铜、镉、汞、镍、钴、锰、铋、铝、铁、锑、锡及钛都干扰滴定。须预先分离干扰成分或加入适当掩蔽剂消除干扰。

利用氨水分离法可使大部分金属离子如铁、铝、铅、锰、锑、铋、锡和钛等离子生成沉淀与锌分离。而铜、镉、钴、镍与氨形成络合物仍留于溶液中。

在铵盐存在下，锰（Ⅱ）沉淀不完全，需加氧化剂将锰（Ⅱ）氧化成水合二氧化锰与锌完全分离。一般在酸溶解试样时加入氧化剂氯酸钾。

当铅量较高时，沉淀不完全。应在用氨水沉淀后加入碳酸铵或硫酸铵，使铅形成溶解度更小的碳酸铅或硫酸铅沉淀。

硅酸存在影响氨分离效果，应在酸溶解试样时加入氢氟酸使硅呈SiF_4逸去。

为了减少氢氧化物沉淀对锌的吸附和保证锌完全呈锌氨络离子状态与干扰元素分离，试液中必须有一定量的铵盐和过量的氨水存在。试验表明：在200mL试液中，加入3g硫酸铵或氯化铵及50mL浓氨水后，150mg铁及50mg铝所生成的氢氧化物沉淀对锌的吸附可忽略不计。另外，小体积、热溶液中沉淀，沉淀完毕迅速用适量热水冲稀，吸附量显著减少。

铜的干扰可在滴定前加入硫氰酸钾和硫代硫酸钠使铜沉淀为硫氰化亚铜沉淀或用硫脲掩蔽消除。

一般矿石中钴、镍含量甚微，可不考虑。若含量较高时，可加入氰化钾掩蔽。此时锌也被络合，需加入甲醛解蔽。

镉的干扰可用扣除法消除。也可用 α-DTCPA（α-氨基丙酸二硫代甲酸铵）和 TCA（甘氨酸二硫代甲酸铵）掩蔽。使用时应注意掩蔽剂的用量，它们对锌也有一定的络合能力。

在氨水沉淀分离中，氢氧化铁起共沉淀剂的作用，若试样中含铁量较低时，需在加氨水沉淀之前补加三氯化铁溶液，使含铁量保持 20～30mg 为宜。

滤液中少量的铁和铝用氟化铵掩蔽。

本法适用于含锌 1%以上的铜矿石、铅矿石和锌矿石中锌的测定。

4.7.2.2 试剂

（1）乙酸-乙酸钠缓冲溶液（pH 值为 5.5～6.0）。称取结晶乙酸钠 200g 用水溶解后，加入 10mL 冰乙酸，用水稀释至 1000mL，摇匀。

（2）0.2%二甲酚橙水溶液。

（3）EDTA 标准溶液。称取乙二胺四乙酸二钠 20g 于 500mL 烧杯中，加水溶解，稀释至 1000mL，摇匀。用锌标准溶液标定，方法如下：

吸取锌标准溶液（2.000mg/mL）50.00mL 于 250mL 锥形瓶中，加甲基橙指示剂 1 滴，滴加 1∶1 氨水至溶液由橙色变为黄色，以少量水淋洗瓶壁，加入 20mL 乙酸-乙酸钠缓冲溶液、二甲酚橙指示剂 2 滴，用 EDTA 标准溶液滴定至溶液由红色刚变为黄色为终点。

4.7.2.3 分析步骤

称取 0.2000～0.5000g 试样于 250mL 烧杯中，用少量水润湿，加入 10～20mL 盐酸、6 滴氢氟酸，置于低温电炉上加热溶解 5～10min，稍冷加 2g 氯酸钾，继续加热蒸发至溶液体积为 2～3mL 后取下，用水洗杯壁约 50mL。加 5g 硫酸铵，煮沸 2min，取下冷却。滴加氨水至氢氧化铁沉淀完全，并过量 10mL，加热煮沸 2min，取下冷却后移入预先盛有 10mL 氨水的 100mL 容量瓶中，用水稀释至刻度，摇匀。干过滤于 100mL 的干烧杯中（弃去最初流下的 15～20mL 滤液）。

吸取 25.00（或 50.00）mL 滤液于 250mL 烧杯中，加入 0.1g 氟化铵，加热煮沸驱除大部分的氨（勿使氢氧化锌白色沉淀析出），取下冷却，加入 0.5g 亚硫酸钠、0.2g 抗坏血酸、0.1%甲基橙指示剂 1 滴，用 1∶1 盐酸及 1∶1 氨水调整溶液至橙色。加 1g 硫脲及乙酸-乙酸钠缓冲溶液 20mL，用水稀释至 100mL 左右，加入 0.2%二甲酚橙指示剂 3～4 滴，用 EDTA 标准溶液滴定至溶液由红色变为亮黄色为终点，按下式计算锌含量

$$Zn\% = \frac{T \cdot V}{m} \times 100\%$$

式中 T——EDTA 标准溶液对锌的滴定度，g/mL；

V——滴定消耗 EDTA 标准溶液的体积，mL；

m——分取试样质量，g。

4.8　钛矿石中钛的测定

钛在地壳中的平均含量约0.6%，在过渡元素中仅次于铁，但较分散。在自然界中，钛以氧化物或复杂氧化物形式存在。虽然在陨石中曾发现有钛的硫化物，但在地壳中尚未发现。主要的工业矿物有钛铁矿、钛磁铁矿、金红石和铌、钽、钛酸盐矿物。

钒钛磁铁矿（钛磁铁矿中含有相当量的钒）在我国分布较广，储量较大（主要在四川攀枝花），是很重要的工业矿物。因其富含多种有益伴生元素并可综合利用，受到更广泛的重视。

钛的机械强度很高，但它的密度仅为铁的一半，并且具有良好的抗腐蚀性能，是现代工业最重要的金属之一。

4.8.1　试样的分解

钛矿物难溶于盐酸或硝酸。一般采用氢氟酸与硫酸、磷酸与硝酸、磷酸与硫酸分解钛矿石。

碱性熔剂熔融分解钛矿石由于其强的分解能力和分离干扰元素与分解试样相结合，应用较为普遍。常用的熔剂有过氧化钠、氢氧化钠和过氧化钠或氢氧化钠与碳酸钠混合熔剂。

4.8.2　钛的测定

钛矿石中二氧化钛的含量通常为百分之几至百分之十几，一般采用氧化-还原滴定法测定其含量。本节主要介绍硫酸高铁铵滴定法。

4.8.2.1　*方法原理*

在盐酸或硫酸介质中，用金属铝（锌）片将钛（Ⅳ）还原为钛（Ⅲ），以硫氰酸钾为指示剂，用硫酸高铁铵标准溶液滴定，其反应式如下

$$3TiO^{2+} + Al + 6H^{+} = 3Ti^{3+} + Al^{3+} + 3H_2O$$

$$Ti^{3+} + Fe^{3+} + H_2O = TiO^{2+} + Fe^{2+} + 2H^{+}$$

用铝片还原钛（Ⅳ）至钛（Ⅲ）时，酸度以1～6mol/L左右为宜。酸度太高，还原剂与酸的反应速度太快，钛的还原不完全；酸度太低，TiO^{2+}发生水解影响还原。

滴定时酸度应控制在2.5～5mol/L为宜。酸度过高，Ti^{3+}易被空气氧化，使测定结果偏低；酸度过低，Ti^{3+}发生水解影响测定。温度一般为15～40℃，温度太低，反应速度缓慢，不利于滴定；温度太高，Ti^{3+}易被空气氧化，使测定结果偏低。

Ti^{3+}极不稳定，易被空气氧化，还原应在CO_2保护气氛下进行。滴定前应加入硫酸铵和草酸使Ti^{3+}形成不易被空气氧化的草酸络合物，防止滴定过程中Ti^{3+}被空气氧化。也可加入苯或液体石蜡保护。

钒、锡、钼、钨、铜、砷等元素干扰测定。这些元素和钛（Ⅳ）一起被全部或部分还原到低价态并在其后被高铁氧化，导致结果偏高。钒、锡、钼、钨和砷可用碱熔水浸取分离；铜、钴、镍等可用氨水分离。

在钒钛磁铁矿中，除钒和铬外，上述元素含量很低，可不考虑其干扰。

本法适用于钒钛磁铁矿及各种钛矿石、铁矿石中1%以上二氧化钛的测定。

4.8.2.2 试剂

（1）20%硫氰酸钾溶液。

（2）硫酸高铁铵标准溶液。称取14.47g硫酸高铁铵（$NH_4Fe(SO_4)_2 \cdot 2H_2O$）溶于1000mL 5%硫酸中，加稀高锰酸钾溶液至呈微紫红色，加热煮沸至红色完全消失，冷后用重铬酸钾标准溶液标定，方法如下：

吸取25.00mL硫酸高铁铵标准溶液于250mL烧杯中，加入10mL盐酸加热近沸，趁热滴加10%二氯化锡溶液至黄色消失，过量1~2滴，加水100mL，冷却至室温。加入10mL二氯化汞饱和溶液，放置2~3min，加15mL硫-磷混合酸、4滴二苯胺磺酸钠指示剂，用重铬酸钾标准溶液滴定至溶液呈稳定紫色为终点。

4.8.2.3 分析步骤

称取0.2000g试样于镍坩埚中，加入3g氢氧化钠和1g过氧化钠。将坩埚置于高温炉中，逐渐升高温度至200~300℃保温15min赶尽水分，然后升温至650~700℃熔融30min，中间摇动一次使试样分解完全。取出冷却后，放入300mL烧杯中，加约150mL煮至近沸的水提取，滴加数滴乙醇，加热煮沸。用水洗净坩埚，溶液冷却后用中速定量滤纸过滤，用1%碳酸钠溶液洗沉淀7~8次。将沉淀和滤纸放入300mL锥形瓶中，用100mL 1:1盐酸溶液沉淀，捣碎滤纸。加入10mL饱和硫酸铵溶液、2g铝片，塞上盖氏漏斗。此时如反应缓慢，可微热，如反应激烈则将锥形瓶置于冷水中减缓反应速度。不时摇动锥形瓶以保证钛（Ⅳ）被完全还原。铝片溶解近完时置于电炉上煮沸1~2min使铝片迅速完全溶解。取下立即向盖氏漏斗中加入适量的饱和碳酸钠溶液，流水冷却至室温。取下盖氏漏斗，加入6%草酸溶液15mL、10mL 20%硫氰酸钾溶液，用硫酸高铁铵标准溶液迅速滴定至红色出现为终点，按下式计算二氧化钛含量

$$TiO_2\% = \frac{T \cdot V}{m} \times 100\%$$

式中 T——硫酸高铁铵标准溶液对二氧化钛的滴定度，g/mL；

V——滴定消耗硫酸高铁铵标准溶液的体积，mL；

m——称取试样质量，g。

5 煤的工业分析

煤不仅是工业生产和人类生活的重要燃料，而且还是重要的工业原料。

煤是含有矿物杂质的有机物，煤质分析化验分为两类，一类是测定煤所固有的成分如碳、氢、氧、氮等，称为元素分析；另一类是在人为规定的条件下，根据技术需要测定煤经转化生成的物质或呈现的性质如灰分、挥发分等，称为技术分析或工业分析。

煤的工业分析主要包括水分、灰分、挥发分和固定碳含量四项基本测定。根据测定结果，对煤中有机质、无机质的含量、性质等有了初步了解，并可初步判断煤的种类、加工利用效果及工业用途等。同样，煤的发热量的测定和硫含量分析也属于煤的工业分析范畴。

煤的元素分析，主要是对煤中碳、氢、氧、氮等元素进行测定。测定结果是作为对煤进行科学分类的主要依据，在生产上，是计算发热量、热平衡、物料平衡的依据。

工业分析主要用于煤的生产使用部门，元素分析主要用于科研工作。

5.1 水分的测定

水是煤中的杂质。在煤燃烧过程中，水不仅消耗一定热量（汽化热），而且成为工艺气体中的杂质，对管道、设备、触媒等造成各种损害。

煤中的水分从结合状态来看分为两类，即游离水和化合水。化合水是以化合方式与煤中矿物质结合，又叫结晶水。如硫酸钙中有两个结晶水（$CaSO_4 \cdot 2H_2O$），高岭土中有两个结晶水（$Al_2O_3 \cdot 2SiO_2 \cdot 2H_2O$）。结晶水在煤中所占比例极小，一般可以忽略。

游离水又分为外在水分和内在水分。附着在颗粒的表面上，容易蒸发离去的水分称外在水分；被吸附到煤的内部毛细孔内，难于蒸发除去的水分称内在水分。外在水分可在常温下经一定时间风干后蒸发离去，因此又叫风干水分。内在水分须经 102 ~ 105℃烘干作用一段时间后方能蒸发离去，因此又叫烘干水分。

外在水分的测定是在基本上不破坏煤中毛细孔的前提下进行的。试样通过风干和在 45 ~ 50℃温度下干燥一段时间后，进行称量和减重计算，得到外在水分的含量，记为 W_{WZ}。用于测定外在水分的试样，其粒度（颗粒直径）小于 13mm 即可。

内在水分的测定，是在外在水分测定后将试样研细到小于 3mm，在 102 ~ 105℃温度下干燥 1.5h，冷却、称量、重复检查直至恒重，通过减重计算，得到内在水分的含量，记为 W_{NZ}。

外在水分和内在水分的总和称为应用基水分，记为 W^y。它表示产品煤中所含全水分。W^y 与 W_{WZ} 和 W_{NZ} 的关系，不是一个简单的加和关系。由于 W_{WZ} 和 W_{NZ} 的基准不同，它们之间的换算关系为

$$W^y = W_{WZ} + W_{NZ}\frac{100 - W_{WZ}}{100}(\%)$$

在实际测定应用基水分时，可不必分别测 W_{WZ} 和 W_{NZ}，可直接将试样粉碎至小于 3mm，在 102～105℃温度下烘干，称量和减重计算后直接求出应用基水分含量。

在煤的分析化验中，要求试样含水量相对稳定一些，不能像应用基那样含有较多水分（在放置、称量和测定中大量水分跑失造成称量和测定误差）。一般情况下也不需要像干基那样把全部水分烘干（在放置、称量过程中会吸收水分造成称量和测定误差）。因此，让试样在风干过程中使大量外在水分蒸发掉，在放置、称量过程中水分含量相对稳定。称这种试样为分析基，所含水分为分析基水分，记为 W^f。与应用基水分相比

$$W^f < W^y$$

与内在水相比，一般

$$W_{NZ} < W^f$$

分析基水分测定，是将试样粉碎至 0.2mm 以下，在 102～105℃温度下烘干后称量测定的。

5.1.1 外在水分的测定

将粒度小于 13mm 的煤样（1kg 左右）倒入已称量的白铁皮浅盘中（长×宽×高为 280mm×230mm×30mm），在工业天平（精度 0.1g）上准确称量，记下质量 G（g）。摊平试样并放入 45～50℃的烘箱内，干燥 8h，取出冷至室温，称量。放置 8h 自然干燥后，再称量。直至两次称量之差不大于 0.3% 为止。试样减轻的质量为 G_1（g），用下式计算外在水分含量

$$W_{WZ} = \frac{G_1}{G} \times 100\%$$

5.1.2 内在水分的测定

将测定外在水分后的试样粉碎至粒度小于 3mm。用分析天平称量 10～15g(记为 G（g）)，于已知质量的直径 70mm、高 40mm 的称量瓶中。置于 102～105℃的烘箱内，鼓风干燥 1.5h，冷却、称量，重复干燥(0.5h)，直至恒重(两次质量之差不大于 0.005g)。试样减轻质量为 G_1(g)，用下式计算内在水分

$$W_{NZ} = \frac{G_1}{G} \times 100\%$$

5.1.3 应用基水分的计算

$$W^Y = W_{WZ} + W_{NZ}\frac{100 - W_{WZ}}{100}(\%)$$

或用测定内在水分的方法，直接将试样进行一次测定，即得应用基水分。

5.1.4 分析基水分的测定

用分析天平准确称取粒度小于 0.2mm 的经空气干燥后的煤样 1g 左右，置于已知质量的称量瓶内（直径 40mm，高 25mm），摊平后放入 102～105℃的烘箱中干燥 1～1.5h，冷却、称量，重复干燥至恒重（两次称量差值小于 0.001g），试样减轻质量为 G_1（g），用

下式计算经空气干燥的分析基水分

$$W^f = \frac{G_1}{G} \times 100\%$$

5.2　灰分的测定

5.2.1　煤中灰分的来源和测定意义

煤的灰分是指煤中所有可燃物质完全燃烧以及煤中矿物质在一定温度下产生一系列分解、化合等反应后剩余的残渣。煤的灰分全部来自煤中矿物质，但其组成、质量等与煤中矿物质不完全相同。因此，确切地说，煤的灰分应称为灰分产率。

煤中矿物质有不同来源，一种是原生矿物质，它是由成煤植物本身所含的矿物质形成的，所占比例很小。另一种是次生矿物质，它是在成煤过程中由外界混到煤层中的矿物质形成的，所占比例也不大。第三种是外来矿物质，它是在采煤过程中混入的，这种矿物质在选、洗煤时容易除去。

煤的灰分与煤中矿物质含量有一定的量的关系。因煤中矿物质测定比较复杂，一般不作测定。根据煤的灰分产率借助经验公式，可计算出矿物质含量。

煤的灰分是一种废物，它不仅影响煤的热质，并在煤炭加工利用的各种场合产生有害的影响。因此，测定煤的灰分，在鉴定煤的质量、决定煤的使用价值等方面都很重要。

5.2.2　测定方法

准确称取1g左右（准确到0.0002g）的分析煤样（粒度小于0.2mm），于长方形的瓷碟中（20mm×50mm×15mm），放入温度低于300℃的马弗炉内。关闭炉门，在1.5h内使炉温升至800℃。恒温1.5～2h，取出、冷却、称量，重复进行每次30min的检查性灼烧试验。直到两次称量之差小于0.001g为止。残渣质量记为G_1，所称量分析试样质量记为G，用下式计算灰分产率A^f

$$A^f = \frac{G_1}{G} \times 100\%$$

5.3　挥发分的测定

5.3.1　测定原理和意义

把煤放在与空气隔绝的容器内，在一定高温条件下加热一定时间后，从煤中分解出来的气体产物，减去煤中所含水分，就是煤的挥发分。剩下的不挥发物称为焦渣。焦渣减去灰分含量即得固定碳含量。同灰分一样，煤的挥发分不是煤中固有的物质，而是在特定条件下煤受热分解的产物。因此，应称为挥发分产率。

根据挥发分产率的高低，可初步判别煤的种类和用途。挥发分产率高的煤在干馏时化学产品量必然多，适用于煤焦油工业。根据残留焦渣的性质，可初步估计煤是否适用于炼焦，还可估算焦炭的产量。所以挥发分产率是判断煤质的重要指标之一。

煤的挥发分产率，因所用坩埚大小、形状、材料的不同以及加热温度、时间等试验条件的差别而不同。为了便于比较，我国规定采用带严密坩埚盖的瓷制坩埚，在（900 ±

20)℃的温度下加热7min的测定方法。世界各国的测定方法规范不尽相同，因而测定结果稍有差异，但各国都以煤的挥发分产率作为第一分类指标。由于它的测定方法简便、快速，所以在生产和科研工作中都被普遍采用。

5.3.2 测定方法

准确称取分析煤样1g左右（准确至0.0002g）置于在900℃马弗炉中灼烧至恒重的专用坩埚内（如果是褐煤，为防止爆燃造成损失，应事先将试样压成饼，然后再破碎成3mm以下粒度，称量后置于坩埚中），盖好坩埚盖，放在坩埚架上，迅速将架推到已预热到900℃的马弗炉中。立即启动秒表、关上炉门，使试样在炉内加热7min。时间一到，迅速取出坩埚架，在空气中冷却5min，再取下坩埚放入干燥器冷却到室温（20～30min），在天平上称量。试样减轻的质量记为 G_1，所称的分析试样质量记为 G，用下式计算挥发分产率 V^f（%）

$$V^f = \frac{G_1}{G} \times 100 - W^f$$

5.4 固定碳含量的计算

在煤的工业分析中，认为煤中除水分、灰分、挥发分外，可燃性固体物是煤燃烧放热的主要成分，称为固定碳。固定碳含量越高，发热量也越高，煤质越好。固定碳含量一般不进行测定，而是用下式计算固定碳含量 C^f_{GD}（%）

$$C^f_{GD} = 100 - (W^f + A^f + V^f)$$

5.5 煤中全硫的测定

在所有各种类型的煤中，都含有高低不等的硫。硫的存在形式有有机硫、无机硫两类。而无机硫又分为硫化物和硫酸盐两类，有的还有微量元素硫。

煤中的硫对燃烧、炼焦、气化都是十分有害的杂质，煤中硫分的高低是评价煤质量的重要指标之一。

煤中有机硫和无机硫的总量称为全硫。在一般工业分析中，只要求测定全硫而无需作分别测定。测定全硫的方法很多，艾氏法是很多国家通用的测定煤中全硫的标准方法，本节主要介绍艾氏测定法。

5.5.1 原理

测定煤中全硫，是用碳酸钠和氧化镁以1∶2混合的所谓艾氏剂与煤样混匀，在高温马弗炉中熔融反应，全部转化为硫酸根。经水浸取，滤去残渣，在酸性条件下加入沉淀剂 $BaCl_2$，使生成 $BaSO_4$ 沉淀析出。沉淀经过滤、洗涤、灼烧和称量后，即可计算出试样中全硫含量。有关反应方程如下：

（1）煤样的燃烧氧化：

$$煤 \xrightarrow[\Delta]{空气} CO_2 + H_2O + SO_2 + SO_3 + N_2$$

（2）氧化硫的固定作用：

$$2SO_2 + 2Na_2CO_3 + O_2 \xrightarrow{\triangle} 2Na_2SO_4 + 2CO_2$$

$$SO_3 + Na_2CO_3 \xrightarrow{\triangle} Na_2SO_4 + CO_2$$

$$SO_3 + MgO \xrightarrow{\triangle} MgSO_4$$

$$2SO_2 + 2MgO + O_2 \xrightarrow{\triangle} 2MgSO_4$$

（3）硫酸盐的转化作用：

$$CaSO_4 + Na_2CO_3 \xrightarrow{\triangle} Na_2SO_4 + CaCO_3\downarrow$$

（4）硫酸盐的沉淀作用：

$$MgSO_4 + Na_2SO_4 + 2BaCl_2 \longrightarrow 2BaSO_4\downarrow + 2NaCl + MgCl_2$$

5.5.2 试剂

艾氏混合剂：称20g轻质氧化镁和10g无水碳酸钠，在乳钵中研磨混合均匀，密闭贮存于广口试剂瓶中。

1∶1盐酸。

0.2%甲基橙水溶液。

10% $BaCl_2$ 溶液。

1%硝酸银溶液。

5.5.3 操作步骤

准确称取分析煤样1g左右（准确至0.0002g）于30mL瓷坩埚内，加2.0g艾氏混合剂。用干玻璃棒混匀后，再用1g艾氏剂盖在上面，置于冷马弗炉中。用2h使炉温缓缓升至800～850℃，恒温灼烧1.5～2h，取出冷却。用干玻璃棒搅拌，并检查有无黑色未反应颗粒，如未反应完全，须重烧。将坩埚置于300mL烧杯中，用热水浸取并洗涤坩埚和玻璃棒，最后使溶液体积为100～150mL。充分搅拌使熔块散碎，煮沸5min。用快速滤纸过滤，热水洗涤，使滤液体积为200～250mL。滴加2滴甲基橙指示剂，用1∶1HCl滴至溶液由黄色变橙色，过量2mL。加热近沸，在不断搅拌下逐滴滴加10% $BaCl_2$ 溶液5mL。静置5～10min使上层溶液清亮后，沿杯壁再滴2滴 $BaCl_2$ 液，如无浑浊，说明沉淀完全。保温（80℃），静置2h或陈化过夜，中速滤纸倾泻法过滤，洗涤至无 Cl^-（硝酸银检验）。将沉淀连同滤纸放入已恒重的瓷坩埚中，在电炉上烘干、炭化、灰化后，放入800～850℃马弗炉中灼烧至恒重（两次称量之差小于0.001g）。用下式计算全硫含量 S_Q^f

$$S_Q^f = \frac{G_1 \times \dfrac{32.06}{233.4}}{G} \times 100\%$$

式中 G_1——灼烧物（$BaSO_4$）的质量；

G——试样质量；

32.06——硫的摩尔质量，g/mol；

233.4——$BaSO_4$ 的摩尔质量，g/mol。

5.6 不同基准分析结果的换算

在煤的工业分析中，分析试样常常采用风干物料，将风干物料称为分析状态或分析基准。采用分析状态的物料进行分析，优点是含水量即分析水分 W^f 相对稳定，制样过程简单易行。但是同一试样在不同地点所含分析基水分不一定相同；而同一地点不同时间，其分析基水分也不一定相同。这样，待测组分的含量会因分析基水分的不同而改变。如果换算为干基（即以干燥状态为基准），这一问题就可迎刃而解。另外，在生产现场，在工艺人员的工艺设计计算中，常常以物料的应用状态为基准表示组分含量，采用分析基准测定出来的结果常常需要换算为应用基准。还有，在通用的图表、数据、经验公式和有关手册中，为了通用和方便，提供的数据往往用干基、可燃基等表示组分含量（即以干燥状态或可燃烧状态为基准）。这些情况，都涉及各种基准间的相互换算问题。下面讨论分析基表示的组分含量与其他基准表示的组分含量之间的换算问题。

5.6.1 分析基与干燥基之间的组分含量换算

设 $x^g\%$ 为某组分在干燥基样品中的百分含量，$x^f\%$ 为该组分在分析基样品中的百分含量，$W^f\%$ 为分析基样品的水分含量。根据

$$x^g\% = \frac{\text{组分的质量}}{\text{干燥基样品的质量}} \times 100\% = \frac{\text{组分质量}}{\text{分析基样品质量} - \text{分析基水分质量}} \times 100\%$$

$$= \frac{\text{分析基组分含量} \times \text{分析基样品质量}}{\text{分析基样品质量} - \text{分析基水分含量} \times \text{分析基样品质量}} \times 100\%$$

$$= \frac{\text{分析基组分含量}}{1 - \text{分析基水分含量}} \times 100\% = \frac{x^f}{1 - W^f} \times 100\%$$

所以

$$x^g\% = x^f\% \times \frac{100}{100 - W^f\%}$$

5.6.2 分析基与应用基之间的组分含量换算

设 $x^y\%$ 为应用基表示的组分含量，$x^f\%$ 为分析基表示的组分含量，$W^y\%$ 为应用基的水分含量，$W^f\%$ 为分析基的水分含量，m^f 为分析基样品质量。根据

$$x^y\% = \frac{\text{组分质量}}{\text{应用基样品质量}} \times 100\% = \frac{m^f \cdot x^f}{\dfrac{m^f - W^f \cdot m^f}{1 - W^y}} \times 100\%$$

所以

$$x^y\% = x^f\% \times \frac{100 - W^y\%}{100 - W^f\%}$$

5.6.3 分析基与可燃基之间的组分含量换算

可燃基样品即不含水分和灰分的样品。设 $x^r\%$ 为可燃基表示的组分含量，$x^f\%$、$W^f\%$、$A^f\%$ 为分析基表示的组分含量、水分含量和灰分含量，m^f 为分析基样品质量。根据

$$x^r\% = \frac{\text{组分质量}}{\text{可燃基样品质量}} \times 100\% = \frac{m^f \cdot x^f}{m^f - m^f(W^f + A^f)} \times 100\%$$

所以

$$x^r\% = x^f\% \times \frac{100}{100 - (W^f\% + A^f\%)}$$

5.7　发热量的测定

发热量测定是煤质分析的一个重要项目。燃煤工艺过程的热平衡、热效率、耗煤量的计算，必须知道所用煤的发热量。通过发热量测定，可以推知煤的变质程度。在煤炭分类中，有时也采用发热量作为划分煤炭类型的标准。

煤的发热量，就是单位质量的煤在完全燃烧时所产生的热量，单位用 kcal/kg 或 cal/g 表示（1cal = 4.187J）。

煤发热量的测定，是在一个内径 60mm、高 110mm 耐高压的密闭容器（称为氧弹）内，通入高压氧气（约 2.9×10^6Pa），在氧气过量下点燃煤样使其完全燃烧。放出的热量用水吸收，由水温的升高来计算发热量。这种方法又称为氧弹法。

上述测定煤发热量的方法，与工业燃煤的实际过程有如下差异：

（1）实际燃烧是在常压下进行的，而测定则是在恒容下进行的。

（2）工业燃烧产物废气的温度在几百度以上，而测定的燃烧产物的温度在室温范围内。

（3）在工业燃烧中，氮成为游离氮、硫成为 SO_2、水成为蒸汽。而测定中，氮生成硝酸、硫生成硫酸、水成为液态水。

上述三项差异，影响最大的是第三项，在用氧弹法测定发热量时必须进行修正。

5.7.1　仪器及测定原理

测定煤发热量的仪器叫热量计，国产 GR-3500 型恒温式热量计如图 5-1 所示，主要部件如下。

（1）氧弹（见图5-2）。氧弹也叫弹筒，是用耐腐蚀的合金钢制成的气密容器。它耐

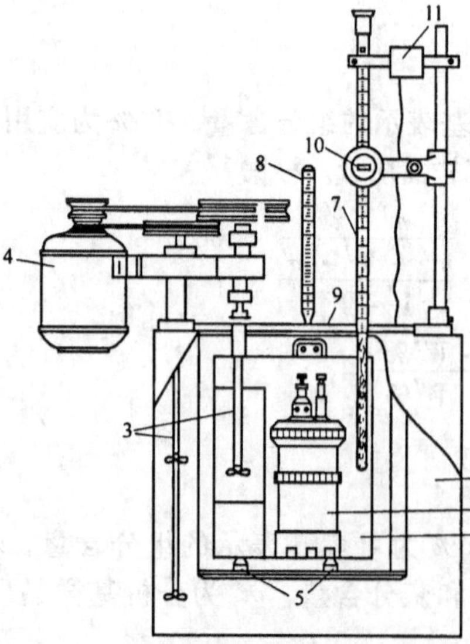

图 5-1　GR-3500 型恒温式热量计

1—外筒；2—内筒；3—搅拌器；4—马达；5—绝缘支柱；6—氧弹；7—量热温度计；8—外筒温度计；9—盖；10—放大镜；11—振荡器

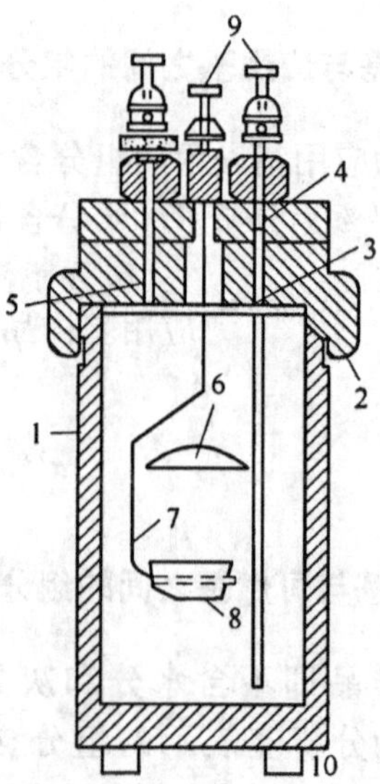

图 5-2　氧弹

1—弹体；2—弹盖；3—进气管；4—进气阀；5—排气管；6—遮火罩；7—电极柱；8—燃烧皿；9—接线柱；10—弹脚

高压，气密性好，不因燃烧过程所出现的高温、高压和腐蚀性气体的影响而产生热效应。它能耐40MPa的压力。氧弹的结构由三部分组成：一个容积为250～350mL的圆筒形弹体，一个盖子和一个连接弹体和盖子的环。弹盖上装有一个供充氧气的阀门和一个测定完后的放气阀门。进气阀或放气阀又当作点火电源的一个电极，弹盖上还装有另一个与弹盖绝缘的电极，构成点火电源的第二个电极。进气阀下面连有氧气导管，把氧气导入燃烧皿下部。在电极柱上装有燃烧皿支架。在弹筒下面装有三个弹脚，将氧弹放入内筒中时，三个弹脚支撑在内筒底上，使氧弹底下有水流通，以利于热交换。

(2) 内筒。内筒也叫水筒，用铜、黄铜或不锈钢薄板制成，结构如图5-3所示。氧弹放入内筒中，可加水淹没氧弹。内筒内侧有个半圆筒形竖槽，是搅拌器室。内筒的装水量为2000～2200mL，加上搅拌器室共约3000mL，内筒置于外筒内，与外筒间距10mm，底部有绝缘支柱支撑。内筒外表面应光亮，避免与外筒间的辐射作用。

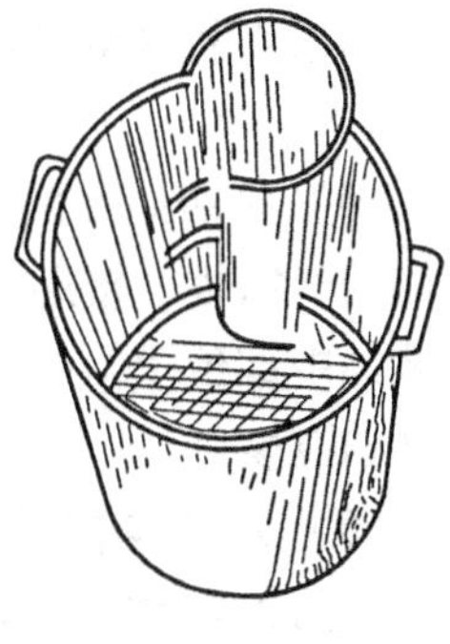

图5-3 内筒

(3) 外筒。外筒也叫水套，金属薄板制成的双层容器。夹层中充水并使水温保持恒定。外筒的内侧和底部均与内筒保持10mm的间距，内表面也应光亮，以减小辐射作用。水套上有两个半圆形胶木盖，盖上有孔，以便插入温度计、搅拌器等。为使水套温度在测试过程中稳定不变（±0.1℃），设有自动恒温装置。

(4) 搅拌器。为了使试样燃烧放出的热量尽快在内筒中均匀分布，采用马达带动螺旋桨搅拌。桨与马达间以绝热材料连接，避免传热。转速为400～600r/min。搅拌热不应超过125.1J（30cal）。

(5) 温度计。温度计主要是指示内筒水温度变化值，其变化量一般为6～10℃（如15～25℃或15～21℃）。温度计的最小分度值应为0.01℃，再配以灯光和放大镜，温度读数可估读到0.001℃。温度计可采用一般固定测温范围的精密温度计，也可采用可变测温范围的贝克曼温度计。为防止温度计内水银在毛细管内升降时受阻，备有电动振荡器敲击温度计。

(6) 点火装置。在氧弹内的两电极间，连接一段已知热值的细金属丝。通电后，金属丝熔断引燃试样。金属丝燃烧热值如下，通过金属丝的消耗量计算出产生的燃烧热，在总热量中修正：

铁丝6.6992kJ(1600cal)/g；铜丝2.502kJ(600cal)/g；铂丝418.7J(100cal)/g；镍铬丝1.4026kJ(335cal)/g。

5.7.2 测定过程

(1) 在金属燃烧皿底部铺上一石棉纸垫（垫的周边应与皿密接，以防试样漏入皿底，燃烧不完全），准确称量燃烧皿质量。加入直径小于0.2mm的分析煤样，再准确称量，使试样质量为1～1.2g。

为防止某些试样燃烧时飞溅，可先用压饼机压制成饼，再切成2～4mm小块或用已知质量的擦镜纸包裹。不易燃烧完全的试样，可提高充氧压力至3.4MPa促燃或掺入适量苯甲酸。

（2）取一段已知质量的点火丝，两端接在两电极上。将盛有试样的燃烧皿放于支架上，并使点火丝下垂部分与试样接触。

加10mL蒸馏水于氧弹内（用来吸收燃烧生成的硫氧化物和氮氧化物），拧紧弹盖。接上氧气导管，缓缓充入氧气，使压力达到2.6MPa，充氧完毕后拆下氧气导管。

（3）准确称量适量的水加入内筒，必须使氧弹淹没在水面下。用水量必须与标定仪器热容量时的用水量相同（相差1g以内）。先调好外筒水温，使与室温相差不超过1℃。内筒水温最初温度应稍低于外筒温度（用冰水调节），而测定终期温度又比外筒高0.5～1.0℃。内外筒温差过大，将导致过大的“冷却校正”而产生较大误差。

如果因发热量过低使内筒水温温升不到1～1.5℃，可使其初始温度不一定低于外筒温度。

（4）把装好水的内筒小心放入外筒内的绝缘支架上。再把氧弹小心放入内筒，检查弹筒的气密性。接通点火线、装好搅拌器和温度计并盖上外筒盖，温度计的水银球与氧弹主体的中部位于同一水平，在温度计露出水银柱处，另悬挂一支普通温度计，用以测定露出柱的温度。

（5）开动搅拌器、报时灯、温度计振荡器和照明灯，准确称量少量冰水加入内筒（冰水量计入内筒水的总质量），使内筒水温较外筒略低0.5～1℃。搅拌5min，内筒温度均匀上升，开始测定。

发热量的测定分三个阶段：初期、主期和终期。

（6）初期：在此期间，内、外筒之间温度为内低外高，进行着热交换。先读取一次内筒温度，记为$t_{初}$。5min后再读取一次温度，记为始点温度t_0，并立即通电点火。同时，记下露出柱温度t'_0。

（7）主期：在此期间，试样燃烧，使弹筒和内筒温度急剧升高，水温变为内高外低，内、外筒之间继续进行热交换。每隔半分钟读取一次温度，直到最高点后转而下降的第一次温度为止，最后一次温度记为t_n，它标志着主期结束。同时记下露出柱温度t'_n。温升较快阶段，温度可只读到0.01℃，缓慢阶段应读到0.001℃。主期阶段温度读数，除为了求得本特公式中m值所必须者外，其他读数可酌情省略。

（8）终期：终点后，相隔5min再读一次温度记为$t_{末}$。测定结束。

（9）当终期结束后，停止搅拌，取出氧弹，放气。打开弹筒，仔细观察燃烧皿看反应是否完全。找出点火丝，量取长度，计算燃烧热量。用蒸馏水冲洗弹筒内各部分，洗液约150mL，收集在一烧杯中，供测硫用。

5.7.3　分析试样弹筒发热量Q^f_{DT}的计算

弹筒发热量是指在有过剩的氧气存在下，按规定条件（即氧气初压2.6～3.4MPa，终点温度25℃）燃烧单位质量试样所产生的热量（J/g或kJ/kg）。燃烧产物为CO_2、H_2SO_4、HNO_3、液态水和固态灰。弹筒发热量Q^f_{DT}计算公式为

$$Q^f_{DT}=\frac{KH[(t_n+h_n)-(t_0+h_0)+C+\Delta t]-(q_1+q_2)}{G}$$

式中 K——热量计的热容量，J/℃；

H——温度计外露水银柱的校正值；

t_0——始点温度即点火时的温度，℃；

t_n——终点温度，℃；

h_0 和 h_n——始点温度和终点温度校正值，由贝克曼温度检定证书查得。

C——辐射校正系数或冷却校正系数，℃；

Δt——露出柱温度变化校正值，℃；

q_1——点火丝发热量（应扣除燃烧剩余部分），J；

q_2——添加物如苯甲酸、包纸等产生的热量，J；

G——分析试样的质量。

5.7.3.1 热量计的热容量 K

热量计的热容量 K 是用热量基准物如苯甲酸进行标定而得到的。即在充有氧气的氧弹中燃烧一定量的已标定热值的苯甲酸，由点火后产生的总热量和内筒水温度升高的度数(经过修正)，求出量热系统每升高1℃所需要的热量，即热容。单位为J/℃。

5.7.3.2 露出柱温度校正值 H

测量内筒水温的贝克曼温度计或精密温度计的分度值，随着基点温度、浸没深度和露出柱温度的不同而改变。前两个因素可在热量计热容量标定和试样测定中取相同条件而抵消，但第三个因素则因外界的温度无法人为控制使其保持一致，故需加以校正，校正系数 H 为

$$H = 1 + 0.00016(t' - t'_0)$$

式中 t'——热容量标定中露出柱的平均温度，℃；

t'_0——试样测定中点火时露出柱温度，℃；

0.00016——水银对玻璃的相对膨胀系数。

5.7.3.3 露出柱温度变化校正值 Δt

这是对露出部分水银柱因外界气温变化而使水银体积产生微小改变的校正。在试样测定过程中，外界的气温不可能始终保持不变，根据点火时的露出柱温度 t'_0、终点时露出柱温度 t'_n、水银对玻璃的相对膨胀系数和终点时外露水银长度，可求出露出柱温度变化校正值。

$$\Delta t = 0.00016(t'_0 - t'_n)L$$

式中 t'_0 和 t'_n——点火时和终点时露出柱的温度，℃；

L——终点时露出柱的长度，cm；

0.00016 意义同上。

以上两种校正（H 和 Δt 校正）都是由于外界温度改变导致露出部分水银柱的体积微小波动，H 是对测试过程和标定过程的温差的校正，而 Δt 是对测试过程中气温变化的校正。

5.7.3.4 辐射校正系数 C

辐射校正又称冷却校正。在恒温式发热量测试过程中，由于内、外筒水温始终存在差

别，不可避免产生热交换。热交换的结果常常使内筒温升偏低（从 $t_n < t_{n-1}$ 就可看出），使测量结果偏低，因而称为冷却作用。冷却校正也是采用温度补偿的办法，将损失的热量以温度的形式补偿到温差项中，用校正系数 C（℃）表示。

C 值的准确计算较复杂，但 C 值的大小主要跟内筒温度的下降速度（起始阶段该值常为负值）和测量时间有关。C 值的计算采用经简化处理的本特公式

$$C = \frac{m}{2}(v_0 + v_n) + (n - m)v_n$$

式中：(1) v_0 为测定初期（即点火以前）内筒温度下降速度，即

$$v_0 = \frac{t_{初} - t_0}{初期时间} \quad \left(\frac{℃}{0.5\text{min}}\right)$$

本测定介绍中将初期时间定为 5min，计算中以半分钟为时间单位，即有 10 个“0.5min”。

(2) v_n 为测定终期内筒温度下降速度，即

$$v_n = \frac{t_n - t_{末}}{终期时间} \quad \left(\frac{℃}{0.5\text{min}}\right)$$

本测定介绍中也将终期时间定为 5min，为 10 个“0.5min”。

(3) n 为测定主期温度读数的次数（即 $t_i \sim t_n$ 的次数，共 n 次。一般时间间隔为 0.5min）。

(4) m 为测定主期温度变化速度不小于 $0.3\ \frac{℃}{0.5\text{min}}$ 的次数。如果第一个 0.5min 低于 $0.3\ \frac{℃}{0.5\text{min}}$（绝对值），也算一次，计入 m 中。

5.7.3.5 计算示例

下面以一个实例说明用一个恒温式热量计进行的一次发热量的测定的记录方式和计算弹筒发热量的方法。

测定数据记录：

试样质量 G	1.0002g
热容量 K	3436cal/℃ = 14.36kJ/℃（事先标定）
标定 K 时露出柱的平均温度 t'	25.0℃
测定时露出柱的初始温度 t'_n	21.0℃
测定时露出柱的终点温度 t'_n	21.6℃
终点时露出柱的长度 L	18.0cm

测温记录：

时间（以 0.5min 为单位）	温度（℃，贝克曼温度计）
初期 0	3.350 $t_{初}$
初期 10	3.357 t_0

主期	11	3.92	大于 $0.3\dfrac{℃}{0.5\text{min}}$
	12	4.70	大于 $\dfrac{℃}{0.5\text{min}}$
	13	5.04	大于 $0.3\dfrac{℃}{0.5\text{min}}$
	14	5.27	
	15	5.31	$m=3$
	16	5.337	
	17	5.352	
	18	5.362	
	19	5.366	
	20	5.370	
	21	5.372	
	22	5.373	
	23	5.373	
终期	24	5.372	t_n　$n=14$
	34	5.364	$t_{末}$

（1）冷却校正（即辐射校正）C：

$$v_0 = \frac{t_{初} - t_0}{初期时间} = \frac{3.350 - 3.357}{10} = -0.0007 \quad \frac{℃}{0.5\text{min}}$$

$$v_n = \frac{t_n - t_{末}}{终期时间} = \frac{5.372 - 5.364}{10} = 0.0008 \quad \frac{℃}{0.5\text{min}}$$

$$m = 3, \quad n = 14$$

所以

$$C = \frac{m}{2}(v_0 + v_n) + (n - m)v_n$$

$$= \frac{3}{2}(0.0008 - 0.0007) + (14 - 3) \times 0.0008 = 0.0090℃$$

（2）温度计读数校正 h_0 和 h_n：查温度计检定证书得

$$h_0 = 0.008, \quad h_n = -0.002$$

（3）露出柱校正 H：

$$H = 1 + 0.00016(t' - t'_0) = 1 + 0.00016 \times (25 - 21) = 1.0006$$

（4）露出柱温度变化校正 Δt：

$$\Delta t = 0.00016(t'_0 - t'_n)L = 0.00016 \times (21 - 21.6) \times 18 = -0.0017℃$$

（5）点火丝发热量校正 q_1：

$$q_1 = 15\text{cal} = 62.81\text{J}$$

将各项数据代入弹筒发热量 Q^f_{DT} 计算公式，得

$$Q^f_{DT} = \frac{3436 \times 1.0006 \times [(5.372 - 0.002) - (3.357 + 0.008) + 0.009 - 0.0017] - 15}{1.0002}$$

$$= 6902\text{cal/g} = 28.899\text{kJ/g}$$

5.7.4　分析试样恒容高位发热量 Q^f_{GW} 的计算

由弹筒发热量减去：(1) 稀硫酸和二氧化硫生成热之差；(2) 稀硝酸的生成热，所得结果即为试样的恒容高位发热量，单位仍以 J/g 或 kJ/kg 表示。它与弹筒发热量的不同之处在于燃烧产物中硫是以 SO_2 形态存在，氮以游离氮形态存在，发热量应小于弹筒发热量。试样恒容高位发热量 Q^f_{GW} 的计算公式为

$$Q^f_{GW} = Q^f_{DT} - (22.5S^f_{DT} + aQ^f_{DT})$$

式中　Q^f_{DT}——分析试样弹筒发热量，J/g；

S^f_{DT}——由弹筒洗涤液中测得的含硫量，%；

22.5——试样中每 1% 的硫的发热量，cal；

a——硝酸校正系数，贫煤和无烟煤为 0.0010，其他煤取 0.0015。

如果煤中全硫含量 $S^f_Q < 4\%$ 时，或发热量大于 14.5995kJ/g 时，可直接采用已测得的 S^f_Q 代替 S^f_{DT}，即可省去对弹筒洗涤液中硫的测定。

在计算示例中，如果试样为无烟煤，则 $a = 0.0010$，且已测知 $S^f_Q = 1.2\%$，代入计算 Q^f_{GW} 的计算式，得

$$Q^f_{GW} = 6902 - (22.5 \times 1.2 + 0.001 \times 6902) = 6868\text{cal/g} = 28.7\text{kJ/g}$$

5.7.5　应用煤（基）恒压低位发热量 Q^y_{DW} 的计算

以上研究的都是以分析基进行测试和计算的，为了与生产实际一致，需将分析基换算为应用基。另外，发热量的测试是在恒容条件下进行的，也需要将其换算为恒压状况下的发热量，在实际应用中才不致产生较大误差。因此，需要将测试所得的分析（基）试样恒容高位发热量换算为应用（基）试样恒压低位发热量。

5.7.5.1　分析基恒容高位发热量 Q^f_{GW} 与应用基恒容高位发热量 Q^y_{GW} 之间的换算

换算公式为

$$Q^y_{GW} = Q^f_{GW} \times \frac{100 - W^y}{100 - W^f}(\%) \qquad (R)$$

式中　W^f 为分析基水分含量（%），W^y 为应用基水分含量（%）。

设上例中煤的分析基水分含量 $W^f = 2\%$，应用基水分含量为 5%，则应用煤（基）恒容高位发热量为

$$Q^y_{GW} = 6868 \times \frac{100 - 5}{100 - 2} = 6658\text{cal/g} = 27.84\text{kJ/g}$$

5.7.5.2　应用基恒容高位发热量 Q^y_{GW}（恒容）与应用基恒压高位发热量 Q^y_{GW}（恒压）之间的换算

换算公式为

$$Q^y_{GW}(\text{恒压}) = Q^y_{GW}(\text{恒容}) + 1.47(H^y - O^y \cdot 18) \qquad (A)$$

5.7.5.3　应用基恒压高位发热量 Q^y_{GW}（恒压）与应用基恒压低位发热量 Q^y_{DW}（恒压）之间的换算

高位发热量减去水（包括燃烧生成的水和煤中原有的水）的蒸发热即为低位发热量。

高位发热量是表示燃烧产物的水以液态形式存在，而低位发热量则表示燃烧产物的水以气态形式存在。Q^y_{GW}与Q^y_{DW}的换算公式为

$$Q^y_{DW}(\text{恒压}) = Q^y_{GW}(\text{恒压}) - 6(W^y + 9H^y) \qquad (B)$$

由于Q^y(恒压)和Q^y(恒容)相差不大，一般前者比后者高8.374～16.758J/g(2～4cal/g)。因此，通常计算中可用恒容低位发热量代替恒压低位发热量，即

$$Q^y_{DW}(\text{恒容}) = Q^y_{GW}(\text{恒容}) - 6(W^y + 9H^y) \qquad (C)$$

这样，就可以绕开（A）、（B）两式，直接根据式（R）得Q^y_{GW}代入式（C），求出Q^y_{DW}，即应用基低位发热量。

用式（C）计算应用基低位发热量，必须知道煤中W^y和H^r值，但在一般化验室，经常只作煤的工业分析（可测得W^y、W^f、A^f、V^f、C^f等值），而不作元素分析，无从获得H^r值。但可以从$V^r \sim H^r$的关系曲线中，根据V^r值查出H^r近似值。

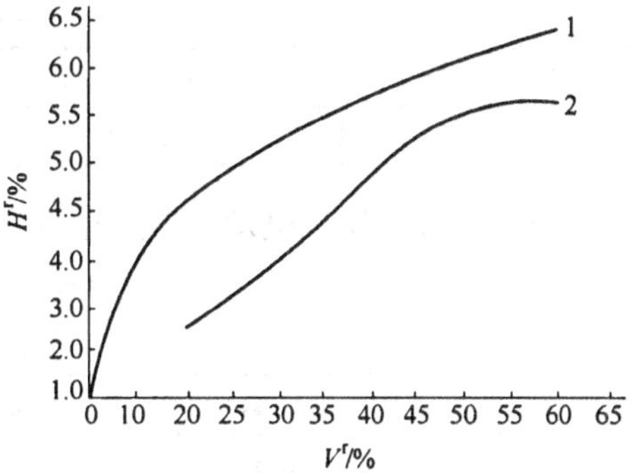

图5-4 中国煤中挥发分和氢含量的关系曲线

1—适用于$V^r<20\%$的煤；

2—适用于$V^r>20\%$的煤

图5-4是根据我国煤的V^r和H^r之间的关系绘制的关系曲线。

设上述试样中分析基挥发分$V^f=18\%$，分析基灰分为$A^f=12\%$，根据

$$A^r = A^f\% \times \frac{100}{100 - W^f\% - A^f\%} = 18\% \times \frac{100}{100-2-12} = 20.9\%$$

查曲线得 $H^r\% = 2.6\%$

又据 $H^f\% = H^r\% \times \dfrac{100 - W^f\% - A^f\%}{100} = 2.6\% \times \dfrac{100-2-12}{100}$

所以 $H^f\% = 2.24\%$

而 $H^y\% = H^f\% \times \dfrac{100 - W^y\%}{100 - W^f\%} = 2.24\% \times \dfrac{100-5}{100-2}$

所以 $H^y\% = 2.17\%$

将H^y和W^y值代入式（C）得

$$Q^y_{DW} = Q^y_{GW} - 6(W^y + 9H^y) = 6658 - 6(5 + 9 \times 2.17)$$
$$= 6511\text{cal/g} = 27.262\text{kJ/g}$$

5.7.6 利用工业分析和元素分析结果计算煤发热量的经验公式

5.7.6.1 利用工业分析结果计算煤发热量的经验公式

（1）灰分$A^g<45\%$的各种煤的高位发热量的经验公式：

$$Q^y_{GW} = K_0 - 80W^f - 90A^f$$

式中，K_0是随煤的可燃基氢含量H^r而改变的一个常数，同一矿区的K_0变化不大。

（2）灰分$A^g \geqslant 45\%$的各种煤的高位发热量的经验公式：

$$Q^f_{GW} = 80C^f_{GD} + 40V^f - 3A^f$$

式中，C^f_{GD}是分析基的固定碳含量。计算结果与实测值之差一般低于 837.4J/g（200cal/g）

（3）高灰分低于 90% 烟煤高位发热量的经验公式：

$$Q^f_{GW} = 78G^f_{GD} + 45V^f - 3A^f$$

（4）计算无烟煤低位发热量的经验公式：

$$Q^f_{DW} = K'_0 - 86W^f - 92A^f - 24V^f$$

K'_0 值与 H^r 值的关系

H^r/%	<1.2	1.2～1.5	1.5～2.0	2.0～2.5	2.5～3.0	3.0～3.5	>3.5
K'_0	7900	8050	8200	8300	8350	8450	8550

（5）计算褐煤低位发热量的经验公式：

$$Q^f_{DW} = 100K'_2 - (K'_2 + 6)(W^f + A^f) - V^f$$

K'_2 值和 V^r 值的关系

V^r/%	37～44	44～48	48～55	55～60	>60
K'_2	68.5	67	65	63	61.5

5.7.6.2　利用元素分析结果计算煤发热量的经验公式

（1）$Q^r_{DT} = 80C^r + 300H^r + 10N^r + 40S^r_r - (O^r)^2 - \frac{1}{2}V^r$

（2）门捷列夫公式：

$$Q^r_{GW} = 81C^r + 300H^r + 26S^r_r - 26O^r$$

（3）波耶公式：

$$Q^r_{DT} = 84C^r + 277.65H^r + 15N^r + 25S^r_r - 26.5O^r$$

（4）计算无烟煤高位发热量的新公式：

$$Q^r_{GW} = 80C^r + 320H^r + 22(S^r - O^r) - 8(A^g - 10)$$

6 工业水质分析

水是人类生存的基本条件之一，在工业生产中，水的作用十分重要。除了作为原料（如以焦炭为原料生产合成氨，氨中的氢都是由水提供的）外，水是传热的主要介质（水蒸气加热物料、冷却水冷却物料），也是传动的主要介质（蒸汽机、汽轮机等均靠高压水蒸气驱动）。

水蒸气是用锅炉生产的，根据生产工艺的需要，对水的质量有不同要求。汽轮机对水蒸气的质量要求十分严格，因而要求对水处理的质量指标进行严格控制；作为工艺蒸汽、传热蒸汽，质量控制标准可以略低一些。作为生产蒸汽的锅炉，为维持正常生产和安全运行，不同性能的锅炉对水质都有相应的指标要求，称作水质标准。

锅炉用水的水质指标分为两类，一类是反映水中某些杂质含量的成分指标，如钙离子浓度、氯离子浓度、磷酸根含量、溶解氧含量等；另一类是根据技术要求人为拟定的反映水质某一方面特性的技术指标，如硬度、碱度、含盐量等。

6.1 水质指标

水和杂质共同表现的综合特性称为水质，用来评价水质好坏的项目，称为水质指标。水的用途不同，采用的指标也不同。本章着重介绍按低压锅炉水质标准所规定的几种主要水质指标及有关测定。

6.1.1 悬浮物

悬浮物是指水中颗粒较大的不溶性杂质，悬浮物的含量是采用某种特定过滤材料过滤测定的，用 mg/L 表示。

悬浮物的测定方法一般采用重量法，但因过程冗长繁琐，不作为运行控制项目，只作定期检测。在水质分析中，常用浊度测定来近似表示悬浮物和胶体含量。一般以不溶性硅化物作标准溶液，采用浊度比较法测定水的浊度。单位为 1 度 =1mg（SiO_2）/L。

6.1.2 含盐量（S）

含盐量是指水中溶解盐的总量，是衡量水质好坏的一项重要指标。

含盐量的测定，是通过水质全分析后，将所有阴、阳离子的质量相加而得出结果，单位为 mg/L。这种方法也繁琐费时，通常是用溶解固形物表示含盐量的。取一定体积的过滤水样，水浴蒸干后经 105 ~ 110℃ 烘干至恒重，称量后即是溶解固形物含量，用 mg/L 表示。

溶解固形物含量不等于含盐量，在溶解固形物测定的蒸发烘干过程中，如果原来有重碳酸盐，其质量会因分解而减小，或在蒸发过程中形成结晶水使质量增大等。因此是近似表示，且名称不能相混。

6.1.3　硬度（H）

硬度是表示水中高价金属离子（Ca^{2+}、Mg^{2+}、Mn^{2+}、Fe^{2+}等，但不包括1价离子Na^{+}、K^{+}等）含量。天然水中主要是Ca^{2+}和Mg^{2+}离子，其他离子很少。含有这类离子的水，在受热蒸发浓缩过程中，生成难溶盐并沉积在锅炉传热面上即形成水垢。一般把含Ca^{2+}和Mg^{2+}较多的水叫硬水，较少的则叫软水。衡量Ca^{2+}、Mg^{2+}的多少，用硬度表示。硬度就是水中钙镁的浓度，浓度高者即硬度高，硬度低者则浓度也低。

硬度（即浓度）的单位以前是用CaO的毫克当量/升表示的。统一国际单位后，取消了“当量”。为了便于与以前的硬度（包括碱度）表示方法衔接和对比，现在改用“单元摩尔浓度”表示硬度。用CaO摩尔质量的二分之一为其单元摩尔质量。用每升水中含CaO（也代表MgO）多少（单元）毫摩尔表示水的硬度。即

$$硬度=\left[\frac{1}{2}CaO\right](mmol/L)$$

另一种硬度单位叫德国度（°G），德国度和其他单位的换算关系为

$$1°G=10mg(CaO)/L=\frac{1}{2.8}mmol\left(\frac{1}{2}CaO\right)/L$$

式中，CaO的单元摩尔质量为$\frac{56}{2}=28(g/mol)$。

硬度的分类：

（1）总硬度。表示水中Ca^{2+}和Mg^{2+}的总含量用$H_{总}$或H表示，其单位用CaO的单元摩尔浓度表示，即$mmol\left(\frac{1}{2}CaO\right)/L$。其中$Ca^{2+}$的含量称为钙硬度$H_{Ca}$，$Mg^{2+}$的含量称为镁硬度$H_{Mg}$。

（2）碳酸盐硬度。表示水中$Ca(HCO_3)_2$、$Mg(HCO_3)_2$、微溶的$MgCO_3$和$CaCO_3$的总含量，用$H_{碳}$表示。

将$Ca(HCO_3)_2$和$Mg(HCO_3)_2$称为暂时硬度，因其受热将分解，生成沉淀离开水体，故称为暂时硬度。

$$Ca(HCO_3)_2 \xlongequal{\triangle} CaCO_3\downarrow + H_2O + CO_2\uparrow$$
$$Mg(HCO_3)_2 \xlongequal{\triangle} Mg(OH)_2\downarrow + 2CO_2\uparrow$$

暂时硬度近似等于碳酸盐硬度(后者尚包含有极少量微溶的$CaCO_3$和$MgCO_3$)。

(3)非碳酸盐硬度。表示水中Ca^{2+}、Mg^{2+}的硫酸盐或氯化物的含量,用$H_{非}$表示。又称永久硬度,因受热时,其中的Ca^{2+}和Mg^{2+}不会分解,一直留在水中,浓度较高时形成水垢。

(4)负硬度。表示水中$NaHCO_3$和Na_2CO_3含量,用$H_{负}$表示。

上述各硬度之间的关系为

$$H_{总}=H_{Ca}+H_{Mg} \qquad H_{总}=H_{碳}+H_{非}$$

6.1.4　碱度

碱度是表示水中能与强酸发生中和反应的所有碱性物质的含量。天然水中碱性物质主要是HCO_3^-；锅炉水中碱性物质主要是OH^-和CO_3^{2-}。有时为调节pH值和更有效地除Ca、

Mg 和 Si,在加入 Na_2CO_3 的同时,加入 Na_3PO_4 和 Na_2HPO_4 等药品。锅炉水中碱性物质又增加了 PO_4^{3-} 以及 HPO_4^{2-} 等。碱度常用的单位也是 mmol/L。碱度分为:

(1) 酚酞碱度 P。用盐酸滴定,酚酞为指示剂时所计算出来的碱度。

(2) 甲基橙碱度 A。用盐酸滴定,甲基橙为指示剂时所计算出来的碱度。甲基橙碱度又称总碱度。

(3) 酚酞后碱度 M。用盐酸滴定的过程中,采用酚酞和甲基橙两种指示剂分别表示两个终点,酚酞变色时计算出来的碱度称为酚酞碱度;继续滴到甲基橙变色时计算出来的碱度称为酚酞后碱度。两碱度之和为甲基橙碱度,此时

$$A = P + M$$

这样的滴定方法称为双指示剂法。

另外,对锅炉水还制定了一个叫相对碱度的指标,即

$$\text{相对碱度} = \frac{\text{游离 NaOH 质量浓度}\quad (\text{mg/L})}{\text{溶解固形物质量浓度}\quad (\text{mg/L})}$$

6.1.5 pH 值

锅炉水的 pH 值对各种杂质的形体分布起决定性的作用,对锅炉的正常运行有着广泛影响。因此,是最重要的水质指标之一。

6.1.6 溶解氧

溶解氧在高温高压下对锅炉及金属设备的腐蚀极为严重,是水质的主要指标之一,单位用 mg/L 表示。

另外,还有 PO_4^{3-}、SO_3^{2-} 等离子是为了维持锅炉正常运行而引入的药剂,也是锅炉水质的主要指标之一。

6.2 水质指标间的关系

在水质指标间,存在着一定的平衡制约关系。研究这些关系,对整个炉水水质的分析判断和对锅炉的正常生产进行科学的操作控制是十分必要的。

6.2.1 硬度与碱度的关系

硬度是表示水中 Ca^{2+}、Mg^{2+} 含量,碱度是表示水中 CO_3^{2-}、HCO_3^- 等含量。阴阳离子在水中虽单独存在,但在浓度较高的锅炉水中,相互间存在着结合的趋势。其结合的先后顺序,首先应以溶解度的大小为依据(溶解度小的两种离子间结合的趋势大于溶解度较大的离子)。现将阴阳离子按结合趋势由大到小的顺序排列如下:

阳离子	阴离子
Ca^{2+}	HCO_3^-
Mg^{2+}	SO_4^{2-}
Na^+	Cl^-

假定它们每两两结合为“假想分子”, 结合的顺序应是

(1) Ca^{2+} 和 HCO_3^- 结合为 $Ca(HCO_3)_2$，之后，多余的 HCO_3^- 才可能染指 Mg^{2+}，结合成 $Mg(HCO_3)_2$。这类化合物为碳酸盐硬度 $H_{碳}$。

(2) 如果 Ca^{2+} 和 Mg^{2+} 有富余，则必先与 SO_4^{2-} 结合为 $CaSO_4$ 和 $MgSO_4$。如果还有富余又与 Cl^- 结合为 $CaCl_2$ 和 $MgCl_2$。这些化合物均为非碳酸盐硬度 $H_{非}$。

如果是 HCO_3^- 有富余，则与 Na^4 结合为 $NaHCO_3$，称为负硬度 $H_{负}$。

(3) 最后才可能是 Na^+ 与 SO_4^{2-} 和 Cl^- 的结合，称为中性盐。

天然水中，首先是硬度成分与碱度成分结合成碳酸盐硬度，其次才能结合为非碳酸盐硬度。总硬度用 H 表示，总碱度用 A 表示，它们的结合情况见表 6-1。

表 6-1　硬度与碱度的关系

H 与 A 比较	$H_{碳}$	$H_{非}$	$H_{负}$
$H>A$	A	$H-A$	0
$H=A$	H	0	0
$H<A$	H	0	$A-H$

6.2.2 酚酞碱度、酚酞后碱度和甲基橙碱度的关系

用浓度为 c 的 HCl 标准溶液滴定体积为 V_0(mL)的水体，以酚酞为指示剂(变色范围 pH 值 8～10)，终点时消耗 HCl 标液体积为 V_1。滴定反应为：

$$OH^- + H^+ = H_2O$$

$$CO_3^{2-} + H^+ = HCO_3^-$$

酚酞碱度 P 为

$$P = \frac{cV_1}{V_0} \times 1000 \quad (\text{mmol/L})$$

往原滴定液中加入 2～3 滴甲基橙指示剂(变色范围 pH 值 3.1～4.4)，用调到“0”刻度的 HCl 标液继续滴定，终点时消耗 HCl 标液体积为 V_2(mL)。滴定反应为

$$HCO_3^- + H^+ = H_2CO_3 \longrightarrow H_2O + CO_2\uparrow$$

酚酞后碱度 M 为

$$M = \frac{cV_2}{V_0} \times 1000 \quad (\text{mmol/L})$$

甲基橙碱度即总碱度 A 应是酚酞碱度与酚酞后碱度之和。

$$A = P + M$$

假定水体中 OH^- 与 HCO_3^- 不能共存。如果水体中可能有 OH^-、CO_3^{2-}、HCO_3^- 三种碱性物质中的任意一种或其中某两种共存，则有以下五种情况：

(1) 水体中只有 OH^- 时：测定结果为 $V_1>0$，$V_2=0$，即 $P>0$，$M=0$。所以 OH^- 的含量为

$$[OH^-] = P \quad (\text{mmol/L})$$

(2) 水体中有 OH^- 和 CO_3^{2-} 共存时：测定结果为 $V_1>V_2$ 即 $P>M$，所以

$$[OH^-] = P - M \qquad (\text{mmol/L})$$

$$\left[\frac{1}{2}CO_3^{2-}\right] = 2M \qquad (\text{mmol/L})$$

或 $[CO_3^{2-}] = M \quad (mmol/L)$

(3) 水体中只有 CO_3^{2-} 时：测定结果为 $V_1 = V_2$，即 $P = M$，所以

$$\left[\frac{1}{2}CO_3^{2-}\right] = 2M \quad (mmol/L)$$

或 $[CO_3^{2-}] = M \quad (mmol/L)$

(4) 水体中有 CO_3^{2-} 和 HCO_3^- 共存时：测定结果为 $V_1 < V_2$，即 $P < M$，所以

$$\left[\frac{1}{2}CO_3^{2-}\right] = 2P \quad (mmol/L)$$

或 $[CO_3^{2-}] = P \quad (mmol/L)$

而 $[HCO_3^-] = M - P \quad (mmol/L)$

(5) 水体中只有 HCO_3^- 时：$V_1 = 0$，$V_2 > 0$ 即 $P = 0$，$M > 0$，所以

$$[HCO_3^-] = M \quad (mmol/L)$$

根据以上讨论结果，可以归纳为表6-2。

表 6-2 水体中碱度的测定和结果计算

P 和 M 的比较	水体中存在的离子	碱度/$mmol \cdot L^{-1}$		
		OH^-	$\frac{1}{2}CO_3^{2-}$	HCO_3^-
$P > M$	OH^-、CO_3^{2-}	$P - M$	$2M$	0
$M = 0$	OH^-	P	0	0
$P = M$	CO_3^{2-}	0	$2M$	0
$P < M$	CO_3^{2-}、HCO_3^-	0	$2P$	$M - P$
$P = 0$	HCO_3^-	0	0	M

6.2.3 pH 与碱度的关系

根据所测得水体 pH 值与总碱度 A，可计算出 OH^-、HCO_3^- 和 $\frac{1}{2}CO_3^{2-}$ 三种碱度成分的含量(假定无 PO_3^{3-}、HPO_3^{2-} 等碱性离子存在)。已知

$$A = [OH^-] + [HCO_3^-] + \left[\frac{1}{2}CO_3^{2-}\right] = [OH^-] + [HCO_3^-] + 2[CO_3^{2-}]$$

设碳酸根各型体总浓度为 c

$$c = [HCO_3^-] + [CO_3^{2-}] = A - [OH^-] - [CO_3^{2-}]$$

两种型体的分布系数为

$$\delta_{HCO_3^-} = \frac{K_{a1}[H^+]}{[H^+]^2 + K_{a1}[H^+] + K_{a1}K_{a2}}$$

$$\delta_{CO_3^{2-}} = \frac{K_{a1}K_{a2}}{[H^+]^2 + K_{a1}[H^+] + K_{a1}K_{a2}}$$

因此，各碱性离子的浓度计算式分别为：

(1) OH^- 浓度： $[OH^-] = 10^{-(pH-14)}$

(2) $\frac{1}{2}CO_3^{2-}$ 浓度： $[CO_3^{2-}] = c \cdot \delta_{CO_3^{2-}}$

则　$$\left[\frac{1}{2}CO_3^{2-}\right]=2c\cdot\delta_{CO_3^{2-}}$$

(3) HCO_3^- 浓度：　$$[HCO_3^-]=c\cdot\delta_{HCO_3^-}$$

【例】　测得某水样总碱度 A 为 18.00mmol/L，pH 值为 11.0，计算 OH^-、$\frac{1}{2}CO_3^{2-}$ 和 HCO_3^- 三种碱度成分的浓度。已知 H_2CO_3 的 $K_{a1}=4.2\times10^{-7}$，$K_{a2}=5.6\times10^{-11}$。

解：(1) 求 $[OH^-]$：已知 pH 值为 11.0，则

$$[OH^-]=10^{-3}\quad(mol/L)$$

所以　$$[OH^-]=1.0\quad(mmol/L)$$

(2) 求 $\frac{1}{2}CO_3^{2-}$ 的浓度：根据 $[CO_3^{2-}]=c\cdot\delta_{CO_3^{2-}}$，即

$$[CO_3^{2-}]=(A-[OH^-]-[CO_3^{2-}])\cdot\frac{K_{a1}K_{a2}}{[H^+]^2+K_{a1}[H^+]+K_{a1}K_{a2}}$$

$$[CO_3^{2-}]=(18-1.0-[CO_3^{2-}])\times\frac{2.4\times10^{-17}}{10^{-22}+4.2\times10^{-18}+2.4\times10^{-17}}$$

$$[CO_3^{2-}]=(17-[CO_3^{2-}])\times0.85$$

$$1.85\times[CO_3^{2-}]=17\times0.85$$

$$[CO_3^{2-}]=7.81\quad(mmol/L)$$

所以　$$\left[\frac{1}{2}CO_3^{2-}\right]=15.62\quad(mmol/L)$$

(3) 求 HCO_3^-：根据 $[HCO_3^-]=c\cdot\delta_{HCO_3^-}$，即

$$[HCO_3^-]=(18-1.0-7.81)\times\frac{4.2\times10^{-18}}{10^{-22}+4.2\times10^{-18}+2.4\times10^{-17}}$$

$$=9.19\times0.15=1.38\quad(mmol/L)$$

检验　$$A=[OH^-]+\left[\frac{1}{2}CO_3^{2-}\right]+[HCO_3^-]=1.0+15.62+1.38=18.00(mmol/L)$$

6.2.4　氯化物与溶解固形物间的关系

溶解固形物是水质指标之一，也是求相对碱度时必须知道的数据。但溶解固形物的测定耗时较多，一般是用测定氯离子的办法来推算溶解固形物含量。在给水水质稳定的情况下，锅炉水中溶解固形物与氯离子质量浓度比值接近一个常数 K。

$$K=\frac{[溶解固形物]_{锅}}{[Cl^-]_{锅}}\ .\frac{(mg/L)}{(mg/L)}$$

知道 K 值后，只要测定锅炉水中 $[Cl^-]_{锅}$，就可以求得溶解固形物的浓度，及时指导锅炉排污、求算相对碱度等。

K 值的测定，可以采用以下方法：在锅炉各项指标合适、运转正常的情况下，取不同浓度的锅炉水进行分析。将分析结果绘制在坐标纸上，以 $[Cl^-]_{锅}$ 为横坐标，对应的 $[溶解固形物]_{锅}$ 为纵坐标，所得直线为一条过原点的直线，直线斜率即为 K 值。直线定期校验，可减小控制误差。

6.3 工业锅炉水质标准

水质标准是水质指标要求达到的合格范围。根据锅炉生产蒸汽的蒸发量、工作压力、蒸汽温度等多方面情况，不同锅炉有不同的水质标准。如对容量较小、蒸发量较低、水容量大的低压锅炉，由于对杂质危害敏感性较小，对蒸汽品质要求较低，因此规定的指标项目较少、标准较低。而对容量较大、蒸发量较高、水容量较小、工作压力较高的锅炉，由于对杂质危害较敏感、对蒸汽品质要求高，因此规定的水质指标项目较多、标准也较高。

（1）悬浮物标准。悬浮物会影响在锅炉内加药处理的防垢效果，要求锅炉内悬浮物在200mg/L以下。锅炉外水处理时，悬浮物会影响离子交换器的正常运转，一般要求锅炉外悬浮物量在5mg/L以下。

（2）硬度标准。锅炉外水处理时，要求水的总硬度小于0.03mmol$\left(\frac{1}{2}CaO\right)$/L。锅炉采用锅内加药处理时，给水硬度应低于3.5mmol$\left(\frac{1}{2}CaO\right)$/L。

（3）给水的pH值标准。一般要求pH值大于7。

（4）溶解氧标准。溶解氧对给水管道和锅炉腐蚀危害较大，并且随锅炉参数的升高而加剧。采用热力除氧的锅炉，一般要求给水中溶解氧小于0.05mg/L。对采用锅内加药除氧（Na_2SO_3）的锅炉，给水的溶解氧不大于0.1mg/L。

（5）锅炉水的pH值和总碱度标准。控制pH值在10～12之间，总碱度为8～20mmol/L，有利于形成$CaCO_3$和$MgCO_3$水渣（而不是形成$CaSO_4$和$MgSiO_3$密实、坚硬的水垢）。如果水硬度较低时，注意降低总碱度（因此时CO_3^{2-}消耗减小）。

如果pH值小于8或pH值大于13，会破坏锅炉金属保护膜，加速锅炉腐蚀。

（6）锅炉水的溶解固形物标准。如果锅炉水中溶解固形物太高，会形成很厚的泡沫层，产生汽水共沸、蒸汽带水等不利影响，使蒸汽品质恶化。因此，必须严格控制好锅炉水的含盐量。一般水管锅炉，规定锅炉水含盐量小于3000mg/L，而火管锅炉则可放宽一些，规定含盐量小于5000mg/L。

（7）相对碱度标准。相对碱度太高，会在锅炉缝隙部位产生苛性脆化，因此，规定锅水的相对碱度不大于0.2。

（8）含油量标准。给水含油量高，会使锅炉水产生泡沫，使蒸汽带液；带油的水垢，使传热系数减小。一般规定给水的含油量小于2mg/L。

表6-3是中华人民共和国国家标准《低压锅炉水质标准》（GB 1576—1985）中有关“燃用固体燃料的水管锅炉、水火管组合锅炉、燃气锅炉”所规定的水质标准。

表6-3 国标部分水质标准

项 目	给 水			锅 炉 水		
工作压力 Pa (kgf/cm²)	$\leq 98\times10^4$ ($\leq$10)	$>98\times10^4$ $\leq 156.8\times10^4$ ($>$10 $\leq$16)	$>156.8\times10^4$ $\leq 254\times10^4$ ($>$16 $\leq$25)	$\leq 98\times10^4$ ($\leq$10)	$>98\times10^4$ $\leq 156.8\times10^4$ ($>$10 $\leq$16)	$>156.8\times10^4$ $\leq 254\times10^4$ ($>$16 $\leq$25)
悬浮物/mg·L^{-1}	≤5	≤5	≤5			

续表 6-3

项　目		给　　水			锅　炉　水		
总硬度/mmol · L^{-1}		≤0.03	≤0.03	≤0.03			
总碱度/mmol · L^{-1}	无过热器				≤22	≤20	≤14
	有过热器					≤14	≤12
pH 值（25℃）		≥7	≥7	≥7	10 ~ 12	10 ~ 12	10 ~ 12
含油量/mg · L^{-1}		≤2	≤2	≤2			
溶解氧/mg · L^{-1}		≤0.1	≤0.1	≤0.05			
溶解固形物/mg · L^{-1}	无过热器				<4000	<3500	<3000
	有过热器					<3000	<2500
SO_3^{2-}/mg · L^{-1}					10 ~ 40	10 ~ 40	10 ~ 40
PO_4^{3-}/mg · L^{-1}						10 ~ 30	10 ~ 30
相对碱度$\left(\frac{\text{游离 NaOH}}{\text{溶解固形物}}\right)$					<0.2	<0.2	<0.2

6.4　悬浮固形物和溶解固形物的测定

6.4.1　原理

用某种过滤材料分离出来的固形物为悬浮固形物，按国家标准采用 G_4 玻璃过滤器（孔径为 3 ~ 4μm）为过滤材料。将一定体积水样过滤、烘至恒重，称量后计算出悬浮固形物含量。取一定体积该滤液蒸发、干燥至恒重，称量后计算出溶解固形物含量。

6.4.2　悬浮固形物的测定

先用 1:1 硝酸溶液洗涤 G_4 玻璃过滤器，再用蒸馏水洗净，置于 105 ~ 110℃烘箱中烘干 1h。放入干燥器内冷至室温，称至恒重，记下过滤器质量 G_2（mg）。

取水样 500 ~ 1000mL，徐徐注入过滤器，并用水力抽气器抽滤。将最初 200mL 滤液重复过滤一次，滤液应保留，作其他分析用。

过滤完水样后，用蒸馏水洗量水容器和过滤器数次，再将玻璃过滤器置于 105 ~ 110℃烘箱中烘 1h。取出放入干燥器，冷却至室温时称量。再烘 30min 后称量，直至恒重。记下过滤器和悬浮物的质量 G_1（mg）。悬浮物含量为 XG

$$XG = \frac{G_1 - G_2}{V} \times 1000 \quad (\text{mg/L})$$

式中　V——所取水样体积，mL。

6.4.3　溶解固形物的测定

取 V（mL）上述滤液（水样体积应使蒸干后溶解固形物质量为 100mg 左右），逐次注入已经烘干至恒重（G_2）的蒸发皿中，在水浴上蒸干。置入 105 ~ 110℃的烘箱中烘 2h，取出在干燥器中冷却至室温，称量。直到恒重，记下质量 G_1（mg）。溶解固形物的含量 RG 为

$$RG = \frac{G_1 - G_2}{V} \times 1000 \quad (\text{mg/L})$$

6.5 pH值的测定（电极法）

6.5.1 原理

玻璃电极与饱和甘汞电极同时浸入水样中，即形成测量电池，其电池电动势E随着溶液中pH值变化而变化。用高阻抗输入的毫伏计测量，先测出已知溶液pH_s的电池电动势E_s，再测定未知溶液pH_x的电池电动势E_x。根据IUPAC关于pH值的实用定义式

$$pH_x = pH_s + \frac{E_x - E_s}{2.303RT/E}$$

即可求出未知溶液（水样）的pH值。在20℃时，电极斜率$2.303RT/F = 0.058$（V）

6.5.2 仪器和试剂

雷磁25型pH计、玻璃电极、饱和甘汞电极。

试剂：

（1）pH值为4.00标准缓冲溶液：准确称取优级纯邻苯二甲酸氢钾10.21g溶解于去离子水，定容为1000mL。

（2）pH值为6.86标准缓冲溶液：准确称取优级纯磷酸二氢钾3.390g和优级纯磷酸氢二钠3.550g，溶于去离子水并定容为1000mL。

（3）pH值为9.20标准缓冲溶液：准确称取优级纯硼砂3.810g溶于去离子水中并定容为1000mL。

上述标准缓冲溶液的选取，应选pH值与被测水样较近的缓冲溶液。

6.5.3 操作步骤

（1）清洗、活化电极：使电极在蒸馏水中浸泡过夜。

（2）仪器校正：开启30min后，仪器调零，并进行温度补偿和满刻度校正等手续。

（3）pH定位：蒸馏水洗电极数次，吸水纸将水滴吸去。浸入pH值与水样相近的标准缓冲液中。先进行调零和满刻度校正，再根据缓冲溶液的pH值使pH定位。

（4）复定位：再用蒸馏水洗电极数次，再浸入复定位缓冲溶液中，按上述过程再行定位。

（5）水样测定：再用蒸馏水洗电极数次，用水样洗2次以上，吸水纸吸去水滴。将电极浸入水样中，按上述步骤测出水样pH值。测定完毕后，洗净电极。

6.6 硬度的测定

6.6.1 原理

测定水的总硬度一般采用络合滴定法。用EDTA标液滴定水中Ca^{2+}、Mg^{2+}总量。反应如下

$$Ca^{2+} + Y^{4-} = CaY^{2-}$$

$$Mg^{2+} + Y^{4-} \longrightarrow MgY^{2-}$$

钙和镁与 EDTA 络合的绝对稳定常数 lg$K$ 分别为 10.69 和 8.69。如果控制 pH 值为 10。则酸效应系数 $\lg\alpha_{Y(H)} = 0.45$，各条件稳定常数为

$$\lg K'_{CaY} = 10.69 - 0.45 = 10.24$$

$$\lg K'_{MgY} = 8.69 - 0.45 = 8.24$$

即条件稳定常数 lgK'均大于 8。所以，控制体系 pH 值为 10，可得到准确结果。

选铬黑 T（EBT）作指示剂。在计量点前，Ca^{2+}、Mg^{2+} 与铬黑 T 形成酒红色络合物，当 EDTA 滴定到计量点附近时，夺走酒红色络合物中的金属离子 Ca^{2+}、Mg^{2+}，铬黑 T 游离出来，溶液突变为纯蓝色，指示终点到达

计量点前　　　　M + EBT = M - EBT（酒红色）

终点时　　　　M - EBT + Y = MY + EBT（纯蓝色）

铬黑 T 是三元酸，它第一级电离容易，第二级和第三级电离较难，$PK_{a2} = 6.3$，$PK_{a3} = 11.6$，在溶液中存在下列平衡：

$$H_2In^- \rightleftharpoons HIn^{2-} \rightleftharpoons In^{3-}$$

红色	纯蓝色	橙色
pH 值<6	pH 值 8～11	pH 值>12

铬黑 T 与金属离子络合物的颜色为酒红色。控制溶液的 pH 值为 10 左右，终点时由金属离子络合物的酒红色突变为游离指示剂的纯蓝色，变色明显，有利于准确滴定。

6.6.2 试剂

（1）0.02mol/L EDTA 溶液的配制：台秤上称取乙二胺四乙酸二钠 7.5～8g 于 300mL 烧杯中，加蒸馏水 150mL，加热溶解。冷却后稀释为 1L，待标定。

（2）锌标准溶液的配制：用作基准物的纯锌粒，先用 1∶1 HCl 洗涤，然后用蒸馏水洗去 HCl，再用丙酮或无水乙醇冲洗，置烘箱中在 110℃下烘数分钟。准确称取 0.6538g 于 250mL 烧杯中，加 1∶1 HCl 5mL，低温加热使其溶解。冷却后用蒸馏水定容为 500.0mL。锌标液浓度为 0.02000mol/L。

（3）氨性缓冲溶液（pH 值为 10）的配制：台秤上称取 NH_4Cl 54g，加蒸馏水溶解后，加入浓氨水 350mL，用水稀释为 1L。

（4）0.5%铬黑 T 溶液。台秤上称取铬黑 T 0.5g，加 20mL 三乙醇胺溶解，加蒸馏水稀释为 100mL。

（5）1∶1 氨水。

（6）1∶1 盐酸。

6.6.3 操作步骤

（1）EDTA 标液的标定：用移液管吸取锌标液 25.00mL 于 250mL 锥形瓶中，滴加1∶1 氨水至开始出现白色 $Zn(OH)_2$ 沉淀，加 10mL pH 值为 10 的氨性缓冲溶液，加蒸馏水 20mL。滴加 2～3 滴铬黑 T，用 EDTA 标液滴定至酒红色变为纯蓝色为终点，记下 EDTA 的体积 V(mL)，由下式计算 EDTA 浓度 c

$$c = \frac{25.00 \times 0.02000}{V} \quad (\text{mol/L})$$

（2）水硬度测定：量取水样 50～100mL（记为 V_0）于 250mL 锥形瓶中，加入 5～10mL 氨性缓冲溶液，摇匀。加入 3～4 滴铬黑 T 指示剂，用上述 EDTA 标准溶液滴定至由酒红色变为纯蓝色为终点，记下所消耗的 EDTA 体积 V，由下式计算水的硬度 H

$$H=\frac{2cV}{V_0}\times 1000\ \text{mmol}\left(\frac{1}{2}\text{CaO}\right)/\text{L}$$

式中　c，V——EDTA 的浓度（mol/L）和体积（mL）；

V_0——水样体积，mL。

6.7 碱度的测定

6.7.1 原理

水的碱度是指水中那些能接受质子的物质的含量，主要有氢氧根、碳酸盐、重碳酸盐、磷酸盐、磷酸氢盐等物质，选用适当指示剂，可以用酸标准溶液对它们进行滴定。

碱度一般分为酚酞碱度和甲基橙碱度（全碱度）。

6.7.1.1 *酚酞碱度*

酚酞碱度是以酚酞为指示剂，用酸标准溶液滴定后计算所测得的含量，记作 P。滴定反应终点（酚酞变色点），pH 值为 8.3。滴定中发生下列反应

（1）OH^- 的反应

$$OH^- + H^+ = H_2O$$

酚酞变色（pH 值为 8.3）时，OH^- 与 H^+ 完全反应。

（2）CO_3^{2-} 的反应

$$CO_3^{2-} + H^+ = HCO_3^-$$

酚酞变色时，CO_3^{2-} 几乎全部生成 HCO_3^-。

（3）PO_4^{3-} 的反应

$$PO_4^{3-} + H^+ = HPO_4^{2-}$$

在 pH 值为 8.3（即酚酞变色）时，计算 HPO_4^{2-} 的分布系数 $\delta_{HPO_4^{2-}}$

$$\delta_{HPO_4^{2-}}=\frac{K_{a1}K_{a2}[H^+]}{[H^+]^3+K_{a1}[H^+]^2+K_{a1}K_{a2}[H^+]+K_{a1}K_{a2}K_{a3}}$$

$$=\frac{7.6\times 6.3\times 10^{-19.3}}{10^{-24.9}+7.6\times 10^{-3}\times 10^{-16.6}+7.6\times 6.3\times 10^{-19.3}+7.6\times 6.3\times 4.4\times 10^{-24}}$$

$$=\frac{2.4\times 10^{-18}}{2.59\times 10^{-18}}=0.927\ （即 92.7\%）$$

而仅有另外的 0.073，为滴定过量部分，进一步反应生成 $H_2PO_4^-$。型体分布为

$$\delta_{H_2PO_4^-}=\frac{7.6\times 10^{-3}\times 10^{-16.6}}{2.6\times 10^{-18}}=0.073\ （即 7.3\%）$$

6.7.1.2 *酚酞后碱度*

酚酞后碱度，是在酚酞变色后再以甲基橙为指示剂，用酸标准溶液继续滴定，计算所测得的含量，记作 M。滴定终点 pH 值为 4.2（甲基橙变色点），滴定在原来反应基础上发生下列反应。

（1）HCO_3^- 的反应

$$HCO_3^- + H^+ \longrightarrow H_2CO_3 \longrightarrow H_2O + CO_2\uparrow$$

甲基橙变色时，HCO_3^- 全部反应完毕。

（2）HPO_4^{2-} 的反应

$$HPO_4^{2-} + H^+ = H_2PO_4^-$$

在 pH 值为 4.2（即甲基橙变色）时，计算 $H_2PO_4^-$ 的分布系数 $\delta_{H_2PO_4^-}$

$$\delta_{H_2PO_4^-} = \frac{7.6\times10^{-11.4}}{10^{-12.6} + 7.6\times10^{-11.4} + 7.6\times6.3\times10^{-15.2} + 7.6\times6.3\times4.4\times10^{-24}}$$

$$= \frac{3.03\times10^{-11}}{3.05\times10^{-11}} = 0.992\text{（即 99.2\%）}$$

仅有 0.008（即 0.8%）反应过量。生成 H_3PO_4。

6.7.1.3 全碱度

全碱度 A，又称甲基橙碱度

$$A = P + M$$

6.7.2 试剂

（1）1% 酚酞（乙醇）溶液。

（2）0.1% 甲基橙水溶液。

（3）甲基红 0.2%（60% 乙醇）溶液。

（4）0.1（或 0.02）mol/L HCl 标准溶液的配制：量取浓盐酸 8.5mL（或 3.5mL）用蒸馏水稀释至 1L（或 2L），摇匀，待标定。

（5）HCl 标准溶液的标定：分析天平上准确称取硼砂 0.5g（或 0.1g）（准确至 0.0001g），于锥形瓶内，蒸馏水溶解，加甲基红指示剂 3 滴，用 HCl 标液滴定，滴定到黄色变为微红色为终点，消耗体积 V（mL）。用下式计算 HCl 标液浓度 c

$$c = \frac{2m}{381.4V}\times1000 \quad \text{(mol/L)}$$

式中，m 为硼砂质量；V 为 HCl 体积；381.4 为硼砂摩尔质量。

6.7.3 操作步骤

（1）高碱度水样（如锅炉水）的测定：取 100mL 水样于锥形瓶内，加 2～3 滴酚酞指示剂，用 0.1mol/L HCl 标液滴定至红色消失为终点，记录耗酸体积为 V_1。然后再滴加甲基橙指示剂 2 滴，继续用 HCl 标液滴定至由黄色变橙色为终点，记下第二次耗酸体积为 V_2。

（2）低碱度水样（如锅炉给水）的测定：取水样 100mL 于锥形瓶内，加 2～3 滴酚酞指示剂。用微量滴定管以 0.02mol/L HCl 标液滴定，记下 V_1。再按同样方法加甲基橙指示剂，滴至第二终点，记下 V_2。

（3）碱度的计算：

酚酞碱度 $$P = cV_1\times10 \quad \text{(mmol/L)}$$

酚酞后碱度 $M=cV_2\times10$ (mmol/L)

总碱度 $A=P+M$ (mmol/L)

式中 c——HCl 标准溶液浓度，mol/L。

6.8 氯化物的测定

6.8.1 原理

在 pH 值为 7 左右的中性溶液中，硝酸银与氯离子作用生成白色氯化银沉淀，过量的硝酸银与铬酸钾作用生成红色铬酸银沉淀，使溶液显橙色即为滴定终点。

$$Cl^- + Ag^+ \xlongequal{} AgCl\downarrow \quad \text{(白色)}$$

$$CrO_4^{2-} + 2Ag^+ \xlongequal{} Ag_2CrO_4\downarrow \quad \text{(红色)}$$

已知 AgCl 的 $K_{SP}=3.2\times10^{-10}$，Ag_2CrO_4 的 $K_{SP}=5\times10^{-12}$（在 $I=0.1$ 时），AgCl 的溶解度 S 为

$$S_{AgCl}=\sqrt{3.2\times10^{-10}}=1.8\times10^{-5}\quad \text{(mol/L)}$$

而 Ag_2CrO_4 的溶解度 S 为

$$(2S)^2\cdot S=5\times10^{-12}$$

所以

$$S_{Ag_2CrO_4}=\sqrt[3]{\frac{5\times10^{-12}}{4}}=1.1\times10^{-4}\quad \text{(mol/L)}$$

可见 AgCl 的溶解度比 Ag_2CrO_4 小近 6 倍。这样，当用 $AgNO_3$ 滴定含有指示剂 CrO_4^{2-} 的 Cl^- 溶液时，根据分步沉淀的原理，首先产生 AgCl 沉淀，当 Cl^- 沉淀完毕后，才产生 Ag_2CrO_4 红色沉淀。

指示剂 K_2CrO_4 浓度不宜过大或过小。因为过大或过小会造成析出 Ag_2CrO_4 红色沉淀过早或过晚，导致产生较大误差。所以 Ag_2CrO_4 沉淀的出现应恰好在计量点附近。理论上可以计算出计量点时所需要的 CrO_4^{2-} 浓度。

计量点时，游离的 Ag^+ 浓度为

$$[Ag^+]=[Cl^-]=\sqrt{K_{SP}}=\sqrt{3.2\times10^{-10}}=1.8\times10^{-5}\quad \text{(mol/L)}$$

此时，CrO_4^{2-} 的浓度应为

$$[CrO_4^{2-}]=\frac{K_{SP}}{[Ag^+]^2}=\frac{5\times10^{-12}}{(1.8\times10^{-5})^2}=1.5\times10^{-2}\quad \text{(mol/L)}$$

由于 K_2CrO_4 显黄色，影响终点观察，实际测定时，浓度应略低些。

6.8.2 试剂

(1) 氯化钠标准溶液配制(1mg(Cl^-)/L)：将基准试剂 NaCl 在 500℃ 的马弗炉中灼烧 10min，然后在干燥器中冷至室温。天平上准确称取 1.649g，蒸馏水溶解，定容为 1000mL。

(2) 硝酸银标液配制：称 5.0g $AgNO_3$，溶于蒸馏水中，最后稀释为 1000mL。待标定。

(3) 10% K_2CrO_4 溶液。

6.8.3 操作步骤

（1）硝酸银标液标定：分别吸取 NaCl 标液 10.00mL 三份于锥形瓶中，各加 90mL 蒸馏水和 1.0mL 10% K_2CrO_4 指示剂，用 $AgNO_3$ 溶液滴定至橙色为终点。另取 100mL 蒸馏水作空白试验。用下式计算 $AgNO_3$ 标液的滴定度 T（mg/mL）

$$T=\frac{10\times 1}{V-V_0}$$

式中，V 为标定时消耗 $AgNO_3$ 体积；V_0 为空白试验消耗 $AgNO_3$ 体积。求出三份测定结果的平均值。

（2）测定：量取水样 100mL，加 2～3 滴 1% 酚酞指示剂，用 HCl 标液滴定至无色（如果加酚酞后为无色，则先用 NaOH 滴至微红色，再用 HCl 滴至无色）。加入 1mL 10% K_2CrO_4，用 $AgNO_3$ 标液滴至橙色为终点，记下消耗的 $AgNO_3$ 体积 V。同时用蒸馏水作空白试验，记下空白所消耗 $AgNO_3$ 体积 V_0。用下式计算水样中 Cl^- 含量

$$\text{氯离子含量}=\frac{(V-V_0)T}{100}\times 1000=10(V-V_0)T\quad (\text{mg/L})$$

6.9 溶解氧的测定

6.9.1 原理

水中溶解氧在碱性条件下定量氧化 Mn^{2+} 为 Mn(Ⅲ) 和 Mn(Ⅳ)，而 Mn(Ⅲ) 和 Mn(Ⅳ) 又定量氧化 I^- 为 I_2，用硫代硫酸钠滴定所生成的 I_2，即可求出水中溶解氧含量。反应过程如下：

（1）碱性条件下，Mn^{2+} 生成 $Mn(OH)_2$ 白色沉淀：

$$Mn^{2+}+2OH^-=\!=\!=Mn(OH)_2\downarrow$$

（2）水中溶解氧与 $Mn(OH)_2$ 作用生成 Mn(Ⅲ) 和 Mn(Ⅳ)：

$$2Mn(OH)_2+O_2=\!=\!=2H_2MnO_3\downarrow$$

$$4Mn(OH)_2+O_2+2H_2O=\!=\!=4Mn(OH)_3\downarrow$$

（3）在酸性条件下 Mn(Ⅲ) 和 Mn(Ⅳ) 氧化 I^- 为 I_2：

$$H_2MnO_3+4H^++2I^-=\!=\!=Mn^{2+}+I_2+3H_2O$$

$$2Mn(OH)_3+6H^++2I^-=\!=\!=2Mn^{2+}+I_2+6H_2O$$

（4）用硫代硫酸钠滴定定量生成的碘：

$$I_2+2S_2O_3^{2-}=\!=\!=2I^-+S_4O_6^{2-}$$

从上述反应的定量关系可以看出

$$n_{O_2}:n_{I_2}=1:2$$

而

$$n_{I_2}:n_{S_2O_3^{2-}}=1:2$$

所以

$$n_{O_2}:n_{S_2O_3^{2-}}=1:4$$

6.9.2 仪器和试剂

6.9.2.1 仪器

（1）取样瓶，250～500mL 具磨口塞玻璃瓶。

（2）取样桶，比取样瓶高出150mm以上，可同时放置两个取样瓶的塑料桶。

6.9.2.2 试剂

（1）0.01mol/L 硫代硫酸钠标准溶液。先粗配0.1mol/L 硫代硫酸钠。在台秤上称取 $Na_2S_2O_3 \cdot 5H_2O$ 25g，溶于1升新煮沸并冷却的蒸馏水中，保存于具磨口的棕色瓶内，放置7天后过滤并标定。

用基准物重铬酸钾标定硫代硫酸钠标液。首先吸取浓度为 c(约0.016mol/L)的 $K_2Cr_2O_7$25.00mL于碘量瓶中，加入固体碘化钾1g左右和2mol/L HCl 15mL，待KI溶解后置于暗处5min(加盖)。取出加蒸馏水50mL，用 $Na_2S_2O_3$ 标液滴定至浅黄色，加1%淀粉溶液2mL，继续滴定至蓝色消失为终点，记下所消耗 $Na_2S_2O_3$ 体积 V，用下式计算 $Na_2S_2O_3$ 标液浓度 $c_{S_2O_3^{2-}}$

$$c_{S_2O_3^{2-}} = \frac{6 \times 25c}{V} \quad (\text{mol/L})$$

取上述 $Na_2S_2O_3$ 标液25.00mL注入250mL容量瓶中，用新鲜蒸馏水定容，即得浓度约为0.01mol/L $Na_2S_2O_3$ 标液。

（2）1%淀粉溶液。在玛瑙研钵中将10g可溶性淀粉和0.05g碘化汞研磨，干燥后取1g与少许蒸馏水调成糊状，注入100mL煮沸蒸馏水中，再煮5～10min，过滤后再使用。

（3）硫酸锰溶液。称取55g硫酸锰($MnSO_4 \cdot 5H_2O$)，溶于100mL蒸馏水中。过滤后，在滤液中加1mL浓硫酸，贮于磨口瓶中。

（4）碱性碘化钾混合液。称取36g氢氧化钠，20g碘化钾和0.05g碘酸钾，溶于100mL蒸馏水中混匀。

（5）1∶1硫酸溶液。

6.9.3 操作方法

（1）洗净取样瓶、取样桶，将取样瓶置桶内。将两根水样胶管插入两个取样瓶内至瓶底，调节水流速约700mL/min，使水样从两瓶内溢出并超过瓶口150mm后，轻轻抽出胶管。

（2）立即用移液管在水面下往第一瓶内加 $MnSO_4$ 溶液1mL，往第二瓶内加1∶1H_2SO_4 溶液5mL。

（3）用滴定管往两瓶中各加3mL碱性碘化钾混合液(仍在水面下加)。盖紧瓶塞后从桶内取出摇匀，再放入桶内水中。

以上工作为现场采样，下面的测定过程最好在现场进行。如需回化验室测定，必须将水样以桶内水封的形式尽快送往化验室。

（4）待沉淀物下沉后，用移液管往第一瓶中加5mL 1∶1 H_2SO_4，往第二瓶中加1mL $MnSO_4$(均在水面下进行)。盖好瓶塞，再从桶内取出摇匀。

（5）保持水温低于15℃分别取水样200～250mL记为 V_0，注入两个500mL锥形瓶中，并立即用硫代硫酸钠标液滴至浅黄色。加1mL淀粉后，继续滴至蓝色消失为终点。记下第一瓶水样消耗的 $Na_2S_2O_3$ 标液体积 V_1 和第二瓶水样消耗的 $Na_2S_2O_3$ 标液体积 V_2。

（6）用下式计算水样中溶解氧含量

$$溶解氧=\frac{\frac{1}{4}(V_1-V_2)c\times 32.00}{V_0}\times 1000 \quad (mg/L)$$

式中　V_1 和 V_2——第一瓶和第二瓶水样所消耗 $Na_2S_2O_3$ 标液的体积，mL；

c——$Na_2S_2O_3$ 标液的浓度，mol/L；

V_0——所取水样体积，mL(注意，两瓶水样所取的体积应相同)；

32.00——氧气摩尔质量；

$\frac{1}{4}$——O_2 与 $Na_2S_2O_3$ 的化学计量系数比。

6.10　亚硫酸盐的测定

6.10.1　原理

亚硫酸钠是中低压锅炉常用的化学除氧剂，它与水中氧气发生如下反应

$$2SO_3^{2-}+O_2 \xlongequal{} 2SO_4^{2-}$$

锅炉水中亚硫酸钠含量越高，与氧反应越快，除氧效果越好。但含量太高，不仅增加药剂消耗，还增加锅炉水含盐量。按水质标准规定，一般锅炉水中 SO_3^{2-} 含量控制在 10～40mg/L。

亚硫酸钠的测定，用碘酸钾-碘化钾标准溶液在酸性条件下滴定亚硫酸钠。淀粉溶液为指示剂，蓝色出现为终点。在酸性条件下，碘酸钾与碘化钾作用，定量生成 I_2

$$IO_3^-+5I^-+6H^+ \xlongequal{} 3I_2+3H_2O$$

I_2 与 SO_3^{2-} 发生定量反应

$$I_2+SO_3^{2-}+H_2O \xlongequal{} 2I^-+SO_4^{2-}+2H^+$$

SO_3^{2-} 与 IO_3^- 的定量关系为　$n_{SO_3^{2-}}=\frac{1}{3}n_{IO_3^-}$

6.10.2　试剂

(1) 0.005mol/L KIO_3-KI 标准溶液的配制　天平上准确称取基准物碘酸钾 1.0700g，台秤称取碘化钾 8g，称 $NaHCO_3$ 0.5g，蒸馏水溶解后，定容为 1000mL。浓度 $c_{IO_3^-}=0.005000mol/L$。

(2) 1%淀粉溶液。配法同 6.9 节。

(3) 1:1 盐酸溶液。

6.10.3　操作步骤

取水样 100mL 于 250～300mL 锥形瓶中，加淀粉指示剂 1mL 和 1:1 盐酸 1mL。摇匀后，用上述碘酸钾-碘化钾标准溶液滴定至微蓝色出现为终点，记下所消耗标准溶液体积 V_1。

同时取蒸馏水 100mL，用相同操作方法作空白试验，消耗标准溶液体积为 V_2。用下式计算水样中 SO_3^{2-} 的含量

$$亚硫酸根含量=\frac{3c(V_1-V_2)\times 80.06}{V_0}\times 1000\quad (mg/L)$$

式中，c 为碘酸钾-碘化钾标液浓度(mol/L)；V_1 和 V_2 为水样和空白所消耗碘酸钾-碘化钾标液的体积(mL)；V_0 为水样体积(mL)；80.06 为 SO_3^{2-} 摩尔质量。

6.11 磷酸盐的测定

6.11.1 原理

锅炉水中加磷酸盐的目的是为防止生成 $CaSO_4$、$CaSiO_3$ 等水垢，维持水中一定浓度 PO_4^{3-}，使形成 $Ca_3(PO_4)_2$ 水渣。如果 OH^- 较高，还可发生下列反应

$$10Ca^{2+}+6PO_4^{3-}+2OH^- = \underset{\text{碱性磷灰石}}{Ca_{10}(OH)_2(PO_4)_6}\downarrow$$

碱性磷灰石是一种分散性较好的水渣。

加入磷酸盐除防止生成坚硬的 $CaSO_4$ 和 $CaSiO_3$ 水垢外，还能促使这些水垢疏松脱落，形成流动性的水渣，在金属表面形成一层保护膜，对防止锅炉腐蚀起到一定保护作用。由于磷酸钠价格较高，一般不单独使用。通常是用少量的磷酸盐与其他防垢药剂配成复合防垢剂，在锅炉水中控制一定的 PO_4^{3-} 浓度，主要是从经济节约角度考虑的。测定锅炉水中 PO_4^{3-}，主要采用磷钒钼黄分光光度法。在 0.6mol/L 的酸度下，磷酸盐、钼酸盐和偏钒酸盐作用生成黄色的磷钒钼酸

$$2H_3PO_4+22(NH_4)_2MoO_4+2NH_4VO_3+23H_2SO_4$$
$$\longrightarrow \underset{\text{黄色}}{P_2O_5\cdot V_2O_5\cdot 22MoO_3}+23(NH_4)_2SO_4+26H_2O$$

磷钒钼酸的最大吸收波长为 355nm，一般测定时选在 420nm 波长下测定。

6.11.2 试剂

(1) 磷酸盐标准溶液(1mg[PO_4^{3-}]/mL)。天平上准确称取基准物磷酸二氢钾(KH_2PO_4)1.433g。溶于少量去离子水，定容为 1000mL。

(2) 磷酸盐工作溶液(0.1mg[PO_4^{3-}]/mL)。取上述标液 25.00mL，用去离子水定容为 250mL。

(3) 钼钒酸显色液。称取 50g 钼酸铵[$(NH_4)_6Mo_7O_{24}\cdot 4H_2O$]和 2.5g 偏钒酸铵($NH_4VO_3$)溶于 400mL 去离子水中。另外取 250mL 去离子水，徐徐加入 195mL 浓硫酸，溶解后冷却至室温。将两液合并(即将硫酸溶液倒入钼钒酸溶液中)用去离子水稀释为 1000mL。

6.11.3 操作步骤

(1) 工作曲线的绘制：分别取磷酸盐工作液 0mL、1mL、2mL、3mL、4mL、5mL、6mL、7mL 于 8 只 50mL 比色管中，用去离子水稀释至刻度，用移液管分别加入 5.00mL 钼钒酸显色液，摇匀后放置 2min。以 0mL 空白溶液为参比液，选 2(或 3)cm 比色皿，在 $\lambda=420$nm 波长下在 72 型或 721 型分光光度计下分别测定吸光度 A。

以 PO_4^{3-} 的质量(mg)为横坐标，吸光度 A 为纵坐标，绘制工作曲线。

（2）水样的测定：取水样 50mL 于比色管中，加入 5.00mL 钼钒酸显色液，摇匀后放置 2min，以试剂空白为参比。按上面的操作步骤测出水样吸光度 A_x。

从工作曲线中查出 A_x 对应的 PO_4^{3-} 质量 m_x，用下式求出水样中 PO_4^{3-} 的含量

$$磷酸根含量 = \frac{m_x}{50} \times 1000 \quad (mg/L)$$

7 钢铁分析

7.1 概述

铁矿石与焦炭及其他辅助材料混合经高温冶炼成生铁，生铁再与其他辅料配合，进一步冶炼则得到钢。生铁与钢的区别除杂质含量不同（前者≤7%而后者≤3%）外，主要区别在于含碳量不同。生铁含碳为1.7%～6.67%，钢含碳为0.2%～1.7%。碳含量<0.2%者称为纯铁（熟铁）。在冶炼过程中加入一定量的镍、铬、钨、钼、钒、钛等金属则得到各种用途不同的合金钢。

碳是决定钢铁性能的主要元素之一。碳在钢铁中以固溶态（游离态）和化合态两种状态存在。含碳高则硬度高，塑性和韧性低、熔点低；含碳低则硬度低、韧性高、熔点高。

锰在钢铁中也以固溶态和化合态存在，锰也能增强钢的硬度和减弱延展性。

硅在钢铁中主要以FeSi、MnSi、FeMnSi状态存在。硅能增强钢的硬度、弹性和强度。硅能改变钢铁中碳的状态、使钢铁富于流动性。

硫主要是由原料引入钢铁的，主要以FeS形式夹杂于钢铁晶粒之间，熔点低。当加热压制钢铁时，因FeS熔融使钢铁晶粒失去连接作用导致破裂，称为“热脆性”。因此，钢铁中硫是有害杂质，含量不得超过0.05%。

磷也是由原料引入，以Fe_2P形式存在，硬度大、难加工，使钢铁产生“冷脆性”，应属有害杂质。但含磷高能增强钢铁流动性，在特殊情况下还有意提高磷的含量。

总之，钢铁中碳的含量是确定钢铁型号、性能及用途的主要指标；硅、锰含量高低也直接影响钢铁的性能；硫、磷是钢铁的有害杂质，必须严格控制其含量。碳、硅、锰、硫、磷五元素的含量是冶金工业、机械工业化验室日常生产控制指标。

7.2 总碳的测定

测定钢铁总碳方法很多，有物理法（结晶定碳法、光谱法）、化学及物理化学法（燃烧-气体容量法、吸收重量法、电导法、真空冷凝法、库仑法）等。气体容量法目前已列为国内外标准方法。该法分析准确度高，应用较广泛，适合于测定碳含量在0.1%～5%的钢铁及合金钢。

一般钢样只需测定总碳，而生铁类试样，还需区别出游离碳和化合碳的含量。化合碳含量由总碳量减去游离碳量而求得，而游离碳因不与稀硝酸反应，可用稀硝酸溶解试样，将不溶物（包括游离碳）与化合碳分开。再用测总碳方法测不溶物即可得到游离碳含量。

7.2.1 燃烧-气体容量法测定原理

将钢铁试样置于1150～1250℃的高温管式炉内，通氧气燃烧。钢铁中的碳和硫被定量氧化为CO_2和SO_2

$$C + O_2 \xlongequal{} CO_2 \uparrow$$

$$4Fe_3C + 13O_2 \xlongequal{} 4CO_2 \uparrow + 6Fe_2O_3$$

$$Mn_3C + 3O_2 \xlongequal{} CO_2 \uparrow + Mn_3O_4$$

$$4Cr_3C_2 + 17O_2 \xlongequal{} 8CO_2 \uparrow + 6Cr_2O_3$$

$$4FeS + 7O_2 \xlongequal{} 2Fe_2O_3 + 4SO_2 \uparrow$$

用脱硫剂(活性 MnO_2)吸收 SO_2

$$MnO_2 + SO_2 \xlongequal{} MnSO_4$$

然后测量生成的 CO_2 和过量 O_2 的体积，再将其与 KOH 溶液充分接触，CO_2 气体被 KOH 悉数吸收

$$CO_2 + 2KOH \xlongequal{} K_2CO_3 + H_2O$$

再次测量剩余气体体积。两次体积之差 V 为钢铁中总碳燃烧所生成的 CO_2 体积，由此可计算出钢铁中总碳含量

$$C(\%) = \frac{V \cdot f \times 0.0005}{G} \times 100\% \tag{7-1}$$

式中：

(1) V 为 CO_2 实测体积(mL)，即两次测量混合气体体积之差。

(2) f 为校正系数即将实测条件下的体积 V 校正为特殊状态下即大气压 101325Pa (760mmHg[1])、温度 16℃时的气体体积 V'。另外，测量气体体积均在水面上测量，用干气体积计算时必须扣除该状态下的饱和水蒸气体积(16℃时，饱和水蒸气压为 1813.2Pa (13.6mmHg))。设实测时大气压为 B(mmHg)、温度为 t(℃)，该温度下饱和水蒸气压为 b(mmHg)，设定

$$f = \frac{V'}{V} \tag{7-2}$$

而根据气态方程得

$$f = \frac{273.2 + 16}{760 - 13.6} \times \frac{B - b}{273.2 + t}$$

即

$$f = 0.3875 \times \frac{B - b}{273.2 + t} \tag{7-3}$$

式中，B 值和 t 值按现场水银气压表和温度计实测值代入上式计算，b 值需根据现场温度 t 值查饱和水蒸气气压表得到(参见表 7-1)。

(3) 0.0005 为在特殊状态下即大气压 101325Pa(760mmHg)、温度 16℃状态下每毫升 CO_2 气体(干气)的质量(g/mL)。

CO_2 在标准状态下的体积 22260mL/mol(真实气体)，根据气态方程

$$V' = \left(\frac{PV}{T}\right)_{标} \cdot \frac{273.2 + 16}{760 - 13.6} = 24000\text{mL/mol}$$

因此，单位体积 CO_2 的质量在特殊状态下(在 760mmHg 和 16℃条件下)为

$$\frac{12\text{g/mol}}{24000\text{mL/mol}} = 0.000500\text{g/mL}$$

[1] mmHg 已不是法定计量单位，但考虑到现在某些设备的标度为 mmHg，此书仍用 mmHg，使用法定计量单位"Pa"标度的设备，应按 1mmHg = 133.322Pa(0℃)换算。

(4) G 为钢铁试样的质量(g)。

表 7-1 不同温度下饱和水蒸气压

温度 t/℃	饱和水蒸气压 b/mmHg	温度 t/℃	饱和水蒸气压 b/mmHg	温度 t/℃	饱和水蒸气压 b/mmHg
0	4.58	12	10.52	24	22.38
1	4.93	13	11.23	25	23.76
2	5.29	14	11.99	26	25.21
3	5.68	15	12.79	27	26.74
4	6.10	16	13.63	28	28.35
5	6.54	17	14.53	29	30.04
6	7.01	18	15.48	30	31.82
7	7.51	19	16.48	31	33.70
8	8.04	20	17.53	32	35.66
9	8.61	21	18.65	33	37.73
10	9.21	22	19.83	34	39.90
11	9.84	23	21.07		

注：1mmHg = 133.322Pa(0℃)。

7.2.2 试剂与仪器

7.2.2.1 试剂

(1) 硫酸，氧气，玻璃棉，无水 $CaCl_2$。

(2) 氢氧化钾-高锰酸钾溶液：30g KOH(固体)溶解于 70mL $KMnO_4$ 饱和溶液中。

(3) 烧碱石棉(碱石灰)，40% KOH 溶液。

(4) 酸性水：又叫封闭液，0.1% H_2SO_4 溶液，滴 2~3 滴甲基橙，置水准瓶内。

(5) 助熔剂：纯锡、纯铜或纯铅。

(6) 脱硫剂：粒状活性 MnO_2 或钒酸根。活性 MnO_2 制备：20g$MnSO_4$ 溶于 500mL 热水中，缓缓加浓氨水 10mL，搅匀。缓缓加 25% 过硫酸铵溶液 90mL，煮沸 10min。补加浓氨水 1~2 滴，待静置澄清(不清亮者再加少量上述过硫酸铵溶液，煮沸)，倾泻法过滤。用 5% 氨水洗 10 次，热水洗 2~3 次，用 5% H_2SO_4 洗 10 次，最后用热水洗至无 SO_4^{2-}，沉淀置表面皿上在 110℃ 烘箱内干燥 3~4h，研细过筛(20~40 目)，贮于密封试剂瓶中，待用。

7.2.2.2 仪器

钢铁定碳仪如图 7-1 所示。其组成为：(1) 氧气瓶。(2) 减压活门(氧气开关)、流量表。(3) 缓冲筒。(4) 洗气瓶：内盛 KOH-$KMnO_4$ 溶液，占瓶高$\frac{1}{3}$。(5) 洗气瓶：内盛浓 H_2SO_4，占瓶高$\frac{1}{3}$。(6) 干燥塔：上段为烧碱石棉、中隔玻璃棉、下段为无水 $CaCl_2$，顶部和底部也铺玻璃棉。(7) 管式炉：平卧式。(8) 燃烧管：内径 23mm，长 600mm，使用前需试漏。两端露出炉外部分不少于 175mm。(9) 瓷舟：长约 88mm，使用前须在 1200℃

下灼烧数分钟。(10) 铂铑热电偶。(11) 变压器：3～5kVA。(12) 电流、电压表，温度控制器。(13) 过滤器：球形管内装玻璃棉，滤下固体金属氧化物。(14) 脱硫管：直径10～15mm直管，长约100mm，内装活性MnO_2，上下端塞玻璃棉。MnO_2的2/3颜色变浅时，应即时更换。(15) 冷凝管：通常为蛇形管，使混合气体冷却。(16) 量气管：上部膨大，下部细长的双层玻璃管。总容积约250mL。细长部分内径约10mm，长约400mm，容积约30mL。夹层内装水隔热，使管内气体不受外界温度变化影响，膨大部分容积约220mL，上端插有温度计供测量混合气体温度之用。量气管上端出口处有空心浮子，当管内封闭液升至管口时，浮子便堵住出口。(17) 温度计：0～60℃。(18) 辅助吸收管：捕沫管，内装烧碱石棉。(19) 吸收瓶：由左右并列、底部连通的2个玻璃瓶组成。左瓶为吸收反应部分，右边为承受部分。吸收部分插有一支气体喷管，使气液充分接触有利于吸收，顶端也有空心浮子。吸收瓶总容积约1000mL，内装40% KOH 500～600mL，作吸收CO_2的试剂。每作完1000个试样后更换吸收剂。(20) 水准瓶：内盛酸性水即封闭液，用橡皮管与量气管底部连接。(21) 旋塞：可连通15和16，也可使15通大气或使16通大气，作排气之用。(22) 三通旋塞：使量气管16分别与15或19相通。(23) 标尺：用弹簧卡附在量气管细长部分侧面，可上下移动，供测量气体体积用。标尺的刻度可指示出量气管内细长部分气体体积，通过液面高低变化来测量。标尺上一大分度代表管内体积1mL。

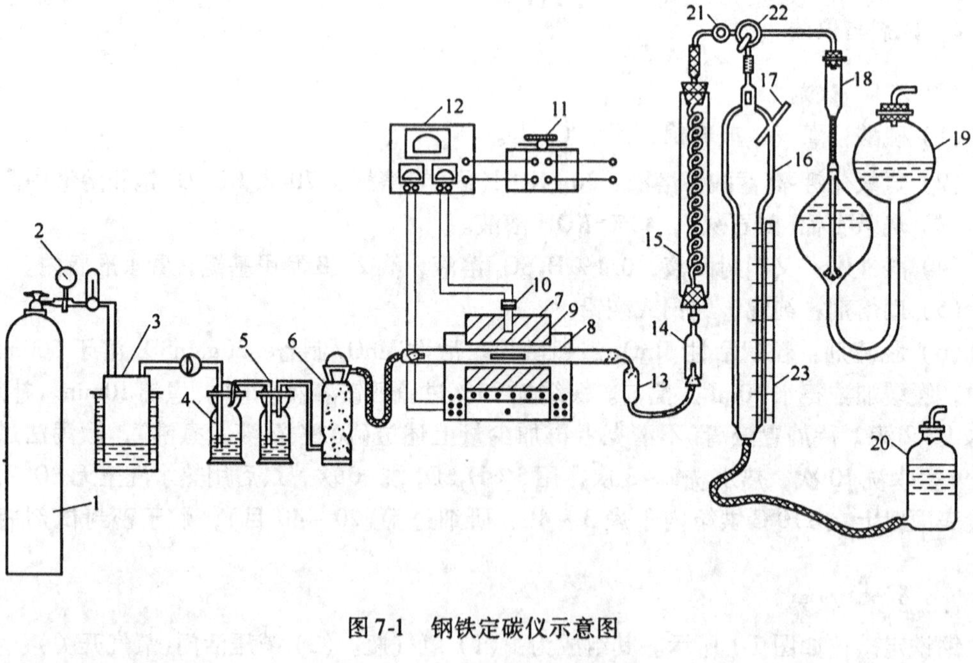

图7-1　钢铁定碳仪示意图

7.2.3　操作步骤

(1) 燃烧炉升温。接通电源，调节温度控制器12，使炉温在1～1.5h内升至1150～1250℃。

(2) 量气管和吸收瓶排气与试漏。转动三通22和旋塞21，使量气管16通大气。提高水准瓶20，排尽量气管内气体。转动三通22使量气管16与吸收瓶19连通，降低水准瓶使吸收瓶中气体全部转入量气管内。转动三通再使量气管通大气，提高水准瓶排尽管内气体。这样，量气管与吸收瓶全部为液体充满，几分钟内液面不下降说明仪器的测量与吸收部分不漏气。

(3) 燃烧系统的试漏。用弹簧夹夹紧燃烧炉入口处的橡皮管，小心开启氧气瓶阀门，调整好转子流量计，使气以0.5～1L/min速度流出。观察洗气瓶内，如果一开始产生少量气泡，以后不再产生气泡，说明炉前系统不漏气。然后，关闭旋塞21，取下炉前的弹簧夹，观察洗气瓶，如果也是刚开始冒气泡，过后不再冒的话，说明燃烧、脱硫系统也不漏气。

转动旋塞21，使冷凝器通大气，继续通氧保持炉温1150～1250℃之间，空烧半小时，关闭氧气，关闭旋塞21和三通旋塞22。

若系新装仪器或新换封闭液，此时应烧2～3个高碳试样使封闭液被CO_2饱和。

(4) 测定。准确称取试样G(g)(由试样含碳量高低决定试样称量量)，置于瓷舟内，加助熔剂0.2g，轻轻振动混合均匀后平铺于瓷舟底部。打开燃烧管入口端橡皮塞，用金属钩将瓷舟推入管内高温段，立即塞紧橡皮塞。预热1min后，开启氧气并按0.5L/min流速通氧。烧10～15s后，开旋塞21和三通22，使气体进入量气管16，气体进入的速度是按快、慢、快的规律进行的(由量气管的液面下降情况可以观察出)。约1～1.5min后，量气管液面降至离底部仅10～20mm时，燃烧反应已很完全。此时关闭三通旋塞22，关闭氧气，取出瓷舟。如熔块表面平坦光滑，说明燃烧反应正常。

提起水准瓶与量气管并列，上下移动调整使二者液面在同一水平。移动标尺，使标尺上零点与液面对齐在同一水平。转动三通旋塞22，使量气管与吸收瓶相通。提高水准瓶使气体全部进入吸收瓶内，再降低水准瓶抽回气体。反复操作3～4次，使混合气中CO_2全部被吸收液吸收。最后，将剩余气体全部抽回量气瓶内，关闭三通旋塞22，调整好液面后，从标尺上直接读出体积V，该体积即代表被吸收了的CO_2体积。记录好大气压和温度，将量气管气体放空，测定工作即告完成。将所得V值和大气压力及温度值代入式(7-3)和式(7-1)，即可求出钢铁中总碳含量。

7.3 硫的测定

钢铁中硫是极有害的杂质，一方面硫的存在使钢铁形成“热脆”的不良性能。同时，硫也易于在钢凝固时产生“偏析”，使钢的耐疲劳限度、可塑性、耐磨性、耐腐蚀性等性能显著下降。钢铁的有关技术标准规定，碳素钢含硫不得大于0.05%，优质钢含硫不得超过0.02%。

测定硫的方法有高温燃烧法(分为碘量法、酸碱滴定法、光度法)和溶解法(氧化铝色层法和硫化氢光度法)等。目前，应用较普遍的是燃烧-碘酸钾法。

7.3.1 燃烧-碘酸钾法测定原理

钢铁试样在1250～1300℃的高温下通氧气燃烧，其中的硫化物被氧化为二氧化硫。

$$3MnS + 5O_2 = Mn_3O_4 + 3SO_2\uparrow$$

$$3FeS + 5O_2 = Fe_3O_4 + 3SO_2\uparrow$$

生成的二氧化硫被水吸收后生成亚硫酸

$$SO_2 + H_2O \xlongequal{} H_2SO_3$$

用碘酸钾-碘化钾标准溶液在酸性条件下滴定亚硫酸，发生如下定量反应。以淀粉为指示剂，蓝色不消失为终点。

$$IO_3^- + 5I^- + 6H^+ \xlongequal{} 3I_2 + 3H_2O$$

$$I_2 + SO_3^{2-} + H_2O \xlongequal{} 2I^- + SO_4^{2-} + 2H^+$$

化学计量关系为　$n_s = \frac{1}{3} n_{IO_3^-}$

钢铁中硫的含量为

$$S(\%) = \frac{\frac{1}{3}cV \times 32.06}{1000G} \times 100\% \tag{7-4}$$

式中　c，V——分别为碘酸钾标准溶液的浓度(mol/L)和体积(mL)；

G——试样质量，g；

32.06——硫的摩尔质量，g/mol。

燃烧-碘量法的最大缺点是测定结果严重偏低。这是由于在管式炉氧化燃烧中，在生成 SO_2 同时有部分 SO_2 继续被氧化为 SO_3，因而造成测定结果偏低。解决的办法一般是采用与试样成分、含量相近的标准样品(称标样)，按分析操作步骤标定标准溶液浓度，可以克服上述原因引起的误差。

7.3.2　试剂与仪器

7.3.2.1　试剂

(1) 碘酸钾-碘化钾标准溶液：配浓度约为0.0005mol/L标液2000mL。台秤上称 KIO_3 0.21g于烧杯内，加适量蒸馏水溶解，加KI 2g溶解后，用水稀释至约2000mL，摇匀待标定。

(2) 淀粉吸收液：配制1000mL浓度0.05%淀粉溶液，台秤上称可溶淀粉0.5g，溶解后加HCl 15mL，水稀释至1000mL。

(3) 混合助熔剂：二氧化锡与还原铁粉按3∶4混合均匀。

(4) 硫酸。

(5) 无水 $CaCl_2$。

(6) 烧碱石棉。

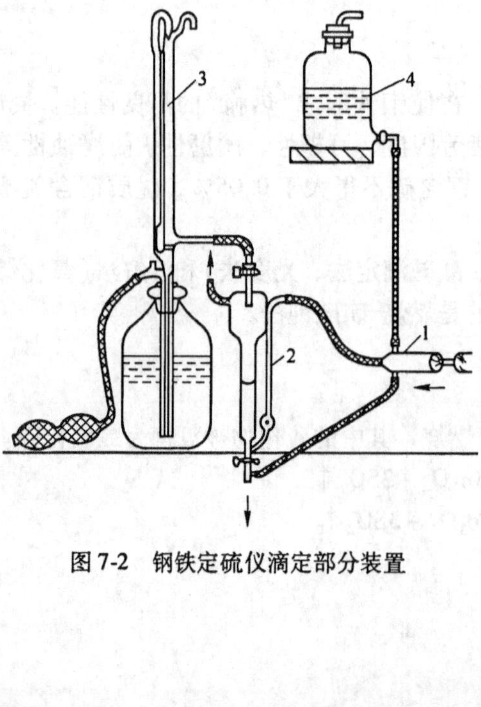

图7-2　钢铁定硫仪滴定部分装置

7.3.2.2　仪器

钢铁定硫仪定硫装置部分如图7-2所示。仪器供氧部分，燃烧部分，气体过滤部分与钢铁定碳仪相同(参见图7-1的氧气瓶1至球形过滤管13)。从球形过滤管出口，气体引入定硫装置部分，见图7-2。

(1) 球形过滤管：结构和内充物与定碳

仪的13相同，即填充玻璃棉或脱脂棉。其作用仍是滤下固体金属氧化物。

（2）吸收杯：为上粗下细的杯体，上部直径约50mm，下部直径为25mm左右，杯高约250mm。淀粉吸收液注入吸收杯内，含硫混合气体从杯底通入。在离杯底约65mm处有一细孔筛片，气体在筛孔鼓泡以增大气液接触面，有利于SO_2的反应和吸收，在滴定中还起到搅拌作用。

（3）滴定管：置碘酸钾-碘化钾贮液瓶上方，可自动加液。滴定管尖置吸收杯上部。

（4）盛淀粉吸收液的高位贮瓶。

7.3.3 操作步骤

（1）准备工作：用1～1.5h将炉温升至1250～1300℃，在试漏的同时做以下准备工作。

瓷舟处理：将瓷舟置炉内于1000℃灼烧1h，如测低含量硫时应在1300℃下通氧燃烧1～2min，放冷后置于未涂油的$CaCl_2$保干器内。

瓷管处理：先检查是否漏气，然后在1300℃左右通氧分段灼烧。再用废试样燃烧多次，使测定系统对硫处于饱和状态。

淀粉吸收液准备：于吸收杯中加入30～60mL淀粉溶液，通氧气流（流速1.5～2L/min），用碘酸钾滴至浅蓝色不褪去为止，停止通氧。

（2）碘酸钾标准溶液浓度标定：天平上准确称取含硫量与试样相似的标准钢样三份，按测定试样的操作步骤，逐份燃烧标样，用碘酸钾标液滴定。根据碘酸钾消耗的体积（平均值），计算标准溶液对硫滴定度T_{S/IO_3^-}

$$T_{S/IO_3^-}=\frac{S\%_{(标)}\cdot m_{(标)}}{V_{IO_3^-}}\quad(g/mL)\tag{7-5}$$

式中 T_{S/IO_3^-}——KIO_3对硫的滴定度，即1mL KIO_3相当于多少克硫；

$S\%_{(标)}$和$m_{(标)}$——分别为标准样品的硫含量和天平称量标准钢样的质量，g；

$V_{IO_3^-}$——所消耗KIO_3的体积，mL。

（3）测定：天平上准确称取0.2～0.5g试样置于瓷舟内，加0.2～0.8g的助熔剂，混匀后置于瓷管高温段预热1～2min，通氧（以1.5～2L/min流速）。燃烧的混合气体导入吸收杯中，使淀粉的蓝色褪去，立即用碘酸钾标液滴定并尽量使液面保持蓝色。当褪色缓慢时，滴定速度也变慢，直到吸收液蓝色与原来一样浅蓝，再间歇通氧仍不褪色为终点。记下标准溶液体积V。关闭氧气，取出瓷舟。用下式计算试样中硫含量。

$$S(\%)=\frac{T_{S/IO_3^-}\cdot V}{G}\times100\%\tag{7-6}$$

7.4 磷的测定

钢铁中磷的测定方法有多种，一般都是使磷转化为磷酸，再与钼酸铵作用生成磷钼酸，在此基础上分别用重量法（沉淀形式为$MgNH_4PO_4\cdot6H_2O$）、滴定法（酸碱滴定）、磷钒钼酸光度法、磷钼蓝光度法等进行测定。磷钼蓝光度法不仅对钢铁中磷的测定而且对其他有色金属和矿物中微量磷的测定都有普遍应用。

7.4.1 磷钼蓝光度法测定原理

磷主要以金属磷化物形式存在于钢铁中，经硝酸分解后，大部分磷转化为磷酸，少部分转化为亚磷酸，用 $KMnO_4$ 处理后全部变为磷酸

$$3Fe_3P + 41HNO_3 = 9Fe(NO_3)_3 + 3H_3PO_4 + 16H_2O + 14NO\uparrow$$

$$Fe_3P + 13HNO_3 = 3Fe(NO_3)_3 + H_3PO_3 + 5H_2O + 4NO\uparrow$$

$$5H_3PO_3 + 2KMnO_4 + 6HNO_3 = 5H_3PO_4 + 2KNO_3 + 2Mn(NO_3)_2 + 3H_2O$$

过量的 $KMnO_4$ 不能留在溶液中，必须除去。由于溶液中有 Mn^{2+} 存在，且在加热条件下，Mn^{2+} 与 $KMnO_4$ 生成褐色 $MnO(OH)_2$ 沉淀。这也标志着溶液中 H_3PO_3 已被氧化完全。此时加入适当还原剂 $SnCl_2$ 或 $NaNO_2$ 等即可将 $MnO(OH)_2$ 还原为 Mn^{2+} 并使褐色褪去。

在0.8～1.1mol/L HNO_3 的酸度下，加入钼酸铵即可生成黄色的磷钼杂多酸(又称为12-磷钼杂多酸)：

$$H_3PO_4 + 12H_2MoO_4 = H_3[P(Mo_3O_{10})_4] + 12H_2O$$

然后加入还原剂 $SnCl_2$ 还原络合物中部分Mo(Ⅵ)为Mo(Ⅳ)，即可变为蓝色的络合物磷钼蓝。

$$H_3[P(Mo_3O_{10})_4] + 4Sn^{2+} + 8H^+ = (2MoO_2 \cdot 4MoO_3)_2 \cdot H_3PO_4 + 4Sn^{4+} + 4H_2O$$

磷钼蓝的蓝色深度与磷的含量成正比，借此，可利用光度法测定磷含量。最大吸收波长 $\lambda_{max} = 660nm$。

酸度对磷钼蓝的形成十分重要。据资料介绍，酸度低于0.7mol/L(HNO_3)时，过量的钼酸铵也将被还原；酸度在1.1～1.4之间只有部分磷钼黄被还原；酸度高于1.4mol/L时磷钼蓝分解，无蓝色产生；较合适的酸度为0.8～1.1mol/L。

硅也能形成硅钼蓝干扰测定，但在较高酸度下(0.8mol/L以上)，形成硅钼杂多酸速度很慢。如果较快加入还原剂和酒石酸，酒石酸立即与剩余的钼酸铵生成极稳定络合物，可抑制硅钼杂多酸的生成。

Fe^{3+} 作为基体，会消耗大量的 $SnCl_2$。如加入NaF使形成 FeF_6^{3-} 可消除其干扰，加酒石酸也能起类似作用。砷含量大于0.1%也能造成干扰，可加酒石酸消除。

7.4.2 试剂和仪器

7.4.2.1 试剂

(1) 5%钼酸铵溶液。(2) 5% $KMnO_4$ 溶液。(3) 4%酒石酸钾钠溶液。(4) 2.4% NaF、0.2% $SnCl_2$ 溶液。(5) 10%尿素溶液。(6) 1∶3HNO_3 溶液。(7) 20% $NaNO_2$ 溶液。

7.4.2.2 仪器

72型或72-1型分光光度计；2cm比色皿。

7.4.3 操作步骤

天平上准确称取0.1～0.2g钢样于150mL烧杯中，加入1∶3HNO_3 10～15mL加热溶解，煮沸15～20s驱逐氮氧化物。滴加 $KMnO_4$ 至析出褐色沉淀，微沸30s，缓缓滴入20% $NaNO_2$ 溶液至褐色消失，微沸1min。立即加入5mL钼酸铵溶液，加入酒石酸钾钠溶液

2mL，加 $NaF-SnCl_2$ 溶液 15mL，加尿素 5mL。摇匀，冷至室温并移入 50mL 比色管中，蒸馏水定容。用2cm 比色皿在660nm 波长下以蒸馏水为参比液测得吸光度 A，在标准曲线上查出对应的磷的浓度，最后求出钢铁中磷的含量。

7.4.4 标准曲线

天平上准确称取含磷低于 0.0005% 纯铁 0.1 ~ 0.2g 各 6 份，各加入浓度为 10μg/mL 磷标液 0mL、0.50mL、1.00mL、1.50mL、2.00mL、2.50mL，按分析步骤操作，以 0mL 显色液为空白，测得吸光度 $A_1 \sim A_6$，根据 c-A 的关系绘制标准曲线。

7.5 硅的测定

钢铁中硅主要以 Fe_2Si、FeSi、FeMnSi 的形态存在。硅的含量一般小于 1%，在硅钢中也可达到4%。硅的测定方法有重量法、容量法(氟硅酸钾法)、光度法等。对含量很低的钢铁中的硅的测定，多用硅钼蓝光度法。

7.5.1 硅钼蓝光度法测定原理

钢铁试样经稀硝酸分解，其中的硅转化为可溶性硅酸。在弱酸性条件(pH 值为 0.7 ~ 1.3)下，硅酸与钼酸铵作用生成硅钼杂多酸(硅钼黄)。在草酸存在条件下用硫酸亚铁铵还原硅钼黄为硅钼蓝。硅钼蓝的蓝色深度与硅的含量成正比，借此，可用光度法测定钢铁中的硅的含量。反应方程式如下

$$3FeSi + 16HNO_3 = 3Fe(NO_3)_3 + 3H_4SiO_4 + 2H_2O + 7NO\uparrow$$

$$H_4SiO_4 + 12H_2MoO_4 = H_8[Si(Mo_2O_7)_6] + 10H_2O$$

$$H_8[Si(Mo_2O_7)_6] + 4FeSO_4 + 2H_2SO_4 = H_8[SiMo_2O_5 \cdot (Mo_2O_7)_5] + 2Fe_2(SO_4)_3 + 2H_2O$$

试样溶解后加入 $KMnO_4$ 氧化 Fe^{2+}，防止基体 Fe^{2+} 过早还原所生成的硅钼黄。产生的 $MnO(OH)_2$ 褐色沉淀用 $NaNO_2$ 还原。

酸度对反应影响很大，生成硅钼黄的最适宜酸度为 pH 值 0.7 ~ 1.3。酸度过低则反应不完全；酸度过高则反应速度极低且促使磷钼蓝和砷钼蓝的生成，干扰测定。

用 Fe^{2+} 还原硅钼黄(由于体系的酸度较低，不宜用 $SnCl_2$ 作还原剂)。但若体系中含大量基体 Fe^{3+}，会降低 Fe^{2+} 的还原能力。为此，加入草酸以络合 Fe^{3+}，降低 Fe^{3+}/Fe^{2+} 电对的电极电位，提高 Fe^{2+} 还原能力，同时掩蔽 Fe^{3+} 黄色对测定的干扰。

7.5.2 试剂和仪器

7.5.2.1 试剂

(1) 硝酸1∶3。(2) 4% $KMnO_4$ 溶液。(3) 10% $NaNO_2$ 溶液。(4) 5% 钼酸铵溶液。(5) 5% 草酸溶液。(6) 5% 硫酸亚铁铵溶液。(7)硅标准溶液(10μg/mL)。

7.5.2.2 仪器

72 型或 721 型分光光度计和 2cm 比色皿。

7.5.3 操作步骤

天平上准确称取钢铁试样 0.2g 于 150mL 烧杯中，加 1∶3HNO_3 20mL，低温电炉上加

热溶解(补加水至20mL)。缓缓滴加 $KMnO_4$ 溶液至褐色 $MnO(OH)_2$ 析出，微沸30s。缓缓滴加 $NaNO_2$，微沸1min。冷却后转移到100mL容量瓶内，以水定容。

准确吸取上述试液10.00mL于50mL比色管内，加水20mL，加5%钼酸铵溶液5mL、混匀后放置10min。加5%草酸溶液5mL、摇匀后立即加入5%硫酸亚铁铵溶液5mL，用水定容。注入2cm比色皿中，以蒸馏水作参比液在660nm波长下测得吸光度 A。通过查标准曲线得所对应的硅的浓度，最后求出钢铁中硅含量。

7.5.4 标准曲线

天平上准确称取已知硅含量的标准钢样0.2g，用处理试样办法定容为100mL、分取10.00mL分别置于5只50mL比色管内，补加硅标液至5只比色管内使Si含量分别为20μg、40μg、60μg、80μg、100μg。补加蒸馏水至每管体积约30mL，然后按处理试样的办法加钼酸铵、草酸、硫酸亚铁铵等溶液显色，同时作一试剂空白。用2cm比色皿，蒸馏水为参比，在660nm波长下，测吸光度，最后绘制标准曲线。

7.6 锰的测定

锰是钢铁的基本元素之一，一部分是由矿石引入，一部分是钢铁冶炼中作为脱硫剂、脱氧剂掺入的，一部分是作为合金元素加入的。钢铁中锰是以MnS、Mn_3C、MnSi或FeMnSi等形态存在的。

锰在钢中的含量一般在0.3%～0.8%之间，超过0.8%的称为合金钢。生铁中锰含量在0.5%～2%之间。

钢铁中锰的测定方法根据含量分为滴定法(氧化还原滴定法，络合滴定法)和光度法等。本节介绍过硫酸铵滴定法。

7.6.1 过硫酸铵滴定法测定原理

试样经硝酸硫酸溶解，锰转化为 Mn^{2+}，然后在 Ag^+ 的催化作用下，用过硫酸铵氧化 Mn^{2+} 为Mn(Ⅶ)。

$$3MnS + 14HNO_3 = 3Mn(NO_3)_2 + 3H_2SO_4 + 8NO\uparrow + 4H_2O$$

$$MnS + H_2SO_4 = MnSO_4 + H_2S\uparrow$$

$$3Mn_3C + 28HNO_3 = 9Mn(NO_3)_2 + 10NO\uparrow + 3CO_2\uparrow + 14H_2O$$

在催化剂 $AgNO_3$ 作用下，$(NH_4)_2S_2O_8$ 对 Mn^{2+} 的催化氧化过程为

$$2Ag^+ + S_2O_8^{2-} + 2H_2O = Ag_2O_2 + 2H_2SO_4$$

$$5Ag_2O_2 + 2Mn^{2+} + 4H^+ = 10Ag^+ + 2MnO_4^- + 2H_2O$$

所产生的 MnO_4^- 用还原剂亚砷酸钠-亚硝酸钠标准溶液滴定，发生定量反应

$$5AsO_3^{3-} + 2MnO_4^- + 6H^+ = 5AsO_4^{3-} + 2Mn^{2+} + 3H_2O$$

$$5NO_2^- + 2MnO_4^- + 6H^+ = 5NO_3^- + 2Mn^{2+} + 3H_2O$$

在溶解试样中还需加入磷酸，这主要是因为 H_3PO_4 的存在能与 Fe^{3+} 络合为无色的 $Fe(PO_4)_2^{3-}$ 消除 Fe^{3+} 黄色影响终点观察。另一作用是防止在高温下 MnO_4^- 与 Mn^{2+} 生成 $MnO(OH)_2$ 沉淀，这是因为 H_3PO_4 与中间态的Mn(Ⅲ)形成络合物 $Mn(PO_4)_2^{3-}$，使过硫酸

铵将低价锰直接氧化成 MnO_4^-，不使产生其他中间价态的锰而造成误差。

过硫酸铵的量约为锰量的1000倍，在锰氧化完毕后，须加热煮沸使多余的过硫酸铵分解，但煮沸时间不宜过长，否则 MnO_4^- 也将分解。

滴定前，须加入 NaCl 使产生 AgCl 沉淀消除 Ag^+ 对滴定的干扰。因在 Ag^+ 存在下，滴定产生的 Mn^{2+} 会与氧化剂作用变为高价锰。同时，会因生成 Ag_3AsO_3 沉淀消耗滴定剂造成误差。NaCl 的用量必须与 $AgNO_3$ 的用量相当，如果 NaCl 用量过多也会造成 Cl^- 与 MnO_4^- 反应产生误差。

7.6.2 试剂

(1) 硫酸-磷酸混合酸(H_2SO_4: H_3PO_4: H_2O = 15: 15: 70)。

(2) 1:3 硝酸溶液。

(3) 20% 过硫酸铵溶液(现配)。

(4) NaCl 硫酸溶液(0.4% 的 2:3H_2SO_4 水溶液)。

(5) 0.5% $AgNO_3$ 溶液。

(6) 2:3 硫酸溶液。

(7) 锰标准溶液：称金属锰(基准物)0.5000g 于 250mL 烧杯中，加 20mL 1:3 HNO_3，加热溶解，煮沸除尽氮氧化物。冷却后，用水定容为 1000mL，其准确浓度为 0.5000mg/mL。

(8) 亚砷酸钠-亚硝酸钠标准溶液(0.025mol/L)：台秤上称取 1.6g Na_3AsO_3 和 0.86g $NaNO_2$ 于 250mL 烧杯中，加 H_2SO_4(2:3)20mL 和 50mL 蒸馏水溶解，然后稀释至1L左右。

7.6.3 操作步骤

(1) Na_3AsO_3-$NaNO_2$ 标准溶液的标定：吸取锰标液 25.00mL 于锥形瓶中，加 20mL 硫-磷混酸，35mL 蒸馏水。加入 10mL 0.5% $AgNO_3$，加 10mL 20% 过硫酸铵。低温加热煮沸 45s。取下，放置 2min，流水冷至室温。加入 10mL 0.4% NaCl 硫酸溶液，立即用 Na_3AsO_3-$NaNO_2$ 标液滴定，滴至红色消失为终点。消耗 Na_3AsO_3-$NaNO_2$ 标液体积为 V，用下式计算标准溶液滴定度(g/mL)

$$T_{Mn/AsO_3^{3-}\text{-}NO_2^-} = \frac{25.00 \times 0.5000}{1000V} \tag{7-7}$$

(2) 测定：天平上准称钢样 0.5 ~ 1.0g(视含量而定，一般每份试样中含锰 5 ~ 12μg 为宜)于锥形瓶中，加 30mL 硫-磷混酸，加热溶解后，滴加硝酸数滴破坏碳化物，煮沸驱尽氮氧化物。加水约 50mL，加 10mL 0.5% $AgNO_3$，加 10mL 20% 过硫酸铵，以下步骤同标定。滴定消耗 AsO_3^{3-}-NO_2^- 标准溶液体积为 V(mL)，用下式计算钢铁中锰的百分含量

$$Mn(\%) = \frac{T_{Mn/AsO_3^{3-}\text{-}NO_2^-} \times V}{G} \times 100\% \tag{7-8}$$

式中 G——钢铁试样的质量，g；

$T_{Mn/AsO_3^{3-}\text{-}NO_2^-}$——标准溶液滴定度，g/mL。

8　有色金属及合金分析

铁、锰、铬及其合金称为黑色金属，除此之外的其他金属如铜、铅、锌、铝、镁、镍、锡、锑、金、银等等统称为有色金属。有色金属种类繁多、性能各异、用途极为广泛。与黑色金属一样，有色金属的生产能力也是反映一个国家经济实力、工业化水平、综合国力的重要指标之一。

有色金属及合金根据实际需要和生产水平，纯度高低不一。对有色金属材料分析一般侧重测定其合金成分和杂质含量，而主体元素可用减重法求得。随着生产发展和科技进步，对有色金属材料的质量要求越来越高，对合金成分及杂质含量的控制也有严格的规定。各种金属及合金的分析方法很多，也有相应的国家及部颁标准。本章仅就金属镁和金属铝中杂质含量测定及铜合金中有关合金元素测定等问题着重从原理方面介绍其测定方法，以期起到举一反三的作用。

8.1　金属镁中杂质含量的测定

金属镁主要用于生产合金镁。镁与铁、铜、锰、锌、铈、锆等金属生成合金具有良好的机械性能，广泛应用于航空、机械制造和建筑等方面。在钢铁冶炼中金属镁用作脱氧剂，在钛和稀有金属冶炼中镁作为还原剂，镁与有机物能合成具有广泛用途的新型材料。

金属镁所含杂质元素主要有铁、铝、硅、铜、锰、镍和氯等。

铁是镁及镁合金中有害杂质。铁的含量测定常用邻二氮菲吸光光度法，灵敏度较高，其 $\varepsilon=1.1\times10^4$，选择性和稳定性均好。

试样溶解后，加还原剂盐酸羟胺，使高价铁还原为二价铁。在 pH 值为 4.0 的醋酸-醋酸钠缓冲溶液条件下加入邻二氮菲，生成橙红色邻二氮菲-铁(Ⅱ)络合物，其最大吸收波长为 510nm。显色反应服从比尔定律，据此可测出微量铁含量。基体元素镁及铜、锰、镍等均不干扰测定。在 pH 值小于 5 时铝也不干扰测定。铁的此项测定参见矿石分析法的相关部分。

硅在镁中含量要求不大于 0.3%，测定方法一般采用硅钼蓝光度法。试样经酸溶解后，硅几乎全部转化为硅酸，在 pH 值为 0.70 ~ 1.4 条件下与钼酸铵生成硅钼杂多酸，加入还原剂 1-氨基-2-萘酚-4-磺酸后即生成硅钼蓝。显色反应符合比尔定律，可对镁中微量硅进行光度法测定。测定步骤参见本书钢铁中硅的测定一节。

锰在金属镁中既是杂质，也是镁的合金元素之一，其含量一般不高于 3%。

锰的测定，多采用过硫酸铵-银盐氧化吸光光度法。试样经硫-硝混合酸溶解后，在银离子催化下，过硫酸铵氧化二价锰生成紫红色的高锰酸根，借此进行吸光光度法测定。锰的吸光光度分析法参见硅酸盐分析法有关部分。

氯在镁中是杂质元素，微量氯的测定常用 AgCl 浊度法和 $Hg(CNS)_2$ 间接光度法。

试样用 H_2SO_4 溶解，在丙酮存在下，Cl^- 与 $AgNO_3$ 形成 AgCl 乳浊液，进行浊度测定。

通过标准曲线求算出试样中氯含量。AgCl乳浊液的稳定性受温度、时间和介质的影响。试验表明，加入丙酮后，AgCl胶粒被亲水物质包围，增强了亲水性，可防止胶粒聚沉。控制温度一般在40~70℃之间，温度升高虽有利于提高形成胶粒速度，但稳定时间缩短，导致胶粒过快聚沉。胶粒的形成需要一定时间，可在黑暗中放置10min后立即测量。长时间光照将导致Ag^+还原。下面着重介绍金属镁中铝、铜、镍的测定。

8.2 金属镁中铝的测定

铝在镁中既是杂质又是合金镁中主要合金元素。当铝含量较高时，可用EDTA置换滴定法测定其含量。控制试液pH值在3.1~4.4，加过量EDTA与Al^{3+}作用，经加热使反应完全。然后控制pH值为5~6，用PAN作指示剂，以Cu^{2+}标准溶液滴定至终点。再加固体NaF使AlY中的Al^{3+}与F^-生成AlF_6^{3-}，同时置换出与Al^{3+}等物质量的Y^{4-}。在加热条件下。控制pH值仍为5~6，再用Cu^{2+}标液第二次滴定。终点时，用第二次消耗Cu^{2+}标液体积计算可求出Al^{3+}的含量。参见硅酸盐分析法有关部分。金属镁中低含量铝的测定，多采用铝试剂吸光光度法、8-羟基喹啉萃取光度法、铬天青S和胶束增溶光度法。铬天青S吸光光度法具有灵敏度高和简便快速等优点，是测定金属镁和镁合金中低含量铝的常用方法。

8.2.1 铬天青S吸光光度法测定原理

在pH为5.3~6.8缓冲溶液中，Al^{3+}与铬天青S形成紫红色络合物，在$\lambda=550nm$处具有最大吸收。酸度对有色络合物影响很大，pH值小于5.1时，络合物形成困难。pH值大于6.8时，Al^{3+}与OH^-形成羟基络合物($\lg\alpha_{Al(OH)}=5.1$)十分严重，吸光度急剧下降。试验表明，当pH较小时(pH值为2左右)先加显色剂铬天青S，后加缓冲溶液(pH值为5.5)，得到的有色络合物较稳定。如果先加缓冲溶液，后加显色剂，则有色络合物不稳定，并且显色的酸度范围变窄(pH>5.7时，吸光度明显降低)。

镁中杂质铁(Ⅲ)、铜(Ⅱ)对显色有干扰，加入抗坏血酸可还原铁(Ⅲ)为铁(Ⅱ)消除铁的干扰，加入硫脲可掩蔽铜。基体镁对吸光度有一定影响，可在测定试液同时，在标准系列中加入相同数量的镁打底抵消其影响。

8.2.2 试剂及仪器

8.2.2.1 试剂

(1) 1:3盐酸。

(2) 过氧化氢。

(3) 1%甲基橙指示剂。

(4) 1:4氨水。

(5) 1mol/L盐酸。

(6) 硫脲-抗坏血酸混合液：取40%硫脲40mL，加抗坏血酸0.1g溶解后加水至100mL。

(7) 铬天青S溶液：0.05%。称0.1g铬天青S，加水20mL，乙醇20mL，热水浴中溶解后加入乙醇至200mL。

(8) 30%六次甲基四胺缓冲溶液。

(9) 1% EDTA 溶液。

(10) 铝标准溶液：称纯铝 0.1000g 溶于 HCl 10mL 中，用水定容为 100mL。吸取 5.00mL 于 1000mL 容量瓶中，加 HCl 20mL，加水定容，即为铝标液，含铝 5.00μg/mL。

8.2.2.2　仪器

72 型分光光度计或 721 型分光光度计和 2cm 比色皿。

8.2.3　操作步骤

天平上准确称取镁试样 0.1g 于 150mL 烧杯中，加 1:3 HCl 5mL，待作用缓慢时加 H_2O_2 2～3 滴，煮沸使多余 H_2O_2 分解。冷却后移入 100mL 容量瓶内，加水定容。

移取试液 5.00mL 两份，分别置于 50mL 比色管中，一份作底液空白，另一份作为显色液。

在显色液一份中，加甲基橙一滴，用 1:4 氨水调至刚好呈黄色，用 1mol/L HCl 调为红色并过量 2mL。加硫脲-抗坏血酸液 2mL，加蒸馏水 30mL，摇匀。加铬天青 S 液 2.5mL，加六次甲基四胺 5mL，最后用蒸馏水定容。

在底液空白一份中：加 1% EDTA 2mL，其余操作同显色液操作步骤。

在 550nm 波长处，用 2cm 比色皿，以底液空白为参比，测有色试液吸光度。通过标准曲线，计算铝含量。

标准曲线：天平上准确称取不含铝的纯镁 0.1g，用相同办法溶解并定容为 100mL。分别吸取 5.00mL 于 6 只 50mL 的比色管内。并依次加入铝标液 0mL、1mL、2mL、3mL、4mL、5mL，然后按上述操作方法显色。在 550nm 波长处，用 2cm 比色皿、以 0mL 的空白溶液为参比，分别测吸光度，然后绘制标准曲线。

8.3　金属镁中铜的测定

铜在镁中是杂质元素，其含量要求不超过 0.2%。低含量铜通常采用吸光光度法测定，具体分为铜试剂直接光度法、铜试剂铅盐置换萃取光度法、双环己酮草酰二腙光度法和新亚铜试剂萃取光度法。铜试剂铅盐置换萃取光度法是基于各金属离子与铜试剂生成螯合物稳定性的差异，用 Cu^{2+} 与螯合态的铜试剂铅盐（无游离铜试剂）发生定量置换萃取反应。由于置换反应的选择性和萃取分离使大量基体元素和干扰离子与待测组分铜分离，从而达到灵敏度高、选择性好、操作简单、测定准确的效果。

8.3.1　铜试剂铅盐置换萃取光度法测定原理

铜试剂二乙胺硫代甲酸钠（简称 DDTC-Na）在氨性溶液中与 Cu^{2+} 生成棕黄色沉淀（DDTC-Cu）。很多重金属离子也发生同样反应。当用氯仿或四氯化碳萃取，DDTC-Cu 进入有机相，与大多数重金属离子分离，但 Ni^{2+}、Co^{2+}、Bi^{3+}、Hg^{2+}、Ag^{+} 仍造成干扰。DDTC-Pb 具有较高稳定性，能在有机相中与铜发生定量置换反应：

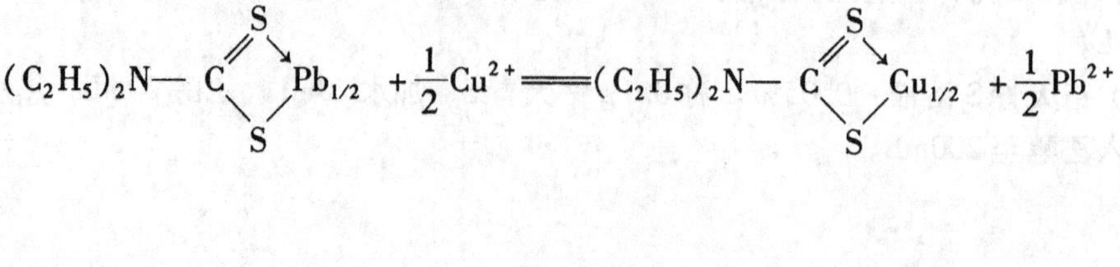

生成黄色螯合物 DDTC-Cu，在 $\lambda=470nm$ 处有最大吸收。

由于 DDTC-Pb 为定量络合（Pb^{2+} 过量，无游离的铜试剂），其他共存元素离子或者因稳定性不高无法与 DDTC-Pb 置换反应，或者能部分发生置换反应，但在 pH 值为 4、$\lambda=470nm$ 时无吸收（DDTC-Pb 也无吸收）因而不会造成干扰。

8.3.2 试剂和仪器

8.3.2.1 试剂

（1）1∶1 HCl，1∶1 HNO_3。

（2）H_2O_2。

（3）1∶9 氨水。

（4）1∶9 HCl。

（5）DDTC-Pb 氯仿溶液：称取 0.100g DDTC 及 0.100g 醋酸铅，分别溶于 50mL 蒸馏水中，合并于 500mL 分液漏斗中。加入氯仿 250mL，振摇 1min 后将氯仿溶液干过滤于棕色瓶内，补加氯仿 250mL。

（6）铜标准溶液：天平上准确称取纯铜 0.1000g 溶于少量 1∶1 HNO_3 中，煮沸除去黄烟后，水定容为 1000mL。吸取 10.00mL，水定容为 200mL，含铜为 5μg/mL。

8.3.2.2 仪器

72 型或 721 型分光光度计和 2cm 比色皿。

8.3.3 操作步骤

天平上准确称取镁试样 0.5g 于 150mL 烧杯中，加 1∶1 HCl 10mL，滴加 H_2O_2 2～3 滴。煮沸驱除剩余 H_2O_2，冷却后用蒸馏水定容为 100mL。与试样同时作一份试剂空白。

分别移取试液和试剂空白各 10.00mL，于 125mL 分液漏斗中用 1∶9 氨水和 1∶9 HCl 调节 pH 值为 4 左右。准确加入 DDTC-Pb 15mL，振摇 1min，静置分层后将有机相通过脱脂棉滤于 2cm 的干比色皿中，在 $\lambda=470nm$ 处，以试剂空白为参比，测其吸光度。通过标准曲线计算出铜含量。

标准曲线：在 6 只分液漏斗中，分别加入上述铜标液 0mL、1mL、2mL、3mL、4mL、5mL，加水至 10mL。用 1∶9 氨水和 1∶9 HCl 调节 pH 值为 4 左右，以下操作同试样测定步骤，以 0mL 空白液为参比测出吸光度并绘制标准曲线。

8.4 金属镁中镍的测定

镍在镁中为微量杂质，其含量在 0.01% 以下。微量镍的测定常用丁二酮肟吸光光度法和 α-糠偶酰二肟吸光光度法。最近据资料介绍，研究成功了一种利用 Ni—吡啶—铬天青 S—CTMAB 体系测定金属镁中镍的新方法，是一种具有高灵敏度、高选择性、特效的新方法，但常用且较为成熟的方法仍是丁二酮肟-镍萃取返萃吸光光度法。此法虽操作复杂费时，但灵敏度高、选择性好、结果可靠。

8.4.1 丁二酮肟萃取吸光光度法测定原理

丁二酮肟与镍在微氨性溶液生成红色螯合物

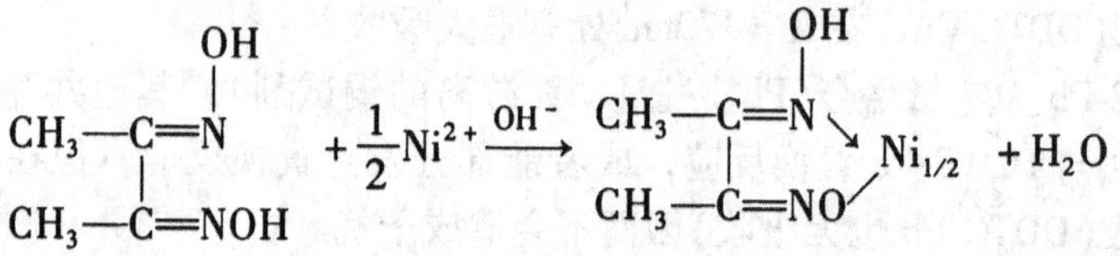

铜、钴等共存元素也能生成类似螯合物。用氯仿将丁二酮肟-镍萃取入有机相使其与大量基体镁和其他共存元素分离。铜、钴也同时被萃取。用稀氨水洗涤有机相除去铜和钴，再用稀盐酸将镍返萃回水相。加溴水将 Ni^{2+} 氧化为 Ni^{4+}，使其与丁二酮肟生成橙红色螯合物，在 $\lambda=470$nm 处进行光度测定。镁中共存元素经过这样的萃取-返萃分离后，不会干扰测定。在萃取前加入盐酸羟胺和柠檬酸钠溶液主要是消除基体镁和铁、铝的影响。

8.4.2　试剂和仪器

8.4.2.1　试剂

（1）盐酸：浓，0.5mol/L。

（2）H_2O_2。

（3）5%盐酸羟胺溶液。

（4）10%柠檬酸钠溶液。

（5）氨水：1∶1，1∶50。

（6）氯仿。

（7）溴水。

（8）1%丁二酮肟乙醇液。

（9）镍标准溶液：天平上准确称取纯镍 0.1000g。溶于少量硝酸中，煮沸除去黄烟后，冷却，用水定容为 1000mL。吸取 5mL，水定容于 100mL，即得 5μg/mL 镍的标准溶液。

8.4.2.2　仪器

72 型或 721 型分光光度计和 5cm 比色皿。

8.4.3　操作步骤

天平上准确称取 0.5g 镁试样于 200mL 烧杯中，加 HCl 5mL，作用完毕后滴入 2~3 滴 H_2O_2。煮沸除去过量 H_2O_2，冷至室温，移入 125mL 分液漏斗中。加水至 30mL，加盐酸羟胺溶液 5mL，柠檬酸溶液 10mL，摇匀。用氨水中和至石蕊试纸变蓝，多加 3~5 滴。加入丁二酮肟液 3mL，摇匀，放置 3~5min。用氯仿萃取 3 次，第一、二次各加氯仿 10mL，第三次加 5mL，每次振摇 30s。将三次所得氯仿液合并于另一分液漏斗中，用 1∶50 氨水 20mL 洗涤一次除去铜，将氯仿放入另一分液漏斗中。在氨水洗液中加氯仿 5mL，洗涤一次，氯仿并入主液，弃去氨水洗液。

往合并氯仿液中加 0.5mol/L HCl 10mL，振摇 1min 使镍返萃入水相。静置分层后将 HCl 溶液放入 25mL 比色管内。再用 10mL HCl 返萃有机相，合并 HCl 溶液。

往 HCl 溶液中加溴水 10 滴，滴加氨水至溴的黄色褪去，再多加 1mL 氨水，冷却。加入丁二酮肟液 1mL，加水至刻度。

按相同步骤制备试剂空白一份。

用5cm 比色皿、以试剂空白为参比，在470nm 处测吸光度。通过标准曲线计算试样中镍的含量。

标准曲线：取6只分液漏斗，依次加入镍标液0mL、1mL、2mL、3mL、4mL、5mL，分别加水至30mL，按试样的操作步骤萃取显色，以0mL的空白液为参比液，测得各吸光度后绘制标准曲线。

8.5 黄铜中锌的测定

黄铜为铜锌合金，普通黄铜成分较单一，其颜色随含锌量增加由黄红色变为淡黄色，特殊黄铜则根据需要在铜锌合金中加入铝、铁、锡、镍、锰、铅、硅等元素。黄铜的测定，主要是这些合金元素的测定。其分析特点是：一方面干扰元素与待测元素性质相似且量较多，给准确测定带来一定困难；另一方面是合金元素的含量较高，如锌的含量在15%左右，有的甚至到50%。一般可采用常量分析法测定。

黄铜中锌的测定可用 EDTA 滴定法。试样经 $HCl + H_2O_2$ 溶解后，以铁为载体，用氨水 + NH_4Cl 将 Fe^{3+}、Pb^{2+}、Al^{3+}、Sn^{4+} 等元素沉淀分离。Mn^{2+} 用过硫酸铵氧化为 $MnO(OH)_2$沉淀。沉淀过滤后，用硫脲掩蔽 Cu^{2+}，调节 pH 为5.5（六次甲基四胺），二甲酚橙为指示剂，EDTA 滴定至红色转为亮黄色为终点。该法的缺点是氢氧化物沉淀选择性差，Zn^{2+} 产生共沉淀，沉淀的过滤、洗涤较困难等等，因而带来较大误差。

改进后的分析方法是氰化物-甲醛解蔽法。首先在酸性条件下以抗坏血酸、酒石酸、氰化钾掩蔽 Fe、用三乙醇胺掩蔽 Al；再调节 pH 为10，以氰化钾掩蔽 Cu、Zn、Co、Ni、Cd 等，酒石酸掩蔽 Sn、Sb。然后，先用 EDTA 滴定未被掩蔽的 Pb^{2+}、Mn^{2+}、Ca^{2+} 和 Mg^{2+} 终点到达后，加甲醛使 $Zn(CN)_4^{2-}$ 解蔽

$$Zn(CN)_4^{2-} + 4HCHO + 4H_2O = Zn^{2+} + 4CH_2\begin{cases}OH\\CN\end{cases} + 4OH^-$$

最后用 EDTA 滴定 Zn^{2+} 即可。该法的最大缺点是氰化钾的剧毒带来危害。

多年来，在分析工作者的努力下，研究出了很多测定黄铜中锌的方法，有些方法还在不断改进和完善过程中。其中，硫氰酸盐萃取分离 EDTA 滴定法算是一种较为理想的方法。

8.5.1 硫氰酸盐萃取分离 EDTA 滴定法测定原理

Zn^{2+} 在 pH 值为0.2~0.4条件下，与 SCN^- 形成络阴离子 $Zn(SCN)_4^{2-}$，并被萃取剂甲基异丁酮 MIBK 萃取（MIBK 既是萃取剂，又是萃取溶剂）。在酸性条件下 MIBK 与 H^+ 键合生成鎓离子

$$\begin{array}{c}CH_3-CH-CH_2-C=OH^+\\ \quad\;\; | \qquad\qquad\quad\; | \\ \quad\; CH_3 \qquad\quad\;\; CH_3\end{array}$$

然后与 $Zn(SCN)_4^{2-}$ 形成离子缔合物

$$\left[\begin{array}{c}CH_3-CH-CH_2-C=OH\\ \quad\;\; | \qquad\qquad\quad\; | \\ \quad\; CH_3 \qquad\quad\;\; CH_3\end{array}\right]_2^+ [Zn(SCN)_4]^{2-}$$

即称为锌盐的中性分子，进入有机相，与多数干扰离子分离。同时被萃取的元素有铜、铁、银、镉等。用 F^- 掩蔽铁，用硫脲掩蔽铜、银。然后，调节酸度使 pH 值为 5.5。这时，锌离子解体，离子缔合物解体，锌返回水相，而镉仍留在有机相。以二甲酚橙为指示剂。EDTA 滴定锌可获满意结果。

8.5.2 试剂

(1) 1∶1 盐酸。

(2) H_2O_2。

(3) 5% 硫脲溶液。

(4) 20% 氟化铵溶液。

(5) 50% 硫氰酸铵溶液。

(6) pH 值为 5.5 缓冲溶液。六次甲基四胺 100g，溶于水中，加浓盐酸 20mL，水稀释至 500mL。

(7) 0.2% 二甲酚橙指示剂。

(8) 洗液。取上述 50% 硫氰酸铵液 10mL，加浓盐酸 2mL，水稀释至 100mL。

(9) EDTA 标准溶液 0.02000mol/L(用纯锌基准物标定)。

8.5.3 操作步骤

天平上准确称取黄铜试样 0.1g 置于 150mL 烧杯中，加入 1∶1 HCl 5mL，加 H_2O_2 1 ~ 2mL。微热待溶解完后煮沸除去多余的 H_2O_2，冷却。移入 125mL 分液漏斗内，加 NH_4F 溶液 10mL，硫脲液 50mL，加 NH_4SCN 10mL，加甲基异丁酮 20mL。振摇 1 ~ 2min，静置分层后弃去水相。于有机相中加洗液 15mL、NH_4F 5mL，振摇 1min 分层后弃去水相，将有机相放入 250mL 烧杯中，用 50mL 水冲洗分液漏斗，剩余洗液并入烧杯内。加 pH 值为 5.5 的缓冲溶液 20mL，剧烈搅拌 1min。加 NH_4F 5mL，硫脲 5mL，二甲酚橙指示剂 3 ~ 5 滴，用 0.02000mol/L EDTA 标液滴定至溶液由红色变为亮黄色为终点。记下所消耗的 EDTA标液体积 V，用下式计算试样中锌含量

$$Zn(\%) = \frac{V \times 0.02000 \times 65.38}{1000G} \times 100\%$$

式中 G——试样质量；

65.38——锌的摩尔质量，g/mol。

8.6 铜及铜合金中铁的测定

纯铜中铁是常见杂质。在黄铜中当铁含量大于 0.03% 时使黄铜具有磁性，当铁、镍、钴、锰一并添加到黄铜中，可显著提高黄铜的强度和耐磨、耐蚀性。但铁含量不能大于 1.5%。在青铜、钴青铜中，铁能提高强度和硬度，但其含量有严格限制，在钴青铜中一般为 2% ~5.5%，在铸造青铜中应小于 0.4%。

铜合金中常量铁，可采用重铬酸钾滴定法测定。但一般情况下铁为微量组分，常常采用光度法测定。本节介绍铜及铜合金中微量铁的测定方法。

8.6.1　邻二氮菲光度法测定原理及方法提要

邻二氮菲与铁(Ⅱ)在 pH 值为 2～9 酸度范围内反应生成橙红色配合物：

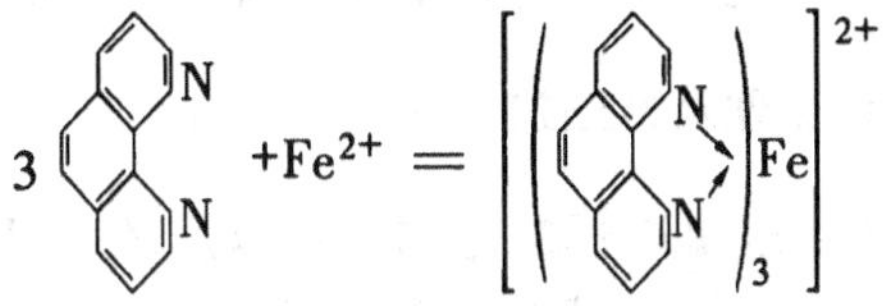

最大吸收波长为 510nm，摩尔吸光系数 $\varepsilon = 1.1 \times 10^4$。基体元素铜(Ⅱ)以及锌(Ⅱ)、镍(Ⅱ)有严重干扰，但在 pH 值为 4.5～6.0 时加入 EDTA 可消除干扰。

8.6.2　试剂

(1) 0.5% 抗坏血酸溶液。

(2) pH 值为 5.7 醋酸-醋酸钠缓冲溶液：200g 三水醋酸钠溶于 400mL 水中，加冰醋酸 9.2mL，稀释至 1L。

(3) 10% EDTA 溶液。

(4) 0.2% 邻二氮菲溶液。

(5) 铁标准溶液：含铁 20μg/mL。

8.6.3　操作步骤

准称试样 0.2g 于 150mL 烧杯中，加盐酸 5mL，滴加双氧水 2～3mL 使试样溶解，煮沸使多余双氧水分解，冷却，转移到 100mL 容量瓶内，定容、摇匀。

准确吸取试液 5～10mL(含铁约 60～70μg)于 50mL 容量瓶中，滴加对硝基苯酚指示剂 1 滴，滴加 1:1 氨水恰至黄色，滴加 1:3 盐酸至黄色消失并过量 2 滴。加抗坏血酸溶液 1mL，EDTA 溶液 1.5mL，缓冲溶液 10mL。加热至 70～80℃，加邻二氮菲溶液 5.0mL，冷却，加水至刻度，摇匀。以试液空白(不加显色剂)，用 2cm 或 5cm 比色皿，在 510nm 波长下测其吸光度。

另按同样手续作一份试剂空白并测其吸光度，从试液吸光度中扣除试剂空白吸光度，然后从标准曲线中查得试样铁含量。

8.6.4　标准曲线绘制

准确称取标样纯铜 0.2g 于 150mL 烧杯中，同上法溶解并定容于 100mL 容量瓶中。准确吸取 5～10mL(与试液相同)10 份分别置于 10 个 50mL 容量瓶中，依次加入铁标液 0mL，0.5mL，1.0mL，1.5mL，2.0mL，3.0mL，4.0mL，5.0mL，6.0mL 及 7.0mL，按上述步骤显色，用 2cm 或 5cm 比色皿测定其吸光度，据此绘制标准曲线。

8.7　铜及铜合金中铅的测定

铜合金中铅的溶解度很小，当其含量超过 0.1% 时，便成夹杂物形态存在。铅可改善铜合金的切削加工性能，但塑性稍有下降，对热加工性能有害，故青铜中其含量不得超过

0.01%。然而在铅青铜中，铅能改善合金的耐磨性，有很好的导热性，常用来铸造承受摩擦的零配件。

合金中铅含量在5%以上者，用 $PbSO_4$ 或 $PbCrO_4$ 法测定；5%以下者用电解法测定；1%以下的用二苯硫腙光度法测定。本节介绍铜及铜合金中微量铅的测定方法。

8.7.1　二苯硫腙光度法测定原理及方法提要

二苯硫腙与铅(Ⅱ)反应生成单取代配合物，可以用苯、氯仿等萃入有机相，呈紫红色，最大吸收波长520nm，摩尔吸光系数 $\varepsilon = 7 \times 10^4$。

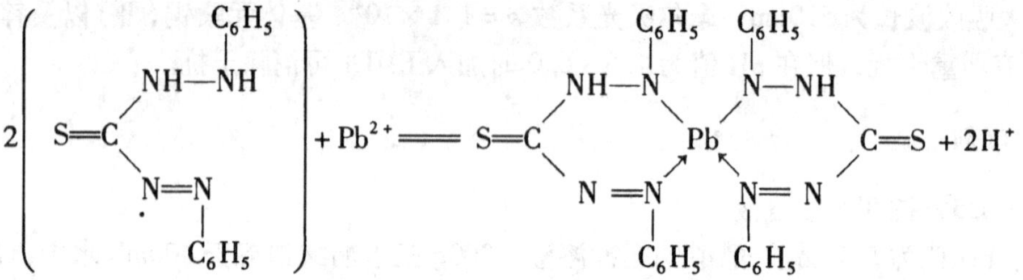

以苯为萃取溶剂，当pH值在5~11.5酸度范围时，铅的一次萃取率可达99%以上。当有柠檬酸或酒石酸存在时，对铅在微酸性条件(pH值为5~7)下的萃取有影响，因而对铅作定量萃取的酸度定为pH值为7.5~11.5。氰化物的加入量不能超过0.1mol/L，因为在碱性条件下易形成 $Pb(CN)_4^{2-}$，使铅的萃取率降低。为保证铅(Ⅱ)与二苯硫腙反应完全，必须有足够的二苯硫腙存在于水相中。实验表明，只有当pH值大于10时，才能使约99%的二苯硫腙溶于水。故定量萃取的最佳酸度条件是pH值为10.5~11.5。

二苯硫腙的选择性比较差，铜(Ⅱ)、锡(Ⅱ)、铋(Ⅲ)、锌(Ⅱ)等严重干扰测定。在萃取显色前，先用N-235萃取剂在酸性条件下萃取铅使其与大量干扰离子分离。N-235是一种叔胺型高分子胺萃取剂，是以三辛胺为主的混合物。在0.5mol/L氢溴酸溶液中，铅(Ⅱ)以溴化物配阴离子状态被N-235溶液一次萃取率可达99%以上。

$$\underset{(有机相)}{2R_3NH^+Br^-} + \underset{(水相)}{PbBr_4^{2-}} \rightleftharpoons \underset{(有机相)}{(R_3NH)_2^+ \cdot PbBr_4^{2-}} + \underset{(水相)}{2Br^-}$$

与此同时，尚有少量干扰离子同时被萃入有机相中。用硫氰酸铵-硝酸混合液返萃，铅(Ⅱ)定量进入水相，除少量镉(Ⅱ)(约20%)也进入水相外，其余干扰离子大都留在有机相中。

在最后加二苯硫腙萃取显色的同时，加四乙烯五胺掩蔽所有微量干扰离子。但是该掩蔽剂的量必须严格控制，否则会降低铅(Ⅱ)与二苯硫腙反应的完全程度。

8.7.2　试剂

(1) 2.0mol/L和0.5mol/L氢溴酸溶液(须用氢氧化钠标准溶液标定)。

(2) 10%酒石酸钠溶液(用0.01%二苯硫腙氯仿溶液萃取净化)。

(3) 10%亚硫酸钠溶液(用0.01%二苯硫腙氯仿溶液萃取净化)。

(4) 1%四乙烯五胺溶液。

(5) 0.01%二苯硫腙-苯溶液。称取二苯硫腙50mg置于500mL分液漏斗中，加苯25mL。摇动溶解后，用2:98氨水萃取两次，每次加氨水100mL，使二苯硫腙溶于氨水中，弃去苯层。再加25mL苯，滴加盐酸至水相呈酸性，振摇2min使二苯硫腙重新溶于苯中。再用另一个分液漏斗以250mL苯洗涤，弃去水相、合并有机相。用去离子水洗有机相两次，将苯溶液通过棉花滤入干燥棕色瓶中。

(6) 5%(体积分数)N-235二甲苯溶液。

(7) 氨性混合溶液。每100mL溶液中含亚硫酸钠溶液(10%)10mL、酒石酸钠溶液(10%)10mL、浓氨水65mL及四乙烯五胺(1%)3mL。

(8) 稀氨水洗液。每100mL水中加氨水1mL及亚硫酸钠溶液(10%)2mL。

(9) 铅标准溶液。准确称取纯铅0.1000g溶于1∶3硝酸5mL中，驱除黄烟后移入1000mL容量瓶中，加水定容，摇匀。含铅0.1mg/mL。分取5.0mL置于250mL容量瓶中，加水定容、摇匀。含铅2μg/mL。

(10) 返萃取液：取2mol/L硝酸、2mol/L硫氰酸铵及去离子水按1∶1∶3比例混合。

8.7.3 操作步骤

准确称取试样0.1~0.5g置于50mL烧杯中，加入优级纯盐酸1~5mL，低温加热，分次加入双氧水至试样溶解完毕，蒸发至干。加2mol/L氢溴酸2.5mL，温热使盐类溶解，用水7.5mL将溶液移入分液漏斗中。加入N-235溶液10mL萃取1min，静置分层，弃去水相。加0.5mol/L氢溴酸5mL，萃取10s后分层又弃去水相，取样较多时可再洗1次，弃去水相后再用清水冲洗分液漏斗内壁，不振摇，放走水层。加入返萃取液5mL并振摇1min，静置分层后将水相移入另一分液漏斗中。再用5mL返萃液返萃有机相一次，合并返萃液。有机相应集中存放洗净回收使用。于返萃液中加入氨性混合液10mL，摇匀后准确加入二苯硫腙溶液10mL，振摇1min，静置分层，弃去水相。加入稀氨水洗液5mL，振摇10s，分层后弃去洗液。有机相通过棉花滤入干燥的2cm比色皿中，在520nm处，以纯苯为参比测其吸光度。另按同样步骤做试剂空白，从试样吸光度中减去空白吸光度后，在标准曲线上查出铅含量。

8.7.4 标准曲线绘制

在6只50mL烧杯中依次准确加入铅标准溶液(含铅2μg/mL)0mL，1mL，2mL，3mL，4mL，5mL，温热蒸发至干，各加2mol/L氢溴酸2.5mL，盐类溶解后移入分液漏斗中。以下步骤与试样操作过程相同。最后根据所测吸光度绘制标准曲线。

标准曲线的绘制应注意：(1)所用酸、氨水及其他试剂均用优级纯，所用水均为去离子水。(2)配成的N-235甲苯溶液须按下法净化：将其置于分液漏斗中，交替用等体积的1mol/L碳酸钠溶液和盐酸溶液洗涤各3次。然后用去离子水洗至不呈酸性(约7~8次)。用过的N-235溶液也按同样方法洗净回收使用，且宜当天用完当天洗净回收。

8.8 铜及铜合金中磷、砷的连续测定

少量的磷对黄铜的力学性能有良好影响，但使黄铜再结晶温度降低，大量磷使黄铜硬度升高，而其塑性急剧下降。磷能提高黄铜的流动性，可用磷作为黄铜脱氧剂。磷在锡青铜中含量不超过0.5%时，可提高合金的力学性能及工艺性能。作为轴承合金的锡磷青铜，磷含量高达1.2%，有良好的耐磨性。除此而外，在铜和其他铜合金中磷为有害杂质。

黄铜中含砷0.02%时能防止脱锌并增强其耐蚀性，尤其是适用于制造那些长期在海水中工作的零件。但含量过高（超过0.5%时），使黄铜失去塑性。砷会造成铜合金的力学性能和工艺性能降低，通常情况下属有害杂质。

铜及铜合金中微量磷和砷能在近似酸度下与钼酸铵反应生成杂多酸，经萃取分离分别还原为杂多蓝，用光度法测定。二者分析性能相近，可一并处理连续测定。

8.8.1　钼蓝萃取光度法测定原理和方法提要

试样经稀王水溶解后磷和砷均为高价态即磷酸和砷酸，在酸性条件下与钼酸铵反应生成相应的磷钼杂多酸和砷钼杂多酸。

$$H_3PO_4 + 12(NH_4)_2MoO_4 + 24HNO_3 \xlongequal{} H_7[P(Mo_2O_7)_6] + 24NH_4NO_3 + 10H_2O$$

$$H_3AsO_4 + 12(NH_4)_2MoO_4 + 24HNO_3 \xlongequal{} H_7[As(Mo_2O_7)_6] + 24NH_4NO_3 + 10H_2O$$

磷或砷与钼的原子数之比为1∶12，又称为十二杂多酸。反应完全的条件除了必须有大量的钼酸铵（约为理论量的3.5倍）外，酸度条件极其重要。形成磷钼杂多酸的酸度范围为0.3～1.8mol/L硝酸，形成砷钼杂多酸的酸度范围为0.5～1.9mol/L硝酸，本法选择在1.4mol/L硝酸介质条件下加入钼酸铵。硅也能定量生成硅钼杂多酸，但适宜的酸度范围是pH值为1～2，因此不会构成干扰（铜及铜合金中微量硅的测定，参见本书第7章钢铁分析）。

用乙酸丁酯作为磷钼杂多酸的萃取剂，用4-甲基戊酮-2作为砷钼杂多酸的萃取剂，在使二者分离的同时也与水相中的其他离子分离。当磷、砷的共存量不大于30μg时，乙酸丁酯可定量萃取磷。当磷低砷高时，萃取磷时的振摇时间不要超过30s，否则将有少量砷被萃取。如果有硅钼杂多酸生成，也会随砷被4-甲基戊酮-2萃取。

杂多酸的颜色为黄色，又称为钼黄。钼黄经还原剂还原后颜色变蓝，又称为钼蓝。还原过程其实就是十二杂多酸中部分钼离子由Mo(Ⅵ)变为Mo(Ⅴ)，也即生成磷钼蓝：$H_3PO_4 \cdot 10MoO_3 \cdot Mo_2O_5$ 或 $H_3PO_4 \cdot 8MoO_3 \cdot 2Mo_2O_5$ 和砷钼蓝：$H_3AsO_4 \cdot 10MoO_3 \cdot Mo_2O_5$ 或 $H_3AsO_4 \cdot 8MoO_3 \cdot 2Mo_2O_5$。还原过程十分复杂，还原到什么程度与还原条件密切相关，因此严格控制反应条件（保持一致）是准确测定的基础。

本法采用氯化亚锡作为还原剂，还原剂配制成氯化亚锡和抗坏血酸混合液，加入抗坏血酸可以使钼蓝保留在有机相中。

8.8.2　试剂

（1）稀王水。250mL硝酸及70mL盐酸依次加进500mL水中，冷却后稀释至1000mL。

（2）10%钼酸铵溶液。

（3）酸性钼酸铵溶液。取10%钼酸铵溶液50mL与3mol/L硝酸溶液50mL混合，现用现配并存放于塑料瓶内。

（4）3mol/L硝酸。优级纯浓硝酸30mL，加水至160mL。

（5）15%（体积分数）盐酸洗液。

（6）氯化亚锡混合液。氯化亚锡0.5g溶于8mL盐酸中，加水至50mL。加抗坏血酸0.7g，搅拌溶解，现用现配。

（7）磷标准溶液。称取磷酸氢二钠（$Na_2HPO_4 \cdot 12H_2O$）1.1547g于500mL容量瓶

中，加水溶解。加1∶1硝酸5mL，加水至刻度并摇匀。此溶液含磷约0.2mg/mL，准确含量可用重量法标定（参阅第12章）。分取此溶液10mL置于200mL容量瓶中，用1.4 mol/L硝酸稀释至刻度。此溶液含磷约10μg/mL。

（8）砷标准溶液。准确称取三氧化二砷（基准试剂）0.1320g于150mL锥形瓶中，加入浓硝酸20mL，煮沸约30min使砷氧化，冷却，转移到500mL容量瓶中，加水至刻度，摇匀。此溶液含砷为0.2mg/mL。分取此溶液10mL置于200mL容量瓶中，用1.4mol/L硝酸稀释至刻度，此溶液含砷10μg/mL。

8.8.3 操作步骤

准确称取试样0.5g置于100mL锥形瓶中，加稀王水10mL，温热溶解后微沸2～3min使磷、砷氧化。冷却后将溶液转移至分液漏斗中，用水洗锥形瓶，洗液并入分液漏斗，液体体积约为20mL。加酸性钼酸铵溶液5mL，摇匀。定量加入乙酸丁酯10mL，振摇0.5min（如果室温低于25℃，则振摇1～2min）。静置分层后，水相放入另一分液漏斗中，留作测定砷用。于有机相中加盐酸洗液10mL，振摇数秒，分层后弃去水相。于有机相中迅速加入氯化亚锡混合液2mL，摇动分液漏斗，此时磷钼杂多酸被还原为磷钼蓝。弃去水相，用移液管加入乙醇1mL，摇匀。在与试样操作的同时，取稀王水6mL，按同样手续制作试剂空白一份。

用1cm比色皿，以试剂空白为参比，在720nm波长处测其吸光度，在标准曲线上查得试样含磷量。

于留作测定砷的试液及试剂空白水相中分别定量加入4-甲基戊酮-2 10mL，振摇1～2min，分层后弃去水相。于有机相中分别加入氯化亚锡混合液2mL，摇动溶液使砷钼杂多酸还原为砷钼蓝，弃去水相。用2cm比色皿，以试剂空白为参比，在720nm波长处测其吸光度，在标准曲线上查得试样含砷量。

8.8.4 标准曲线

8.8.4.1 磷的标准曲线

分取含磷量为10μg/mL的磷标准溶液0mL，0.5mL，1.0mL，1.5mL，2.0mL及2.5mL，分别置于分液漏斗中，各加1.4mol/L硝酸至20mL，加入酸性钼酸铵溶液5mL，以下操作与试样操作相同。分别测出吸光度，绘制出标准曲线。

8.8.4.2 砷的标准曲线

分取砷标准溶液（含砷10μg/mL）0mL，0.5mL，1.0mL，1.5mL，2.0mL及2.5mL，分别置于分液漏斗中，各加1.4mol/L硝酸至20mL，加入酸性钼酸铵溶液5mL，以下操作与试样操作相同。分别测出其吸光度，绘制出标准曲线。

8.9 铝及铝合金的分析

铝是一种银白色的金属，密度小（2.70g/cm^3）、熔点低（657℃），具有良好的导电性、导热性和抗蚀性，塑性极好但强度低。纯铝分高纯铝和工业纯铝两类，前者纯度可达99.99%，后者一般为98.0%～99.7%。

铝合金分为铸造铝合金和变形铝合金。铸造铝合金分为铝镁合金、铝硅合金、铝铜合金、铝硅铜合金以及铝与其他元素的合金；变形铝合金根据性能和用途不同分为硬铝、防锈铝、线铝、锻铝、耐热铝等。

高纯铝抗蚀性强，常用来制造 HNO_3、H_2O_2、有机酸的器具和用作食品工业中的包装材料，纯铝用于生产电缆、电线、电容器等。铝合金广泛应用于航空、机械、化工及建筑等部门。

铝合金中常见的合金元素有铜、镁、锰、锌、硅，个别铝合金还含有镍、铬、钛、铍、锆、硼及稀土。铝及合金经常分析的元素有铝、铁、铜、镁、锌、硅、锰等，其他微量元素一般很少分析测定。

8.9.1　铝及铝合金样品的分解

由于铝的表面易钝化，钝化后不溶于 H_2SO_4 和 HNO_3，因此常用 $NaOH + HNO_3$、$NaOH + H_2O_2$、$HCl + H_2O_2$、$HCl + HNO_3$ 或 $HClO_4 + HNO_3$ 等溶解试样。

用 $NaOH + HNO_3$ 溶解试样：先用20% ~30% NaOH 溶解到不再溶时，再加入 HNO_3。溶解反应大致如下

$$2NaOH + 2Al + 2H_2O = 2NaAlO_2 + 3H_2\uparrow$$

$$2NaOH + Si + H_2O = Na_2SiO_3 + 2H_2\uparrow$$

$$Fe + 4HNO_3 = Fe(NO_3)_3 + NO + 2H_2O$$

$$3Cu + 8HNO_3 = 3Cu(NO_3)_2 + 2NO + 4H_2O$$

$$Mn + 4HNO_3 = Mn(NO_3)_2 + 2NO_2 + 2H_2O$$

8.9.2　测定方法

（1）铝的测定。铝是主体元素，金属铝中铝含量在97%以上，铸造铝合金中铝含量为80%左右，变形铝中铝含量通常为90%左右。铝的测定方法一般采用 EDTA 置换滴定法或氟化钾酸碱滴定法。

EDTA 置换滴定法：试样经酸溶解后，加入过量 EDTA，调节 pH 值为3 ~4，煮沸2 ~3min。在 pH 值为5 ~6 缓冲溶液中用铜标液回滴至终点。加入 NH_4F 置换出与铝络合的 EDTA，在煮沸温度下再用铜标液滴定。第二次滴定所消耗的铜的物质的量即为铝的物质的量。用六次甲基四胺为缓冲溶液，PAN 为指示剂，终点明显，结果较准确。

（2）镁的测定。镁与铝的合金是固溶体的形式，其强度大大超过其他铸造铝合金。在铝镁合金中，镁含量上限为14.9%。

镁的测定可用 EDTA 络合滴定法、吸光光度法或原子吸收分光光度法。EDTA 络合滴定法是在试样经 NaOH 溶解后，调节适当酸度，用铜试剂分离 Fe、Ni、Cu、Mn 等干扰元素，再用三乙醇胺掩蔽铝和铁。在 pH 值为10 的条件下，用 EGTA 掩蔽钙。然后以铬黑 T 为指示剂，用 EDTA 直接滴定镁。

镁的光度分析，可采用铬变酸 2R 光度法。试样先经 NaOH 溶解，再用 HCl 和 H_2O_2 溶解完全后，调节 pH 值为10.9。在丙酮存在下，加铬变酸 2R 与镁生成棕红色络合物，用光度法测定。

镁的火焰原子吸收光谱法，试样用 $HCl + H_2O_2$ 溶解，用空气-乙炔火焰测量其吸光度。Al、Si 等元素有干扰，用锶盐作释放剂抑制干扰。

（3）铜的测定。铝合金中铜的测定，按含量高低可采用电解重量法、EDTA 络合滴定法、吸光光度法和原子吸收光谱法。

恒电流电解重量法，是在硫酸和硝酸溶液中，放入两个铂电极，用恒电流电解。为使电解沉积铜纯净光滑，加 HNO_3 抑制氢气逸出，加入尿素消除 HNO_2 对沉积铜的氧化。另外，采用低温和低电流密度可防止沉积铜的氧化作用。开始阶段，因铜的浓度较高，电解速度较快。但临近终了时，由于铜浓度很低，电解速度也很慢。为防止其他元素在此时趁机析出，可停止电解，用吸光光度法测定残液中的铜。

铝合金中铜的测定，常用的吸光光度法有 DDTC 光度法、DDTC-Pb 萃取光度法、BCO（双环己酮草酰二腙）光度法和新亚铜灵光度法等。其中 DDTC-Pb 萃取光度法在对金属镁的杂质铜测定中已作过详细介绍。

（4）硅的测定。硅是常见的铝合金元素，能达到较好的固溶强化效果。在铸造铝合金中，硅含量越高，合金的铸造性越好，硬度越高，抗蚀性越好。但硅含量超过共晶点时，组织中出现过剩硅，导致塑性降低、强度下降。在变形铝合金中，硅的含量不允许超过极限溶解度，因其耐热性不高、热强度不高影响压力加工性质。

硅含量较高的铝合金，可用重量法测定硅（参见硅酸盐分析法）。对于一般硅含量较低（$w(Si) < 1\%$）的铝合金中硅，可采用硅钼蓝光度法测定。试样经 NaOH 溶解和 HNO_3 溶解后，硅转化为可溶性硅酸，在 pH 值为 0.7 ~ 1.3 酸度下，加入钼酸铵，生成硅钼杂多酸（硅钼黄）。然后加入草酸，并用 $FeSO_4$ 还原硅钼杂多酸为硅钼蓝杂多酸，进行光度法测定。测定方法参见钢铁中硅的测定。

（5）铁的测定。铁是铝中有害杂质，它使合金塑性下降，抗蚀性降低，一般铝合金中都要限制铁含量。

铁含量测定一般采用吸光光度法或原子吸收光谱分析法。原子吸收光谱法一般选用较窄的通带，在波长为 248.3nm 处，在空气-乙炔火焰中进行。测定中加入一定量锶盐可消除 Si、Ni 等元素干扰。

吸光光度法测定有邻菲罗啉光度法、硫氰酸盐光度法和磺基水杨酸光度法等。

（6）锰的测定。在铝合金中加入少量锰，可减小铁的危害性。锰能使合金的金属强度、力学性能和抗蚀性能提高，它是一种有益成分。

锰的测定主要是过硫酸铵吸光光度法。试样用硫磷混酸溶解，在 Ag^+ 催化下，用过硫酸铵氧化二价锰为紫色的高锰酸，最后用光度法测定。

（7）锌的测定。铝锌合金在铸造状态下经热处理即具有较高的力学性能。锌能提高合金强度，但随着锌含量提高，会造成延伸率降低，液流性降低和易裂性增高。

锌的测定可采用 EDTA 络合滴定法。试样用 NaOH 溶解，H_2O_2 将 Fe、Cu、Mn 等元素氧化为高价氢氧化物沉淀，Zn、Al 进入溶液。盐酸酸化后，加 NH_4F、酒石酸掩蔽 Al 和残留的 Fe 和 Mn 等元素。调节 pH 值为 5 左右，加入 pH 值为 5.7 的缓冲溶液，用 PAN-Cu 为指示剂，EDTA 滴定锌，由红色变为黄绿色为终点。

还可以用二甲酚橙光度法测定微量锌。

8.10　铝及铝合金中铝的测定

8.10.1　EDTA 置换滴定法原理

Al^{3+}与 EDTA 络合反应速度慢，不能用 EDTA 直接滴定。本测定采用置换滴定法。首先加入过量的 EDTA 溶液（不必定量），调节 pH 值为 3.5 左右（用甲基橙指示剂指示），煮沸 2~3min，使 Al^{3+}与 EDTA 完全络合。同时其他干扰离子也与 EDTA 进行反应。取下调节 pH 值为 5~6（用六次甲基四胺），用 PAN 为指示剂，趁热用铜标液滴定至终点。此时，加入适量 NH_4F，利用 F^-与 Al^{3+}生成更稳定络合物这一性质，置换出与 Al^{3+}等物质量的 EDTA。经加热煮沸后，再用铜标液滴定。置换反应和滴定反应如下

$$AlY^- + 6F^- \xlongequal{} AlF_6^{3-} + Y^{4-}$$

$$Y^{4-} + Cu^{2+} \xlongequal{} CuY^{2-}$$

煮沸后趁热滴定是为了防止 PAN 指示剂僵化。

8.10.2　试剂

（1）氢氧化钠（固体）。

（2）30% 过氧化氢溶液。

（3）盐酸硝酸混合酸：在 500mL 水中加 HCl 400mL、加 HNO_3 100mL，混匀。

（4）1∶1 盐酸。

（5）1∶1 氨水。

（6）0.1% 甲基橙指示剂水溶液。

（7）pH 值为 5.5 的 20% 的六次甲基四胺缓冲溶液。

（8）PAN 指示剂 0.1% 乙醇溶液。

（9）0.02mol/L EDTA 溶液。

（10）0.02mol/L $CuSO_4$ 标准溶液：1）配制：称 5g$CuSO_4 \cdot 5H_2O$，于 1000mL 大烧杯中，加 1∶1H_2SO_4 2~3 滴，蒸馏水溶解并稀释为 1L。2）标定：吸取 25.00mL 已标定过的 EDTA 标准溶液于锥形瓶内，加水 50mL，加 10mL 六次甲基四胺缓冲溶液，加热至 80~90℃，滴入 3~4 滴 PAN 指示剂，趁热用 $CuSO_4$ 滴定至由绿色变为紫色为终点。消耗 $CuSO_4$ 体积为 V（mL），用下式计算铜标液的浓度 c（mol/L）

$$c = \frac{25.00 \times c_{EDTA}}{V}$$

8.10.3　测定步骤

准确称取试样 0.25g 于塑料烧杯中，加入 NaOH（固体）4g，水 15mL，于沸水浴中加热溶解。流水冷却后，慢慢倾入盛有 100mL 盐硝混合酸的烧杯中。加 $H_2O_2$10 滴，继续加热煮沸 1min。取下冷却，移入 250mL 容量瓶中，用水定容摇匀。

吸取试液 50.00mL 于 300mL 锥形瓶中，加水 50mL，加 0.02mol/L EDTA 25mL。滴加甲基橙 1~2 滴，用 1∶1HCl 或氨水调节 pH 变为橙色，加热煮沸 2~3min。取下，立即加入六次甲基四胺缓冲溶液 10mL 和 4~6 滴 PAN 指示剂，趁热用 $CuSO_4$ 标液滴定，滴至颜色由绿

色变成紫色为第一终点（不计体积）。加入 NH_4F 1g，继续加热煮沸 2min，补加 3～4 滴 PAN 指示剂，将滴定管中 $CuSO_4$ 标液加满至“0”刻度，继续滴定到第二终点，记下所消耗的 $CuSO_4$ 标液体积 V（不包括第一终点时消耗部分）。用下式计算试样中铝的含量

$$Al(\%) = \frac{cV \times 26.98}{G \times \frac{1}{5} \times 1000} \times 100\%$$

式中 c，V——分别为 $CuSO_4$ 标准溶液浓度和体积；

26.98——Al 的摩尔质量，g/mol；

G——试样质量；

$\frac{1}{5}$——滴定时吸取试样分率。

8.11 铝合金中镁的测定

8.11.1 二乙氨硫代甲酸钠分离-EDTA 滴定法原理

在 pH 值为 10 的条件下，镁与 EDTA 的 $\lg K_{MgY} = 8.24$，以铬黑 T 为指示剂，用 EDTA 标准溶液滴定镁，可得准确结果。

铝合金试样通常用 NaOH 溶液溶解，在溶解过程中，基体元素 Al 以及 Zn、Si 等元素溶解于 NaOH 溶液中，而 Cu、Fe、Mn、Ni、Ca 和部分 Zn 等同镁一起留在沉淀中。在最后进行络合滴定前，还需要设法消除这些元素的干扰。

如果在试样的 NaOH 溶液中加入适量的三乙醇胺和 EDTA 溶液，可使 Cu、Fe、Ni、Mn、Zn 和 Ca 溶解，Mg 仍留在沉淀中，这就使得 Mg 与铝合金中的其他元素分离。通过过滤与洗涤，少量被沉淀吸附的干扰离子，可在酸化溶解沉淀后，控制 pH 值为 6～7，用二乙氨硫代甲酸钠（铜试剂）沉淀分离除去。最后用氨性缓冲溶液调节 pH 值为 10，铬黑 T 作指示剂，用 EDTA 滴定镁。

8.11.2 试剂

（1）EDTA 标准溶液 0.02mol/L（经标定）。

（2）NaOH（固体）。

（3）5%二乙氨硫代甲酸钠溶液。

（4）1:2 三乙醇胺溶液。

（5）1:1 氨水。

（6）0.5%铬黑 T 指示剂。

（7）缓冲溶液（pH 值为 10）：67g NH_4Cl 溶于水后，加 570mL 氨水，用水稀释到 1L。

8.11.3 测定步骤

于天平上准确称取铝合金试样 0.5～2.0g（视镁含量多少而定），置于 400mL 烧杯中，加 NaOH 6～25g 及水 20～40mL，作用完毕后加热并滴加 H_2O_2 数次使试样溶解完全。加入三乙醇胺（1:2）10～20mL，加水 200mL，煮沸。加 0.02mol/L EDTA 5mL，继续煮沸

2min，取下，加3% H_2O_2 5mL，搅匀。冷却后过滤，用2% NaOH 溶液洗涤4～5次（必要时可采用水力抽滤），弃去滤液。用少量1∶2 热盐酸和少量 H_2O_2 从滤纸上溶解沉淀，承接于原烧杯中，热水洗净滤纸。用1∶1 氨水将溶液中和至 pH 值为 3（刚果红试纸变紫灰色），水稀至50mL。加少许纸浆，搅匀后加入5%的二乙氨硫代甲酸钠溶液 20mL（此时 pH 值为6～7），摇匀并用中速滤纸过滤，少量水洗涤烧杯及沉淀。滤液中加入三乙醇胺溶液5mL，加入 pH 值为10 的缓冲溶液 20mL，2～4 滴铬黑 T。然后用 EDTA 液滴定至溶液恰呈纯蓝色为终点，消耗体积记为 V（mL），用下式计算铝合金中镁的含量

$$\text{Mg}(\%) = \frac{cV \times 24.31}{1000G} \times 100\%$$

式中　c，V——EDTA 浓度和体积；

G——试样质量；

24.31——镁的摩尔质量，g/mol。

8.12　铝合金中锌的测定

在变形铝合金如超硬铝合金中，锌是主要合金元素，其含量在5%以上。而在有些铝合金中，锌是杂质成分。根据锌含量高低不同，测定方法分为极谱法、EDTA 络合滴定法和吸光光度分析法。

EDTA 络合滴定法用于测定锌含量高的试样，测定原理和方法参见黄铜中锌的测定（8.5 节）。下面主要介绍低含量合金中测定锌的吸光光度分析法。

8.12.1　PAN 光度法测定原理

显色剂 1-(2-吡啶偶氮)-2-萘酚(以下简写作 PAN)与锌离子在 pH 值 8～10 氨性缓冲溶液中反应生成难溶于水的 PAN-Zn 配合物。

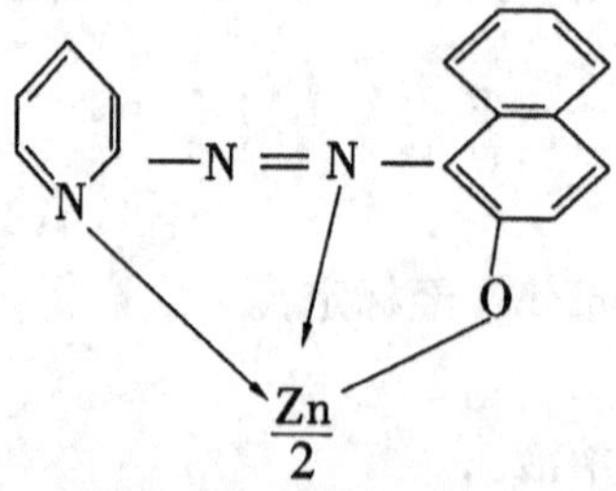

可用氯仿、乙醚、四氯化碳等有机溶剂萃取。但为了提高分析速度、避免萃取手续，在溶液中加入非离子表面活性剂异辛基苯氨基聚乙氧基乙醇（以下简写作 Triton X-100），利用其增溶作用使 PAN-Zn 配合物变为水溶性，呈橙红色。最大吸收峰在555nm 处，摩尔吸光系数 $\varepsilon = 5.6 \times 10^4$。在 pH 值为 8～10 时大量铝以及铁、锰等产生沉淀，但仍有微量存在于溶液中，同时尚有可溶于氨性缓冲溶液的微量镉、铜、钴、镍等共存离子，除铝外均能与 PAN 发生显色反应，严重干扰测定。为此，联合使用柠檬酸钠、六偏磷酸钠、磺基水杨酸和 β-氨荒丙酸铵配位掩蔽剂以消除铝合金中这些常见的共存离子的干扰。

8.12.2　试剂（均用去离子水配制）

（1）5% 柠檬酸钠溶液。

（2）5%六偏磷酸钠溶液。

（3）20%磺基水杨酸溶液。

（4）缓冲溶液（pH 值为 8.5）：40gNH_4Cl 溶于水，加 9mL 氨水溶解后，用水稀释到 500mL。

（5）20% Triton X-100 溶液。

（6）0.1%PAN 乙醇溶液。

（7）4%β-氨荒丙酸铵溶液。

（8）10μg/mL 锌标准溶液。

8.12.3 操作步骤

准确称取 0.1g 铝合金（金属铝）试样于 100mL 烧杯中，加 1∶1HCl 5mL，微热溶解，待剧烈反应停止后加热至微沸。冷却后用水定容为 200mL。

另外用纯铝（不含锌）配制与上述相同浓度的溶液作为试剂空白。

将两种溶液用中速滤纸干过滤，分别滤于两个干燥的锥形瓶中。各取 10.00mL 于 50mL 比色管内，分别加柠檬酸钠 1.0mL、磺基水杨酸 5.0mL、六偏磷酸钠 1.0mL，摇匀。用浓氨水及 1∶3HCl 调节酸度恰呈酸性，加缓冲溶液 5.0mL，Triton X-100 溶液 2.0mL，β-氨荒丙酸铵溶液 1.0mL，摇匀。加入 PAN 溶液 2.0mL，加水至刻度，摇匀。用 2cm 或 3cm 比色皿，以试剂空白为参比溶液，在 555nm 波长处测吸光度，在标准曲线上查得试样的锌含量。

8.12.4 标准曲线

在 8 只 50mL 的比色管中，依次加入锌标液 0mL，0.5mL，1.0mL，1.5mL，2.0mL，2.5mL，3.0mL，4.0mL，5.0mL，各加柠檬酸钠溶液 1.0mL，以下操作步骤与试液操作相同。用同样厚度比色皿，以不加标液的试剂空白为参比，测得各吸光度并绘制标准曲线。

8.13 铝合金中锰的测定

8.13.1 过硫酸铵氧化-高锰酸吸光光度法原理

在硫酸、硝酸、磷酸混合溶液中，在 Ag^+ 存在下，过硫酸铵氧化二价锰为紫红色的高锰酸，借此进行光度测定。氧化酸度一般采用在 1～2mol/L 的混合酸中进行。磷酸可使低价锰直接被过硫酸铵氧化为 Mn(Ⅶ)，避免中间形成各种价态的低价锰而影响准确测定。EDTA 使紫色褪去，以此作为参比溶液。

8.13.2 试剂

（1）混合酸：在 500mL 水中加入硫酸 25mL，磷酸 30mL，硝酸 60mL 及硝酸银 0.1g，搅匀后加水稀释至 1000mL。

（2）20%过硫酸铵溶液（现配现用）。

（3）5%EDTA 溶液。

（4）0.2%亚硝酸钠溶液。

（5）锰标准溶液：准确称取金属锰 0.1g，溶于 5mL 1∶1 硝酸中，煮沸除去黄烟后，定容于 500mL 容量瓶中。此溶液中含 Mn 0.2mg/mL。吸取 50.00mL，定容于 200mL 容量瓶中，含 Mn0.05mg/mL。

（6）1∶1 硝酸。

8.13.3　操作步骤

准确称取试样 0.1g 于 100mL 两用瓶内，加入 NaOH 2g 及水 10mL，加热使试样溶解。滴加 H_2O_2 使硅化物分解并氧化，冷却。加硝酸（1∶1）15mL 使盐类溶解。如溶液中有棕色 MnO_2 沉淀，加亚硝酸钠数滴使沉淀溶解，煮沸除去黄烟。加入混合酸 20mL 及过硫酸铵溶液 10mL、煮沸半分钟，冷却，加水至刻度，摇匀。倒部分溶液于 1cm 或 5cm 比色皿中。在剩下溶液中滴加 EDTA 使 MnO_4^- 紫色褪去后再倒入相同厚度的另一比色皿内，作为参比溶液，在 530nm 波长处测定试液的吸光度。

另称不含锰的纯铝相同质量，按同样方法处理后作为试剂空白，并测出该试剂空白的吸光度。从试样的吸光度值中扣去试剂空白值，在标准曲线上查出试样中锰含量。

8.13.4　标准曲线

（1）含锰 0.20～2mg 的标准曲线。在 6 只 100mL 两用瓶内分别加入 Mn 0.2mg/mL 标准溶液 0.00mL，1.00mL，3.00mL，5.00mL，7.00mL，9.00mL，分别加水至 30mL。加入混合酸 20mL，过硫酸铵 10mL。煮沸半分钟，冷却，加水至刻度，摇匀。用厚度为 1cm 比色皿，以未加标准溶液的试剂空白为参比溶液，在 530nm 波长处测吸光度并绘制标准曲线。

（2）含锰 0.05～0.5mg 标准曲线。在 6 只 100mL 两用瓶内，分别加入 Mn 0.05 mg/mL标准溶液 0.00mL，1.00mL，3.00mL，5.00mL，7.00mL，9.00mL，按上面的方法显色后用 5cm 比色皿测吸光度并绘制标准曲线。

9 稀土元素和贵金属分析

历史上曾经把稀土元素和贵金属元素等一些在地壳中分布不广而且分散、提取困难且难以制成纯品的60多种元素统称为稀有元素。这一概念仅属传统称谓，并不是科学上分类的结果。在此称谓下，稀土元素和贵金属元素等又称稀有金属。

稀土元素(RE)包括钪(Sc)、钇(Y)和镧系15个元素即：镧(La)、铈(Ce)、镨(Pr)、钕(Nd)、钷(Pm)、钐(Sm)、铕(Eu)、钆(Gd)、铽(Tb)、镝(Dy)、钬(Ho)、铒(Er)、铥(Tm)、镱(Yb)、镥(Lu)一共17个元素。而贵金属元素则包括金(Au)、银(Ag)和铂系6个元素即：铂(Pt)、钯(Pd)、铱(Ir)、铑(Rh)、锇(Os)、钌(Ru)一共8个元素。

9.1 稀土元素分析

稀土元素在传统的冶金、石油化工、玻璃陶瓷和电子工业中起着重要作用，随着生产发展和科技进步，在现代社会三大支柱的能源、材料和信息产业中，稀土元素以其独特的性能起着越来越重要的作用。

我国所拥有的稀土资源雄踞世界之首，其总储量达10500万t，约占世界总储量的2/3；工业储量为3600万t，约占世界工业储量的80%。

稀土元素是典型的金属元素，其金属活泼性仅次于碱金属和碱土金属。根据它们在物理化学和地球化学性质上某些差异和分离工艺的要求分为轻稀土和重稀土两组。以钆为界，称钆以前的7个元素即镧、铈、镨、钕、钷、钐、铕为轻稀土元素或铈组稀土元素；钆和钆以后的7个镧系元素即铽、镝、钬、铒、铥、镱、镥以及钇共9个元素称为重稀土或钇组稀土元素。钪元素与其他16个元素在自然界共生关系不太密切，性质差异也较大，不在分组之列。

由于电子层的结构特点，镧系元素的性质十分近似，这就造成15个镧系元素彼此之间分离很困难。稀土和其他伴生元素的分离是稀土的提取和测定的基础。通常的分离方法有沉淀分离法、溶剂萃取分离法和离子交换分离法。沉淀分离法有草酸盐沉淀法、氢氧化物沉淀法、氟化物沉淀法等。稀土元素间的分离一般有分级结晶法、分级沉淀和均相沉淀法、氧化还原分离法、溶剂萃取法和层析分离法等。

其测定方法有重量法、滴定法、光度法等。

9.1.1 重量法

草酸盐沉淀重量法是测定稀土总量最经典而准确的方法。试样经分解制备为溶液后用草酸沉淀，通过过滤、洗涤、烘干、灼烧、冷却后称量，换算后即得稀土总量。本法适用于1%以上的稀土总量的测定。

其他沉淀剂，例如二苯基羟乙酸、肉桂酸、苦杏仁酸沉淀钪，亚甲基膦酸沉淀镧，8-羟基喹啉沉淀铕、钐及钆等。

9.1.2　滴定法

EDTA 配位滴定法测定稀土总量。由于大量伴生元素干扰，一般采用草酸盐沉淀分离法消除干扰。将灼烧灰分溶解，控制 pH 值在 4.5～6，二甲酚橙指示剂，EDTA 标准溶液滴定测得稀土总量。

硫酸亚铁铵氧化还原滴定法测定铈。铈具有变价特点，可在溶液中用氧化剂氧化 Ce^{3+} 为 Ce^{4+}，然后用还原剂标准溶液（硫酸亚铁铵标准溶液）滴定测得铈含量。

重铬酸钾氧化还原滴定法间接测定铕。用锌汞剂还原 Eu^{3+} 为 Eu^{2+}，在 CO_2 保护气氛下注入 $FeCl_3$，发生定量氧化还原反应，所得亚铁离子用重铬酸钾标准溶液滴定，间接测得铕含量。

9.1.3　光度法

对样品中少量或痕量稀土的测定，常用光度法。能与稀土全部显色的试剂不很多，而且与稀土显色也大都能与钍显色。目前常用的显色剂主要是不对称变色酸双偶氮类试剂如偶氮胂、偶氮氯膦和偶氮羧类试剂。最新研究表明，如果在不含—AsO_3H_2 或—PO_3H_2 一侧苯环上引入各种助色团，尤其是多卤素助色团，会使显色剂的选择性、配合物的稳定性、灵敏度都有显著提高。

用于稀土元素分析的主要显色剂及其分析应用列于表 9-1。

表 9-1　重要变色酸双偶氮类稀土显色剂

显色剂名称	分析功能团及位置	助色团及位置	测定元素	介质酸度	λ_{max} /nm	ε
偶氮胂Ⅲ	—AsO_3H_2(2)	—AsO_3H_2(2')	ΣRE	pH 2.8	650	$(4.5\sim7.1)\times10^{-4}$
三溴偶氮胂（TBA）	—AsO_3H_2(2)	—Br(2',4',6')	ΣRE 铈组	pH 3.2 0.1～1.0mol/L HCl	630 630	$(7.5\sim11.2)\times10^{-4}$ $(13.2\sim13.7)\times10^{-4}$
二溴-氯偶氮胂（DBC-偶氮胂）	—AsO_3H_2(2)	—Br(2',6') —Cl(4')	铈组	1.7mol/L 1.2mol/L HCl	630 640	12.9×10^{-4} $(6.6\sim9.6)\times10^{-4}$
二溴-氟偶氮胂（DBF-偶氮胂）	—AsO_3H_2(2)	—Br(2',6') —F(4')	铈组	1.5mol/L HCl	630	12.8×10^{-4}
二溴磺酸偶氮胂（DBM-偶氮胂）	—AsO_3H_2(2)	—Br(2',6') —SO_3H(4')	铈组（La-Sm）	0.24～0.4mol/L HCl	630	$(10.6\sim12.3)\times10^{-4}$
二溴甲基偶氮胂（DBM-偶氮胂）	—AsO_3H_2(2)	—Br(2',6') —CH_3(4')	ΣCe ΣRE	0.1～1.0mol/L HCl	632 633～636	$(13.0\sim14.5)\times10^{-4}$ $(10.1\sim13.8)\times10^{-4}$
二溴偶氮胂	—AsO_3H_2(2)	—Br(2',6')	ΣRE	pH 1.8	640	6.8×10^{-4}
对乙酰基偶氮胂	—AsO_3H_2(2)	—$COCH_3$(4')	铈组（La-Sm）	pH 2～2.5	670	$(6.6\sim10.3)\times10^{-4}$

续表 9-1

显色剂名称	分析功能团及位置	助色团及位置	测定元素	介质酸度	λ_{max}/nm	ε
对溴偶氮胂	$—AsO_3H_2(2)$	—Br(4')	铈组(La-Nd)	pH 4.7	713	$(26\sim35)\times10^{-4}$
间溴偶氮胂	$—AsO_3H_2(2)$	—Br(3')	ΣRE	pH 3.2～4.5	655	$(9\sim10.6)\times10^{-4}$
三氯偶氮胂	$—AsO_3H_2(2)$	—Cl(2',4',6')	ΣRE	pH 3.0	630	$(9.4\sim13.4)\times10^{-4}$
间三氟甲基偶氮胂	$—AsO_3H_2(2)$	$—CF_3(3')$	铈组	pH 2～2.5	658	9.2×10^{-4}
对乙氧基二氯偶氮胂	$—AsO_3H_2(2)$	—Cl(2',6') —CO(4')	铈组	2mol/L HCl	635	$(11.7\sim12.6)\times10^{-4}$
二溴羧基偶氮胂	$—AsO_3H_2(2)$	—Br(2',6') —COOH(4')	铈组 铈组	0.6mol/L $HClO_4$ HCl H_2SO_4 H_3PO_4		13×10^{-4} 14×10^{-4}
偶氮氯膦Ⅲ	$—PO_3H_2(2)$	$—PO_3H_2(2')$ —Cl(4'4)	ΣRE	0.0075～0.3mol/L H_2SO_4（乙醇>45%）	655	$(11.4\sim19.2)\times10^{-4}$
三溴偶氮氯膦	$—PO_3H_2(2)$	—Cl(4) —Br(2',4',6')	ΣRE	0.1mol/L HCl	650	$(10\sim12.4)\times10^{-4}$
二溴一氯偶氮氯膦（DBC-偶氮氯膦）	$—PO_3H_2(2)$	—Cl(4)(4') —Br(2',6')	ΣRE	0.1mol/L HCl	640～649	$(10\sim12.4)\times10^{-4}$
二氯一氟偶氮氯膦	$—PO_3H_2(2)$	—Cl(2',6') —F(4')	ΣRE	2mol/L	640～647	$(5\sim12.1)\times10^{-4}$
二溴一氟偶氮氯膦（DBF-偶氮氯膦）	$—PO_3H_2(2)$	—Br(2',6') —F(4')	铈组	0.1mol/L HCl	640～647	$(5\sim12.1)\times10^{-4}$
间硝基偶氮氯膦(偶氮氯膦-mN)	$—PO_3H_2(2)$	—Cl(4) $—NO_2(3')$	ΣRE	pH 8.1	670	$(7.8\sim8.2)\times10^{-4}$
间乙酰基偶氮氯膦(偶氮氯膦-mA)	$—PO_3H_2(2)$	—Cl(4') $COCH_3(3')$	ΣRE	pH 1.2～2.5	665	$(8\sim10)\times10^{-4}$
对马尿酸偶氮氯膦	$—PO_3H_2(2)$	—Cl(4) $—CONHCH_2COOH(4')$	ΣRE	0.1mol/L HCl	680	$(7.2\sim10)\times10^{-4}$

续表 9-1

显色剂名称	分析功能团及位置	助色团及位置	测定元素	介质酸度	λ_{max} /nm	ε
对硝基偶氮氯膦(偶氮氯膦-PN)	$—PO_3H_2(2)$	—Cl(4) $—NO_2(4')$	Y	0.1mol/L HCl	730	7.4×10^{-4}
三氯偶氮氯膦	$—PO_3H_2(2)$	—Cl(4) —Cl(2',4',6')	ΣRE	0.4mol/L HCl	641 ~ 644	$(6\sim8.6)\times10^{-4}$
对乙氧基二溴偶氮氯膦	$—PO_3H_2(2)$	—Br(2',6') —CO(4')	ΣRE	0.1mol/L HCl	655	$(9\sim13.7)\times10^{-4}$
对甲基偶氮氯膦	$—PO_3H_2(2)$	$—CH_3(4')$	Y	pH 5.0 TritonX-100 存在下	755	18.2×10^{-4}
对乙酰基偶氮氯膦	$—PO_3H_2(2)$	$—COCH_2$	ΣRE	0.18mol/L HCl	667	11.6×10^{-4}
三溴偶氮-5-溴膦	$—PO_3H_2(2)$	—Br(4) Br(2',4',6')	ΣCe	0.4mol/L $HClO_4$		13×10^{-4}
间膦酸基偶氮氯膦	$—PO_3H_2(2)$	—Cl(4) $—PO_3H_2(3')$	ΣCe ΣYb	0.05 ~ 0.2 mol/L HCl, 0.05 ~ 0.1 mol/L HCl	690 685	8.9×10^{-4} 9.8×10^{-4}
对硝基偶氮羧(偶氮硝羧)	—COOH(2)	$—NO_2(4')$	铈组	pH 1.8 ~ 4	730	$(15\sim16)\times10^{-4}$
对溴偶氮羧-M	—COOH(2)	—Br(4')	ΣRE	pH 1.5 ~ 3.5	730	$(24\sim37)\times10^{-4}$
对乙酰基偶氮羧	—COOH(2)	$—COCH_3(4')$	铈组	pH 1.8 ~ 2.4	734	18.4×10^{-4}

9.2　稀土和钍总量的测定（常量）

9.2.1　草酸盐沉淀重量法测定提要

试样经氢氧化钠和过氧化钠熔融，用热水浸取，过滤除去硅，然后用盐酸溶解稀土和钍的氢氧化物和部分氧化物。氨水沉淀分离钙、镁及镍等杂质，在 1% 的盐酸介质中用草酸沉淀稀土和钍，灼烧后氧化物称重得稀土和钍总量。用其他方法测定钍含量并扣除后即得稀土总量。

9.2.2　试剂

（1）氢氧化钠（固体）；

（2）过氧化钠（固体）；
（3）氯化铵（固体）；
（4）盐酸：1∶2，2%；
（5）1∶1 氨水；
（6）草酸；
（7）2%氨—氯化铵洗液；
（8）草酸洗涤液：2%草酸和1%盐酸等体积混合。

9.2.3 操作步骤

准称0.2～0.5g试样置于盛有2～3g氢氧化钠的镍坩埚中，加2～3g氢氧化钠覆盖，加0.5～1g过氧化钠，置于700℃马弗炉内3～4min，充分摇动后再熔融2min。冷却后在400mL烧杯中浸取(热水)，煮沸，稍冷后快速滤纸过滤，并用1%氢氧化钠洗液洗涤沉淀。用热盐酸（1∶2）溶解沉淀，体积控制在100mL左右，加2～3g氯化铵，加热至60～70℃，加氨水至出现沉淀，过量10mL，趁热过滤。沉淀用2%氨—氯化铵热洗液洗涤8～10次。再用热盐酸（1∶2）溶解沉淀于原烧杯中，用1∶1氨水中和至出现沉淀，滴加盐酸至沉淀刚溶解，过量2mL。用水稀释至约100mL，加热煮沸。在不断搅拌下徐徐加入预沸的3%草酸溶液100mL，煮沸，在60～70℃保温30min，静置4h以上。用中速滤纸过滤，草酸洗涤液洗10次以上，沉淀连同滤纸移入瓷坩埚中，在电炉上烘干灰化后移入800～850℃马弗炉内灼烧30min，冷却称量。

计算：

$$稀土和钍氧化物含量（\%）=\frac{m}{G}\times 100$$

式中 m——灰分质量，g；
G——试样质量，g。

9.2.4 注意

（1）熔融温度太低则试样分解不完全，温度太高则对镍坩埚损坏太大，并且大量镍进入熔体。

（2）氨水分离沉淀时，若沉淀带绿色，表明镍尚未除尽，需重新用氨水分离。

（3）当铁含量大于10%时，草酸稀土沉淀不宜过夜，否则结果偏高。

9.3 稀土总量的测定（微量）

9.3.1 对马尿酸偶氮氯膦光度法测定提要

在盐酸—氟化铵—草酸体系中，对马尿酸偶氮氯膦与稀土形成蓝色配合物，最大吸收波长为680nm，在pH值为1～1.5酸度下，摩尔吸光系数ε接近10^5。可不经分离直接测定矿石、铝合金和土壤中0.01%～0.1%的稀土总量以及水体中的微量稀土总量。

9.3.2 主要试剂

（1）对马尿酸偶氮氯膦溶液0.03%水溶液（棕色瓶中）；

（2）1%氟化铵溶液（塑料瓶中）；

（3）5%草酸溶液；

（4）0.5%对硝基酚溶液；

（5）20%三乙醇胺溶液；

（6）10%EDTA溶液；

（7）稀土标准溶液。称取光谱纯稀土氧化物，用1:1盐酸约10mL溶解（氧化铈要反复加过氧化氢或用硝酸溶解）。配制成每mL含稀土100μg、10μg和2μg三种溶液。混合稀土标准按被测试样的光谱结果比例配制。

9.3.3　标准曲线

在7支25mL比色管中分别加入0μg、2μg、4μg、6μg、8μg、10μg、12μg稀土标准溶液，用水稀释至12mL。分别依次加入2mol/L HCl 2.5mL、5%草酸2mL、1%氟化铵2mL和0.03%对马尿酸偶氮氯膦2.5mL，用水稀释至刻度，摇匀。放置10min，在72型分光光度计上于680nm波长处，用2cm比色皿以试剂空白为参比测定吸光度，绘制标准曲线。

9.3.4　操作步骤

称取试样0.1～0.5g于铝坩埚内，加3～4g氢氧化钠拌匀后再覆盖一层，在650～700℃马弗炉内熔融10～15min。取出冷却后放入预先盛有20%三乙醇胺25mL和10% EDTA 10mL混合液的250mL烧杯中，用水洗下熔块和洗净坩埚，使体积控制在150mL左右。加20～30g氧化镁，用玻璃棒搅匀在电炉上煮沸并保温1h，用普通滤纸加少许纸浆过滤。用1.5%氢氧化钠洗液洗沉淀5～6次，水洗2～3次。用热稀盐酸溶解沉淀，定容为50～100mL，保持最终酸度为5%～10%。

取试液1～2mL（含稀土量在12μg以下）于25mL比色管中，加0.5%对硝基酚1滴，用2mol/L NaOH调至刚变黄，再加2mol/L HCl 2.5mL。用水稀释至12mL。以下过程步骤与标准曲线相同，以试剂空白为参比测定吸光度。在标准曲线上查得试样中稀土含量。

9.4　铈的测定

9.4.1　硫酸亚铁铵氧化还原滴定法测定提要

试样用硫酸分解后，在5%硫酸介质中，以银离子作为接触剂，用过硫酸铵将Ce（Ⅲ）氧化为Ce（Ⅳ）。二苯胺磺酸钠为指示剂，用硫酸亚铁铵标准溶液滴定。反应式如下：

$$2Ce^{3+} + S_2O_8^{2-} = 2Ce^{4+} + 2SO_4^{2-}$$

$$Ce^{4+} + Fe^{2+} = Ce^{3+} + Fe^{3+}$$

本法适用于测定含二氧化铈0.1%以上的试样，其他稀土元素不干扰测定。

9.4.2　主要试剂

（1）过硫酸铵；

(2) 甲醛;

(3) 氯化钠;

(4) 1%硝酸银溶液;

(5) 0.5%二苯胺磺酸钠溶液;

(6) 硫酸磷酸混合酸:30%硫酸与30%磷酸等体积混合。

9.4.3 硫酸亚铁铵标准溶液配制与标定

配制:称取(台秤)硫酸亚铁铵[$(NH_4)_2Fe(SO_4)_2 \cdot 6H_2O$]6g溶于1L 5%硫酸溶液(浓度约为0.015mol/L)中。

标定:准确吸取浓度为c_B(约0.01mol/L)的重铬酸钾25mL于锥形瓶中,加15mL 1:1:6硫磷混酸水溶液,加水100mL,用硫酸亚铁铵滴定至由橙色变为淡黄色,加2~3滴苯代邻氨基苯甲酸,继续滴定至由玫瑰红色突变为绿黄色为终点。由下式计算硫酸亚铁铵浓度c

$$c = \frac{150c_B}{V}$$

式中 V——滴定消耗硫酸亚铁铵体积,mL;

150——硫酸亚铁铵与重铬酸钾化学计量系数比值6再与重铬酸钾体积取量25的乘积。

9.4.4 操作步骤

准称试样0.1~0.5g于250mL烧杯中,用少许水润湿,加硫酸10~15mL,加热溶解并蒸发至近干。冷却后加水150mL溶解,调整硫酸浓度约为5%,加磷酸1mL,加1%硝酸银1mL,煮沸。加过硫酸铵1~2g,继续煮沸至无小气泡(一般不超过5min)。冷却(如有锰则溶液呈红色,滴加甲醛至红色刚刚褪去,加少许氯化钠,再加甲醛2mL,放置1min)。加二苯胺磺酸钠指示剂2~3滴,硫酸亚铁铵标准溶液滴定至紫红色消失为终点。

计算:

$$CeO_2(\%) = \frac{cV \times 0.1721}{G} \times 100$$

式中 c和V——硫酸亚铁铵标准溶液的浓度(mol/L)和体积(mL);

G——试样质量,g;

0.1721——CeO_2的毫摩尔质量,g。

9.5 贵金属分析

贵金属不仅在地壳中含量少,且比较分散。除金、银外,几乎没有集中矿床,多数与其他金属矿共生,其开采和提炼过程都比较复杂,所以是有色金属中的贵重金属。

贵金属元素的分析,特别是铂族元素的分析难度较大。由于铂族元素电子层结构和化学性质相似,很多试剂能同时与多种铂族元素作用,测定中会产生干扰。又由于铂族元素多伴生在一起,也造成了分离方面十分困难。铂族元素具有d-电子层结构,有多种变价状态以及有形成稳定配合物条件,为相关元素的分析测定带来一定便利。

贵金属分析应用最早的技术是火法试金，虽操作较繁，但仍是被广泛采用的贵金属分析特效方法。沉淀重量法如二甲基乙二肟沉淀钯、还原沉淀金等仍在应用。利用贵金属的变价性质建立的氧化还原滴定法是测定高含量贵金属的有效方法，如电生 Cu（Ⅰ）库仑滴定金，Fe（Ⅱ）滴定铱，$KMnO_4$ 电流滴定铂等。

Cl^- 或 I^- 沉淀滴定银也有应用。EDTA 配位滴定法常用于测定常量钯和银。使用各种有机显色剂测定贵金属含量的吸光光度分析法仍是发展最快应用最广的方法，如二苄基二硫代草酰胺吸光光度法测定铂、钯，安替吡啉吸光光度法测定铑，硫代米蚩酮吸光光度法测定金，双硫腙吸光光度法测定银等。随着分析仪器的发展和应用，原子吸收光谱法、溶出伏安法、离子选择性电极电位法、X 射线荧光光谱法、中子活化分析等应用于贵金属元素分析日渐增多，为贵金贵常量、微量及痕量成分分析提供了广阔前景。

9.6　矿石中金的测定

9.6.1　硫代米蚩酮光度法测定提要

矿石经烧结除 S、C 后，王水溶解，活性炭吸附，灰化，再用王水溶解。在吐温 -80(10g/L)存在下，金与硫代米蚩酮显色反应。适宜酸度范围为 pH 值 2.5 ~ 4.5，最大吸收波长 $\lambda = 560$nm，ε 为 1.5×10^5。金含量在 0 ~ 15μg/25mL 范围内符合比尔定律。

9.6.2　主要试剂

（1）硫代米蚩酮乙醇溶液 0.5mg/mL，贮于棕色瓶中，一周内使用有效。

（2）吐温 -80 水溶液(10g/L)。

（3）pH 值 3.3 乙酸-乙酸钠缓冲溶液。

（4）1% 氟化钠水溶液。

（5）金标液：用纯金制得 500μg/mL 贮备液，然后稀释为 2.5μg/mL 标准溶液（HCl 浓度为 7%）。

9.6.3　标准曲线

在 7 支 50mL 比色管中分别加入 0μg、2.5μg、5.0μg、7.5μg、10.0μg、12.5μg、15.0μg 金的标准溶液，各加水 10mL，分别依次加入 2mL 1% 氟化钠、4mL 乙酸-乙酸钠缓冲溶液，2mL 10% 吐温 -80、0.1g 尿素，最后加 2mL 硫代米蚩酮显色剂，用水定容并摇匀。在 72 型分光光度计上，2cm 比色皿，在 $\lambda = 560$nm 处，试剂空白为参比测定吸光度，绘制标准曲线。

9.6.4　操作步骤

粗天平称取 10 ~ 30g 试样于瓷舟中，在 650 ~ 700℃ 马弗炉中焙烧 1 ~ 2h，中间取出搅拌 2 ~ 3 次。取出冷却后转入 400mL 烧杯中。加 120mL 王水（分两次），加热溶解并保持 40 ~ 60min 微沸状态。液体体积蒸至 30 ~ 40mL，取下用热水洗表皿及杯壁，稀至 150 ~ 200mL，搅拌使可溶性盐溶解。加入 0.5mL 5g/L 聚氧乙烷，搅拌，放置待溶液冷至 40 ~

50℃时，采用活性炭吸附，如图9-1所示。在多孔活动塑料板上填入纸浆，真空抽干水后再填入含有活性炭的纸浆（0.5g活性炭与2g纸浆混匀）。抽干后约高5～10mm，覆盖纸浆。布氏漏斗置于吸附柱上方（以橡皮塞联接），铺一中速定性滤纸。抽滤过程中保持吸附柱内有水柱存在，滤干后用2% HCl热洗液洗残渣7～8次。取下布氏漏斗，用2%氟化氢铵液洗吸附柱6～7次，再用2% HCl洗7～8次。最后用温水洗3～4次，抽干后取下。

取出吸附柱放入50mL瓷坩埚内，电炉上烘干炭化，放入700～800℃马弗炉中灼烧30min，取出冷却。加入2mL王水、2～3滴20% NaCl溶液，置水浴上加热蒸干，加入5～6滴HCl重复蒸干2～3次。加3mL 5% HCl，温热溶解，移入100mL容量瓶中，用水定容。取5～10mL试液于50mL比色管中，加10mL水，以下过程步骤与标准曲线相同。与标准曲线同时测定。

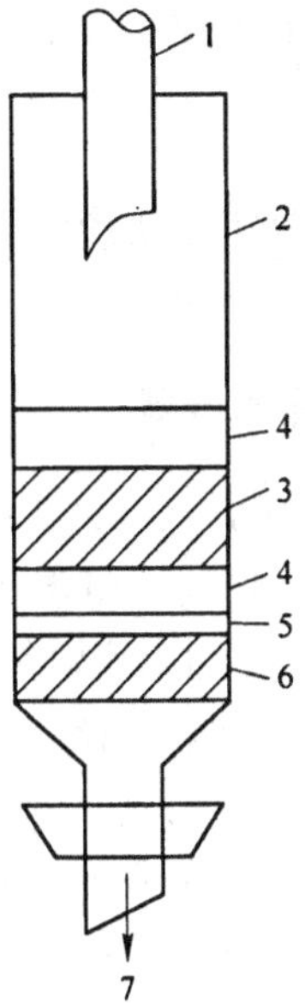

图9-1 活性炭吸附柱示意图
1—布氏漏斗颈；2—玻璃吸附柱；
3—活性炭纸浆；4—纸浆；
5—圆滤纸片；6—多孔塑料板；
7—真空泵抽气减压

9.7 钯精矿中钯的测定

9.7.1 EDTA置换滴定法测定提要

在酸性介质中，EDTA与Pd及共存元素络合，剩余EDTA用乙酸锌滴定至终点，丁二肟夺取EDTA-Pd中的Pd，置换出与Pd等物质量的EDTA，再用乙酸锌标准溶液滴定。采用三氯甲烷将丁二肟钯萃入有机相以消除滴定终点指示剂变色不清晰的干扰。

9.7.2 主要试剂

（1）HCl∶HNO_3为3∶1王水；
（2）2.00mg/mL钯标准溶液；
（3）pH值5.5乙酸-乙酸钠缓冲溶液；
（4）0.015mol/L EDTA标准溶液（不用标定）；
（5）0.015mol/L乙酸锌标准溶液待标定；
（6）10g/L丁二肟乙醇溶液。

9.7.3 乙酸锌标准溶液标定

吸取10mL钯标准溶液于250mL锥形瓶中，加入20mL EDTA标准溶液，水稀释至60mL。滴入1滴甲基橙指示剂，用200g/L NaOH溶液中和（用滴管）至由红色突变为黄色。加10mL乙酸-乙酸钠缓冲溶液，6滴二甲酚橙指示剂，用乙酸锌标准溶液滴定至黄色突变为红色为终点（体积不计）。加入10mL丁二肟溶液，加10mL三氯甲烷，剧烈摇动锥形瓶，使溶液澄清，再用乙酸锌标准溶液滴定至黄色突变为红色，记下第二次所消耗乙

酸锌标准溶液的体积，计算出乙酸锌标准溶液的浓度 c

$$c = \frac{0.1880}{V} \quad (\text{mol/L})$$

式中，V 为第二次滴定所消耗乙酸锌标准溶液的体积，mL；0.1880 为标定中所消耗钯的物质的量，mmol。

9.7.4 操作步骤

准称 0.1～0.2g 试样于 250mL 锥形瓶中，加 20mL 王水加热溶解，蒸至近干。加入 5mL HCl（1:1），低温下溶解可溶性盐，冷却，加入 15～25mL EDTA 标准溶液，用水稀释至 60mL。加 1 滴甲基橙，用滴管滴加 NaOH 溶液中和至黄色，加入 10mL 乙酸-乙酸钠缓冲溶液，加热保持微沸 20～30min，冷却后加 6 滴二甲酚橙指示剂，用乙酸锌滴定至黄色突变红色为终点（不必记录体积）。加 10mL 丁二肟溶液，摇匀后再加 20mL 三氯甲烷，剧烈摇动，使溶液澄清后，再以乙酸锌标准溶液滴定至终点（黄色突变为红色），记下此次体积 V，下式计算试样中钯的含量：

$$\text{Pd}(\%) = \frac{cV \times 106.4}{1000G} \times 100$$

式中 c，V——乙酸锌标准溶液浓度（mol/L）和体积（mL）；

G——试样质量，g。

106.4——钯的摩尔质量，mol/g。

9.8 贵金属合金中铑的测定

9.8.1 硝酸六氨合钴重量法测定提要

硝酸六氨合钴的阳离子［$Co(NH_3)_6$］$^{3+}$ 与 Rh（Ⅲ）在 NO_2^- 弱酸性盐存在下能生成［$Rh(NO_2)_6Co(NH_3)$］复盐沉淀。

$$[Co(NH_3)_6]^{3+} + Rh^{3+} + 6NO_2^- = [Rh(NO_2)_6Co(NH_3)_6] \downarrow$$

经乙醇、乙醚洗涤和真空干燥后直接称量即可测得贵金属合金中铑的含量。

9.8.2 主要试剂

（1）$Co(NO_3)_2$；

（2）NH_4NO_3；

（3）$NaNO_2$；

（4）氨水；

（5）王水；

（6）HNO_3；

（7）乙醇、乙醚、活性炭。

9.8.3 硝酸六氨合钴的制备及饱和溶液配制

称 73g $Co(NO_3)_2$ 溶于 100mL 水中，加入 80g NH_4NO_3、2g 活性炭和 18mL 氨水，往溶

液中通入空气3~4h，经氧化反应生成$Co(NH_3)_6(NO_3)_3$。加入1500mL HNO_3，水浴加热后过滤除去活性炭，再往溶液中加HNO_3 200mL，冷却后即析出橙色结晶沉淀。过滤，水和乙醇洗涤，100℃烘箱干燥后冷却备用。称量17g溶于200mL水中，加热溶解，快速滤纸过滤，用水稀释至1000mL，即得硝酸六氨合钴饱和溶液。

9.8.4 分析步骤

准称0.1g铂铑合金试样（Rh含量低于10%），加20mL王水加热溶解，低温蒸至1~2mL。加300mL水，加热至60℃，加入5g $NaNO_2$，溶解加热至沸。在搅拌下加入20mL硝酸六氨合钴饱和溶液，加速搅拌使沉淀析出。在沙浴上放置10min，然后迅速冷却1h，用预先干燥称量好的4号玻砂坩埚抽滤沉淀。用0.5g/L硝酸六氨合钴洗液洗涤3次（每次5mL），用橡皮头玻璃棒将附着于杯壁的沉淀洗于坩埚中。最后用乙醇洗涤3次、乙醚洗涤1次。将坩埚置于真空干燥器中抽气干燥0.5h至恒重。铑的含量用下式计算：

$$Rh(\%) = \frac{0.1905m}{G} \times 100$$

式中 G——合金试样质量，g；

m——沉淀质量，g；

0.1905——铑的复盐沉淀对铑的换算因数。

10 合成氨生产过程分析

合成氨工业是重要的基础化学工业。氨是生产化学肥料的主要原料，也是硝酸、染料、炸药、塑料、有机合成、合成纤维、石油化工等化工的重要原料。因此，合成氨生产在国民经济中占有十分重要的地位。

合成氨工业又叫固氮工业，其任务就是将空气中的游离氮转变为化合物形态 NH_3。合成氨生产的原料气，一是空气中氮气，二是与其成一定比例的氢气（$H_2:N_2=3:1$）。氢气一般采用焦炭、无烟煤、天然气、重油等含碳燃料与水蒸气反应来制取。

制取氢气的反应过程是一吸热过程，将含碳燃料和空气反应（放热）过程与含碳燃料和水蒸气反应（吸热）过程结合在一起进行，既解决了整个反应过程的热平衡问题，又得到了所需要的氮、氢混合气体——合成氨原料气。

合格的原料气（必须是 $H_2:N_2=3:1$，各种杂质含量有严格的控制指标）经加压 15～30MPa（150～300 大气压），在合成触媒（铁系触媒）的催化作用下反应生成氨。

合成触媒为 α 型纯铁，是一种十分娇贵的触媒，对气体的（净化）质量要求十分苛刻，混合原料气中的 H_2S、CO、CO_2、O_2 对触媒的毒害作用很大，超过一定含量将使铁触媒中毒失去活性。因此，在合成氨生产中，对这些有毒气的含量控制是十分严格的。所设置的脱硫、变换、脱碳、铜洗等工序就是为了去除这些有害气体。对各工序的上述有害气体的含量测定是衡量和评判各工序运转情况、操作状况的主要依据，它对整个合成氨生产过程起着重要的指导作用。本章重点介绍以焦炭或无烟煤为原料生产合成氨的生产过程分析。

10.1 半水煤气和变换气的分析测定

合成氨原料气的生产过程称为造气。造气工段的任务，一方面使空气与含碳燃料反应提供热量，同时回收部分燃烧气体（称为吹风气或空气煤气）作为原料气中 N_2 的主要来源；另一方面通入水蒸气与炽热炭层反应，产生以 H_2 为主的水煤气。两种气体混合（使 $V_{CO+H_2}:V_{N_2}=3:1$）所得混合气即为半水煤气。

半水煤气中含有 H_2、N_2、CO、CO_2、O_2、CH_4 和 H_2S 等气体，除了 H_2、N_2 和 CH_4 外，其他气体均可使合成触媒中毒，必须逐一清除。CO 在变换触媒 Fe_3O_4 存在下与水蒸气反应生成等量的 H_2，这一过程称为变换。变换既可增加原料气中 H_2 的量，又可大大减少混合气中 CO 的含量。变换反应在变换炉内进行，通过变换后的气体称作变换气。

根据生产工艺要求，对半水煤气和变换气，均需测定其中的 H_2、N_2、CO、CO_2、O_2、CH_4 等含量。一般采用气体吸收法和气体燃烧法进行测定，N_2 含量则用减量法求得。

10.1.1 测定原理

10.1.1.1 气体吸收——体积法测定 CO_2、O_2 和 CO 原理

根据各气体的化学特性，分别采用不同的吸收剂吸收，用测定剩余气体体积的方法求

得被吸收气体的含量。各种气体的吸收过程介绍如下：

（1）二氧化碳：二氧化碳是酸性气体，可被氢氧化钠和氢氧化钾溶液吸收。采用测量吸收前后气体体积差减的办法，可测定 CO_2 的含量。但是 H_2S 和 SO_2 也能被该吸收剂吸收，应事先把它们除去，才能对 CO_2 进行测定。

$$CO_2 + 2NaOH = Na_2CO_3 + H_2O$$

$$CO_2 + 2KOH = K_2CO_3 + H_2O$$

（2）氧气：焦性没食子酸（邻苯三酚）的碱性溶液可吸收氧气，生成六氧基联苯钾，是一种常用的氧吸收剂，据此用来测定气体中 O_2 含量。首先焦性没食子酸在碱性溶液中生成焦性没食子酸钾

$$C_6H_3(OH)_3 + 3KOH = C_6H_3(OK)_3 + 3H_2O$$

焦性没食子酸钾吸收氧气的反应为

$$2C_6H_3(OK)_3 + \frac{1}{2}O_2 = (OK)_3C_6H_2 - C_6H_2(OK)_3 + H_2O$$

（3）一氧化碳：一氧化碳采用氯化亚铜的氨性溶液吸收。

$$Cu_2Cl_2 + 2CO = Cu_2Cl_2 \cdot 2CO \text{（不稳定）}$$

然后 $Cu_2Cl_2 \cdot 2CO$ 在氨水中发生如下不可逆反应：

$$Cu_2Cl_2 \cdot 2CO + 4NH_3 + 2H_2O = \begin{array}{l} Cu—COONH_4 \\ | \\ Cu—COONH_4 \end{array} + 2NH_4Cl$$

该吸收剂还能吸收 O_2、乙烯等气体，在吸收测定 CO 之前应先将 O_2 除去。另外，吸收后的混合气中带有大量 NH_3，影响剩余气体体积测定，应让气体通过 H_2SO_4 溶液除去氨气，才能准确测定剩余气体体积。

10.1.1.2 气体燃烧——体积法测定 H_2、CH_4 原理

氢气与甲烷在加入适量空气后，通电着火燃烧，生成二氧化碳和水。二氧化碳用氢氧化钾溶液吸收。根据燃烧后减小的体积和所产生的二氧化碳体积可计算出氢气和甲烷含量。

$$2H_2 + O_2 = 2H_2O$$

$$CH_4 + 2O_2 = 2H_2O + CO_2$$

设氢气的体积为 V_{H_2}，甲烷的体积为 V_{CH_4}。反应后的干气体积缩小量为 $V_{缩}$。其中由于 H_2 的反应造成的体积缩小量为 $\frac{3}{2}V_{H_2}$，CH_4 反应造成的体积缩小量为 $2V_{CH_4}$。

则
$$V_{缩} = \frac{3}{2}V_{H_2} + 2V_{CH_4} \tag{10-1}$$

另外，每 1mol CH_4 燃烧反应，可得到 1mol CO_2，即

$$V_{CH_4} = V_{CO_2} \tag{10-2}$$

将燃烧气体燃烧前后的体积差 $V_{缩}$ 和燃烧后所测到的二氧化碳体积 V_{CO_2} 代入式(10-1)和式（10-2）。即可计算出燃烧前样气和空气混合气中氢气和甲烷的含量。甲烷含量为式（10-2）所示，氢气含量为

$$V_{H_2} = \frac{2}{3}(V_{缩} - 2V_{CH_4}) \tag{10-3}$$

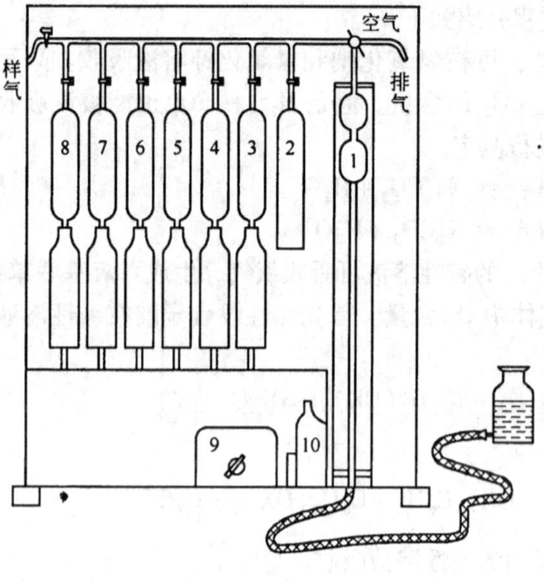

图 10-1　奥氏气体分析仪

1—量气管；2—燃烧瓶；3，4—CO_2 吸收瓶；
5—氧气吸收瓶；6，7—CO 吸收瓶；8—NH_3 吸收瓶；
9—调压变阻器；10—电容器和发火线圈

10.1.2　试剂和仪器

仪器为奥氏气体分析仪如图 10-1 所示，结构如下。

（1）量气管。量气管（参见图 10-1 中 1）是测量气体体积的部件，是一支容积为 100mL、上部为双球形下部刻有精密刻度的玻璃管。球形部分容积上球为 25.0mL、下球为 35.0mL，直管部分容积为 40.0mL。管外有水夹套起到绝热作用，管下端与水准瓶连通，水准瓶内装含 1% HCl 的饱和 NaCl 溶液。管上端有三通旋塞，可连通样气管或通大气。关闭样气进口旋塞，量气管可与任何一个吸收瓶连通。直管部分刻度的分度值为 0.1mL。

（2）吸收瓶。如图 10-1 中 3～8 所示，每个吸收瓶都由作用部分和承受部分两部分组成，每部分体积都大于量气管体积，约为 120～150mL。上部分有玻璃管插入下部分内接近底部。上部分称为作用部分，下部分称为承受部分。作用部分上端经旋塞和梳形管与量气管相通，承受部分上部开口通大气。作用时，降低水准瓶使吸收瓶内的吸收剂上升至作用部分顶部以排除瓶内空气，关闭顶部旋塞。当量气管吸量好样气后，提高水准瓶将全部样气送入吸收瓶，吸收剂又降至承受部分。气体和吸收剂经上下抽吸发生接触吸收。在作用部分放有许多直立玻璃细管以增大接触面积。吸收剂的体积应大于吸收瓶容积的$\frac{1}{2}$。

图中 3、4 为 CO_2 吸收瓶，3 内装 NaOH 溶液（30% 溶液），4 内装 33% 的 KOH 溶液。5 为氧气吸收瓶，内装 5% 焦性没食子酸和 40% KOH 混合液。6、7 为 CO 吸收瓶，内装 20% NH_4Cl 和 16% Cu_2Cl_2 混合液及其 2 倍体积的密度为 0.9 的氨水混合液。一般而言，7 中的吸收剂较 6 中的更新鲜，以确保 CO 的吸收完全。8 为 NH_3 吸收瓶，内装 10% H_2SO_4 溶液，甲基红染为红色，当颜色变黄时应立即更换。NH_3 吸收瓶的作用，是防止气体将 CO 吸收瓶中的氨带入量气管内造成测量错误。

（3）燃烧瓶。如图 10-1 中 2 所示。燃烧瓶结构参见图 10-2，上部为作用部分，下部为承受部分。以承受部分底部到作用部分中上部贯穿一根玻璃管。玻璃管上端口外熔封一段铂螺旋线，管内为铜导线。通过变压器和滑动电阻接电源，接通 6V 的低压电源使铂丝炽热，H_2 和 CH_4 即在作用部分燃烧。承受部分内装为 CO_2 饱和的水。

10.1.3　操作步骤

（1）排净系统内空气：转动三通旋塞使量气管与大气相通，升高水准瓶，使量气管内充满水直至上端标线位置，排出量气管内空气。转动三通旋塞使量气管与燃烧瓶连通，降低水准瓶，将燃烧瓶内空气吸入量气管，再转动三通塞将量气管内气体排入大气。如此操作，依次将所有吸收瓶内空气排净。各瓶内的吸收剂均升至上端标线处。

（2）置换梳形管内气体：打开样气旋塞，降低水准瓶吸样气到量气管内，再经三通塞排入大气。如此2~3次，使梳形管内充满样气。

（3）CO_2含量的测定：打开样气旋塞，降低水准瓶，吸样气到量气管内。管内液面降至100mL附近，调整水准瓶，使水准瓶与量气管液面处同一水平且在100mL刻度上。关闭样气旋塞，打开CO_2吸收瓶3的旋塞，升高水准瓶，使气体全部转入CO_2吸收瓶内与NaOH溶液发生吸收反应。降低水准瓶，吸气体回量气管。反复2~3次。再将气体转入CO_2吸收瓶4，反复吸收操作2~3次。将剩余气体全部转到量气管内，调整水准瓶和量气管液面一致，待1min后，读出吸收CO_2后剩余气体体积V_1。

（4）O_2含量的测定：连通量气管与O_2吸收瓶5，将量气管内气体全部转入O_2吸收瓶内与焦性没食子酸钾发生吸收反应。升降水准瓶使气体反复转换3~4次。最后将剩余气体全部转入量气管内，用相同方法读取吸收O_2后剩余气体体积V_2。

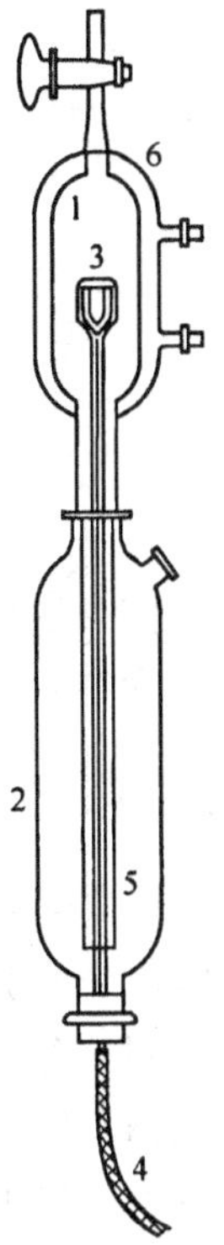

图10-2 燃烧瓶
1—作用部分；2—承受部分；
3—铂螺旋丝；4—铜丝；
5—玻璃管；6—水套

（5）CO含量的测定：连通量气管与CO吸收瓶6，使剩余气体与氨性氯化亚铜溶液发生吸收反应。反复2~3次。又将气体转入CO吸收瓶7，使CO彻底被吸收，反复2次。再将气体转入氨吸收瓶8内，使得从吸收瓶6、7中带出的氨被H_2SO_4溶液吸收干净。最后从量气管中测量吸收CO后剩余气体体积V_3。

（6）H_2和CH_4含量的测定：转动三通旋塞使量气管通大气，排去部分余气，留下25.0mL。再从大气中吸取75.0mL使混合气体体积为100mL。将混合气体全部转入燃烧瓶2内。接通电源后，铂丝发热，瓶内H_2和CH_4与O_2发生燃烧反应。将燃烧气转入量气管测得体积为V_4，则

$$V_{缩} = 100 - V_4$$

（7）燃烧气中CO_2的测定：用上述测定CO_2的办法吸收燃烧气中CO_2，最后测得剩余气体体积为V_5，则燃烧气中CO_2体积V_{CO_2}（也即燃烧气中CH_4体积V_{CH_4}）为

$$V_{CH_4} = V_{CO_2} = V_4 - V_5$$

10.1.4 结果计算

假定在测定过程中温度和气压波动很小，在测量误差允许范围内，则所测气体含量为

$$CO_2(\%) = 100 - V_1$$

$$O_2(\%) = V_1 - V_2$$

$$CO(\%) = V_2 - V_3$$

$$CH_4(\%) = \frac{(V_4 - V_5) \times V_3}{25}$$

$$H_2(\%) = [100 - V_4 - 2(V_4 - V_5)] \times \frac{2}{3} \times \frac{V_3}{25}$$

$$N_2(\%) = 100\% - CO_2\% - O_2\% - CO\% - CH_4\% - H_2\%$$

如果气体为半水煤气，所含组分中还有 H_2S，需另行测定。气体中微量惰性气体氩气，在此包含在 N_2 一项中。

10.2 半水煤气中 H_2S 的测定

不论是以固体焦炭、无烟煤作原料，还是以天然气、重油为原料制备的氢氮原料气，都含有一定成分的硫化氢气体。H_2S 对合成氨生产有着严重的危害，它不但与铁反应生成硫化亚铁，腐蚀管道和设备，而且使变换触媒和合成触媒中毒失活（尤其使合成触媒永久中毒）；在铜洗工段产生硫化亚铜沉淀使操作恶化，在生产碳酸氢铵工段使碳酸氢铵结晶变小且发黑，严重影响产量和产品质量。因此，必须在变换工段之前除去原料气中的硫化氢。

如果是以天然气为原料的工厂，因天然气转化为氢气的反应是在镍触媒中进行的，而 H_2S 对镍触媒也是有毒气体，应在气体进行转化之前除去硫化氢。

除去硫化氢的生产过程称为脱硫。脱硫工段前、后的硫化氢含量的分析测定很重要。根据 H_2S 含量高低，可准确测算出脱硫工段的负荷大小，从而进行合理的操作控制。脱硫工段出口的 H_2S 含量的测定，可对后续工段安全生产起到严格把关作用。半水煤气中 H_2S 含量测定，采用气体吸收-滴定分析法。

10.2.1 气体吸收-滴定分析法测定 H_2S 原理

样气通过醋酸镉溶液，H_2S 与 Cd^{2+} 生成黄色的 CdS 沉淀。将溶液酸化并加入过量的 I_2 标准溶液，I_2 氧化 CdS 为 S°，剩余的 I_2 用 $Na_2S_2O_3$ 标液滴定。以淀粉为指示剂、蓝色消失为终点。根据 I_2 标准溶液的加入量和 $Na_2S_2O_3$ 标液的消耗量，计算气体中 H_2S 的含量。反应式如下

$$H_2S + CdAc_2 = 2HAc + CdS\downarrow$$

$$CdS + I_2 + 2HCl = 2HI + CdCl_2 + S\downarrow$$

$$I_2 + 2Na_2S_2O_3 = 2NaI + Na_2S_4O_6$$

硫化氢的物质的量 n_{H_2S} 为

$$n_{H_2S} = (cV)_{I_2} - \frac{1}{2}(cV)_{Na_2S_2O_3}$$

10.2.2 试剂和仪器

10.2.2.1 试剂

(1) 3%醋酸镉溶液。30g 醋酸镉，溶于蒸馏水中，加 10mL 冰醋酸，水稀释为 1L。

(2) 1:1 盐酸溶液。

(3) 0.01mol/L $Na_2S_2O_3$ 标准溶液（用 $K_2Cr_2O_7$-间接碘法标定）。

(4) 0.005mol/L I_2 标准溶液（用 $Na_2S_2O_3$ 标液标定）。

(5) 1%淀粉溶液。

10.2.2.2 仪器

硫化氢气体吸收装置如图 10-3 所示。

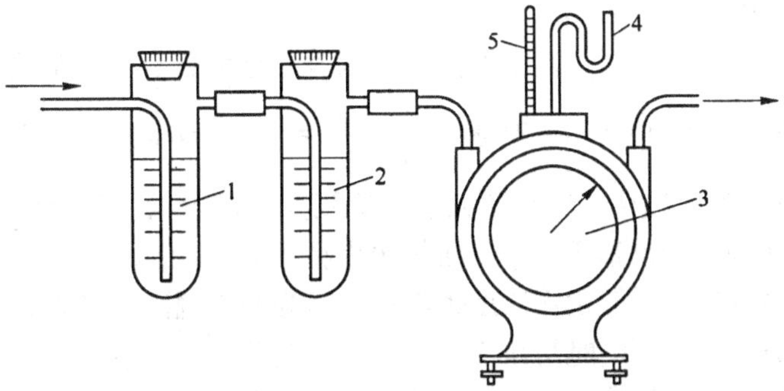

图 10-3 硫化氢气体吸收装置

1，2—H_2S 气体吸收管；3—湿式流量计；4—压力计；5—温度计

10.2.3 操作步骤

往吸收管 1、2 中分别加入醋酸镉溶液 25mL，缓缓通入样气（3～4 个气泡/s）约 20～30min，关闭入口旋塞，记录湿式流量计所量气体体积 V_0。将吸收管 1、2 的溶液及沉淀洗入锥形瓶中。加 1:1 盐酸 5mL，准确加入 I_2 标液 25.00mL，摇匀后用 $Na_2S_2O_3$ 标液滴定至浅黄色，加淀粉指示剂 1～2mL，继续滴定到蓝色消失为终点。记录滴定剂体积 $V_{S_2O_3^{2-}}$。测量并记录气压及温度 p（mmHg）和 t（℃）。按下式计算样气中 H_2S 含量（mg/m^3）：

$$H_2S\text{ 含量}(mg/m^3) = \frac{\left[25c_{I_2} - \frac{1}{2}(cV)_{Na_2S_2O_3}\right] \times 34 \times 1000}{V_0 \times \frac{p}{273 + t} \times \frac{273}{760}}$$

式中 V_0——样气体积，L；

c_{I_2}——I_2 标液浓度，mol/L；

$(cV)_{Na_2S_2O_3}$——$Na_2S_2O_3$ 标液的浓度和所消耗体积的乘积；

34——H_2S 的摩尔质量，g/mol。

10.3 铜洗液中铜比的测定

铜洗工段又叫精炼工段，是氢氮原料气进入合成塔之前的最后一道“防线”。气体中微量的CO、CO_2、O_2、H_2S等有毒成分在本工段被铜洗液清除。

铜洗液又称醋酸铜氨液，是由醋酸、铜（Cu^+和Cu^{2+}）以及氨水经反应后配制而成的一种混合液，其主要成分为：

醋酸亚铜络二氨$[Cu(NH_3)_2Ac]$（一价铜络合物）。

醋酸铜络四氨$[Cu(NH_3)_4Ac_2]$（二价铜络合物）。

除上述两种络合物外，尚有游离的NH_3和HAc等。铜洗液吸收气体反应过程如下：

（1）CO的吸收：在游离氨存在下，醋酸亚铜络二氨与CO发生以下可逆反应

$$Cu(NH_3)_2Ac + CO + NH_3 \underset{\text{解吸}}{\overset{\text{吸收}}{\rightleftharpoons}} Cu(NH_3)_3Ac \cdot CO + 热$$

铜液使用到一定程度后，可在再生塔内加热，解吸出CO并除去，使铜液再生为新鲜液，继续吸收CO气体。

（2）O_2的吸收：铜液吸收O_2是通过低价铜被氧化为高价铜而实现的：

$$2Cu(NH_3)_2Ac + 4NH_3 + 2HAc + \frac{1}{2}O_2 = 2Cu(NH_3)_4Ac_2 + H_2O + 热$$

如果气体中O_2含量过高，势必使大量低价铜变为高价铜，降低铜液对CO、O_2等有毒气体吸收能力（因为低价铜不能由高价铜再生得到）。但是如果为了提高铜洗液吸收能力，在配制过程中过多增加低价铜浓度也不行，因为低价铜浓度过高会析出金属铜。为保证铜洗液有较大吸收能力，同时防止低价铜的析铜现象，铜洗液中必须有一定浓度的高价铜。高价铜除能使低价铜保持较高浓度和较大吸收能力外，还具有溶解金属铜并使之转化为低价铜的能力。实践证明保持一定铜比即

$$\frac{c_{Cu(\mathrm{I})}}{c_{Cu(\mathrm{II})}} = 5 \sim 7$$

可使铜洗液具有最佳的吸收效果。

因此，铜洗液中铜比的测定是保证铜洗液具有较大吸收能力的重要手段，又是检查和控制精炼气质量的主要措施之一。生产中是采用测定高价铜和总铜的办法确定铜比的。

10.3.1 铜洗液中高价铜含量的测定

10.3.1.1 原理

在酸性溶液中，KI能还原Cu^{2+}并生成CuI沉淀，同时定量析出I_2。用$Na_2S_2O_3$滴定即能求出Cu^{2+}的含量。

$$Cu(NH_3)_4Ac_2 + 3H_2SO_4 = CuSO_4 + 2(NH_4)_2SO_4 + 2HAc$$

$$2Cu^{2+} + 4I^- = 2CuI\downarrow + I_2$$

$$I_2 + 2S_2O_3^{2-} = 2I^- + S_4O_6^{2-}$$

10.3.1.2 试剂

（1）5% H_2SO_4溶液。

（2）0.1mol/L $Na_2S_2O_3$标准溶液（用$K_2Cr_2O_7$-间接碘法标定）。

（3）0.5%淀粉溶液。

（4）2% KI溶液。

10.3.1.3　操作步骤

用干燥的1.00mL移液管插入铜洗液表面下约40mm深处吸取铜液1.00mL，迅速以干布拭去管外黏附的铜液，然后将移液管插入盛有5% H_2SO_4 30mL的锥形瓶中，使铜液在酸液中缓缓流出。加入10mL 2% KI溶液。用 $Na_2S_2O_3$ 标准溶液滴定至浅黄色后加入淀粉溶液5mL，继续滴定到蓝色消失为终点，记录下所消耗 $Na_2S_2O_3$ 体积 V，用下式计算高价铜的浓度 $c_{Cu(Ⅱ)}$

$$c_{Cu(Ⅱ)} = (cV)_{Na_2S_2O_3} \quad (mol/L)$$

10.3.2　铜洗液中总铜的测定

10.3.2.1　原理

使铜洗液充分与空气接触，低价铜全部被氧化为高价铜，采用测高价铜的办法测定总铜。

$$4Cu(NH_3)_2Ac + 8NH_3 + 4HAc + O_2 \xlongequal{\quad} 4Cu(NH_3)_4Ac_2 + 2H_2O$$

新生成的高价铜与原来的高价铜一起在酸性溶液中被KI还原生成CuI沉淀，定量析出 I_2，用 $Na_2S_2O_3$ 滴定，最后求出总铜。

10.3.2.2　试剂

（1）5% H_2SO_4 溶液。

（2）0.1mol/L $Na_2S_2O_3$ 标准溶液（用 $K_2Cr_2O_7$-间接碘法标定）。

（3）0.5%淀粉溶液。

（4）2% KI溶液。

10.3.2.3　操作步骤

吸取铜洗液10.00mL于250mL容量瓶中，以水定容，吸取25.00mL于锥形瓶中，在水流抽泵上通空气氧化3～5min或不断摇动使其自然氧化。然后加入5% H_2SO_4 30mL，加热至沸。冷却至室温，加2% KI溶液30mL，用0.1mol/L $Na_2S_2O_3$ 标准溶液滴定到浅黄色。加淀粉指示剂5mL，继续滴定到蓝色消失为终点，记下所消耗体积 V。用下式计算总铜的浓度 $c_{Cu(总)}$

$$c_{Cu(总)} = \frac{(cV)_{Na_2S_2O_3}}{\frac{10}{250} \times 25} = (cV)_{Na_2S_2O_3} \quad (mol/L)$$

$$铜_{比} = \frac{c_{Cu(总)} - c_{Cu(Ⅱ)}}{c_{Cu(Ⅱ)}}$$

10.4　液氨成品分析

液氨成品纯度较高，成品分析主要是分析其中的水分（油）含量，用100%减去 H_2O%即得氨的纯度。

10.4.1　原理

测定液氨中的水分，采用蒸发液氨-酸碱滴定残液法。取一定体积的液氨于李森科瓶（参见图10-4）内。使其自由蒸发数小时直到平衡为止，记下残液体积 $V_{残}$，用 H_2SO_4 标准溶液滴定残液，测出残液中氨的浓度。

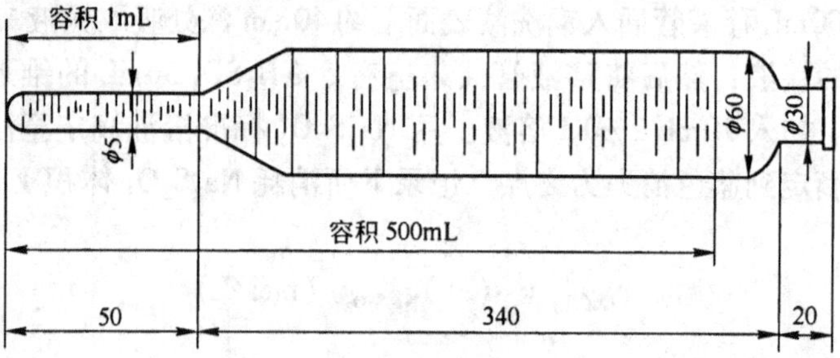

图 10-4　李森科瓶

设滴定残液消耗浓度为 c 的 H_2SO_4 标液体积为 V，则残液中氨的质量浓度（g/L）

$$\text{氨}_{\text{浓}} = \frac{2cV \times 17}{V_{\text{残}}} \tag{10-4}$$

将氨质量浓度值对照表 10-1，查得该残液在 20℃时的密度 ρ_{20} 和对应校正系数 A。将 ρ_{20}、A 值和残液温度 t 值代入下式求得该残液的实际密度 ρ_t（g/mL）。

$$\rho_t = \rho_{20} + (20 - t)A \tag{10-5}$$

残液中水的质量（也即李森科瓶所取液氨中水的质量）（g）为

$$m_{H_2O} = \rho_t V_{\text{残}} - 2\ (cV)_{H_2SO_4} \times 0.017 \tag{10-6}$$

表 10-1　氨水在不同质量浓度下的密度（20℃）和校正系数 *A* 值

NH_3/%	NH_3 质量浓度/g · L^{-1}	相对密度 ρ_{20}（20℃/4℃）	校正系数 A
1	9.94	0.9939	0.00020
2	19.79	0.9895	0.00021
4	39.24	0.9811	0.00024
6	58.38	0.9630	0.00027
8	77.21	0.9601	0.00030
10	95.75	0.9575	0.00034
12	114.01	0.9501	0.00037
14	132.02	0.9430	0.00040
16	149.79	0.9362	0.00043
18	163.71	0.9295	0.00046
20	184.58	0.9229	0.00050
22	201.61	0.9164	0.00054
24	218.42	0.9101	0.00057
26	235.04	0.9040	0.00061
28	251.44	0.8980	0.00062
30	267.60	0.8920	0.00063

下面讨论由李森科瓶所取液氨的质量 $m_{\text{样}}$。已知液氨的体积为 $V_{\text{样}}$，液氨的密度应根据大气压力和该饱和气压下的平衡温度求得。设大气压力为 9.8N/cm^2，液氨对应于该饱和蒸汽压的平衡温度为 −32℃。查表得在 −32℃下液氨的密度 $\rho_{\text{样}}$ = 0.681g/mL。试样液氨

的质量 $m_{样}$（g）为

$$m_{样} = \rho_{样} V_{样} = 0.681 V_{样} \tag{10-7}$$

因此，液氨中水分含量为

$$H_2O(\%) = \frac{m_{H_2O}}{m_{样}} = \frac{\rho_t V_{残} - 2(cV)_{H_2SO_4} \times 0.017}{0.681 V_{样}} \times 100\% \tag{10-8}$$

$$NH_3(\%) = 100\% - H_2O(\%) \tag{10-9}$$

10.4.2 仪器和试剂

（1）李森科瓶（如图 10-4 所示）。

（2）0.25mol/L H_2SO_4 标液（用基准物硼砂标定）。

（3）0.1% 甲基橙指示剂。

10.4.3 操作步骤

用液氨淋洗李森科瓶使瓶温下降后，取液氨 200～300mL，记为 $V_{样}$。置于通风橱内，使自由蒸发数小时。蒸发平衡后记下瓶内残液体积 $V_{残}$。将残液用水洗入烧杯中，加 2～3 滴甲基橙，用 H_2SO_4 标液滴定至溶液由黄变橙为终点，记下所消耗 H_2SO_4 标液的体积 V。

10.4.4 计算

将有关数据代入式（10-4），计算出残液氨浓度，查表 10-1 得 ρ_{20} 和 A 值，再据残液温度 t，代入式（10-5），求得 ρ_t 值。根据大气压查表得液氨的平衡温度，根据平衡温度查表得液氨的密度 $\rho_{样}$。将以上数据代入式（10-8）和式（10-9），即可求得液氨成品的纯度和水分含量。

11 硫酸生产过程分析

硫酸工业是重要的化学工业之一，国民经济各个部门几乎都要用到硫酸。因此，硫酸生产在国民经济建设中占有重要位置。

硫酸生产主要以硫铁矿为原料，在沸腾炉中以负压形式焙烧，生成二氧化硫。气体经除尘、水洗等净化和干燥后，混合气（SO_2 含量约7%，O_2 含量约11%）进入转化炉，通过钒触媒接触氧化为 SO_3。最后用98%的硫酸吸收，得到浓度大于98.3%的产品硫酸。

在生产过程中，对矿石和炉渣中硫含量的测定，是衡量和检查焙烧炉工作状况、焙烧工段操作情况和核算矿石消耗定额的主要依据。对转化炉进口的 SO_2 含量测定和转化炉出口的 SO_2 和 SO_3 含量测定是衡量和检查转化炉的工作状况、钒触媒活性高低、转化工段的操作情况以及整个生产过程运转是否正常的重要依据。吸收塔尾气中 SO_3 的测定，是衡量和检查吸收塔运转是否正常的依据。还有对产品硫酸的质量检验、对尾气及废水的质量控制等均属于硫酸生产过程分析的内容和任务。

11.1 矿石或炉渣中有效硫的测定

矿石中的硫主要以 FeS_2 形态和 $Fe_2(SO_4)_3$ 形态存在。前者经焙烧能转化为 SO_2，称为有效硫；后者经焙烧不能转化为 SO_2，不算有效硫。两者之和称为总硫。在焙烧中，少量有效硫会转化为硫酸根。在整个物料衡算中，这一转化应考虑进去。因此，有必要对有效硫和总硫分别进行测定。

11.1.1 有效硫测定原理

矿石或炉渣中有效硫测定，一般采用燃烧吸收滴定法。试样在管式炉中、在不断通入压缩空气情况下燃烧，使 FeS_2 转化为 SO_2，再通过 H_2O_2 氧化吸收使其变为硫酸

$$4FeS_2 + 11O_2 = 2Fe_2O_3 + 8SO_2$$

$$SO_2 + H_2O_2 = H_2SO_4$$

然后用 NaOH 标准溶液滴定该吸收液

$$2NaOH + H_2SO_4 = Na_2SO_4 + 2H_2O$$

用下式计算有效硫含量

$$S(\%)_{(有效)} = \frac{\frac{1}{2}cV \times 32.06}{1000G} \times 100\%$$

式中 c，V——NaOH 标准溶液浓度和消耗体积；

G——试样质量，g；

32.06——硫的摩尔质量，g/mol。

11.1.2 试剂及仪器

11.1.2.1 试剂

(1) 3% H_2O_2 溶液。

(2) 0.1mol/L NaOH 溶液（经标定）。

(3) 0.1% 甲基橙指示剂。

11.1.2.2 仪器

有效硫测定装置见图 11-1。

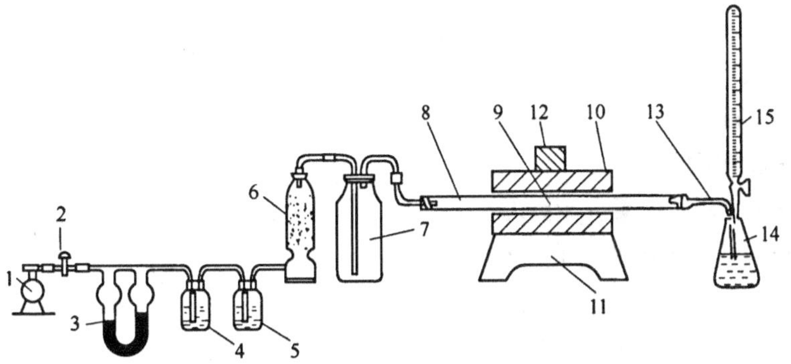

图 11-1 有效硫测定装置示意图

1—空气压缩机；2—三通旋塞；3—空气流速计；4—洗气瓶：内装 5% $KMnO_4$，用以除去空气中的还原性物质；5—洗气瓶：内装 10% KOH 溶液，除去空气中酸性杂质；6—干燥塔：内装 $CaCl_2$，除去空气中水分；7—缓冲瓶：容积 5000 ~ 10000mL；8—燃烧管；9—瓷舟；10—炉体；11—温度控制器；12—热电偶温度计；13—导气管；14—吸收瓶；15—滴定管

11.1.3 操作步骤

(1) 接通电源、升高炉温。

(2) 试漏：开启空压机，用弹簧夹住炉子入口处橡皮管，看 4 和 5 是否刚开始鼓泡，然后停止（此为正常）。松开弹簧夹，夹住炉子出口处橡皮管，用同样方法试漏。关闭空压机。

(3) 加 3% H_2O_2 20mL 到吸收瓶内，加 0.1% 甲基橙（4 ~ 5 滴）。滴定管内注入 NaOH 标准溶液至“0”刻度。

(4) 天平上准称 0.2 ~ 0.5g（矿石取下限，渣取上限）试样置于瓷舟内，轻轻振动并使试样铺平于瓷舟底部。待温度升至 850 ~ 900℃ 时，打开炉管入口端橡皮塞，将瓷舟推放到管内高温部分，立即塞紧橡皮塞。开启空压机，调整三通旋塞，以 1L/min 速度通入空气。吸收瓶内液体因生成硫酸而慢慢变为红色。缓缓滴入 NaOH 溶液，直至最终出现黄色不再变红为终点（整个过程约需 3min）。停止鼓风，拉出瓷舟。记下 NaOH 溶液体积，计算结果。

11.2 矿石或炉渣中总硫的测定

在生产中，为了进行系统物料衡算，检查焙烧炉运转情况，了解有效硫的烧出率和有

效硫转化为 SO_4^{2-} 的情况，需要对矿石和炉渣中的总硫进行测定。

测定总硫，通常采用硫酸钡沉淀重量法。试样经烧结和酸溶分解后，与 Ba^{2+} 离子生成 $BaSO_4$ 沉淀，重量法测定后计算出试样中的总硫。

11.2.1　烧结分解——硫酸钡沉淀重量法原理

试样中 FeS_2 与半熔混合剂即烧结剂 $Na_2CO_3 + ZnO$ 混合，经烧结后生成 SO_4^{2-}，与原来的硫酸根一道用水浸取后进入溶液。在碱性条件下，用中速滤纸滤除大部分氢氧化物和碳酸盐。然后酸化溶液，用过量 Ba^{2+} 沉淀 SO_4^{2-}。再通过过滤、洗涤、烘干、灼烧后，称量 $BaSO_4$ 质量。用下式计算试样中的总硫含量

$$S(\%) = \frac{G_1 \times 32.06/233.4}{G} \times 100\% \tag{11-1}$$

式中　G_1——沉淀 $BaSO_4$ 质量，g；

G——试样质量，g；

32.06——S 的摩尔质量，g/mol；

233.4——$BaSO_4$ 的摩尔质量，g/mol。

11.2.2　试剂

（1）烧结剂 Na_2CO_3∶ZnO = 3∶2；

（2）5% Na_2CO_3 溶液；

（3）0.1%甲基橙指示剂；

（4）10% $BaCl_2$ 溶液；

（5）1∶1HCl。

11.2.3　操作步骤

在天平上准称试样 0.2～0.5g（矿石取下限，渣取上限），台秤上称烧结剂 3～6g 于 40mL 瓷坩埚内，用细玻璃棒混匀，表面再盖一薄层烧结剂。先置于低温马弗炉中，逐渐升温至 700～750℃烧结 1.5h。取出，冷却后放入 300mL 烧杯中，用热水浸取溶块并洗净坩埚，液体总体积约 150mL。煮沸 5min，用中速滤纸过滤。先用 5% Na_2CO_3 洗液洗沉淀 3～4次（每次约 10mL），再用热水洗 7～8 次，直至无 SO_4^{2-} 为止。滤液总体积约 270～300mL。滴入甲基橙指示剂 3 滴，用 1∶1HCl 调到溶液变成橙色后过量 5～6mL，煮沸 5min 至冒大气泡。趁热滴加 10% $BaCl_2$ 溶液（开始时以 2～3 滴/s 速度，以后逐渐加快），共滴加 10～15mL。盖上表皿，保温陈化 2h 或静置过夜。

用中速定量滤纸倾泻法过滤，热水洗涤至无氯根为止。用恒重后的瓷坩埚进行炭化灰化，并于 750～800℃的马弗炉中灼烧至恒重（两次质量差小于 0.0005g）。将称量结果代入式（11-1）计算总硫含量。

11.3　净化气或转化气中 SO_2 的测定

焙烧炉气中 SO_2 的测定是检查焙烧炉运转情况的依据，据此对转化炉的工艺条件进行

调整，以期获得较高转化率。转化炉出口的气体（转化气）的 SO_2 测定，是检查转化炉运转正常与否的依据。因此 SO_2 的测定，是控制整个硫酸生产过程的主要环节之一。测定方法系采用碘-淀粉溶液吸收法。

11.3.1 碘-淀粉溶液吸收法原理

在反应管中放置一定量的碘标液，与淀粉溶液混合为深蓝色溶液。将含有 SO_2 混合气通入后，通过定量吸收，发生如下吸收反应

$$SO_2 + I_2 + 2H_2O \longrightarrow H_2SO_4 + 2HI$$

蓝色消失为终点。通过测量吸收后剩余气体的体积和根据所消耗的碘标液的体积及浓度，计算出气体中 SO_2 的含量。

该法的特点是：混合气体处于负压状态，测定装置应保证在吸收过程中采取负压操作；测量到的气体体积为吸收后的剩余气体体积，且是在水蒸气饱和下的体积，计算时要换算为干气体积。

另外，在标准状态下，SO_2 气体的单位标准体积为 21.89L/mol。

11.3.2 试剂和仪器

11.3.2.1 试剂

（1）碘标液 0.1mol/L 或 0.01mol/L（用 Na_2SO_3 标液标定）。

（2）0.5% 淀粉溶液。

（3）封闭液为饱和 NaCl 溶液，含少量 H_2SO_4 及甲基橙指示剂（红色）。

11.3.2.2 仪器

二氧化硫测定装置，如图 11-2 所示。

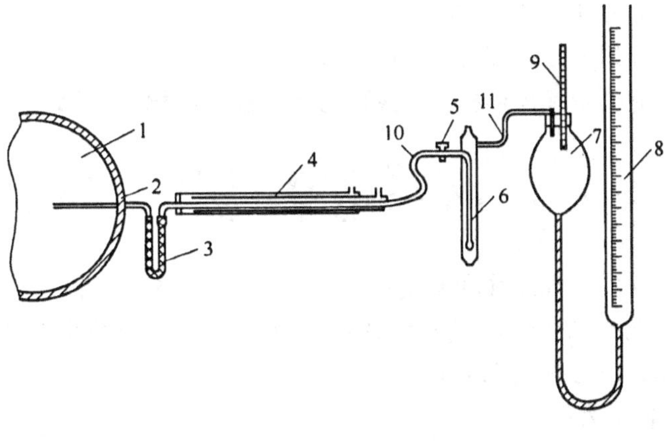

图 11-2 二氧化硫测定装置示意图

1—气体管道（横截面）；2—采样管；3—过滤管：内填玻璃棉；4—水冷器（有冷却水出、入口）；5—旋塞；6—反应管：喷气口接近管底，容积约为 15～20mL；7—吸气瓶：容积约 500mL。内装封闭液并与量气管连通；8—量气管：容积约 300mL。刻度以 mL 为单位；9—温度计；10，11—导气管

另外，还配有测量大气压所用的气压表。

11.3.3　操作步骤

（1）试漏（从略）。提高量气管，使吸气瓶7液面接近瓶口。

（2）系统气体置换：取下反应管6，将导管10和11直接连通。开启旋塞5，降低量气管，使分析气流充满仪器管道系统。关闭旋塞5。

（3）接入反应管：首先准确加浓度为c的碘标液V_0(mL)到反应管6内，再加入0.5%淀粉溶液2～3mL，使体积达反应管3/4左右。然后将反应管接到导气管10和11中间。

（4）读取并记录量气管刻度V_1：上下轻轻移动量气管8，使其液面与吸气管7的液面在同一水平，读取量气管刻度记为V_1。

（5）吸收反应：开启旋塞5，同时缓缓降低量气管8，使分析观察反应管的颜色变化。蓝色刚一消失，立即关闭旋塞5。

（6）读取并记录量气管刻度V_2：上下轻轻移动量气管8，使液面与吸气管液面水平。读取量气管刻度V_2。则测量到的剩余气体体积（湿气）为V（mL）

$$V = V_2 - V_1$$

（7）记录下当时的气体温度和大气压力mmHg（1mmHg = 133.322Pa）。

11.3.4　计算

（1）SO_2的标准体积V_{SO_2}(mL)：

$$V_{SO_2} = cV_0 \times 21.89$$

式中　c，V_0——碘标液的浓度和体积；

21.89——SO_2的单位标准体积，mL/mmol。

（2）将测量到的剩余气体体积V，换算为干气标准体积$V_{标}$（mL）：

$$V_{标} = \frac{V\ (p - p_W)}{273 + t} \times \frac{273}{760}$$

式中　p和t——当时的大气压强和温度；

p_W——温度t下的NaCl饱和溶液的饱和蒸汽压（与纯水有差异，为减小误差，其数值可查表11-1）。

（3）SO_2气体含量为：

$$SO_2(\%) = \frac{V_{SO_2}}{V_{标} + V_{SO_2}} \times 100\%$$

即

$$SO_2(\%) = \frac{cV_0 \times 21.89}{\frac{V(p - p_W)}{273 + t} \times \frac{273}{760} + cV_0 \times 21.89} \times 100\% \qquad (11\text{-}2)$$

表 11-1 氯化钠饱和溶液（封闭液）的饱和蒸汽压

温度/℃	蒸汽压/mmHg	温度/℃	蒸汽压/mmHg	温度/℃	蒸汽压/mmHg
5	4.9	14	9.1	23	15.9
6	5.3	15	9.7	24	16.9
7	5.7	16	10.3	25	17.9
8	6.1	17	11.0	26	19.0
9	6.5	18	11.7	27	20.2
10	6.9	19	12.4	28	21.4
11	7.4	20	13.2	29	22.7
12	7.9	21	14.1	30	24.0
13	8.5	22	15.0	31	25.3

注：1mmHg = 133.322Pa。

11.4 转化气和尾气中 SO_3 的测定

转化气中 SO_3 的含量即 SO_2 的转化率是衡量硫酸生产的生产水平、设备及工艺的先进程度、触媒的质量和单产能力以及产品的消耗定额等的重要依据之一；尾气中的 SO_2 和 SO_3 的测定对控制生产过程、防止环境污染也起着重要作用。

测定 SO_3 的方法较多，基本上都采用“气体吸收-酸碱滴定、碘量法滴定”法。下面介绍一种测定装置最简单的测定方法。

11.4.1 SO_3 测定原理

生产气中 SO_3 和 SO_2 经水吸收生成 H_2SO_4 和 H_2SO_3，用 NaOH 标准溶液滴定，测出二者总量后，再用碘标准溶液滴定，测定其中的 SO_3^{2-}。用差减法即可计算出 SO_3 的含量。反应方程如下

$$SO_3 + H_2O = H_2SO_4$$

$$SO_2 + H_2O = H_2SO_3$$

$$H_2SO_4 + 2NaOH = Na_2SO_4 + 2H_2O \text{（指示剂：酚酞）}$$

$$H_2SO_3 + 2NaOH = Na_2SO_3 + 2H_2O \text{（指示剂：酚酞）}$$

$$Na_2SO_3 + I_2 + H_2O = Na_2SO_4 + 2HI \text{（指示剂：淀粉）}$$

11.4.2 试剂和仪器

11.4.2.1 试剂

（1）0.1mol/L NaOH 标准溶液（经标定）。

（2）0.01mol/L 碘标准溶液（经标定）。

（3）1% 酚酞指示剂。

（4）0.5% 淀粉指示剂。

11.4.2.2　仪器

三氧化硫测定装置，如图11-3所示。图中各部分名称如下：1为吸收瓶：倒置的平底烧瓶，容积0.5~1L，盛满蒸馏水；2、5为橡皮管（连接着玻璃管）；3为量筒，容积为1L；4为温度计；6、7为橡皮管上弹簧夹；8为铁支架，另外还配有一测负压用的压力计。

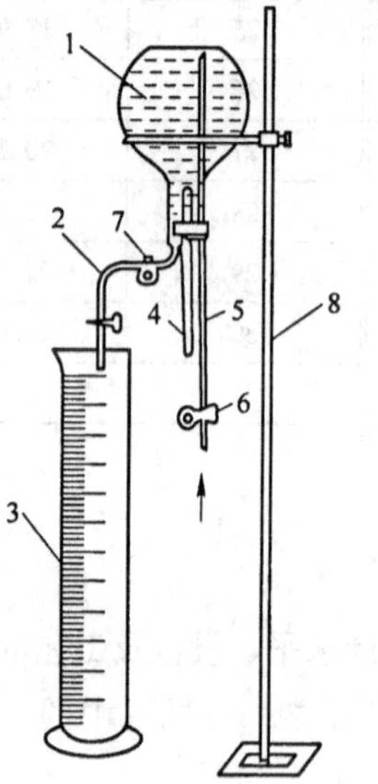

图11-3　三氧化硫测定装置示意图

11.4.3　操作步骤（如图所示）

（1）图11-3中，使管2充满水，管5连接取样管并充满分析气体。

（2）打开弹簧夹6和7，取一定体积气体 V（其体积通过排出水量经量筒刻度读得）。夹紧弹簧夹6、7。

（3）取下吸收瓶1，在密封条件下剧烈振荡使 SO_3 和 SO_2 被水充分吸收，直至瓶内雾气消失。

（4）正置吸收瓶，使管2与压力计相接，打开弹簧夹7，测出吸收瓶内负压 p_0。

（5）测出当时当地的大气压 p 和瓶内温度 t。

（6）用少量蒸馏水冲洗吸收瓶瓶塞、温度计、管5等部分，往吸收瓶中加1%酚酞3滴，用浓度为 c_1 的NaOH滴定至粉红色，消耗NaOH标液 V_1（mL）。再加0.5%淀粉指示剂5mL，用浓度为 c_2 的碘标液滴定至蓝色为终点，消耗碘标液 V_2（mL）。

11.4.4　计算

（1）SO_3 的标准体积 V_{SO_3}（mL）：

$$V_{SO_3} = \left(\frac{1}{2}c_1V_1 - c_2V_2\right) \times 22.4$$

（2）SO_2 的标准体积 V_{SO_2}（mL）：

$$V_{SO_2} = c_2V_2 \times 21.98$$

式中　22.4——SO_3 的单位标准体积，mL/mmol；

21.98——SO_2 的单位标准体积，mL/mmol。

（3）吸收后剩余气体的标准体积 $V_{标}$（mL）：

$$V_{标} = \frac{V\left(p + \frac{p_0}{13.6} - p_w\right)}{273 + t} \times \frac{273}{760}$$

式中　V——量筒所量之体积，mL；

p——大气压，mmHg；

p_0——吸收瓶内负压，mmH_2O，其值为负值；

p_w——温度为 t℃下的饱和水蒸气压（参见表11-1）。

（4）SO_3 的含量：

$$SO_3(\%)=\frac{V_{SO_3}}{V_{标}+V_{SO_3}+V_{SO_2}}$$

即
$$SO_3(\%)=\frac{\left(\frac{1}{2}c_1V_1-c_2V_2\right)\times 22.4}{\frac{V\left(p+\frac{p_0}{13.6}-p_w\right)}{273+t}\times\frac{273}{760}+\left(\frac{1}{2}c_1V_1-c_2V_2\right)\times 22.4+c_2V_2\times 21.98}$$

同样也可以算出 SO_2 的含量：

$$SO_2(\%)=\frac{V_{SO_2}}{V_{标}+V_{SO_3}+V_{SO_2}}$$

即
$$SO_2(\%)=\frac{c_2V_2\times 21.98}{\frac{V\left(p+\frac{p_0}{13.6}-p_w\right)}{273+t}\times\frac{273}{760}+\left(\frac{1}{2}c_1V_1-c_2V_2\right)\times 22.4+c_2V_2\times 21.98}$$

11.5 产品硫酸的分析

按国家标准，工业硫酸应符合表 11-2 所列技术标准。

表 11-2 工业硫酸技术标准

指 标 名 称		93 酸/%	98 酸/%	发烟硫酸/%
H_2SO_4/%	≥	92.5	98.0	—
游离 SO_3/%	≥	—	—	20.0
灼烧残渣/%	≤	0.1	0.1	0.1
铁/%	≤	—	—	0.03

供纺织或人造纤维工业用浓硫酸：w（Fe）≤0.015%；供皮革或人造纤维工业用浓硫酸：氮氧化物（质量分数）≤0.0001%；供食品或药用浓硫酸：砷（质量分数）≤0.0001%。

11.5.1 硫酸含量的测定

11.5.1.1 原理

采用酸碱滴定法。用 NaOH 标准溶液滴定硫酸，采用甲基红和次甲基蓝混合指示剂。指示剂颜色由紫蓝色转变为绿色瞬间呈现淡灰绿色，指示终点到达。

11.5.1.2 试剂

（1）0.2mol/L NaOH 标准溶液（经标定）

（2）混合指示剂：甲基红 0.12g，次甲基蓝 0.08g，溶解于 100mL 乙醇溶液中。

11.5.1.3 测定步骤

用分析天平准确称量硫酸试样 0.5g 于装有 50mL 蒸馏水的锥形瓶中。冷却至室温后，加混合指示剂 2～3 滴，用 NaOH 标液滴定至淡灰绿色为终点，记下所消耗的 NaOH 标液体积 V，用下式计算硫酸的含量

$$H_2SO_4(\%)=\frac{\frac{1}{2}cV\times 98.07}{1000G}\times 100\% \tag{11-3}$$

式中　c 和 V——NaOH 标液的浓度(mol/L)和体积(mL)；

G——硫酸试样的质量，g；

98.07——H_2SO_4 的摩尔质量，g/mol。

11.5.2　发烟硫酸中游离 SO_3 含量的测定

11.5.2.1　原理

用安瓿球取样并准确称量，在具塞锥形瓶中振荡摇碎安瓿球，使发烟硫酸溶于水后，用 NaOH 标液滴定，求出硫酸总含量 $H_2SO_{4(总)}\%$（一般大于 100%）。SO_3 溶解于水的反应和 NaOH 的滴定反应如下

$$SO_3 + H_2O = H_2SO_4$$

$$2NaOH + H_2SO_4 = Na_2SO_4 + 2H_2O$$

滴定中消耗浓度为 c 的 NaOH 标液体积为 V(mL)，安瓿球称量发烟硫酸质量为 G(g)，代入式(11-3)计算硫酸总含量

$$H_2SO_{4(总)}(\%) = \frac{\frac{1}{2}cV \times 98.07}{1000G} \times 100\% \tag{11-4}$$

发烟硫酸中，游离 SO_3 含量为 $SO_3\%$，在 NaOH 滴定后计算出这部分 SO_3 所转化为 H_2SO_4 的含量为 $SO_3\% \times \frac{98.07}{80.07}$，则得到下列质量平衡关系式

$$H_2SO_{4(总)}(\%) = (100 - SO_3\%) + \frac{98.07}{80.07} \times SO_3\% = 100 + 0.225 \times SO_3\%$$

所以

$$SO_3(\%) = \frac{H_2SO_{4(总)}\% - 100}{0.225} \tag{11-5}$$

式中　80.07——SO_3 的摩尔质量，g/mol。

11.5.2.2　试剂

(1) 0.2mol/L NaOH 标准溶液(经标定)。

(2)混合指示剂：甲基红 0.12g，次甲基蓝 0.08g，溶解于 100mL 乙醇溶液中。

11.5.2.3　测定步骤

用容积为 2mL 安瓿取样球，先准确称量质量。将球体部分以微火烤热，并立即将毛细管插入发烟硫酸样品中。待吸入约 0.5mL 试样后，迅速用小火焰封住毛细管管口。擦干毛细管外所黏附试样，再准确称量质量，两次质量之差即为所取发烟硫酸质量 G。

将装有试样的安瓿球放入盛有约 100mL 蒸馏水的具塞锥形瓶内，塞紧瓶塞，激烈振荡锥形瓶使安瓿球碎裂，摇动锥形瓶使瓶内 SO_3 白烟完全被水吸收后，打开瓶塞，用玻璃棒轻轻压碎安瓿球的毛细管。用水冲洗瓶塞、瓶颈及玻璃棒，不使硫酸有损失。滴加 2～3 滴指示剂，用 NaOH 标液滴定至淡灰绿色为终点，记下所消耗 NaOH 标液体积，用式(11-4)、式(11-5)计算 $SO_3\%$。

11.5.3　硫酸中氮氧化物的测定

硫酸中氮氧化物主要是以 HNO_2 形式存在，其含量极低。HNO_2 的测定，通常采用吸光光度法(即格里斯法)。

11.5.3.1　原理

HNO_2 在醋酸介质中与对氨基苯磺酸发生重氮化反应生成重氮盐

所生成的重氮盐再与1-萘胺耦合，生成玫瑰红的偶氮染料

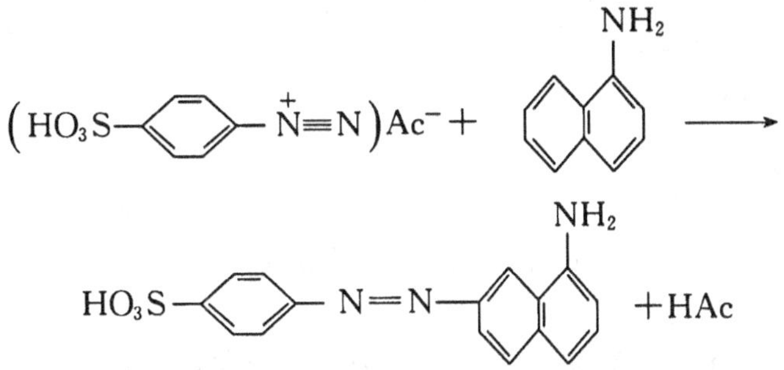

其颜色深度与 HNO_2 含量成正比。控制溶液 pH 值 6～7，HNO_2 在 5～50μg 范围内服从比尔定律。

11.5.3.2　试剂

（1）1mol/L NaOH 溶液。

（2）1% 酚酞指示剂。

（3）格里斯试剂：0.1g 1-萘胺溶解于 100mL 热蒸馏水中，冷却后，加 80% 醋酸 6mL。另取 1g 对氨基苯磺酸溶解于 100mL 蒸馏水中。使用时，取两种溶液等体积混合。

（4）氮氧化物标准溶液：天平上称取 $NaNO_2$ 0.1816g，溶解后用蒸馏水定容为 1000mL。吸取 10.00mL，再用蒸馏水稀释并定容为 1000mL。此为工作液，每毫升含 N_2O_3 0.001mg。

（5）0.5mol/L 醋酸溶液。

11.5.3.3　测定步骤

（1）标准曲线：取 50mL 比色管 7 支，分别加入上述标准溶液（工作溶液）0.00mL、0.50mL、1.00mL、1.50mL、2.00mL、2.50mL、3.00mL。各加格里斯试剂 5.00mL，用蒸馏水稀释至刻度，摇匀。放置 15min 后，用 2cm 比色皿，在 $\lambda=520$nm 波长下，以“0”毫升试剂空白为参比溶液，测得标准色阶的吸光度。将 A-c 对应关系在坐标图上绘制出标准曲线。

（2）试液测定：取 50mL 蒸馏水于 100mL 容量瓶中，加入 1.00mL 硫酸试样，冷却后用蒸馏水定容并摇匀。准确吸取试液 2～10mL（根据氮氧化物含量决定所取试液体积），置于 50mL 比色管中。加酚酞 1～2 滴，滴加 NaOH 溶液至刚显红色，再缓慢滴入 0.5mol/L 醋酸溶液至红色恰好消失。加入格里斯试剂 5.00mL，蒸馏水稀释至刻度，摇匀。用与标准溶液相同的测定步骤，同时测出未知液的吸光度。通过标准曲线，查得未知液的浓度，再换算为硫酸中 N_2O_3 的含量。

11.5.4　灼烧残渣的测定

灼烧残渣是溶解在硫酸中的金属盐类，经蒸发，灼烧后仍不能挥发或分解离去，成为残渣保留下来。

测定时，准确称取硫酸试样20g（准确至0.01g）于已在600～700℃温度下灼烧恒重的瓷坩埚中，置于通风橱内砂浴上缓缓蒸发至干。再放到600～700℃的马弗炉中灼烧至恒重，保留残渣。按下式计算灼烧残渣含量

$$灼烧残渣(\%)=\frac{G_1}{G}\times 100\%$$

式中　G——硫酸样品质量；

G_1——灼烧残渣质量。

11.5.5　铁的测定

工业硫酸中含铁较低，采用硫氰酸盐比色滴定法测定。

11.5.5.1　原理

Fe^{3+}在0.05～0.2mol/L酸度下与SCN^-形成不同配位数的红色络合物

$$Fe^{3+}+n SCN^- \longrightarrow Fe(SCN)_{1\sim 6}^{2+\sim 3-}$$

配位数随着显色剂SCN^-浓度增大而增加，颜色也随之加深。如果使试液和标液中显色剂SCN^-浓度保持一致，并且足够大，可抑制有色络合物的离解；同时，使二者配位数相同而便于比较。控制酸度pH值为1，可防止Fe^{3+}水解，络合物在此酸度下比较稳定，5h内不分解。

11.5.5.2　试剂

（1）盐酸。

（2）15%硫氰酸铵。

（3）过硫酸铵（固体）。

（4）铁标液：天平上准称硫酸高铁铵$FeNH_4(SO_4)_2\cdot 12H_2O$ 0.864g于烧杯中，少量水溶解后加硫酸4mL，冷却后，用水定容为1000mL。准确吸取10.00mL，再用水定容为100mL，此溶液含铁0.01mg/mL。

11.5.5.3　测定步骤

在上述测定后的灼烧残渣中加盐酸5mL，水浴加热使残渣溶解。冷却后移入100mL容量瓶中，用水稀释到刻度。摇匀后，准确吸取5.00mL于50mL比色管中，加水20mL，盐酸1.00mL，15% NH_4SCN溶液5.00mL，用水稀释至刻度，摇匀。

另取一支50mL比色管，加水20mL，盐酸1.00mL，15% NH_4SCN溶液5.00mL，用水稀释至接近刻度（差4～6mL）。然后用微量滴定管缓缓滴入铁标液，并边滴边搅。到两管的颜色相同时停止滴定，记下微量滴定管中用去铁标液体积V，用下式计算硫酸中铁含量

$$Fe(\%)=\frac{V\times 0.01}{G\times\frac{5}{100}\times 1000}\times 100\%$$

式中　G——灼烧残渣测定中所称量的硫酸质量。

11.5.6　砷的测定

硫酸中的砷是由原料矿石中引入的，虽然在净化过程中已除去大部分，但因砷有剧

毒，因此，用于食品和医药的硫酸中砷含量有严格规定（不得高于0.0001%）。微量砷的测定，采用“砷斑比色法”，又称古蔡氏比色或古氏法（Gutzeit）。

11.5.6.1 砷斑比色法原理

在酸性条件下，用 $SnCl_2$ 还原五价砷为三价砷，再用 Zn 与酸作用产生新生态氢继续还原三价砷为负三价砷，生成砷化氢 AsH_3。砷化氢遇溴化汞，生成黄色砷溴化汞或棕色的砷化汞。颜色的深度与砷含量成正比。反应如下

$$As_2O_5 + 2SnCl_2 + 4HCl = As_2O_3 + 2SnCl_4 + 2H_2O$$

$$As_2O_3 + 6Zn + 6H_2SO_4 = 2AsH_3\uparrow + 6ZnSO_4 + 3H_2O$$

$$AsH_3 + 3HgBr_2 = As(HgBr)_3 + 3HBr$$

$$2As(HgBr)_3 + AsH_3 = 3AsH(HgBr)_2$$

$$As(HgBr)_3 + AsH_3 = As_2Hg_3 + 3HBr$$

硫化物生成硫化氢后，遇溴化汞会生成黑色的硫化汞干扰测定。可用醋酸铅滤阻器阻留下硫化氢，消除干扰。

11.5.6.2 仪器

定砷器如图11-4所示。

（1）广口瓶1，容积约125mL。

（2）橡皮塞2。

（3）定砷管3：上段长140mm，内径7mm，下段长40mm，内径2mm。上管内装入醋酸铅棉条，下管插入橡皮塞内与广口瓶相通。

（4）定砷管帽4：直径与定砷管上段相同，二者相接处为密合宽沿，有四个耳钩固定。使用时，将圆形的溴化汞试纸片夹在两宽沿中间，接收从广口瓶内升上来的 AsH_3 气体。

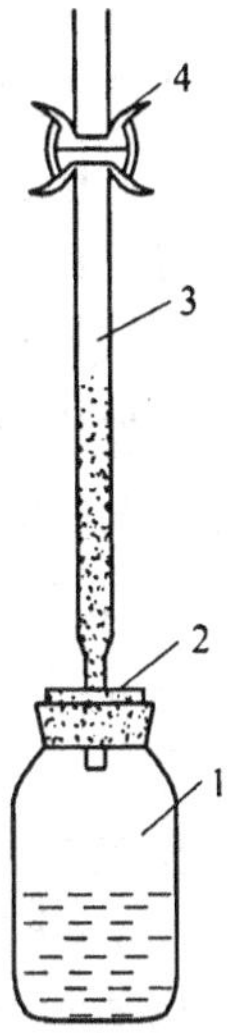

图11-4 定砷器
1—广口瓶；2—橡皮塞；3—定砷管；4—定砷管帽

11.5.6.3 试剂

（1）10% $SnCl_2$ 溶液。

（2）10% NaOH 溶液。

（3）0.02mol/L $KMnO_4$ 溶液。

（4）3%醋酸铅溶液。

（5）硫酸。

（6）无砷锌粒。

（7）醋酸铅棉条：将脱脂棉浸泡在3%醋酸铅溶液中，取出后挤出多余溶液，在暗处放干，贮于棕色瓶中备用。

（8）溴化汞试纸：将无灰滤纸剪成直径18mm的圆片（与定砷管和定砷管帽的宽沿直径相同），用5%的溴化汞的乙醇溶液（95%）浸透、晾干、贮于有色瓶中。

（9）砷标液：天平上准称 As_2O_3 0.132g，溶解于10% NaOH 溶液1.2mL中，再用水定容为1000mL。准确吸取10.00mL，定容为100mL，此溶液含 As 0.01mg/mL。

11.5.6.4 测定步骤

取5个定砷器，往广口瓶内依次加砷标液0.10mL，0.25mL，0.50mL，0.75mL，1.00mL，各加水40mL，无砷硫酸5mL。缓缓滴入0.02mol/L $KMnO_4$ 溶液至呈现稳定的红色，再逐滴滴加 $SnCl_2$（10%）溶液至红色恰好消失（过量2～3滴）。各加无砷锌粒5g，按

图11-4所示装好仪器。置阴暗处1~1.5h(温度在25~30℃)。取出有黄色斑点的溴化汞试纸，用熔融石蜡浸润，即得含砷量为0.001~0.01mg的标准砷斑。

向广口瓶中加水40mL，准确加入5.00mL样品硫酸，冷至室温后，缓缓滴入0.02mol/L $KMnO_4$。以下步骤同标准砷斑的操作，最后得到经熔融石蜡浸润过的样品砷斑。和标准砷斑比色。用下式计算砷含量

$$As(\%)=\frac{W}{V\cdot D}\times 100\%$$

式中 W——与样品砷斑颜色相同的标准砷斑含砷量，g；

V——样品体积，mL；

D——样品密度，g/mL。

11.5.7 浊度的测定

工业硫酸的浊度用比浊法测定，将样品硫酸与0.32mg/mL的白陶土-明胶溶液进行目视比浊，如果样品浊度低于标液浊度，即为合格。

11.5.7.1 试剂

(1) 医药用白陶土。

(2) 1%无色明胶溶液。

(3) 浊度标准溶液：准确称取干燥合格(105℃烘干)白陶土4.8000g于1000mL容量瓶中，加水至刻度，振荡混合均匀。此浑浊液白陶土含量为4.80mg/mL。所用白陶土应是经105℃烘干2h，并且是通过分析筛的120目但不过200目的部分。

11.5.7.2 测定过程

移取经充分振荡混合均匀的硫酸样品150mL于250mL的无色小口具塞试剂瓶内，塞紧瓶塞。

吸取充分振荡混合均匀的浊度标准溶液10.00mL于另一相同的无色小口具塞试剂瓶内，加1%明胶溶液10mL，用水稀释至50mL，摇匀并塞紧瓶塞。

将两瓶溶液充分振荡摇匀。从侧面观察，样品浑浊程度比浊度标液低，即为合格。

11.5.8 色度的测定

工业硫酸的色度用比色法测定。将样品硫酸与铅含量为0.007mg/mL的PbS液体进行目视比色，如果样品颜色深度低于标液色度，即为合格。

11.5.8.1 试剂

(1) 2%硫化钠溶液。

(2) 氨水。

(3) 1%无色明胶溶液。

(4) 铅标准溶液：准确称取醋酸铅($PbAc_2\cdot 3H_2O$)0.183g于1000mL容量瓶中，水溶解后稀释至刻度。此溶液含Pb为0.1000mg/mL。

11.5.8.2 测定过程

移取经充分振荡混合均匀的硫酸样品150mL于250mL无色小口具塞试剂瓶内，塞紧瓶塞。

向另一相同试剂瓶中加入 10mL 1% 无色明胶溶液，加 2% Na_2S 溶液 10mL、氨水 1mL、加铅标液 10.00mL，用水稀释至 150mL，塞紧瓶塞。此标准比色溶液有效时间为 1h。

分别将两瓶溶液激烈振荡摇匀后，由侧面观察，如果样品色度没有标准溶液的深，即为合格。

如果样品浑浊，比色时应往色度标液中加 10.00mL 浊度标液后再稀释为 150mL，比较色度。

12 化学肥料分析

肥料是植物生长的重要营养之一。植物生长几乎需要所有的化学元素，但最主要的是氮、磷和钾三种元素。

肥料包括自然肥料和化学肥料。人畜粪便、草木灰、腐烂草枝树叶、植物加工残渣和沟塘污泥等属自然肥料；而由工业加工制造的铵盐、硝酸盐、尿素、磷酸盐、钾盐等统称为化学肥料，我国相当比例的大中型化工厂都是生产化学肥料的。粮食是国民经济基础，中国用不到全世界10%的耕地养活占世界1/5的人口，没有充足的肥料就不能保证充足的粮食供应，因此，化学肥料的产量也能反映出一个国家及人民的富足情况，反映出一个国家综合实力的平衡发展程度。“衣食足，知荣辱”，这也是建设和谐社会的基础。

我国是世界上最大的化学肥料生产国之一。化学肥料最主要的产业就是合成氨生产，氮肥实质上就是氨的加工产品。农业生产对氮肥的需求量雄居其他肥料之首，因此氮肥的生产能力也就代表了一个国家的肥料生产能力。

12.1 氮肥的分析

含氮的肥料称为氮肥。化学氮肥包括：硫酸铵、硝酸铵、氯化铵、碳酸氢铵、硝酸钠、硝酸钙、尿素等。氮在化合物中通常以氨态、硝酸态和有机态三种形式存在，三种形态的性质不同，分析方法也不一样。

氨态氮，例如硫酸铵、碳酸氢铵、氨水等的测定。碳酸氢铵和氨水属于弱碱，可用酸来滴定；而硫酸氨属极弱酸，碱标准溶液不能准确滴定（NH_4^+ 的 $K_a = 5.6 \times 10^{-10}$），通常用甲醛法测定或用强碱分解、蒸馏，硼酸溶液吸收，生成弱碱后再用酸标准溶液滴定。

硝基态氮的测定，可先还原为氨态；有机态氮的测定，先经过浓硫酸在不同条件下消化分解，使氮转变为氨态，再对氨态进行测定。

12.2 碳酸氢铵分析

农用碳酸氢铵的产品质量指标有两项，即水分和含氮量，一般要求水分不大于0.5%，含氮量不小于17.5%。

12.2.1 水分的测定

12.2.1.1 气体体积法测定提要

碳酸氢铵中游离水分的测定不能采用加热的办法，而是用碳化钙与碳酸氢铵混合，使碳酸氢铵中的游离水分与碳化钙反应生成乙炔气体逸出。

$$CaC_2 + 2H_2O \xlongequal{} Ca(OH)_2 + C_2H_2 \uparrow$$

通过测量乙炔气体体积来计算水分含量，称为“气体体积法”。

12.2.1.2 试剂及仪器

仪器：气体体积法测定水分装置（图12-1）。

试剂：

(1) 碳化钙粉：60～100目（0.246～0.147mm）。

(2) 封闭液：饱和氯化钠溶液，用盐酸（1%）酸化至甲基橙呈红色。

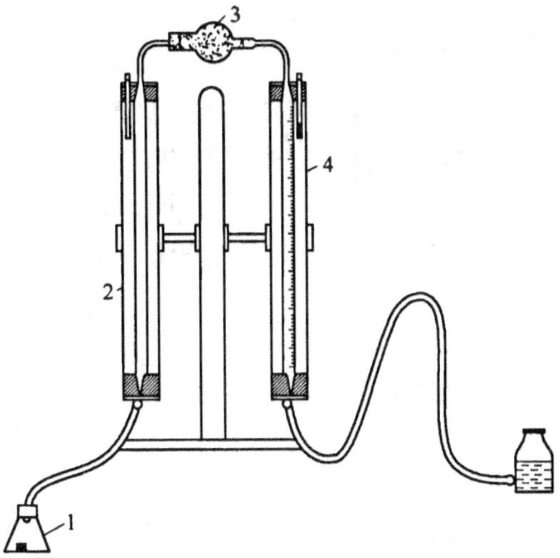

图12-1 碳酸氢铵水分测定仪
1—反应瓶；2，4—量气管；3—干燥管

12.2.1.3 操作步骤

注封闭液于水准瓶中，检查系统不能漏气。取5g碳化钙粉于反应瓶中，准称1g试样于 ϕ20mm×20mm 塑料称量瓶中，并去掉瓶盖，用镊子夹好迅速置于反应瓶内，立即塞紧瓶塞。转动三通旋塞使量气管通大气，提高水准瓶至量气管内液面升高到"0"刻度附近。再将三通旋塞转至量气管通反应瓶。缓缓上下移动水准瓶至瓶内液面与量气管液面为同一水平，记录下量气管刻度 V_1。剧烈振荡反应瓶，使试样和碳化钙粉充分混合。静置5min后，缓缓提高水准瓶使其液面与量气管内液面一致，记录量气管刻度 V_2，所产生乙炔气体体积为 $V=V_2-V_1$（mL）。记录气体温度 t 和大气压力 p。用下式计算试样中水分含量：

$$H_2O(\%)=V\times\frac{p-p_w}{760}\times\frac{273}{273+t}\times\frac{2\times18\times100}{22.4G\times1000}$$

式中 V——所生成乙炔气体体积，mL；

p——大气压力，mmHg；

p_w——封闭液 t℃时饱和蒸气压（见表12-1），mmHg；

t——测定时的温度，℃；

G——试样质量，g；

1000——体积mL和L的换算系数。

表12-1 封闭液（氯化钠饱和溶液）的蒸气压力

温度/℃	蒸气压力/mmHg①	温度/℃	蒸气压力/mmHg①	温度/℃	蒸气压力/mmHg①
5	4.9	14	9.1	23	15.9
6	5.3	15	9.7	24	16.9
7	5.7	16	10.3	25	17.9
8	6.1	17	11.0	26	19.0
9	6.5	18	11.7	27	20.2
10	6.9	19	12.4	28	21.4
11	7.4	20	13.2	29	22.7
12	7.9	21	14.1	30	24.0
13	8.5	22	15.0	31	25.3

① 1mmHg=133.322Pa。

12.2.2 氮的测定

12.2.2.1 酸碱滴定法测定提要

碳酸氢铵水溶液发生下列酸碱反应

$$NH_4HCO_3 \rightleftharpoons NH_4^+ + HCO_3^-$$

NH_4^+ 是弱酸：

$$NH_4^+ + H_2O \rightleftharpoons NH_3 + H_3O^+$$

$$K_a = \frac{K_w}{K_b} = 10^{-9.26}$$

而 HCO_3^- 是两性物，呈弱碱性，

$$K_{b2} = \frac{K_w}{K_{a1}} = 10^{-7.63}$$

由于 $K_{b2} > K_a$，溶液的 pH 值由 HCO_3^- 控制，即呈弱碱性。用 HCl 标准溶液可准确滴定 HCO_3^-

$$HCl + HCO_3^- = Cl^- + H_2CO_3$$
$$H_2CO_3 \longrightarrow H_2O + CO_2\uparrow$$

根据等物质量反应规则可通过所消耗 HCl 的物质量计算出氮的含量。滴定终点时所有 HCO_3^- 全部生成 H_2CO_3，由于 H_2CO_3 分解为 H_2O 和 CO_2，在与大气相通的情况下 H_2CO_3 的饱和浓度为 0.04mol/L，因此溶液的 pH 值为

$$pH = -\lg\sqrt{K_{a1} \times 0.04} = 3.88$$

选择甲基橙作为指示剂，满足测定对允许误差的要求。

12.2.2.2 试剂

(1) 0.1mol/L 盐酸标准溶液(须标定)；

(2) 0.1% 甲基橙指示剂。

12.2.2.3 操作步骤

以 ϕ20mm×20mm 塑料称量瓶准称试样 1g 左右，置于 250mL 锥形瓶内，加水 60mL，滴定管加入 HCl 标液约 20mL，加甲基橙 2~3 滴，用玻璃棒打开称量瓶盖，搅拌至溶解完全。继续滴入 HCl 标准溶液，直至溶液由黄色突变到橙红色为终点。用下式计算试样中的氮含量

$$N(\%) = \frac{cV \times 0.014}{G} \times 100$$

式中 c——HCl 标准溶液浓度，mol/L；

V——HCl 标准溶液体积，mL；

G——试样质量，g；

0.014——氮的毫摩尔质量，g。

12.3 尿素分析

尿素 $CO(NH_2)_2$ 是碳酸的酰二胺，氮原子为酰胺状态，不能被植物直接吸收，必须经土壤中微生物分解转化为氨态或硝基态氮后才能被植物吸收。农用尿素质量指标有四项，其中颗粒状尿素总氮≥46.3%~46.1%、缩二脲≤0.5%~1.0%、水分≤0.5%~

1.0%、粒度(ϕ0.8~2.5mm)≥90%。前一项为一级品指标，后一项为二级品指标。

12.3.1 水分的测定

12.3.1.1 卡尔-费休法测定提要

按国家标准规定，尿素中水分用"碘-二氧化硫"即"卡尔-费休"法测定。该方法的基本原理是 I_2 氧化 SO_2 时需要定量的 H_2O

$$I_2 + SO_2 + 2H_2O \xlongequal{} H_2SO_4 + 2HI$$

当有吡啶(C_5H_5N)存在时,能与反应生成的酸化合,以上反应才能定量进行。其总反应是

$$C_5H_5N \cdot I_2 + C_5H_5N \cdot SO_2 + C_5H_5N + H_2O \longrightarrow 2C_5H_5N \cdot HI + C_5H_5N \cdot SO_3$$

但所生成的 $C_5H_5N \cdot SO_3$ 也能与水反应，为此加入甲醇以防止副反应发生。与甲醇反应为

$$C_5H_5N \cdot SO_3 + CH_3OH \longrightarrow C_5H_5NHOSO_2OCH_3$$

综上所述，I_2、SO_2 和 H_2O 定量反应的物质的量之比是1∶1∶1。卡尔-费休法测定水的标准溶液是 I_2、SO_2、C_5H_5N 和 CH_3OH 的混合溶液，称为费休试剂。此试剂呈红棕色，与水反应后变成浅黄色，终点应是由浅黄色突变成红棕色。测定过程中因水是被测组分，所以所有测量器皿均需干燥。标准溶液常用纯水标定。

12.3.1.2 试剂及仪器

(1) 仪器：费休滴定法测定水分装置(图12-2)。

(2) 试剂：

1) 无水甲醇：往1L甲醇中加入100g 5A分子筛(在550℃温度下焙烧2h并已冷却的)，密封，放置过夜，取上层清液使用。

2) 无水吡啶：同上法处理脱水。

3) 水标准溶液：准确称取水0.5~0.6g于250mL容量瓶中，以无水甲醇稀释到刻度，摇匀。

4) 费休标准溶液：准确量取无水甲醇500mL、无水吡啶269mL置于1L干燥棕色瓶中。加碘84.7g，密闭，振荡至溶解完全。于精度为1g的天平上称得重量后置冰水浴中。缓缓通入经浓硫酸干燥和分离器除去酸沫的二氧化硫至重量增加64g为止。再加无水甲醇167mL，密闭、混合均匀。静置24h后用水标准溶液标定。

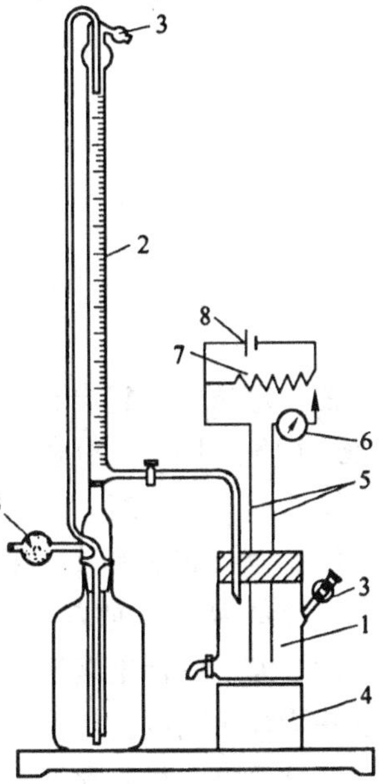

图12-2 费休滴定法测定水分装置

1—反应瓶；2—自动滴定管；3—硅胶干燥管；4—电磁搅拌器；5—铂电极；6—微安计；7—可变电阻；8—干电池

以注射器取无水甲醇10.00mL，从反应瓶侧管注入反应瓶中，开动电磁搅拌器，用费休标准溶液滴定至由浅黄色变为淡棕黄色(如果是用"死停终点"电位滴定法确定终点，则是滴定至微安计指针产生较大偏转并能稳定1min以上)，标准溶液消耗量不计。注射器取水5.00mL，侧管注入反应器内，标准溶液滴定至终点，用下式计算费休标准溶液对水的滴定度 T

$$T = \frac{m}{V} \quad (g/mL)$$

式中 m——5mL水标准溶液的质量，g；

V——所消耗的费休标准溶液的体积，mL。

12.3.1.3　*操作步骤*

注射器注入10.00mL无水甲醇于反应瓶中，开启电磁搅拌器，费休标准溶液滴定至终点，不计体积消耗量。用称量管准确称取尿素试样2～3g，从侧管倾入反应瓶中，迅速再准确称量称量管，差值即为试样质量G。标准溶液滴定至终点，记下所消耗费休标液体积V。用下式计算试样中水分含量

$$H_2O(\%)=\frac{TV}{G}\times 100$$

式中　V——费休标准溶液体积，mL；

T——费休标准溶液对水的滴定度，g/mL；

G——尿素试样质量，g。

12.3.2　缩二脲的测定

缩二脲是尿素受热(150～160℃)时的分解产物，两个尿素分子脱去一个氨分子后缩合成一个缩二脲分子：

$$H_2N—CO—NH_2+H_2N—CO—NH_2 = H_2N—CO—NH—CO—NH_2+NH_3$$

在尿素生产造粒阶段，加热浓缩尿素溶液时，不可避免会生成少量缩二脲。缩二脲对农作物生长不利，是尿素肥料中的有害物质，是尿素产品质量控制的指标之一。

12.3.2.1　*酒石酸铜光度法测定缩二脲提要*

在碱性条件下，缩二脲与酒石酸铜中的铜配位，生成紫红色配合物

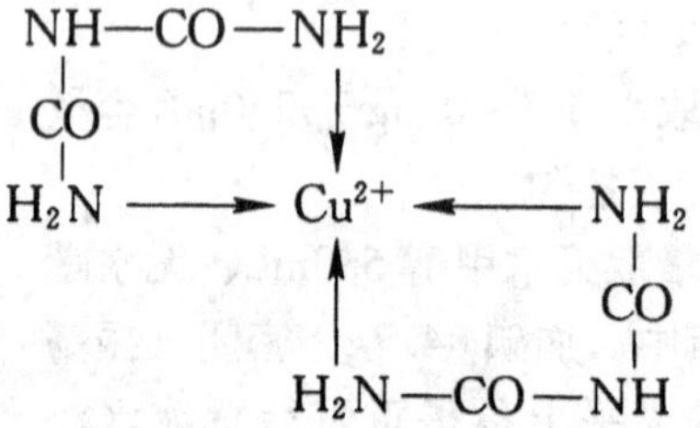

在一定条件下符合比尔定律。据此，可利用吸光光度法测定试样中缩二脲含量。在pH值为13条件下，有色溶液最大吸收波长$\lambda=550$nm。

12.3.2.2　*试剂*

(1) 酒石酸铜溶液：将25g酒石酸钾钠、7.5g硫酸铜溶解于500mL、1mol/L NaOH溶液中，稀释为1L，放置一天后使用(有效期30天)。

(2) 缩二脲标准溶液：准确称取经105℃干燥恒重的缩二脲2g于1000mL容量瓶中，溶解并稀释至刻度。计算出该标准溶液的质量体积浓度T(mg/mL)。

12.3.2.3　*测定步骤*

准确称取尿素试样1～5g于100mL容量瓶中，少量水溶解后，准确加入酒石酸铜溶液40.00mL，稀释至刻度，摇匀。放置15min后，在550nm波长处测吸光度A_x。

准确吸取缩二脲标准溶液10.00～20.00mL于100mL容量瓶中，同法处理后测出吸光度A_0。

上述测定以试剂空白为参比溶液。

用下式计算试样中缩二脲含量

$$缩二脲(\%)=\frac{A_x \cdot T \cdot V\times 100}{A_0 \cdot G\times 1000}$$

式中 A_x 和 A_0——分别为试样和缩二脲标准溶液吸光度；

T 和 V——缩二脲标准溶液质量体积浓度(mg/mL)和加入体积，mL；

G——尿素试样质量，g。

也可以用标准曲线法测定。

12.3.3 氮的测定

通常，测定尿素含量的方法是采用亚硝酸分解尿素生成氮气，通过测定放出氮气的量就能求得尿素的含量

$$CO(NH_2)_2+2HNO_2 = CO_2+2N_2\uparrow+3H_2O$$

该方法同样适用于尿素中氮含量的测定。凯达尔法是测定尿素中氮含量的常用方法。

12.3.3.1 凯达尔法测定原理

在加热条件下，过量的硫酸分解尿素生成硫酸铵和二氧化碳

$$CO(NH_2)_2+H_2SO_4+H_2O = (NH_4)_2SO_4+CO_2\uparrow$$

所得溶液叫消化液，对消化液采用蒸馏法或甲醛法测定氮的含量。

蒸馏法是往溶液中加入过量的氢氧化钠，中和掉多余的硫酸并使全部硫酸铵与之反应生成 NH_3 气体逸出，

$$NH_4^++OH^- = NH_3\uparrow+H_2O$$

硼酸饱和溶液吸收 NH_3，

$$H_3BO_3+NH_3 = NH_4H_2BO_3$$

然后用酸标准溶液滴定所生成的 $H_2BO_3^-$，

$$H^++H_2BO_3^- = H_3BO_3$$

滴定终点为 H_3BO_3 和 NH_4^+ 体系，用甲基红指示剂指示终点。由酸标准溶液的消耗量计算氮的含量，也可以用过量并定量的酸标准溶液作为吸收液，再用碱标准溶液滴定其剩余量，由二者之差计算出氮的含量。滴定终点仍用甲基红指示。

甲醛法是往消化液中定量地滴加氢氧化钠中和掉多余的硫酸，然后加入甲醛，利用甲醛能迅速与 NH_4^+ 作用生成六次甲基四胺并置换出等物质量的 H^+，

$$4NH_4^++6HCHO = (CH_2)_6N_4H^++3H^++6H_2O$$

再用氢氧化钠标准溶液滴定。六次甲基四胺以共轭酸形式存在，用氢氧化钠滴定时，除了中和游离 H^+ 外还与六次甲基四胺酸作用生成六次甲基四胺碱。氮和氢氧化钠物质的量之比恰好是1∶1。终点时 pH 值约为9，选用甲基红、酚酞联合指示剂，准确指示滴定过程。

12.3.3.2 试剂

(1) 硫酸；

(2) 30%氢氧化钠水溶液；

(3) 0.5mol/L 氢氧化钠标准溶液(经标定)；

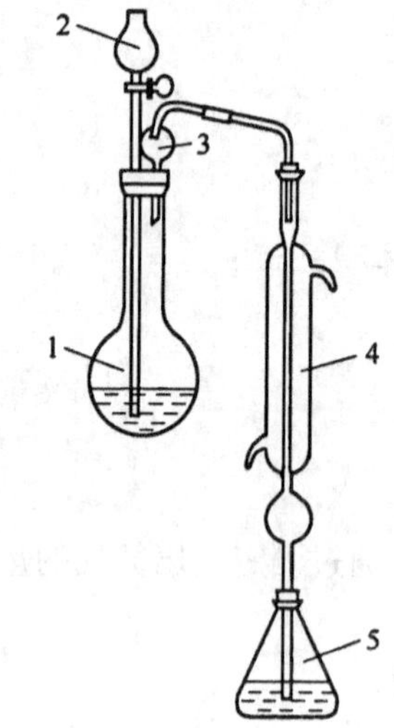

图 12-3　蒸馏装置

1—凯达尔烧瓶；2—分液漏斗；3—氮气球；4—冷凝器；5—吸收瓶

(4) 0.25mol/L 硫酸标准溶液(经标定)；

(5) 硼酸饱和溶液；

(6) 0.1% 甲基红指示剂；

(7) 1% 酚酞指示剂；

(8) 25% 中性甲醛溶液。

12.3.3.3　测定步骤(分别介绍硼酸吸收蒸馏法、硫酸吸收蒸馏法和甲醛法的测定)

用称量管减差法准称试样 0.5g 于 500mL 长颈烧瓶(凯达尔烧瓶)中，沿瓶壁加 5mL 硫酸，瓶口插一只短颈小漏斗以防液沫逸出，在通风橱内缓缓加热至剧烈反应停止并开始产生三氧化硫白烟。冷却后用水冲洗漏斗和瓶壁，加水至约 200mL，用图 12-3 所示装置蒸馏。

吸收瓶中注入硼酸饱和溶液 40mL，2 滴甲基红。由分液漏斗加入 30% 氢氧化钠 20mL，轻轻摇匀。开启冷却水，加热蒸馏，至剩余液体积为原来的 1/3 时停止蒸馏。少量水冲洗冷凝管及导气管。用 0.25mol/L H_2SO_4 标准溶液滴定吸收液至由黄色突变为浅红色，下式计算尿素干基中氮含量

$$\text{氮}(\%) = \frac{2cV \times 0.014}{G \times \frac{100 - \text{水}(\%)}{100}} \times 100$$

式中　c，V——硫酸标准溶液浓度(mol/L)和消耗体积(mL)；

0.014——氮的毫摩尔质量，g；

G——试样质量，g；

2——化学计量系数比；

水(%)——尿素水分含量。

如果不使用硼酸饱和溶液作为吸收液，则改为准确吸取 0.25mol/L H_2SO_4 标准溶液 40mL 于吸收瓶中，加甲基红指示剂 2 滴，蒸馏吸收后用 0.5mol/L NaOH 标准溶液滴定至由红色突变为淡黄色，用下式计算氮含量

$$\text{氮}(\%) = \frac{(2c_1V_1 - c_2V_2) \times 0.014}{G \times \frac{100 - \text{水}(\%)}{100}} \times 100$$

式中　c_1 和 V_1——硫酸标准溶液浓度(mol/L)和体积(mL)；

c_2 和 V_2——氢氧化钠标准溶液浓度(mol/L)和体积(mL)；

其余符号同上。

如果用甲醛法测定，则待消化冷却后用少量水冲洗漏斗和瓶壁，加水 30mL，甲基红指示剂 2 滴，在流水冷却并不断摇荡下，滴加 30% NaOH 溶液至溶液由红色变为淡红色，然后用 0.5mol/L NaOH 标准溶液滴定至极淡的红色。立即加入 25% 中性甲醛溶液 15mL，酚酞指示剂 5 滴并摇匀。静置 5min，用 0.5mol/L NaOH 标准溶液滴定至由红色突变为黄色，此为甲基红变色，pH 值约为 6，预示终点即将到达。此时只能采用“微滴”方式，缓慢滴入 NaOH，使溶液变为淡红色，此为酚酞变色，pH 值约为 9。淡红色在 1min 内不消

失即为终点。用下式计算氮含量

$$氮(\%)=\frac{cV\times 0.014}{G\times\frac{100-水(\%)}{100}}\times 100$$

式中 c 和 V——氢氧化钠标准溶液的浓度(mol/L)和体积(mL);

其余符号同上。测定结果为干基含量。

12.4 磷肥分析概述

含磷的肥料称为磷肥。化学磷肥主要是指普通过磷酸钙、重过磷酸钙、钙镁磷肥和钢渣磷肥等。生产磷肥的原料主要是氟磷灰石即氟磷酸钙 $Ca_5F(PO_4)_3$ 矿石。

12.4.1 几种主要磷肥

普通过磷酸钙又称普钙，是通过硫酸分解磷矿制得含有以磷酸一钙[$Ca(H_2PO_4)_2$]为主体、含有少量游离磷酸和其他磷酸盐(磷酸铁、磷酸铝等)的磷肥。按生产过程又叫酸法磷肥。生产普通过磷酸钙的主要反应分为两个阶段，第一阶段是硫酸分解磷矿生成磷酸和硫酸钙

$$Ca_5F(PO_4)_3+5H_2SO_4 = 3H_3PO_4+5CaSO_4+HF$$

当硫酸消耗殆尽后，开始进行第二阶段反应生成的磷酸继续分解磷矿生成磷酸一钙

$$Ca_5F(PO_4)_3+7H_3PO_4+5H_2O = 5Ca(H_2PO_4)_2\cdot H_2O+HF$$

在第二阶段反应的同时，也会生成部分难溶的磷酸盐如 $FePO_4$、$AlPO_4$ 等。

重过磷酸钙又称重钙，是用湿法磷酸或热法磷酸分解磷矿制得的以磷酸一钙为主体、含有少量游离磷酸和其他磷酸盐的磷肥，其反应过程与普通过磷酸钙第二阶段反应相同。

普钙和重钙称为酸法磷肥，磷的存在形式以 $Ca(H_2PO_4)_2$ 和游离磷酸为主。

沉淀磷酸钙也属于酸法磷肥。是用有机工业副产盐酸分解磷矿制成浓度为5%~8% P_2O_5 的稀磷酸溶液

$$Ca_5F(PO_4)_3+10HCl = 3H_3PO_4+5CaCl_2+HF\uparrow$$

经过滤除渣后加入石灰石或石灰乳中和滤液即得以磷酸二钙(即 $CaHPO_4\cdot 2H_2O$)为主的沉淀磷肥

$$H_3PO_4+Ca(OH)_2 = CaHPO_4\cdot 2H_2O$$

$$H_3PO_4+CaCO_3+H_2O = CaHPO_4\cdot 2H_2O+CO_2\uparrow$$

钙镁磷肥是以磷矿为原料，以含镁硅酸盐为熔剂，焦炭为燃料，在高于1400℃的温度下熔融，并将熔融体在水中急冷而获得的一种含 MgO、CaO、SiO_2 和 P_2O_5 的磷肥。

钢渣磷肥是在碱性炉炼钢时，生铁中所含的磷与造渣剂石灰结合形成炉渣，这种炉渣可制成钢渣磷肥。

偏磷酸钙是在竖式炉中，在高温下用气态 P_2O_5 和水蒸气与磷灰石反应生成熔融状的以偏磷酸钙为主的磷肥。

$$2Ca_5F(PO_4)_3+7P_2O_5+H_2O = 10Ca(PO_3)_2+2HF\uparrow$$

钙镁磷肥、钢渣磷肥和偏磷酸钙等称为热法磷肥，磷的存在形式以 $Ca_4P_2O_9$(磷酸四钙)或 $Ca(PO_3)_2$(偏磷酸钙)为主。

12.4.2　磷肥中含磷化合物的分析性能

磷肥的组成比较复杂，往往是一种磷肥中同时含有几种不同性质的含磷化合物。磷肥的主要成分是磷酸的钙盐，有的还有游离磷酸。虽然它们性质不同，但大致可分为三类，即水溶性、枸溶性和难溶性磷化合物。

12.4.2.1　水溶性磷化合物

可以溶解于水的含磷化合物如磷酸、磷酸二氢钙又名磷酸一钙，称为水溶性磷化合物。普通过磷酸钙和重过磷酸钙中主要含水溶性磷化合物，故称为水溶性磷肥。

12.4.2.2　枸溶性磷化合物

不溶于水但能被植物根部分泌出的酸性物质溶解后吸收利用的含磷化合物称为枸溶性磷化合物。在磷肥分析中，是指能被柠檬酸铵的氨溶液或2%柠檬酸溶液（类似于植物根部分泌的溶液）溶解的含磷化合物，如结晶磷酸氢钙又名磷酸二钙（$CaHPO_4 \cdot 2H_2O$）、磷酸四钙（$Ca_4P_2O_9$ 或 $4CaO \cdot P_2O_5$）。钙镁磷肥和钢渣磷肥中主要含这类化合物，故称为枸溶性磷肥。普钙和重钙中也常含有少量结晶磷酸二钙。

12.4.2.3　难溶性磷化合物

难溶于水也难溶于有机弱酸的磷化合物如磷酸三钙[$Ca_3(PO_4)_2$]、磷酸铁、磷酸铝等称为难溶性磷化合物。磷矿石中几乎全是难溶性磷化合物。化学磷肥中也常常含有未转化的难溶性磷化合物。

水溶性磷化合物和枸溶性磷化合物中的磷称为有效磷，所有磷化合物磷的总和称为全磷。测定结果一律用五氧化二磷表示。常见几种磷肥产品的质量指标见表12-2。

表12-2　常见几种磷肥产品的质量指标

指　标	普通过磷酸钙特级品	重过磷酸钙	钙镁磷肥特级品
有效 P_2O_5 含量/%	≥20	≥43	≥20
游离酸（以 P_2O_5 计）/%	≤3.5	≤3.5	
水分含量/%	≤8	≤5	≤0.5

12.5　磷肥分析试液的制备

在磷肥分析测定中，通常都是制成试液后用适当沉淀剂将磷沉淀为磷钼酸喹啉或磷钼酸铵与干扰成分分离，然后用重量法或滴定法测定。由于不同磷肥的性质和测定项目不同，制备分析试液的方法也不相同。

12.5.1　测定水溶性磷的分析试液制备

普通过磷酸钙、重过磷酸钙等含水溶性磷化合物[H_3PO_4、$Ca(H_2PO_4)_2$]，可按下述过程，用水浸取，制备试液。

准称普钙试样1.5g或重钙试样0.8g于小乳钵中，加水约25mL，小心研磨5～10min，静置待澄清。以慢速滤纸倾泻法过滤于盛有1∶1硝酸5mL的250mL容量瓶中。同法研磨试样共三次，最后一次将残渣全部转移到滤纸上，并充分洗涤至容量瓶内溶液约230mL。稀释至刻度，摇匀，供测定水溶性磷。残渣保留，供制备测定有效磷试液之用。

12.5.2　测定有效磷的分析试液制备

不同磷肥中，有效磷化合物性质不同，必须采用不同的方法制备分析试液。

12.5.2.1　普通过磷酸钙、重过磷酸钙的分析试液制备

这两种肥料中的有效磷，主要是上述用水浸取的水溶性磷和剩余残渣经柠檬酸铵的氨溶液浸取的枸溶性磷之和。浸取残渣的柠檬酸铵氨水溶液又叫彼得曼试剂，必须严格按配方配制。

将上述用水浸取水溶性磷后的不溶残渣及滤纸仔细小心撕碎，全部移入250mL容量瓶中。加彼得曼试剂100mL，塞好瓶塞，充分振荡至滤纸全部碎裂为纤维状。置于60℃恒温水浴中保温30min（隔10min振荡一次）。冷却后，稀释至刻度，摇匀。用干燥慢速滤纸过滤，滤液与水浸取液等体积合并，测有效磷。

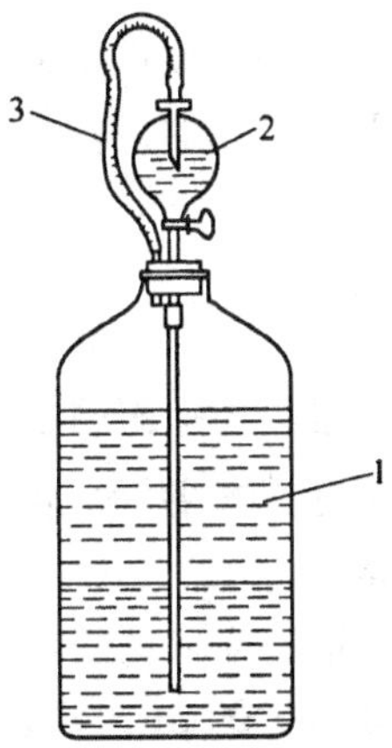

图12-4　彼得曼试剂瓶
1—试剂瓶；2—分液漏斗；3—橡皮管

彼得曼试剂的配制必须严格定量，要求每升溶液中含未风化的结晶柠檬酸173g和以氨态形式存在的氮42g。按图12-4所示装置，吸取2∶3氨水 V_0（L）于浸在冰水浴中的有体积标度的广口试剂瓶中，称取柠檬酸 G_0（g）于烧杯中，以水溶解并经分液漏斗缓缓注入试剂瓶内。注意瓶内温度始终不得高于室温。最后用水冲洗分液漏斗，稀释至刻度 V_1（L），混合均匀，静置48h后使用。V_0 和 G_0 需通过下列定量测定后计算求得。

所用的2∶3氨水的含氮量，必须经过定量测定。准确吸取该氨水10.00mL，注入有水的500mL容量瓶中，定容后移取25.00mL于有水的锥形瓶中，以0.2%甲基红为指示剂，盐酸标准溶液滴定至淡红色为终点，用下式计算出每升氨水中含氮质量 m(g/L)

$$m = \frac{cV \times 0.014}{10 \times \frac{25}{500}} \times 1000 = 28cV$$

式中　c，V——盐酸标准溶液的浓度(mol/L)和体积(mL)；

0.014——氮的毫摩尔质量，g/mmol。

用下式计算 V_1(L)彼得曼试剂需加该氨水的体积 V_0(L)

$$V_0 = \frac{42V_1}{m} = \frac{1.5V_1}{cV} \qquad (12\text{-}1)$$

这里要注意的是 V 的单位是mL，而 V_0 和 V_1 的单位是L。

同样，所用的柠檬酸也必须进行定量测定。称取含一个结晶水柠檬酸试剂约200g，仔细研磨至全部通过150目筛。准称 G(g)(2g左右)于250mL容量瓶中，溶解并稀释至刻度，吸取25.00mL于锥形瓶中，加热至60~70℃，1%酚酞指示剂5滴，氢氧化钠标准溶液滴定至突变为淡红色。按以下推导计算制备 V_1(L)彼得曼试剂所需该柠檬酸 G_0(g)。

（1）所称量的 G(g)柠檬酸，通过实测结果为 G'(g)

$$G' = \frac{cV \times 250 \times 210}{3 \times 1000 \times 25} = 0.7cV \quad (\text{g})$$

式中　c，V——氢氧化钠标准溶液浓度(mol/L)和体积(mL)；

210——一水柠檬酸的摩尔质量，g/moL；

3——氢氧化钠与柠檬酸的化学计量系数比。

(2)该柠檬酸试剂的风化指数 α 为

$$\alpha = \frac{G}{G'} = \frac{G}{0.7cV} \tag{12-2}$$

(3)1L 彼得曼试剂需要柠檬酸 173g，则 V_1(L)彼得曼试剂需要柠檬酸 $173V_1$(g)，即需要被风化的该柠檬酸试剂 G_0 为

$$G_0 = \alpha \times 173V_1 = \frac{G \times 173V_1}{0.7cV} = \frac{247.1G \cdot V_1}{cV}$$

12.5.2.2　钙镁磷肥、钢渣磷肥的分析试液制备

这两种磷肥的主要成分是磷酸四钙（$Ca_4P_2O_9$），不溶于柠檬酸铵的氨性溶液而能溶于稀柠檬酸溶液。但溶解效率与浸取剂的浓度及浸取条件密切相关，必须严格按规程制备。

准确称取钙镁磷或钢渣磷肥 1g 于干燥的 250mL 具塞锥形瓶中，准确加入 2% 柠檬酸溶液 100.00mL，塞紧瓶塞。在 25 ~ 30℃ 温度下振荡 30min，然后用干燥慢速滤纸过滤，清亮滤液供测定有效磷。

12.5.2.3　沉淀磷酸钙、偏磷酸钙和磷酸铵复合肥的分析试液制备

前两种磷肥以磷酸二钙（$CaHPO_4$）和偏磷酸钙［$Ca(PO_3)_2$］为主要成分，磷酸铵复合肥中除含磷酸一钙［$Ca(H_2PO_4)_2$］外，还含有 HPO_3^{2-} 和 $H_2PO_4^-$ 的铵盐，这些成分可溶于中性柠檬酸铵溶液中。浸取时也必须严格按规程进行。

中性柠檬酸铵浸取液配制：称取柠檬酸铵 450g，溶于适量水中，缓缓滴加氨水至 pH 值为 7（以酚红试纸检验，由黄色变为红色）。然后用水稀释至溶液相对密度为 1.09。

准确称取沉淀磷酸钙 1g（偏磷酸钙或磷酸铵复合肥 0.5g）于 250mL 容量瓶中，加中性柠檬酸铵溶液 100mL，剧烈振荡 10min，静置过夜。然后在 50℃ 恒温水浴中保温 1h（每 15min 振荡一次），冷却后稀释到刻度。用干燥慢速滤纸过滤，清亮滤液供测定有效磷。

12.5.3　测定全磷的分析试液制备

磷肥生产过程中并非矿石中所有磷均能转化为水溶性或枸溶性磷，有效磷往往低于全磷。测定磷肥中全磷或矿石中全磷一般要用无机强酸处理。如盐酸和硝酸混合液，溶解难溶性磷化合物主要是靠盐酸，硝酸在此主要发挥氧化作用，防止磷被还原为 PH_3 挥发损失。经过盐酸硝酸混合液处理后全部难溶的磷酸盐转化为可溶的含磷化合物。如果磷肥中含硅过高，会生成硅酸盐干扰测定，应将溶液蒸干脱水后，再过滤分离硅酸。

准确称取磷矿石试样 1 ~ 2g（P_2O_5 量约为 200 ~ 300mg）于干烧杯中，加盐酸 30mL、硝酸 10mL。盖上表皿，缓缓加热至棕红色气体不再产生。稍冷后加高氯酸 8mL，不盖表皿，缓缓加热至产生浓厚白烟约 30min。稍冷后加 2mol/L 盐酸 40mL，微热，转移到 250mL 容量瓶中。冷却后稀释到刻度，摇匀。用干燥慢速滤纸过滤，清亮滤液供测定全磷。

12.6 磷矿石中全磷的测定

磷矿石，主要是氟磷灰石或称氟磷酸钙［$Ca_5F(PO_4)_3$］，是制造磷肥的主要原料矿石。矿石中含磷量的高低是衡量矿石质量的重要指标，也是磷肥生产工艺中进行配料计算的依据。因此，在磷矿山和磷肥厂中都必须对磷矿石进行经常性的质量检验。生产磷肥用的磷矿石，要求 P_2O_5 在30%以上。

测定磷矿石中的磷含量，目前大都采用准确度较高的磷钼酸喹啉法。

12.6.1 测定原理及方法提要

矿石经盐酸、硝酸混合酸浸取后在酸性条件下，磷以磷酸形式存在溶液中。磷酸与钼酸生成磷钼杂多酸。

$$H_3PO_4 + 12H_2MoO_4 = H_3(PO_4 \cdot 12MoO_3) \cdot H_2O + 11H_2O$$

在喹啉存在下，磷钼杂多酸与喹啉结合，生成溶解度很小的磷钼酸喹啉沉淀。

$$H_3PO_4 + 12H_2MoO_4 + 3C_9H_7N = (C_9H_7N)_3H_3(PO_4 \cdot 12MoO_3) \cdot H_2O\downarrow + 11H_2O$$

如果溶液中含有 NH_4^+，会产生部分磷钼酸铵沉淀副反应，造成结果偏低。为了排出 NH_4^+ 对测定的干扰，用丙酮予以掩蔽

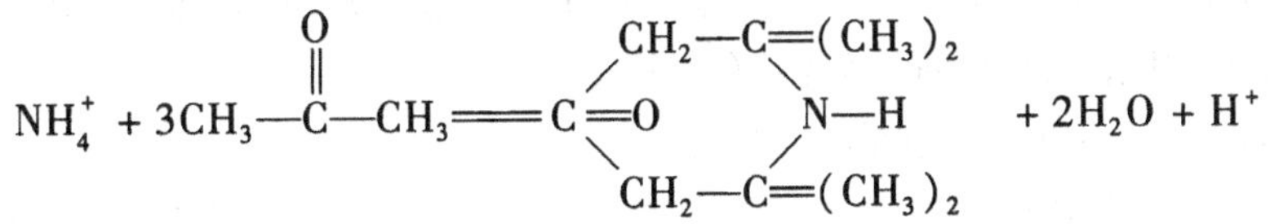

另外，丙酮还能改善沉淀的物理性能。

柠檬酸能与钼酸生成离解度较小的配合物，控制溶液中游离钼酸的浓度，防止生成硅钼酸喹啉沉淀而干扰测定。同时也可抑制磷钼酸铵沉淀的生成，并能保证磷钼酸喹啉的沉淀完全（磷钼酸喹啉溶解度比磷钼酸铵小）。另外，还能阻止钼酸盐水解析出三氧化钼沉淀，使测定结果偏高。

将上述喹啉、钼酸钠、柠檬酸和丙酮按一定比例溶于硝酸溶液中，构成沉淀磷酸的沉淀剂，又称为喹钼柠酮试剂。其最佳组成为：硝酸浓度1.9mol/L，钼酸钠含量7%，柠檬酸6%，喹啉0.5%，丙酮28%。如果待测试液中不含 NH_4^+，则可不用丙酮，将喹啉含量增加到0.85%，这样的沉淀剂称为高喹试剂。经验表明，当试液中 P_2O_5 量为20~30mg时，加沉淀剂50~60mL，溶液总体积为150mL，即符合最佳测定条件。此时沉淀剂过量50%。可根据试液中 P_2O_5 含量的不同，按比例调整沉淀剂的加入量和溶液的总体积，保证最佳测定条件。

重量法测定，用 G_4 玻璃过滤坩埚过滤、洗涤、干燥、称至恒重。在不同温度下干燥，组成不同。在100~107℃温度下干燥，失去游离水分，组成为 $(C_9H_7N)_3H_3(PO_4 \cdot 12MoO_3) \cdot H_2O$，能达到恒重，但时间长。107~155℃时，失去结晶水但不完全，不易恒重。155~370℃，结晶水全部失去，组成为 $(C_9H_7N)_3H_3(PO_4 \cdot 12MoO_3)$，能达到恒重。370~500℃沉淀分解，失去有机部分，组成为 $P_2O_5 \cdot 24MoO_3$，但不易恒重。可见 $(C_9H_7N)_3H_3(PO_4 \cdot 12MoO_3)$ 状态组成最稳定，易于干燥恒重。试验表明，在250℃左右干燥20~30min或在180~190℃干燥40~60min即可达恒重。通常大都在180℃干

燥45min。

P_2O_5 的摩尔质量 $M(P_2O_5)=141.95g/moL$，磷钼酸喹啉称量形的摩尔质量 $M[(C_9H_7N)_3H_3(PO_4\cdot 12MoO_3)]=2212.89g/mol$，换算因数$f$为

$$f=\frac{M(P_2O_5)}{2M[(C_9H_7N)_3H_3(PO_4\cdot 12MoO_3)]}=\frac{141.95}{2\times 2212.89}=0.03207$$

采用滴定法测定，磷钼酸喹啉与碱发生定量溶解反应

$$(C_9H_7N)_3H_3\ (PO_4\cdot 12MoO_3)\ \cdot H_2O+26OH^- = HPO_4^{2-}+12MoO_4^{2-}+3C_9H_7N+15H_2O$$

用过量并定量氢氧化钠标准溶液溶解磷钼酸喹啉沉淀，然后用百里香酚蓝-酚酞作为指示剂，硝酸标准溶液回滴剩余氢氧化钠。

12.6.2　试剂

（1）1∶1 硝酸。

（2）喹钼柠酮试剂。喹啉 5mL 溶解于 35mL 硝酸和 100mL 水的混合液中。60g 柠檬酸、70g 钼酸钠溶解于 85mL 硝酸和 300mL 水的混合溶液中，然后在不断搅拌下缓缓注入于喹啉硝酸溶液中，静置 24h，如有浑浊，过滤。然后加丙酮 280mL，稀释为 1L，贮于有色瓶中。

如果试液中无 NH_4^+，也可以不加丙酮，将喹啉量增至 8.5mL，称为高喹试剂。

（3）0.5mol/L 氢氧化钠标准溶液（经标定）。

（4）0.25mol/L 硝酸标准溶液（经标定）。

（5）百里香酚蓝-酚酞混合指示剂。3 份体积的 0.1% 百里香酚蓝的 50% 乙醇溶液和 2 份体积的 0.1% 酚酞的 60% 乙醇溶液混合。

12.6.3　测定步骤

12.6.3.1　重量法

准确吸取测定全磷的磷矿石试液（见 12.5.3 节）25.00mL（一般含 P_2O_5 约 20~30mg）于400mL 烧杯中，加 1∶1 硝酸 10mL，稀释至 100mL 左右，加热至微沸。在不断搅拌下缓缓加入高喹试剂 50mL，继续微沸 1min。冷却并不时搅拌。用倾泻法于 180℃ 烘干至恒重的 G_4 玻璃过滤坩埚过滤，用水洗涤 2 次（每次 25mL）。转移沉淀于坩埚内，再洗 5~6 次。在 180℃ 下干燥 45min，至恒重。必要时应做空白试验。下式计算全磷含量

$$\text{全磷(以 }P_2O_5\text{ 计)}(\%)=\frac{(G_1-G_2)\times 0.003207}{G\times\frac{25}{250}}\times 100$$

式中　G_1——磷钼酸喹啉沉淀质量，g；

G_2——空白试验沉淀质量，g；

G——磷矿石样品质量，g；

0.003207——换算因数f值。

注意：用氢氧化钠溶液清洗玻璃过滤坩埚，然后用清水洗净。

12.6.3.2　滴定法

磷钼酸喹啉沉淀过程同重量法。用倾泻法以下垫脱脂棉、上铺滤纸浆的漏斗过滤，用

水倾泻法洗涤沉淀（每次25mL左右），洗涤到最后，接取约20mL滤液于试管中，加1滴百里香酚蓝-酚酞指示剂及1滴0.5mol/L氢氧化钠标准溶液，当溶液呈紫蓝色时方可停止洗涤。将脱脂棉、滤纸浆及少量沉淀一起返回到沉淀烧杯中并置于漏斗下面。用滴定管放出0.5mol/L氢氧化钠标准溶液 V_1（30mL左右）淋洗漏斗内壁的沉淀，充分搅动烧杯内黄色沉淀全部溶解为无色溶液。用水淋洗漏斗内壁直至溶液体积约为100mL为止，移开漏斗。加百里香酚蓝-酚酞指示剂20滴，用0.25mol/L硝酸标准溶液滴定至由紫蓝色经过绿色突变为黄色为终点。用下式计算全磷含量

$$全磷(以P_2O_5计)(\%)=\frac{\frac{1}{52}(c_1V_1-c_2V_2)\times 141.95}{G\times\frac{25}{250}\times 1000}\times 100$$

式中 c_1 和 V_1——氢氧化钠标准溶液的浓度（mol/L）和体积（mL）；

c_2 和 V_2——滴定消耗硝酸标准溶液的浓度（mol/L）和体积（mL）；

$\frac{1}{52}$——溶解反应中 P_2O_5 与 NaOH 的化学计量系数比；

G——试样质量，g。

12.7 普通过磷酸钙的分析

12.7.1 水分的测定

12.7.1.1 *方法提要*

普通过磷酸钙中的水分，除了游离水分外，其余的是结晶水，磷酸一钙含一个结晶水 $Ca(H_2PO_4)_2\cdot H_2O$，硫酸钙含两个结晶 $CaSO_4\cdot 2H_2O$。前者从70℃开始散失结晶水，而后者从60℃开始散失结晶水。但结晶水完全散失很困难、时间漫长，不易恒重。而游离水的测定一般是在100~102℃下烘干，此时肯定有大量结晶水散失。本测定仍按国家标准规程进行。

12.7.1.2 *操作步骤*

准确称取粒度小于2mm的样品约10g于已在100~102℃干燥恒重的直径为50mm、高为30mm的称量瓶中，轻轻振动成均匀薄层。在100~102℃烘箱中干燥3h，称量，按下式计算水分含量

$$水分(\%)=\frac{G-G_1}{G}\times 100$$

式中 G——试样质量，g；

G_1——干燥后试样质量，g。

12.7.2 游离酸的测定

普通过磷酸钙中的游离酸主要是磷酸及少量未反应完全的硫酸。含游离酸较多的普钙易吸湿、结块并有腐蚀性，酸化土壤，对农作物生长不利。因此在磷肥生产中把游离酸含量作为控制指标，一般不得大于4%~5%。

12.7.2.1 *测定原理及方法提要*

试样用水浸取，游离酸溶解于水，用氢氧化钠滴定，发生如下反应

$$H_3PO_4 + NaOH \xlongequal{} NaH_2PO_4 + H_2O$$

$$H_2SO_4 + 2NaOH \xlongequal{} Na_2SO_4 + 2H_2O$$

终点时，溶液的 pH 值由 $H_2PO_4^-$ 控制，即

$$pH = -\lg\sqrt{K_{a1}K_{a2}} = 4.6$$

可选用甲基橙（变色范围为 3.1～4.4）或甲基红（变色范围为 4.4～6.2）为指示剂。但试液中含有少量铁、铝等杂质，当 pH 值到 4 以上时发生水解，溶液变浑浊。上述指示剂终点变色由红色突变为黄色，不易观察。也可选溴甲酚绿（变色范围为 4～5.6）指示剂，终点变色由黄变蓝。

测定结果以 P_2O_5 含量表示。在生产控制分析中，需分别测定磷酸及硫酸含量，可采用双指示剂法测定。当滴定至溴甲酚绿突变为蓝色时，称为第一终点，记下所消耗的氢氧化钠标准溶液体积 V_1。溶液中加入几滴酚酞指示剂，继续用氢氧化钠标准溶液滴定。滴定至蓝色突变为紫色时，称为第二终点，记下第二次滴定所消耗的氢氧化钠标准溶液的体积 V_2。设氢氧化钠标准溶液浓度为 c(mol/L)，由下式分别计算出磷酸和硫酸的物质的量 n(mol)

$$n(H_3PO_4) = \frac{cV_2}{1000}(\text{mol})$$

$$n(H_2SO_4) = \frac{\frac{1}{2}c(V_1 - V_2)}{1000}(\text{mol})$$

$$\text{游离磷酸(以 } P_2O_5 \text{ 计)}(\%) = \frac{\frac{1}{2}n(H_3PO_4) \times 141.95}{G} \times 100$$

$$\text{游离硫酸(以 } H_2SO_4 \text{ 计)}(\%) = \frac{n(H_2SO_4) \times 98}{G} \times 100$$

式中　G——滴定液中试样的实际质量，g。

12.7.2.2　试剂

（1）0.1mol/L 氢氧化钠标准溶液。

（2）0.2% 溴甲酚绿指示剂。

12.7.2.3　测定步骤

准确称取试样 10g 于 500mL 容量瓶中，加水 400mL，旋紧瓶塞，激烈振荡 5min 后稀释至刻度并摇匀。用慢速滤纸过滤。准确吸取滤液 V_1(mL) 于 250mL 锥形瓶中，稀释至 150mL。加溴甲酚绿指示剂 0.5mL，用氢氧化钠标准溶液滴定至蓝绿色为终点。用下式计算游离酸含量

$$\text{游离酸(以 } P_2O_5 \text{ 计)}(\%) = \frac{\frac{1}{2}cV \times 141.95}{G \times \frac{V_1}{500} \times 1000} \times 100$$

式中　c，V——氢氧化钠标准溶液的浓度(mol/L)和体积(mL)；

G——试样质量，g；

V_1——分取试液体积，mL。

如果需要分别测定磷酸和硫酸含量，则用双指示剂法测定。

12.7.3 有效磷的测定

普通过磷酸钙的有效磷，主要是水溶性的磷酸一钙和游离磷，但是常含有少量枸溶性的磷酸二钙，也属于有效磷。因此应该先用水浸取水溶性磷化合物，再用彼得曼试剂浸取剩余残渣，合并两种浸取液，用磷钼酸喹啉法测定(整个浸取过程参见 12.5.2.1 节)。

彼得曼试剂含有大量 NH_4^+，因此用磷钼酸喹啉法测磷所需的沉淀剂不能使用高喹试剂而应使用喹钼柠酮试剂。

测定过程如下：

准确吸取 12.5 节所述测定普通过磷酸钙有效磷所制备的水溶性磷试液和彼得曼试剂浸取液各 25.00mL，混合于 400mL 烧杯中，稀释至约 100mL，用 1:1 硝酸或 1:1 氨水调整至微酸性，用喹钼柠酮进行沉淀。然后按照 12.6.3 节所述步骤测定，计算出有效磷含量。

重过磷酸钙的分析可参照本节所述普通过磷酸钙的分析方法进行。

12.8 钙镁磷肥的分析

钙镁磷肥的主要成分是磷酸四钙，呈微碱性，不溶于水，可溶于 2% 柠檬酸溶液中，含有效磷一般在 15% ~20% 。

国家标准规定，对钙镁磷肥要进行有效磷、水分和细度三项主要指标的控制。

12.8.1 水分的测定

钙镁磷肥是高温煅烧品，只含有游离外来水，测定过程较为简便，方法如下：

准确称取样品约 10g 于已在 105 ~ 110℃ 温度下干燥恒重的直径为 50mm、高为 30mm 的称量瓶中，轻轻振动至成均匀薄层，在 105 ~ 110℃ 温度下干燥至恒重，按一般方法计算水分含量。

12.8.2 细度的测定

称取样品 100g(准确至 0.02g) 于 80 目筛中，用振动器或人工振动 10 ~ 15min，毛刷刷扫筛的内部边缘，继续振动 2 ~ 3min。扫出筛上未能过筛的残留物于已知质量表皿上称量，用下式计算其细度：

$$\text{细度 } 0.175\text{mm}(\text{过 } 80 \text{ 目筛})(\%) = \frac{G - G_1}{G} \times 100$$

式中 G——样品质量，g；

G_1——未能过筛残留物质量，g。

12.8.3 有效磷的测定

钙镁磷肥中的有效磷，主要是能够溶解于 2% 柠檬酸溶液的磷酸四钙（$Ca_4P_2O_9$）。因此先用 2% 的柠檬酸溶液浸取，然后用磷钼酸喹啉法完成测定。柠檬酸浸取液中不含 NH_4^+，可使用高喹试剂沉淀。测定步骤如下：

准确吸取 12.5.2.2 节所述方法制备的测定有效磷的分析试液 10.00 ~ 15.00mL（含

P_2O_5 约 20 ~ 30mg)，于 400mL 烧杯中，然后按 12. 6. 3 节所述方法完成测定并计算出有效磷含量。

钢渣磷肥的分析，可参照钙镁磷肥的分析方法进行。

12.9　钾肥的分析

钾对植物体内各种糖类代谢作用十分关键。植物缺钾会严重影响体内各种糖类的合成，继而影响体内蛋白质和脂肪的形成，使其不能正常生长发育。

进入 21 世纪，世界每年钾盐生产量以 K_2O 计约为 35Mt，其中 95% 左右用作肥料。全世界年生产氮、磷、钾三种肥料有效成分比例，即 N: P_2O_5: K_2O 约为 1: 0. 46: 0. 4，钾肥的使用量基本上与磷肥相等。

钾肥的主要品种是氯化钾和硫酸钾，其余的是硫酸钾镁、磷酸氢钾和硝酸钾等。自然矿物如光卤石、钾石盐和钾镁矾石等也可作为自然钾肥。此外，许多农家肥（如草木灰、豆饼、绿肥等）、水泥窑灰等都含有一定数量的钾。

测定钾的方法很多，历史上有氯铂酸钾法、过氯酸钾法、钴亚硝酸钠钾法等重量分析法。其中有的由于钾盐溶解度较大，必须使用有机试剂；有的因干扰元素较多，必须经过烦琐的分离手续；还有的是应用试剂昂贵或反应条件难以控制，测定效果不佳。后来提出的酒石酸苯胺（或吡啶）滴定分析法不适用于组成复杂的物料。火焰光度法虽快速准确，但主要用于微量测定，对于含钾较高物料也不适用。

对于氯化钾、硫酸钾、硝酸钾等较为简单的无机钾肥，由于其较好的溶解性能以及干扰离子不多，可用四苯硼化钠作为沉淀剂定量沉淀为四苯硼化钾，通过洗涤、烘干称量，用重量法测定其钾含量。也可用丙酮水溶液溶解沉淀，铬酸钾为指示剂，用硝酸银标准溶液沉淀滴定法测定其钾含量。

12.9.1　四苯硼化钾重量法测定原理及方法提要

四苯硼化钠与钾离子在 pH 值为 2 的酸性环境中反应生成四苯硼化钾白色晶形沉淀。

$$K^+ + Na[B(C_6H_5)_4] = K[B(C_6H_5)_4]\downarrow + Na^+$$

其 K_{SP} 为 1.5×10^{-6}(25℃)。

根据晶形沉淀的冯 · 韦曼(Von Weimarn)规则，在沉淀过程中：

(1) 缓慢滴加沉淀剂四苯硼化钠，尽量控制和减小沉淀的过饱和度。

(2) 在 pH 值为 2 的酸性条件下，使四苯硼酸根部分质子化，减小沉淀的过饱和度。

(3) 保持温热条件以增大沉淀溶解度，不断搅拌防止局部过饱和。

这样，就能获得较大的沉淀颗粒，便于洗涤、减少沾污。另外，由于四苯硼化钾的溶解度不是很小，要保证有一定的陈化时间。为防止洗涤过程中溶解损失过大，采用四苯硼化钾的饱和溶液作为洗涤剂。

12.9.2　试剂

(1) 0. 1mol/L 氢氧化钠溶液。

(2) 0. 1mol/L 盐酸溶液。

(3) 1% 四苯硼化钠溶液。四苯硼化钠 1g 溶解于 100mL 水中，加约 0. 5g 新配制的胶体氢氧化铝，每5min搅拌一次，20min后用慢速滤纸过滤。贮于有色玻璃瓶中备用。

(4) 四苯硼化钾饱和溶液。氯化钾约0.1g溶解于50mL水中，加0.1mol/L乙酸2～3滴。在不断搅拌下缓缓加入1%四苯硼化钠溶液20～25mL，静置30min后，用慢速滤纸过滤。用水洗涤8～10次，然后转移到烧杯中，加一定量的水，剧烈搅拌10min，用慢速滤纸过滤于有色玻璃瓶中备用。

12.9.3 操作过程

准确称取试样 G(g)(含氧化钾约15～20mg)溶解于盛有80mL水的烧杯中，以0.1mol/L氢氧化钠和0.1mol/L盐酸调整溶液的pH值为2(以精密pH试纸)。加热至60℃左右，在不断搅拌下缓缓加入1%四苯硼化钠溶液10～15mL(刚开始时只能逐滴加入)，继续搅拌3min，静置30min。用已经在110℃恒重的 G_4 玻璃过滤坩埚过滤。用四苯硼化钾饱和溶液洗涤滤饼5～8次，最后用少量(2～3mL)水洗涤2次。将坩埚放在110℃烘箱中干燥至恒重，用下式计算试样中 K_2O 含量

$$K_2O(\%) = \frac{m \times 0.1314}{G} \times 100$$

式中 m——四苯硼化钾的质量，g；

G——试样质量，g；

0.1314——四苯硼化钾换算为 K_2O 的换算因数。

13 工业污染监测

13.1 概述

工业污染是指工业生产过程中产生的废气、废水、废渣（固体废弃物）以及噪声和辐射等使周围环境质量下降，导致人类及其他生物难以正常生存和发展的现象。工业生产的各种环节，如原料生产、加工过程、燃烧过程、加热和冷却过程、成品整理过程等，都会不同程度地产生各种污染物质和污染因素。由于行业不同，使用的原料、燃料和工艺过程差别很大，所产生的污染物质也就大不相同。本章主要介绍工业废气和废水中的部分污染物监测原理和分析方法。

13.1.1 工业废气

工业废气是指工业生产过程中向外排放的各种废弃气体。它是造成大气污染的主要污染源。

大气污染是指大气中污染物或由其转化的二次污染物的浓度达到了有害程度的现象。大气污染物的种类很多，其物理和化学性质非常复杂，毒性也各不相同，主要来自矿物燃料燃烧和工业生产。前者主要产生二氧化硫、氮氧化物、碳氧化物、碳氢化合物和烟尘等；后者因所用原料和工艺不同而排放出不同的有害气体和固体物质（粉尘）。

大气污染常规分析指标是根据国家颁发的“环境质量标准”和主管部门结合当地实际情况确定的。我国1982年制定的《大气环境质量标准》规定现阶段的常规分析指标为二氧化硫、总悬浮颗粒物、氮氧化物、一氧化碳和总氧化剂。

13.1.2 工业废水

工业废水是指工业生产过程中排出的废水，包括工艺过程用水、机器设备冷却水、烟气洗涤水、设备和场地清洗水等。工业废水造成的污染主要是有机需氧物质污染、化学毒物污染、无机固体悬浮物污染、重金属污染、酸或碱污染、植物营养物质污染、热污染和病原体污染等。由于许多污染物有颜色、臭味或易生泡沫，因此，工业废水常呈现使人厌恶的外观。根据工业废水所含污染物的性质，通常将工业废水分为有机废水、无机废水、兼含有机物和无机物的混合废水、重金属废水、含放射物质的废水和仅受热污染的冷却水。

工业废水的水质和水量因生产工艺和生产方式不同差别很大。一种工业可以排出几种不同性质的废水，同种性质的废水又会含有不同的污染物和具有不同的污染效应。工业废水中有害物质的种类很多，约有数百种。不同工业对废水的监测项目各不相同，应结合生产工艺及国家有关规定确定。

13.2 工业废气的采集

13.2.1 采样方法及原理

空气中有害物质的存在形式随工艺、气象条件等因素的变化而变化，为了能正确反映生产场所空气污染的程度、范围和动态情况，除了选择合适的分析方法外，还要掌握采样的基本原则与各种采样方法。正确采集空气样品是测定空气中有害物质的关键，它直接影响测定结果的可靠性和准确性。

采集空气样品的方法主要是直接采样法和浓缩采样法两类。

(1) 直接采样法。直接采样法是用玻璃瓶、塑料袋、橡皮球胆、注射器等容器直接采集含有污染物的空气样品的方法。它适用于空气中污染物浓度较高、测定方法较灵敏以及不易被液体吸收剂吸收或固体吸附剂吸附的污染气体。用这类采样方法测得的结果为污染物的瞬时浓度或短时间平均浓度。

(2) 浓缩采样法。浓缩采样法是使大量空气通过液体吸收剂或固体吸附剂，以浓缩或富集空气中的污染物，以利于分析测定的采样方法。适用于被测污染物浓度很低，所用分析方法不能直接测定的空气样品采集。用此类采样方法测得的结果为采样时间内空气中污染物的平均浓度。

浓缩采样法主要包括溶液吸收法和固体阻留法。此外还有适用于低沸点气态物质的低温浓缩法、采集气溶胶物质的电沉降法等。

(1) 溶液吸收法。主要用于吸收气态和蒸气态污染物。常用的吸收剂有水、水溶液和有机溶剂等。吸收剂必须能与污染物发生快速的化学反应或能把污染物迅速地溶解，并便于进行分析操作。如空气中的氟化氢、氯化氢可用水作为吸收剂；二氧化硫用四氯汞钠作为吸收剂。

(2) 固体阻留法。此法主要是通过固体吸附剂的吸附或阻留作用，以达到浓缩有害物质的目的。

固体吸附剂有颗粒状吸附剂和纤维状吸附剂两种。常用的颗粒吸附剂有硅胶、素陶瓷等，用于气态、蒸气态和颗粒物的采样；纤维状吸附剂有滤纸、滤膜、脱脂棉、玻璃棉等，吸附作用主要是物理性的阻留，用于采集颗粒物。在某些情况下，可先用化学试剂浸渍处理吸附剂，使污染物同它发生化学作用而被吸附，增强吸附剂对气态或蒸气态污染物的吸附。

13.2.2 采样仪器

用于大气污染物的采样仪器，一般由收集器、流量计和抽气动力三部分组成。它们按图 12-1 的方式组合构成完整的采样系统。

(1) 收集器。收集器是捕集待测物质的装置。常用的收集器有液体吸收管、填充柱采样管和滤料采样夹等。

1) 液体吸收管。主要用于采集气态或蒸气态的污染物。最常用的有气泡吸收管和多孔玻璃吸收管，管内一般装有一定量的吸收剂。当气体通过吸收液时，待测污染物与吸收剂发生物理和化学反应，使污染物保留于吸收液中。

2) 填充柱采样管。适用于采集蒸气态与气溶胶污染物。管内可装预先处理过的颗粒状或纤维状的固体吸附剂（如硅胶、活性炭等），其收集作用主要是固体物料对污染物的吸附和阻留。

3）滤料采样夹。适用于采集粉尘、烟尘等，其收集作用主要是预先装在采样夹上的滤膜对污染物的阻留。

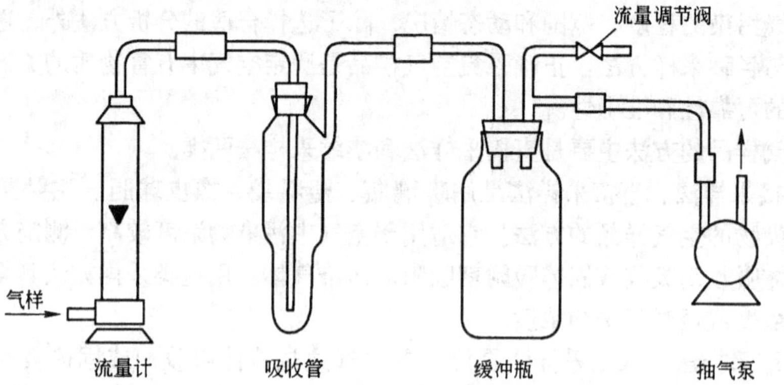

图 13-1　气体采样系统

（2）流量计。流量计是测量空气流量的装置。流量计的种类很多，现场采样常用孔口流量计或转子流量计。气体的流量一般由流量计上直接读取。使用转子流量计时，若空气湿度太大，应在流量计进气口前连接一个干燥管，否则，转子会吸收空气中的水分使质量增加，影响流量测量。

（3）抽气动力。常用的抽气动力有真空泵和薄膜泵。真空泵抽气量大、抽气速度快，多用于采气量多、收集器阻力较大的场合。薄膜泵轻便、易于携带、噪声小和抽气量小，适用于作为气泡吸收管的采样动力。

13.3　工业废气中二氧化硫的测定

二氧化硫是主要的大气污染物之一，它是一种无色、易溶于水具有刺激性气味的气体，能通过人的呼吸进入气管、支气管，大部分溶于管腔水膜中，对气管起刺激作用，是诱发支气管炎等疾病的主要原因之一。

测定空气中二氧化硫的常用方法有酸碱滴定法、碘量法、盐酸副玫瑰苯胺分光光度法、库仑滴定法和溶液电导法等。盐酸副玫瑰苯胺分光光度法是我国大气环境质量标准（GB 3095—82）规定的标准分析方法，本节将主要介绍其分析原理和方法。

13.3.1　方法原理

用氯化汞和氯化钾（钠）配制成采样用的吸收液——四氯汞钾（四氯汞钠），吸收采样空气中的二氧化硫，生成稳定的二氯亚硫酸络合物。此络合物与甲醛作用生成羟甲基磺酸，再与盐酸副玫瑰苯胺反应生成紫色络合物，借以进行分光光度测定。反应式如下

$$HgCl_2 + 2KCl = K_2[HgCl_4]$$

$$[HgCl_4]^{2-} + SO_2 + H_2O = [HgSO_3Cl_2]^{2-} + 2H^+ + 2Cl^-$$

$$[HgSO_3Cl_2]^{2-} + HCHO + 2H^+ = HgCl_2 + HOCH_2SO_3H$$

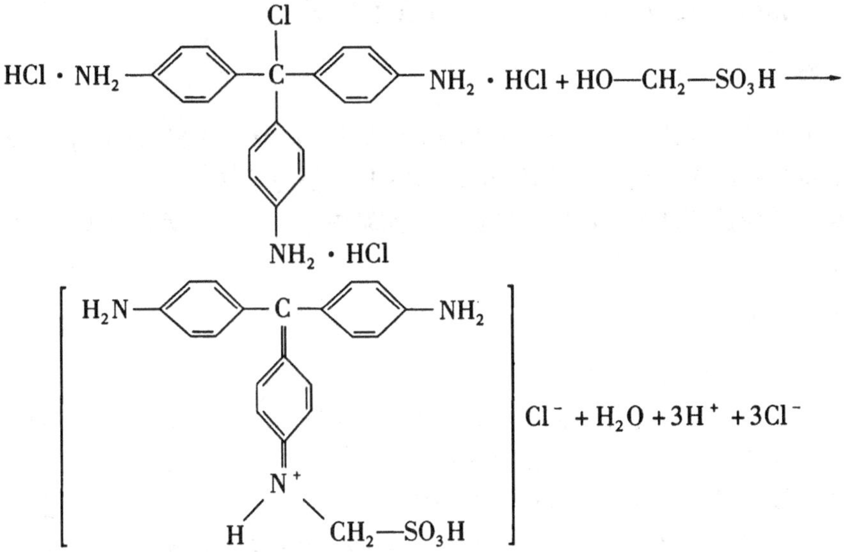

温度对显色有较大的影响。温度越高，空白值越大。温度高，显色反应速度快，褪色也快。最好使用恒温水浴控制显色温度在20～30℃，且温差不超过2℃。

酸度对测定影响很大。若溶液pH值为1.6±0.1，有色络合物呈红紫色，其最大吸收波长为548nm，且有较大的空白值；若溶液pH值为1.2±0.1，有色络合物呈紫色，最大吸收波长为575nm，空白值较小。国标规定溶液pH值为1.2±0.1。

干扰测定的物质主要是氮氧化物、臭氧、铁、铬等。显色前加入氨基磺酸铵可定量消除氮氧化物的影响；采样后放置一段时间（20min）可使臭氧自行分解；磷酸和EDTA可以消除或减小铁、铬等重金属的干扰。本法检测限为0.03μg/mL二氧化硫。当采样体积为30L时，最低检出浓度为0.025mg/m^3。

13.3.2 仪器、试剂

（1）多孔玻板吸收管（短时采样）；多孔玻板吸收瓶，规格75～125mL（24h采样）。

（2）空气采样器。流量0～1L/min。

（3）721型分光光度计。

（4）0.04mol/L四氯汞钾（TCM）吸收液。称取10.9g氯化汞、6.0g氯化钾和0.07g EDTA，溶解于水后，稀释至1000mL。此溶液在密闭容器中贮存可稳定6个月。

（5）0.2%甲醛溶液。临时配制。

（6）0.6%氨基磺酸溶液。临时配制。

（7）0.2%盐酸副玫瑰苯胺（对品红）。称取0.2g经提纯的对品红溶解于100mL 1.0mol/L盐酸溶液。

（8）0.016%对品红使用液。吸取对品红贮备液20.00mL于250mL容量瓶中，加25mL 3mol/L磷酸溶液，用水稀释至刻线。摇匀，放置24h后方可使用。此液存于暗处，可稳定9个月。

（9）亚硫酸钠标准溶液。称取无水亚硫酸钠0.2g及0.01g EDTA，溶解于200mL新煮沸并已冷却的蒸馏水中，摇匀。放置2～3h后用碘量法标定。用吸收液稀释成每毫升含

2.00μg 二氧化硫标准溶液。冰箱中保存，可稳定 20 天。

13.3.3　采样

采样时间为 30min 或 60min 时，用 10mL 吸收液，流量为 0.5L/min；测定 24h 平均浓度时，用 50mL 吸收液，流量为 0.2L/min，10～16℃恒温采样。

如果样品采集后不能当天测定，应保存于冰箱中。在采样、运输过程中，应避免阳光直接照射。

13.3.4　分析步骤

13.3.4.1　标准曲线的绘制

分别吸取亚硫酸钠标准溶液 0.00mL、0.50mL、2.00mL、4.00mL、6.00mL、8.00mL、10.00mL 于 7 支 25mL 比色管中，按顺序加入 10.00mL、9.50mL、8.00mL、6.00mL、4.00mL、2.00mL、0.00mL 四氯汞钾吸收液，摇匀。在上述各管中分别加入 0.6% 氨基磺酸铵溶液 1.00mL，摇匀，再加入 0.2% 甲醛溶液 2.00mL、0.016% 盐酸副玫瑰苯胺（对品红）溶液 5.00mL，用新煮沸并已冷却的蒸馏水稀释至刻线，摇匀。当室温为 15～20℃时，显色 30min；室温为 20～25℃时，显色 20min；室温为 25～30℃时，显色 15min。用 1cm 比色皿，于波长 575nm 处，以水为参比，分别测定吸光度。扣除空白后，以吸光度作纵坐标，二氧化硫含量为横坐标，绘制标准曲线。

13.3.4.2　试样的测定

样品中若有浑浊物，应离心分离除去。

将采样后的全部或部分吸收液（视二氧化硫量而定）移入 25mL 比色管中，放置 20min，使臭氧分解。加入 0.6% 氨基磺酸铵溶液 1.00mL，摇匀。放置 10min 消除氮氧化物的干扰，以下操作步骤同标准曲线绘制。同时作试剂空白，由试样吸光度减去空白吸光度，在标准曲线上查出二氧化硫的量，并由下式计算

$$SO_2(\mathrm{mg/m^3}) = \frac{A}{V_n} \times \frac{V_t}{V_a}$$

式中　A——由标准曲线查出的二氧化硫量，μg；

V_n——标准状态下的采样体积，L；

V_t——吸收液总体积，mL；

V_a——分取吸收液体积，mL。

注意：四氯汞钾溶液剧毒！使用时应小心，如溅至皮肤上，立即用水冲洗。

13.4　工业废气中氮氧化物的测定

氮的氧化物有 N_2O、NO、NO_2、N_2O_3、N_2O_4 和 N_2O_5 等多种形式，工业废气中的氮氧化物主要是 NO_2 和 NO。NO 是无色、无臭、微溶于水的气体，在空气中部分被氧化成 NO_2；NO_2 是棕红色的气体，具有刺激性，是引起支气管炎等呼吸道疾病的有害物质。在监测工作中，既可分别测定 NO 和 NO_2，也可以测定其总量（NO_x）。通常是测定总量，并以 NO_2 的形式表示。

测定空气中氮氧化物的方法主要是盐酸萘乙二胺分光光度法，此法是我国大气环境质

量标准（GB-3095—1982）规定的标准分析方法。

13.4.1　方法原理

用冰乙酸、对氨基苯磺酸和盐酸萘乙二胺配制成吸收显色液吸收二氧化氮，生成亚硝酸和硝酸，在冰乙酸存在下，亚硝酸与对氨基苯磺酸发生重氮反应，再与盐酸萘乙二胺耦合生成玫瑰红色的偶氮染料，借此进行分光光度法测定。反应式如下

$$2NO_2 + H_2O = HNO_2 + HNO_3$$

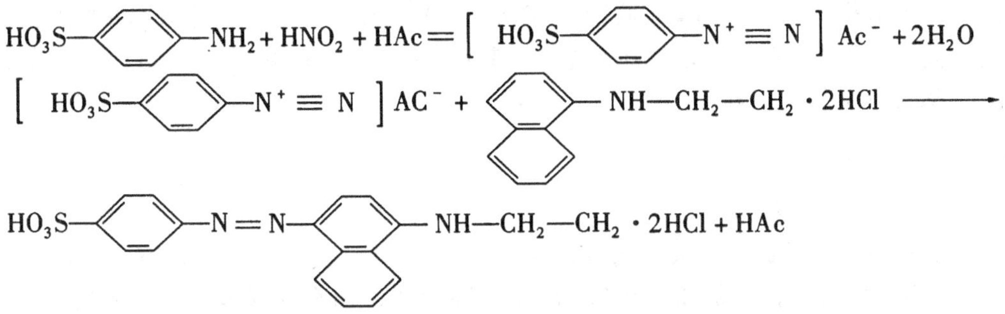

NO 不与吸收液发生上述反应，测定氮氧化物总量时，应先使气样通过三氧化铬-砂子氧化管，把 NO 氧化成 NO_2，再通过吸收液进行吸收和显色。

空气中 SO_2 体积分数为 NO_2 体积分数的 10 倍以下时，对测定无干扰；30 倍以上时使颜色少许减褪。臭氧体积分数为 NO_2 体积分数的 5 倍时，对测定略有干扰。在一般的空气试样中，二氧化硫和臭氧含量均很低时，通常不考虑其对测定的影响。

值得注意的是，气相中的 NO_2 并不是 100% 地转变为 NO_2^-（液），用标准气测得 NO_2（气）转变为 NO_2^-（液）的效率为 0.76，计算结果时应除以 0.76。

本法检出限为 0.01μg/mL。当采样体积为 6L 时，氮氧化物（以 NO_2 计）的最低检出质量浓度为 0.01mg/m³。

13.4.2　仪器、试剂

（1）多孔板吸收管。10mL，双球玻璃管。

（2）空气采样器。流量范围 0～1L/min。

（3）721 型分光光度计。

（4）吸收-显色液。称取 5.0g 对氨基苯磺酸于 1000mL 棕色容量瓶中，加入 50mL 冰乙酸和 900mL 水溶解。溶解后，加入 0.05g 盐酸萘乙二胺并使溶解，用水稀释至刻线。此为吸收原液，在冰箱中可保存一个月。

采样时，取 4 份吸收原液与 1 份水混合成采样用的吸收-显色液。

（5）三氧化铬-砂子氧化管。筛取 20～40 目河砂，用 1∶2 盐酸浸泡一夜，用水洗至中性后烘干。将三氧化铬及砂子按 1∶20 的质量比混合，加少量水调匀，放于红外灯或烘箱内 105℃ 烘干，烘干过程搅拌几次，防止黏结。

称取约 8g 三氧化铬-砂子装入双球玻璃管，两端用少量脱脂棉塞好，并用塑料制的小帽将氧化管两端密封，备用。

（6）亚硝酸钠标准贮备液。称取 0.1500g 粒状亚硝酸钠（干燥器内干燥 24h 以上）于

1000mL 棕色容量瓶中，加适量水溶解并稀释至刻线，摇匀。此溶液每毫升含 100.0μg 亚硝酸根(NO_2^-)，保存在冰箱内，可稳定 3 个月。

(7)亚硝酸钠标准溶液。吸取贮备液 5.00mL 于 100mL 容量瓶中，用水稀释至刻线，摇匀。此溶液每毫升含 5.00μg 亚硝酸根(NO_2^-)。

13.4.3　采样

用一支内装 10.00mL 吸收液的多孔板吸收管，进气口接氧化管(管口略向下倾斜，以免湿空气弄湿氧化剂 CrO_3，污染吸收液)，以 0.2～0.3L/min 的流量避光采样至吸收液呈微红色为止，记下采样时间，密封好采样管，带回实验室，当日测定。采样时，若吸收液不变色，采气量应不少于 6L。

13.4.4　分析步骤

13.4.4.1　标准曲线的绘制

分别吸取亚硝酸钠标准溶液 0.00mL、0.20mL、0.40mL、0.60mL、0.80mL、1.00mL 于 6 支 10mL 比色管中，分别加入 9.00mL 吸收-显色液，用水稀释至刻线、摇匀，放置 15min，用 1cm 比色皿，于波长 540nm 处，以水为参比，分别测定吸光度。扣除空白后，以吸光度对亚硝酸根含量(μg)绘制标准曲线。

13.4.4.2　试样的测定

采样后，放置 15min，将样品溶液移入 1cm 比色皿中，用绘制标准曲线的方法测定试剂空白和样品溶液的吸光度(若样品溶液的吸光度超过标准曲线的测定上限，应用吸收液稀释后再测定)。由试样吸光度减去空白吸光度，在标准曲线上查出亚硝酸根的量，并由下式计算

$$NO_2(mg/m^3)=\frac{A}{0.76V_n}$$

式中　A——由标准曲线上查出的亚硝酸根的量，μg；

V_n——标准状态下的采样体积，L；

0.76——NO_2(气)转换为 NO_2^-(液)的系数。

13.5　工业废水的采取

分析工业废水的目的在于查明其中存在的污染物及其含量。为获得具有代表性的样品，采样前必须了解废水的排放规律和废水中污染物的时、空、量的变化。在采样的同时还应测量废水的流量。

废水的采样涉及采样时间、地点和频率三个方面。采样要求取决于调查目的和分析项目。有些是为了掌握污染物浓度的瞬间变化，以控制或调节生产工艺过程；有些是为了取得污染物的平均浓度，以了解对环境造成的污染。

13.5.1　采样点的布设

工业废水采样点布设一般采取下述几种方式。

(1) 从排放口采样。当废水从排放口直接排放到公共水域时，采样点布设在厂、

矿的总排污口、车间或工段排污口。在评价污水处理设施时，要在设施前后都布设采样点。

（2）从水路中采样。当废水以水路形式排到公共水域时，为了不使公共水域的水倒流进排放口，应设适当的堰，从堰溢流中采样。对于用暗渠排放废水的地方，也要在排放口内，公共水域的水不能倒流到的地点采样。

在排污管或渠道中采样时，应在具有湍流状况的部位采集，并防止异物进入水样。

（3）利用自动采水器采样。利用自动采水器采样，应把自动采水器的采水用配管沉到采样点的适当深度（一般在中心部分），配管的尖端附近装上2mm筛孔的耐腐蚀的筛网，防止杂质进入配管及泵内。

13.5.2 工业废水采集的时间和频率

各种工业废水都含有特殊的污染物质，其排放量、浓度等因工艺、操作时间及开工率不同而有很大差异。采样的时间和采样频率的选择是一个复杂的问题，主要取决于排污的情况和分析的要求。在一般情况下，工业废水的采样时间应尽可能选择在开工率、运转时间及设备等正常状况时，并且至少以调查一个操作日作为一个变化单位。在生产和废水排放的周期内，应根据废水排放的具体情况，确定采样的时间间隔。

工业废水采集的基本类型可以分为：

（1）瞬时废水样。废水的化学组成和浓度强烈地依赖于生产工艺流程和管理状况。对于生产工艺和过程连续、恒定，废水中组分及浓度随时间变化不大的工业废水，一般采用瞬时取样的方法。

瞬时采样也适用于采集有特定要求的废水样。如某些平均浓度合格，但排放高峰浓度超标的废水，可隔一定时间瞬时采样。

（2）平均废水样。生产的周期性影响着排污的规律性。不同的工厂和车间生产周期时间长短很不相同，排污的周期差别也很大。一般应在一个或几个生产或排放周期内，按一定的时间间隔分别采样。对于性质稳定的污染物，可对分别采集的样品进行混合后一次测定；对于不稳定的污染物可在分别采样、分别测定后取平均值为代表。

生产的周期性也影响废水的排放量，若排放流量不恒定，可将一个排污口不同时间的废水样，按照流量的大小，按比例混合，可得平均比例混合废水样。这是获得平均浓度最常使用的方法。

各种废水水样，从采集到分析这段时间里，由于物理的、化学的和生物的作用会发生各种变化。为了使这些变化降到最小程度，必须在采样时根据水样的不同情况和需测定的项目，采取必要的保护措施，常用的水样保存方法有冷藏法和化学试剂加入法。

（1）冷藏法：通过降低水样保存温度，抑制生物活动，减缓物理作用和化学作用。一般水样的保存温度为4℃左右。

（2）化学试剂加入法：根据待测水样的测定项目，向水样中加入某种试剂以避免待测组分在运输和贮放过程中发生变化。这种试剂也称固定剂。根据所加化学试剂的作用机理，可分为细菌抑制剂法、酸化法（pH 值小于 2）和加碱法（pH 值大于12）。

13.6　工业废水中铬的测定

铬是工业废水中主要的污染物之一。它在废水中常以三价或六价的形式存在，受水中pH值、有机物、氧化还原物质、温度及硬度等条件影响，三价铬和六价铬的化合物可以互相转化。

铬是人和动物所必需的微量元素，躯体缺铬可引起动脉粥样硬化症。微量铬对植物生长有刺激作用，可提高产量。但如铬量过多，对人和动植物的正常生长都将产生严重的危害。如水中六价铬的含量超过0.1mg/L，将对人类产生毒性作用；水中含铬量（质量分数）为1×10^{-6}时可刺激作物生长，为（1～10）$\times10^{-6}$时会使作物生长减缓，为100×10^{-6}时则使作物几乎完全停止生长，濒于死亡。

铬的毒性与其存在价态有关，通常认为六价铬的毒性比三价铬高100倍，且具有致癌作用。

含铬工业废水主要来源于矿山、冶炼、电镀、制革、纺织、造纸、染料等生产行业。我国工业废水排放标准（GB 8978—1988）规定，工业废水中六价铬及其化合物最高容许排放浓度为0.5mg/L（按六价铬计）

工业废水中铬的测定包括六价铬、三价铬和总铬量的测定。测定方法主要有二苯碳酰二肼分光光度法、原子吸收分光光度法和硫酸亚铁铵滴定法。本节主要介绍二苯碳酰二肼分光光度法。

13.6.1　方法原理

在酸性溶液中，六价铬与二苯碳酰二肼反应，生成紫红色络合物，其最大吸收波长为540nm，摩尔吸光系数为4.0×10^4，借以进行分光光度测定。

酸度对显色反应有较大的影响。一般控制在0.05～0.3mol/L，最适宜的酸度为0.2mol/L。显色前，水样应调节至中性，防止六价铬转变为三价铬，使测定结果偏低。

六价钼和汞能与显色剂反应生成红紫色和蓝紫色络合物，但在0.05～0.3mol/L的酸度条件下反应不灵敏，高达200mg/L的钼和汞也不影响测定。铁和钒与显色剂反应生成黄褐色络合物，影响测定。钒的干扰可在显色后放置10min，让其自行褪色；铁的干扰可加入铜试剂、然后用三氯甲烷萃取分离除去（钒也被分离）。

次氯酸等氧化性物质对测定的干扰用亚硝酸钠还原消除。过剩的亚硝酸钠须用尿素分解。水样有色或浑浊对测定均有影响，可用锌盐沉淀分离法消除其对测定的影响。

有机物对测定的干扰，可用酸性高锰酸钾将其氧化，消除其干扰。但须在锌盐沉淀分离法处理后进行。过量的高锰酸钾用亚硝酸钠分解。

若测定总铬，须在水样处理前用高锰酸钾将三价铬氧化成六价铬。

本法适用于地面水和工业废水中六价铬的测定。测定线性范围为0.004～1.0mg/L。

13.6.2　仪器、试剂

（1）721型分光光度计。

（2）氢氧化锌共沉淀剂。称取硫酸锌（$ZnSO_4\cdot7H_2O$）8g，溶于100mL水中，加入2%氢氧化钠溶液120mL，摇匀。

(3)铬标准贮备液。称取 120℃ 干燥 2h 的重铬酸钾 0.2829g，用水溶解后，移入 1000mL 容量瓶中，用水稀释至刻线，摇匀。此溶液每毫升含 0.1000mg 六价铬。

(4)铬标准溶液。吸取 25.00mL 铬标准贮备液，置于 500mL 容量瓶中，用水稀释至刻线，摇匀。此标准溶液每毫升含 5.00μg 六价铬。使用当天配制。

(5)0.2%二苯碳酰二肼溶液。称取二苯碳酰二肼 0.2g，溶于 50mL 丙酮中，加水稀释至 100mL，摇匀，贮于棕色瓶中，放置冰箱保存。色变深时不能使用。

13.6.3 分析步骤

13.6.3.1 标准曲线的绘制

分别吸取铬标准溶液 0.00mL、0.20mL、0.50mL、1.00mL、2.00mL、4.00mL、6.00mL、8.00mL、10.00mL 于 9 支 50mL 比色管中，用水稀释至标线，分别加入 1∶1 硫酸溶液 0.50mL 和 1∶1 磷酸溶液 0.50mL，摇匀。各加入 2.00mL 0.2% 二苯碳酰二肼溶液，摇匀。放置 5～10min 后，于波长 540nm 处，用 1cm 或 3cm 的比色皿，以水作参比，分别测定其吸光度。经空白校正后，绘制吸光度对六价铬含量的标准曲线。

13.6.3.2 水样中六价铬的测定

取适量水样(含六价铬少于 100μg)置于 150mL 烧杯中，加水至 50mL，滴加 0.2% 氢氧化钠溶液，调节溶液 pH 值为 7～8。在不断搅拌下滴加氢氧化锌共沉淀剂至溶液 pH 值为 8～9。将此溶液转移至 100mL 容量瓶中，用水稀释至刻线。用慢速滤纸干过滤，弃去 10～20mL 初滤液，滤液收集于干烧杯中。吸取上述滤液 50.00mL 于 50mL 比色管中，加入 1∶1 硫酸溶液 0.50mL、1∶1 磷酸溶液 0.50mL、20% 尿素溶液 1.00mL，摇匀。逐滴加入 1.00mL 2% 亚硝酸钠溶液，边加边摇，以除去过量的亚硝酸钠与尿素反应产生的气泡。加入 2.00mL 0.2% 二苯碳酰二肼溶液，摇匀。5～10min 后，于 540nm 处，用 1cm 或 3cm 的比色皿，以水作参比，测定吸光度。经空白校正后，从标准曲线上查得六价铬的量，并由下式计算

$$六价铬(Cr,\ mg/L)=\frac{A}{V}$$

式中 A——由标准曲线查得的六价铬量，μg；

V——分取废水试样体积，mL。

13.6.3.3 水样中总铬的测定

取适量水样（铬含量少于 100μg）置于 250mL 锥形瓶中，调节溶液至中性，加入几粒玻璃珠，加入 1∶1 硫酸 0.5mL、1∶1 磷酸 0.5mL，摇匀。加入 4% 高锰酸钾溶液至溶液保持紫红色。加热煮沸至溶液体积约 20mL。取下冷却，加入 1mL 20% 尿素溶液，摇匀。滴加 2% 亚硝酸钠溶液至高锰酸钾的紫红色刚好褪去。取出玻璃珠，加水至 50mL，滴加 0.2% 氢氧化钠溶液，调节溶液 pH 值为 7～8。以下同六价铬的测定（免去加尿素和亚硝酸钠）。

13.7 工业废水中铅的测定

铅污染主要来源于选矿、冶炼、蓄电池、印刷及铅制品等工业排放的废水。铅和铅的化合物都有毒，可在人体和动物组织中积蓄。铅主要是损害骨髓造血系统和神经系统，导

致贫血症、神经机能失调和肾损伤等疾病。

铅的测定方法很多，本节主要介绍双硫腙分光光度法。

13.7.1　方法原理

在 pH 值为 8.5 ~ 9.5 的氨性柠檬酸盐-氰化物的还原性介质中，铅与双硫腙形成可被三氯甲烷（或四氯化碳）萃取的淡红色双硫腙铅螯合物，其反应式为

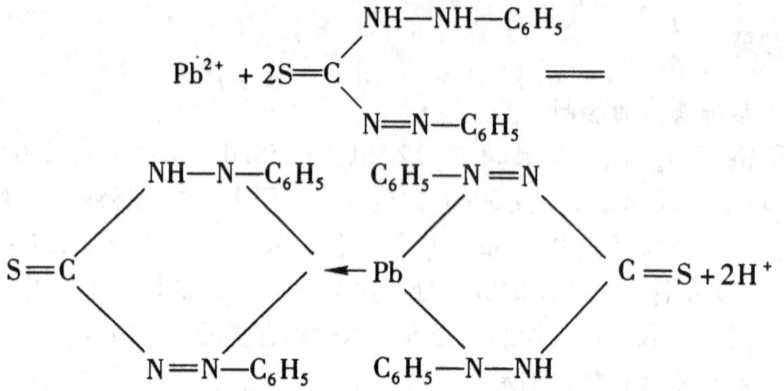

有机相中有色络合物最大吸收波长为 510nm，其摩尔吸光系数为 $6.7 \times 10^4 L/(mol \cdot cm)$，借以进行分光光度法测定。

大多数金属离子均能与双硫腙形成可被三氯甲烷萃取的有色络合物而影响测定。可采用控制溶液 pH 值和加入柠檬酸、氰化物掩蔽消除。

在本法测定条件下，仅有铋、锡和铊影响测定。铊很少遇到，可不必考虑。铋、锡的干扰可在 pH 值为 2 ~ 3 时，加入双硫腙与其形成络合物，用三氯甲烷萃取分离除去。

双硫腙易被氧化，应用还原剂（如盐酸羟胺）还原试液中具有氧化性的物质，如 Fe^{3+}。

本法适用于地表水和废水中微量铅的测定。测定线性范围为 0.01 ~ 0.3mg/L。

13.7.2　仪器、试剂

（1）721 型分光光度计。

（2）柠檬酸-氰化钾还原性溶液。称取 400g 柠檬酸氢二铵、20g 无水亚硫酸钠、10g 盐酸羟胺和 40g 氰化钾、用水溶解，并稀释至 1000mL，将此溶液和 2000mL 氨水混合。

（3）0.05mol/L 碘溶液。称取 20g 碘化钾溶解于水中，加入 6.35g 碘，然后用水稀释至 500mL。

（4）铅标准贮备液。称取 1.599g 硝酸铅，溶解于 200mL 水中，加入 10mL 硝酸，移入 1000mL 容量瓶中，用水稀释至刻线，摇匀。此溶液每毫升含 100.0μg 铅。

（5）铅标准使用液。吸取 20.00mL 铅标准贮备液于 1000mL 容量瓶中，用水稀释至刻线，摇匀，此溶液每毫升含 2.00μg 铅。

（6）双硫腙贮备液。称取 0.100g 纯净双硫腙，溶解于 1000mL 三氯甲烷中，贮于棕色瓶中，放置在冰箱内备用。如双硫腙试剂不纯，应作如下处理：

称取 0.100g 双硫腙溶于 100mL 三氯甲烷中，滤去不溶物，滤液置分液漏斗中，每次用 1∶100 氨水 20mL 反萃 5 次。合并水相，加 2mL 6mol/L 盐酸，用 250mL 三氯甲烷分 3

次萃取，合并有机相。用三氯甲烷稀释至1000mL。

（7）双硫腙使用液。吸取100mL双硫腙贮备液于250mL容量瓶中，用三氯甲烷稀释至刻线，摇匀。

13.7.3 分析步骤

13.7.3.1 标准曲线的绘制

分别吸取铅标准使用液0.00mL、0.50mL、1.00mL、5.00mL、7.50mL、10.00mL、12.50mL、15.00mL于8个250mL分液漏斗中，补加水至100mL，各加入20%硝酸10mL、柠檬酸-氰化钾还原性溶液50mL，摇匀。分别加入双硫腙使用液10.00mL，塞紧后，剧烈摇动2min后，静置分层。在分液漏斗的颈管内塞入一小团脱脂棉，放出有机相，弃去1～2mL，注入1cm比色皿中，以三氯甲烷作参比液，在510nm处分别测定其吸光度。经空白校正后，绘制吸光度对铅含量的标准曲线。

13.7.3.2 水样的测定

取水样100.0mL，加入5mL硝酸、0.05mol/L碘液5mL，加热消解到10mL左右，稍冷却，再加入5mL硝酸和2mL高氯酸，继续加热消解，蒸至近干。冷却后用0.2%硝酸溶液30mL温热溶解残渣。冷却后，用快速滤纸过滤，并用0.2%硝酸洗涤数次。滤液移入100mL容量瓶中，用0.2%硝酸稀释至刻线，摇匀。吸取上述溶液25.00～50.00mL于250mL分液漏斗中（含铅量不超过30μg），补加适量水至100mL。下同标准曲线绘制步骤。测得试样吸光度经空白校正后，在标准曲线上查出铅的量，并按下式计算

$$\text{铅}(Pb, mg/L) = \frac{A}{V}$$

式中 A——从标准曲线上查得的铅量，μg；

V——分取废水样体积，mL。

13.8 工业废水中镉的测定

镉不是人体的必需元素。镉的毒性很大，可在人体内积蓄，并有选择地蓄积于肾、肝等器官中，引起泌尿系统的功能变化等疾病。用含镉0.04mg/L的水进行农灌时，土地和作物受到明显的污染。

镉污染主要来源于电镀、采矿、冶炼、染料、电池和化学工业等排放的废水。我国工业废水排放标准（GB 8978—1988）规定，工业废水中总镉的最高允许排放质量浓度为0.1mg/L。

工业废水中镉的测定方法有原子吸收分光光度法、双硫腙分光光度法、阳极溶出伏安法或示波极谱法等。本节主要介绍原子吸收分光光度法。

13.8.1 方法原理

水样用硝酸、高氯酸消解，在1:4磷酸介质中，用甲基异丁基甲酮（MIBK）萃取试液中的CdI_4^{2-}络阴离子。将有机相喷入空气-乙炔火焰，借火焰中镉的原子蒸气对镉空心阴极灯辐射出的特征谱线的吸收进行测定。

由于采用萃取分离的方法，消除了基体对测定的影响。在萃取条件下，银、铜、铅也

被完全萃取，但不会影响镉的测定。

高氯酸的存在会影响测定，应将其除尽。

若试液中存在其他络合剂能与镉离子形成更为稳定的络合物，必须在测定前将其氧化。

本法适用工业废水中 1 ~ 50μg/L 镉的测定。

13.8.2　仪器、试剂

（1）WFX-1B 或 310 型原子吸收分光光度计及镉空心阴极灯。分析线波长 228.8nm，灯电流 2.0mA，光谱通带 0.4nm，燃烧器高 7mm，空气流量 7.0L/min，乙炔流量 0.8L/min。

（2）1mol/L 碘化钾溶液。

（3）水饱和的甲基异丁基甲酮。在 250mL 分液漏斗中加入 100mL 甲基异丁基甲酮和 100mL 水，摇动 1min，静置分层后弃去水相。

（4）5% 抗坏血酸溶液。

（5）镉标准贮备液。准确称取 0.5000g 光谱纯金属镉，用适量 1∶1 硝酸溶解，移入 500mL 容量瓶中，用水稀释至刻线，摇匀。此溶液每毫升含 1.00mg 金属镉。

（6）镉标准使用液。吸取镉标准贮备液 10.00mL 于 1000mL 容量瓶中，用 0.2% 硝酸稀释至刻线，摇匀。此溶液每毫升含金属镉 10.00μg。

13.8.3　分析步骤

13.8.3.1　标准曲线的绘制

吸取 0.00mL、0.50mL、1.00mL、2.00mL、5.00mL、10.00mL 镉标准使用液，分别放入 125mL 分液漏斗中，加水稀释至 50mL。分别加入 10mL 磷酸、10mL 1mol/L 碘化钾溶液，摇匀。各加 5mL 5% 抗坏血酸溶液，摇匀。分别准确加入甲基异丁基甲酮 10.00mL，摇动 2min。静置分层后弃去水相，有机相转入 10mL 干烧杯中。在选定的仪器工作条件下，用水饱和的甲基异丁基甲酮调零。分别测定其吸光度。用经空白校正的各标准溶液吸光度对镉含量绘制标准曲线。

13.8.3.2　试样的测定

取水样 100.0mL 放入 200mL 烧杯中，加入硝酸 5mL，在电热板上加热消解（不要沸腾）。蒸至 10mL 左右，加入 5mL 硝酸和 2mL 高氯酸，继续加热消解，直至 1mL 左右。取下冷却，加水溶解残渣，用预先酸洗过的中速滤纸滤入 100mL 容量瓶中，用水稀释至标线，摇匀。吸取上述试液 50.00mL，按标准曲线绘制的步骤进行萃取和测量。测得试样吸光度经空白校正后，在标准曲线上查出镉的量，并按下式计算

$$镉(\mathrm{Cd},\ \mathrm{mg/L}) = \frac{A}{V}$$

式中　A——从标准曲线上查得的镉量，μg；

　　　V——分取废水样体积，mL。

13.9　工业废水中氟化物的测定

氟广泛存在于自然水体中，人体各组织都含有氟，但主要积蓄在牙齿和骨骼中。适当

的氟是人体必需的，过量的氟对人体有危害。长期饮用含氟量高于 1 ~ 1.5mg/L 的水时，易患斑齿病，当饮水中含氟量高于 4mg/L 时，则可导致氟骨病。饮水中含氟的适宜质量浓度为 0.5 ~ 1.0mg/L(F^-)。

有色冶金、钢铁和铝加工、焦炭、玻璃、陶瓷、电子、电镀、化肥、农药厂的废水是导致氟污染的主要来源。我国工业废水排放标准（GB 8978—1988）规定，工业废水中氟化物的最高允许排放质量浓度为 30mg/L（指低氟地区，水体含氟量低于 0.5mg/L）。

工业废水中氟化物的测定方法主要有氟离子选择电极法、氟试剂分光光度法、茜素磺酸锆分光光度法和硝酸钍滴定法。氟离子选择电极法测定工业废水中氟化物不受试液浑浊、有颜色的影响，选择性好、适用范围广，是国家标准方法，也是本节介绍的内容。

13.9.1 方法原理

氟化镧单晶对氟离子有选择性响应，以氟化镧膜电极（氟电极）为指示电极、饱和甘汞电极为参比电极和待测试液组成原电池。电池的电动势（E）随溶液中氟离子活度的变化而改变，并服从能斯特方程式，即

$$E = K - \frac{2.303RT}{F}\lg\alpha_{F^-}$$

式中 K——常数，数值决定于薄膜、内参比溶液及内外参比电极的电极电位，V；

F——法拉第常数，等于 96480C；

R——气体常数，等于 8.314V · C/(K · mol)；

T——绝对温度，K；

α_{F^-}——氟离子活度。

如果使试液的离子强度保持不变，即活度系数为常数，则上式中的氟离子活度 α_{F^-} 可用其质量浓度 [F^-] 代替，即

$$E = K' - \frac{2.303RT}{F}\lg[F^-]$$

式中 K'——常数。

因此，可在一定条件下，测量原电池电动势 E 进行氟化物的测定。

某些高价阳离子（如 Fe^{3+}、Al^{3+} 和 Ti(Ⅳ)）及氢离子能与氟离子络合产生干扰，可加入柠檬酸钠等掩蔽剂和调节溶液 pH 值消除。测定的最佳酸度为 pH 值 5 ~ 8。

氟电极对氟硼酸离子（BF_4^-）不响应，如果水样中含有氟硼酸盐，应预先进行蒸馏。

本方法适用于测定地面水、地下水和工业废水中的氟化物。方法的最低检出质量浓度为 0.05mg/L 氟化物（以 F^- 计）；测定上限为 1900mg/L 氟化物（以 F^- 计）。

13.9.2 仪器、试剂

（1）PXD-3 型数字离子计、氟电极、饱和甘汞电极。

（2）氟化钠标准贮备液。称取 0.2210g 基准氟化钠（预先于 105 ~ 110℃ 干燥 2h），用水溶解后转入 1000mL 容量瓶中，稀释至刻线，摇匀。贮存在聚乙烯瓶中。此溶液每毫升含氟离子 100.0μg。

（3）氟化物标准溶液。吸取氟化钠标准贮备液 10.00mL 于 100mL 容量瓶中，用水稀

释至刻线，摇匀，转移至聚乙烯瓶中。此溶液每毫升含氟离子10.0μg。

（4）0.1%溴甲酚绿溶液。称取0.1g溴甲酚绿，用20%乙醇溶解后稀释至100mL。

（5）总离子强度调节缓冲溶液（TISAB）。称取58.8g二水合柠檬酸钠和85g硝酸钠，加水溶解，滴加1滴0.1%溴甲酚绿溶液，用1:1盐酸和20%氢氧化钠溶液调节溶液由黄色刚变为绿色。此时溶液pH值为5～6。用水稀释至1000mL，摇匀。

13.9.3　分析步骤

13.9.3.1　标准曲线的绘制

吸取1.00mL、3.00mL、5.00mL、10.00mL、20.00mL氟化物标准溶液，分别置于50mL容量瓶中，加入10mL总离子强度调节缓冲溶液，用水稀释至标线，摇匀。分别移入100mL聚乙烯烧杯中，各放入一只塑料搅拌子，从低浓度到高浓度依次插入电极，连续搅拌溶液至电位平衡，测量电位值E。在半对数纸上绘制E(mV) - $\lg\alpha_{F^-}$(μg/50mL)标准曲线。

13.9.3.2　试样的测定

吸取废水25.00mL于50mL容量瓶中，用15%的乙酸钠和20mol/L盐酸调节至近中性，加入10mL总离子强度调节缓冲溶液，用水稀释至标线，摇匀。将其转入100mL聚乙烯烧杯中，按标准曲线绘制的步骤测量。同时作试剂空白。由试样电位值和空白电位值在标准曲线上分别查出氟化物的量，并由下式计算

$$\text{氟化物}(F^-,\ mg/L) = \frac{A - A_0}{V}$$

式中　A——由标准曲线查得试样的氟化物量，μg；

A_0——由标准曲线查得空白的氟化物量，μg；

V——分取水样体积，mL。

调节废水酸度时，若废水无色或色浅，可加1滴溴甲酚绿溶液，调节溶液由黄色刚变绿色；若废水颜色太深，可另取一份试样在酸度计上调节溶液pH值至6.0，然后对照调节待测试样酸度。

13.10　工业废水中生物化学需氧量的测定

生物化学需氧量是指在好氧条件下，微生物分解有机物质的生物化学过程中所需要的溶解氧量，是水体受有机物污染的最主要指标之一，又称生物需氧量或生化需氧量，通常记为BOD。BOD反映水中可被微生物分解的有机物总量，以每升水样消耗溶解氧的质量表示（O_2，mg/L）。BOD小于1mg/L，表示水体清洁；BOD大于3～4mg/L，表示水体已受到有机物的污染。如果排入水体的有机物较多，会使细菌大量繁殖，水体腐化发臭、变色且呈酸性，直接影响环境卫生，若作为工业用水使用，会腐蚀、破坏工业设备，影响并降低工业产品质量。

生物化学需氧量的测定，采用在20℃条件下培养5天后，用碘量法测定溶解氧的消耗量作为标准方法，称为5天生物化学需氧量，以BOD_5表示。

13.10.1　方法原理

在有氧的条件下，微生物分解有机物一般分为两个阶段。第一阶段称为碳化阶段，主

要是含碳有机物转化为二氧化碳和水，部分含氮有机物转化为氨；第二阶段称为硝化阶段，主要是含氮有机物及部分氨转化为亚硝酸盐和硝酸盐。生物化学需氧量通常只指第一阶段有机物氧化所需的氧量。

根据参加反应的物质和最终生成的物质，可用下列的反应式来概括生物化学反应过程：

$$6C_6H_{12}O_6 + 16O_2 + 4NH_3 \xrightarrow{\text{酶}} 4C_5H_7O_2N + 16CO_2 + 28H_2O$$

$$\text{有机污染物} \xrightarrow[\text{微生物}]{O_2} CO_2 + H_2O + NH_3$$

微生物分解有机物是一个缓慢的过程，分解作用的速度和程度与温度和时间直接相关，要把可分解的有机物全部分解常需要20天以上的时间。由于在20℃条件下，第5天消耗的氧量大约是总需氧量的70%，为了便于测定，目前国内外普遍采用在20℃培养5天，所需要的氧量作为指标。

水体发生生物化学过程必须具备以下条件。

（1）水体中存在能降解有机物的好气微生物。对易降解的有机物，如碳水化合物、脂肪酸和油脂等，一般微生物均能将其降解；若为硝基或磺酸基取代芳烃等难降解的有机物，则必须进行生物菌种驯化。

（2）有足够的溶解氧。若溶解氧不足，微生物分解有机物的好气氧化过程将转变为厌气过程。

（3）有微生物生长所需的营养物质。

（4）适宜的酸度条件。一般pH值控制在6.5～7.5的范围。

生物化学需氧量的测定一般采用稀释法，即将水样经过适当稀释后，使其中含有足够的溶解氧，以满足微生物5天生化所需氧的要求。将水样分成两份，一份测定培养前的溶解氧；另一份放入20℃恒温箱内培养5天后测定溶氧量，两者的差值即为BOD_5。

为了保证水样稀释后有足够的溶解氧，稀释水通常要通入空气曝气（或通入氧气），使水中溶解氧接近饱和。还应加入一定量的无机营养盐（如磷酸盐、钙盐、镁盐和铁盐等），并加入缓冲溶液维持pH值在6.5～7.5的范围，以保证微生物生长的需要。

对于不含或少含微生物的工业废水，在测定BOD_5时应进行接种，以引入能分解废水中有机物的微生物。接种液常选择生活污水、表层土壤浸出液或含城市污水的河水、湖水，以及污水处理厂的出水等。

13.10.2 仪器、试剂

（1）恒温培养箱。

（2）抽气泵或无油压缩泵。

（3）磷酸盐溶液。称取8.5g磷酸二氢钾、21.75g磷酸氢二钾、33.4g磷酸氢二钠和1.7g氯化铵，溶解后稀释至1000mL，此溶液的pH值应为7.2。

（4）葡萄糖-谷氨酸溶液。分别称取0.15g葡萄糖和谷氨酸（均于130℃烘干1h），用水溶解后稀释至1000mL。

（5）稀释水。在20000mL玻璃瓶内加入18000mL水，用抽气泵或无油压缩机通入清洁空气2～8h，使水中溶解氧饱和或接近饱和（20℃时溶解氧大于8mg/L）。使用前，每

1000mL 水中加入 27.5g/L 氯化钙溶液、0.25g/L 三氯化铁($FeCl_3 \cdot 6H_2O$)溶液、22.5 g/L 硫酸镁($MgSO_4 \cdot 7H_2O$)溶液和磷酸盐溶液各 1mL，混匀。稀释水 pH 值应为 7.2，BOD_5 值应小于 0.2mg/L。

(6) 接种稀释水。取适量生活污水于 20℃放置 24 ~ 36h，上层清液即为接种液，每升稀释水中加入 1 ~ 3mL 接种液即为接种稀释水。

(7) 其他溶液。详见 6.9 节水中溶解氧的测定。

13.10.3 分析步骤

13.10.3.1 水样的采集、贮存和预处理

(1) 采集水样于适当大小的玻璃瓶中（根据水质情况而定），用玻璃塞塞紧，不能留气泡。采样后需在 2h 内测定，否则，应在 4℃以下保存，且应在采集后 10h 内测定。

(2) 用 1mol/L 氢氧化钠溶液和 1mol/L 盐酸溶液调节 pH 值为 7.2。

(3) 对于游离氯大于 0.10mg/L 的水样，要加入亚硫酸钠或硫代硫酸钠进行排除（见注意事项 1）。

(4) 确定稀释倍数（见注意事项 2）。

13.10.3.2 水样的稀释

根据确定的稀释倍数，用虹吸法把一定量的污水引入 1000mL 量筒中，再沿壁慢慢加入所需稀释水或接种稀释水，用特制搅拌棒在水面以下慢慢搅匀（不应产生气泡），然后沿瓶壁慢慢倾入两个预先编号、体积相同的碘量瓶中，直至充满后溢出少许为止。盖严并水封。同时用同样方法配制另两份稀释比水样。

13.10.3.3 对照样的配制

另取两个有编号的碘量瓶加入稀释水或接种稀释水作为空白。

13.10.3.4 培养

将各种稀释比的水样，稀释水空白各取一瓶放入培养箱内培养 5 天((20 ± 1)℃)，培养过程中每天需添加封口水。

13.10.3.5 溶解氧的测定

(1) 用碘量法测定未经培养的各份稀释比的水样和空白水样中的溶解氧（测定方法见 6.9 溶解氧的测定）。

(2) 用同样方法测定经培养 5 天后各份稀释水样和空白水样中剩余的溶解氧。

(3) 测定结果计算

BOD_5 测定结果按下式计算

$$BOD_5(O_2, mg/L) = \frac{(D_1 - D_2) - (B_1 - B_2) \cdot f_1}{f_2}$$

式中 D_1——稀释水样培养前的溶解氧量，mg/L；

D_2——稀释水样培养 5 天后剩余的溶解氧量，mg/L；

B_1——空白水样培养前的溶解氧量，mg/L；

B_2——空白水样经培养 5 天后剩余的溶解氧量，mg/L；

f_1——稀释水或接种稀释水在培养液中所占的比例；

f_2——水样在培养液中所占比例。

13.10.4 注意事项

（1）为除去水样中游离氯而加入亚硫酸钠或硫代硫酸钠的用量可用实验方法得到。取 1000mL 待测水样于碘量瓶中，加入 1mL 1% 硫酸溶液，1mL 10% 碘化钾溶液，摇匀，以淀粉为指示剂，用标准硫代硫酸钠或亚硫酸钠溶液滴定，据此推算所用水样的应加入量。

（2）稀释比的确定：

1）较为清洁的水样，不需稀释。

2）污染严重的水样，稀释 100～1000 倍。

3）性质不了解的水样，稀释倍数可以从 COD 值估算。取大于酸性高锰酸盐指数的四分之一，小于 COD_{Cr}值的五分之一。原则上，以培养后减少的溶解氧占培养前溶解氧的 40%～70% 为宜。

13.11 工业废水中化学需氧量的测定

化学需氧量是指水体中能被氧化的物质在规定条件下进行化学氧化过程中所消耗氧化剂的量，通常记为 COD。COD 主要反映水体受有机物污染的程度，以每升水样消耗氧的质量表示（O_2，mg/L）。

COD 的测定方法主要有 $KMnO_4$ 法和 $K_2Cr_2O_7$ 法。$KMnO_4$ 法多用于测定较清洁的水样；$K_2Cr_2O_7$ 法主要用于测定污染较严重的水样和工业废水。同一水样，用不同的测定方法测定所得结果不同，在报告化学需氧量的测定结果时要注明测定方法。本节主要介绍 $K_2Cr_2O_7$ 法，以 COD_{Cr}表示。

13.11.1 方法原理

在强酸性条件下，加热煮沸回流 2h，使过量的 $K_2Cr_2O_7$ 与水样中的还原性物质充分反应，过量的 $K_2Cr_2O_7$ 以亚铁灵为指示剂，用硫酸亚铁铵标准溶液滴定。同时作空白试验，由水样及空白所消耗的硫酸亚铁铵的量计算化学需氧量。

在上述条件下，$K_2Cr_2O_7$ 能将水中绝大部分有机物和还原性物质氧化。如果加入 Ag_2SO_4 作为催化剂，直链化合物 85%～95% 可被氧化，适合于生活污水和工业废水的分析。

氯离子能被 $K_2Cr_2O_7$ 氧化，并且与硫酸银作用产生沉淀，影响测定结果，故应在回流前向水样中加入硫酸汞，使之成为配合物以消除干扰。氯离子含量高于 2000mg/L 的样品应先进行稀释，使含量降低至 2000mg/L 以下，再进行测定。

13.11.2 仪器、试剂

（1）回流装置。带 250mL 锥形瓶的全玻璃回流装置。

（2）重铬酸钾标准溶液。称取在 150℃ 烘干 2h 的基准或优级纯 $K_2Cr_2O_7$12.258g，加水溶解后，移入 1000mL 容量瓶中，用水稀释至刻线，摇匀。

（3）亚铁灵指示剂。称取 1.485g 邻二氮菲、0.695g 硫酸亚铁（$FeSO_4 \cdot 7H_2O$），加水溶解后稀释至 100mL，贮于棕色瓶内。

（4）硫酸亚铁铵标准溶液。称取39.5g硫酸亚铁铵[$(NH_4)_2FeSO_4 \cdot 6H_2O$]，加水溶解后边搅拌边缓慢加入20mL浓硫酸，冷却后稀释至1000mL，摇匀。临用前用重铬酸钾标准溶液标定。

标定方法：准确吸取10.00mL重铬酸钾溶液于500mL锥形瓶中，加水约100mL左右，缓慢加入30mL浓硫酸，混匀。冷却后加入3滴亚铁灵指示剂，用硫酸亚铁铵溶液滴定至红褐色为终点。

（5）硫酸-硫酸银溶液。于500mL浓硫酸中加入5g硫酸银，放置1～2天，不时摇动使其溶解。

（6）硫酸汞（AR）。

13.11.3　分析步骤

（1）取20.00mL混合均匀的水样（或适量水样稀释至20.00mL）置于250mL磨口回流锥形瓶中，加入10.00mL重铬酸钾标准溶液及数粒小玻璃珠或沸石，连接回流冷凝管，从冷凝管上口慢慢加入30mL硫酸-硫酸银溶液，轻轻摇动锥形瓶使溶液混匀，加热回流2h（自开始沸腾计时）。

冷却后，用90mL水冲洗冷凝管壁，取下锥形瓶，加入3滴亚铁灵指示剂，用硫酸亚铁铵标准溶液滴定至溶液呈现红褐色为终点。

（2）在测定水样的同时，以20.00mL重蒸馏水作样品，按同样操作步骤进行空白试验。根据下式计算化学需氧量

$$COD_{Cr}(O_2, mg/L) = \frac{(V_0 - V_1) \times c \times M_{O_2} \times 1000}{4V}$$

式中　c——硫酸亚铁铵标准溶液的浓度，mol/L；

V_0——滴定空白时硫酸亚铁铵标准溶液的用量，mL；

V_1——滴定水样时硫酸亚铁铵标准溶液的用量，mL；

V——水样的体积，mL；

M_{O_2}——氧气摩尔质量，g/mol。

13.11.4　注意事项

（1）废水中氯离子质量浓度超过30mg/L时，应先把0.4g硫酸汞加入回流锥形瓶中，再加入水样且摇匀。

（2）水样加热回流后，溶液中重铬酸钾剩余量应为加入量的1/5～4/5为宜。

（3）对于化学需氧量高的废水样，可先取操作步骤中所需体积的1/10废水样和试剂于硬质试管中，摇匀后加热观察是否变为绿色。如果溶液显绿色，再适当减少废水取样量，直至溶液不为绿色为止，从而确定废水样应取用的体积。稀释时，所取废水样不得少于5.00mL，如果化学需氧量很高，则废水样应多次稀释。

14 有机定量分析

有机定量分析是有机化工生产过程中对原料和中间产品进行控制分析和产品质量检验的重要途径，主要包括元素定量分析和官能团定量分析，分析方法主要有化学分析法和仪器分析法两类。虽然仪器分析发展较快，但化学分析法因仪器设备简单、不需要纯样品对照等优点，在工业生产上有着广泛应用，尤其是在工厂分析中往往是主要的分析手段。

有机化合物定量分析通常是采用化学分析法测量试剂的消耗量或产物之一的生成量，从而确定被测组分含量。测定的物质包括酸、碱、氧化剂、还原剂、水分、沉淀物、气体及有色物等。因此，有机定量分析的一般方法大致有以下几类：

(1) 酸碱中和法。该法主要是根据质子理论和电离平衡理论，利用酸碱中和反应，用标准酸或碱溶液对样品进行滴定的方法。它具有简便、易操作、准确度高、适用于微量分析等特点，并且由于引入了非水溶剂滴定法，有效地解决了大多数有机物不溶于水、酸碱性较弱等问题，目前已成为有机官能团定量分析中最常用的方法。该法主要分为三类：

1) 直接滴定。用标准碱溶液直接滴定含酸性官能团的化合物例如羧酸、磺酸、氨基酸、酚等；用标准酸溶液直接滴定含碱性基团的化合物例如胺、生物碱等。

2) 返滴定。即样品与其他试剂作用后，用标准酸或碱溶液滴定剩余的试剂，用差减法求算待测组分的含量。

3) 间接滴定。即将样品与其他试剂反应后生成酸或碱，再用标准碱或酸溶液滴定上述反应产物，间接求算待测组分含量。

(2) 氧化还原滴定法。由于某些官能团易被氧化剂或还原剂定量地氧化或还原，故可用氧化剂或还原剂标准溶液进行滴定达到定量分析的目的。该法的滴定方式与酸碱中和法相似，即可用直接滴定、返滴定及间接滴定等。

(3) 水分测定法。某些有机物与水或其他试剂作用后，常可消耗或生成定量的水，通过测定剩余或生成的水量达到定量分析的目的。例如酸酐的水解或羧酸与醇反应要消耗或生成定量的水，可用卡尔·费休试剂测定水分。

(4) 沉淀法。某些试剂与有机官能团会发生沉淀反应，通过重量法对沉淀物进行测定或用沉淀剂作为标准溶液进行滴定，都能达到定量分析的目的。

(5) 气体定量法。通过测定有机反应中定量消耗或生成的气体量达到定量分析的目的。

(6) 比色法。利用有机官能团与某些试剂作用的显色反应，使样品转为有色物质，可用比色法进行定量分析。该法灵敏度高，适用于痕量或微量官能团的测定，且有良好的选择性，应用面广，是有机官能团定量分析的常用方法。

本章将介绍一些常见有机化合物的定量分析方法。

14.1　有机氮含量测定

有机物中有很多含氮化合物，例如氨基酸、蛋白质、胺类等，动植物体的主要成分都是含氮化合物，因此测定有机物中氮含量具有重要意义。测定氮含量时，通常是将有机物中的氮转变成 N_2 或 NH_3 的形式，然后分别用气量法或气相色谱法测定 N_2，用容量法或分光光度法测定 NH_3，从而计算出化合物中氮的含量。前者是经典的杜马（Dumas）法，后者是经典的克达尔（Kjedahl）法。

克达尔法的仪器设备简单，测定过程也比较简单，又能同时测定多个试样，所以应用较广，多用于化工生产的常规分析。下面主要介绍该法。

14.1.1　测定原理

克达尔法亦称硫酸消化法，全过程包括消化煮解、碱化蒸馏、吸收和滴定4步。

（1）消化煮解：含氮化合物在催化剂存在下，用浓硫酸煮沸分解，有机物中的氮转变为 NH_3，被过量浓硫酸吸收生成 NH_4HSO_4。例如，以氨基乙酸为例，可用下式表示。

$$H_2NCH_2COOH + 3H_2SO_4 \xrightarrow[\Delta]{\text{催化剂}} 2CO_2\uparrow + 4H_2O + 3SO_2\uparrow + NH_3\uparrow$$

$$NH_3 + H_2SO_4 \longrightarrow NH_4HSO_4$$

（2）碱化蒸馏：于消化煮解后的溶液中加入过量的碱溶液，用直接蒸馏法或水蒸气蒸馏法将 NH_3 蒸出。

$$NH_4HSO_4 + 2NaOH \xrightarrow{\Delta} NH_3\uparrow + Na_2SO_4 + 2H_2O$$

（3）吸收：蒸馏过程放出的 NH_3，可用硼酸吸收液吸收，生成硼酸氢铵。

$$NH_3 + H_3BO_3 \longrightarrow NH_4H_2BO_3$$

（4）滴定：生成的硼酸氢铵是弱酸弱碱盐，可用盐酸标准溶液直接滴定。

$$NH_4H_2BO_3 + HCl \longrightarrow NH_4Cl + H_3BO_3$$

同样条件下进行空白实验。

分析结果计算如下。

$$\text{氮含量} = \frac{(V - V_0)c \times 14.01}{1000m} \times 100\%$$

$$\text{氮化物含量} = \frac{(V - V_0)cM}{1000mn} \times 100\%$$

式中　V——试样试验消耗盐酸标准溶液的体积，mL；

V_0——空白试验消耗盐酸标准溶液的体积，mL；

c——盐酸标准溶液的浓度，mol/L；

14.01——氮原子的摩尔质量，g/mol；

m——试样的质量，g；

M——氮化物的摩尔质量，g/mol；

n——氮化物分子中氮的数目。

14.1.2 测定条件

14.1.2.1 消化条件

(1) 操作过程中，消化是关键。如果消化效果不好，样品中的氮就不能定量地转化成 NH_3，分析结果不准确。因此，加入硫酸钾可以使硫酸的沸点从290℃升高到400℃以上，从而可提高反应温度，加速样品分解过程，缩短消化时间。但是硫酸钾的用量不可过多，否则会造成硫酸消耗过多，使硫酸量不足。另外，温度过高，生成的硫酸氢铵也会分解放出 NH_3，使氮损失。

(2) 选择加入适量的催化剂，可加速消化反应。常用的催化剂有硫酸铜、硒粉、汞、氧化汞、硫酸汞和过氧化氢等。可以单独使用一种或适当地混合使用两种催化剂。其中以硫酸铜和硒混合使用最普遍，硫酸铜除有催化作用外，还可在蒸馏时作为碱性反应的指示剂；硒粉催化效能高，可大大缩短消化时间，但硒粉用量不可过多，否则在消化过程中易生成 $(NH_4)_2SeO_3$，继而分解放出 NH_3，造成氮的损失。此外，使用硒粉时，消化过程中放出有毒的 SeO_2 和 SeH_4，所以在实验室有良好的通风设备时方可使用。

(3) 对难分解的化合物，可添加适量的氧化剂以加速消化。常用的氧化剂是30%的过氧化氢，消化速度快，操作简便。但氧化剂的作用过于激烈，容易使 NH_3 进一步氧化为 N_2，造成氮的损失。因此须待消化液完全冷却后，再加数滴过氧化氢。

催化剂和氧化剂的选择，难以一致，各种配合方式在有关标准中均有规定。

14.1.2.2 碱化蒸馏和吸收

(1) 碱的用量：常用40%的氢氧化钠溶液。其用量约为消化时所用硫酸体积的4～5倍。采用直接蒸馏法时，应注意防止强酸强碱中和时产生的热量使 NH_3 逸出损失。中和时沿瓶壁慢慢地加入碱液。

(2) 蒸馏速度：蒸馏时加入锌粒或沸石，防止溶液过热后产生暴沸，开始蒸馏时速度不宜过快，以免蒸出的 NH_3 未及时被吸收而逸出，造成损失。

(3) 硼酸吸收液及其用量：硼酸吸收液在蒸馏过程中应保持室温，其浓度及用量以能足够吸收 NH_3 为宜。常用浓度（质量分数）为2%～4%，可根据消化液中含氮量估计硼酸的用量，适当多加。

14.1.3 测定步骤

14.1.3.1 消化煮解

准确称取0.20～2.00g固体试样（约相当氮30～40mg），移入干燥的500mL克氏烧瓶底部，加入0.2g硫酸铜、6g硫酸钾及2.0mL硫酸，稍摇匀后于瓶口放一漏斗（见图14-1），将瓶以45°角斜支于有小孔的石棉网上。用电炉小火加热，待内容物全部炭化，泡沫完全停止后，加大火力，并保持瓶内微沸，至液体呈蓝绿色澄清透明后，再继续加热0.5～1h。取下冷却，小心加入20mL水。再放冷后移入100mL容量瓶中，并用少量水洗克氏烧瓶，洗液并入容量瓶中，用水稀释至刻度，摇匀备用。同时做空白试验。

14.1.3.2 碱化蒸馏

(1) 清洗水蒸气定氮仪。按图14-2安装好水蒸气定氮仪。于水蒸气发生瓶内装水至2/3处，加入数粒玻璃球，加甲基红指示液（0.1%乙醇溶液）数滴及数毫升硫酸，以保持水呈酸性。开通冷却水，加热水蒸气发生瓶使水沸腾，用水蒸气洗涤仪器5min。移开火源，使仪器中的水从蒸气室压出，再从节门漏斗加水到蒸气室，关闭节门漏斗，反复多次洗涤仪器，最后打开出水口放出洗涤水，放空后关闭出水口，仪器清洗完毕。

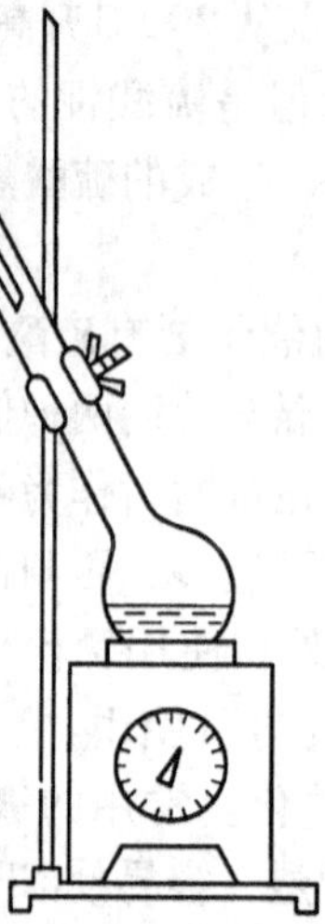

图 14-1　消化装置

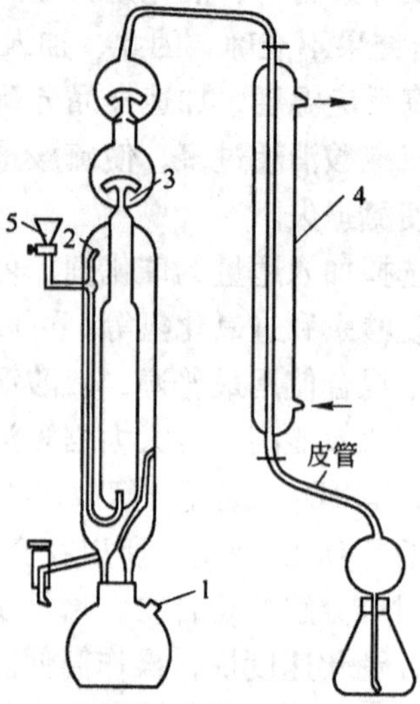

图 14-2　水蒸气定氮仪

1—水蒸气发生瓶；2—蒸气室；3—安全球；4—冷凝管；5—节门漏斗

（2）蒸馏。从水蒸气发生瓶入口处补充水和几滴硫酸。在吸收瓶中加入10mL硼酸吸收液及1～2滴混合指示剂（0.1%甲基红乙醇液∶0.1%溴甲酚绿乙醇液＝1∶5），并使冷凝管的下端插入液面下，准确吸取10.00mL试样煮解液由节门漏斗流入反应室中，然后用少量水洗涤节门漏斗数次，再从节门漏斗加入10mL、40%氢氧化钠溶液，关闭节门漏斗，开通冷却水，加热水蒸气发生瓶，进行蒸馏至氨全部蒸出（流出液约100mL即可），将冷凝管下端提出液面，继续蒸馏1min，用少量水冲洗冷凝管下端外部。取下吸收瓶。

14.1.3.3　滴定

以0.05mol/L盐酸标准溶液滴定至溶液由绿色变为灰紫色为终点。同时准确吸取10mL试剂空白消化液，同样条件下进行空白试验。

克达尔法常用来测定氨基酸、蛋白质及有机氮肥中氮的含量。但此法不能直接用于硝基及亚硝基化合物、偶氮化合物、肼、腙等的测定，因为若用硫酸直接消化，则不能使其中的氮完全转化成硫酸氢铵。因此，当测定这类样品时，需要在分解以前用适当的还原剂将这些官能团还原，然后再用此法测定。

14.2　有机物中卤素含量测定

有机物中卤素的测定方法较多，其共同点是将有机物中的卤素通过氧化或还原法定量地转变成无机卤化物，然后用化学分析或物理化学分析法测定卤素含量。常用的方法有：卡里乌斯（Carius）封管法、过氧化钠分解法、改良斯切潘诺夫法和氧瓶燃烧法。前三种方法操作过程比较复杂或需要使用特殊设备，不适宜于工业生产上的广泛使用。氧瓶燃烧法简便、快速，且易于掌握，所以应用范围较广。该法除了用来定量测定卤素外，还可用于有机物中硫、磷、硼等其他元素的定量测定。下面主要介绍氧瓶燃烧法测定卤素含量。

14.2.1 测定原理

氧瓶燃烧法是将试样包在无灰滤纸内，点燃后，立即放入充满氧气的燃烧瓶中，借助金属铂的催化进行燃烧分解，促使有机物中的卤素定量地转变成相应的无机卤化物。氧化产物用适当的吸收剂吸收，形成卤离子（X^-），然后用 $Hg(NO_3)_2$标准溶液滴定卤离子。整个测定过程包括燃烧分解、吸收、滴定三个步骤。

14.2.1.1 氯、溴的测定

A 燃烧分解

含氯或溴的有机物在氧气中完全燃烧，其中的卤素能定量地转变成卤化氢和卤素单质。

$$\text{有机卤化物} + O_2 \xrightarrow{Pt,\ \text{燃烧}} HX + X_2 + CO_2 + H_2O + \cdots$$

燃烧用的燃烧瓶如图 14-3 所示，其容积有 250mL、500mL、1000mL 等，瓶塞下端焊接一根铂丝，铂丝下端弯成钩形、片夹形或螺旋形。燃烧时应根据试样量选择合适容积的燃烧瓶，这样才能保证燃烧完全。因为燃烧试样的量和需要氧气的量有关，也和燃烧后产生的瓶内压力有关。

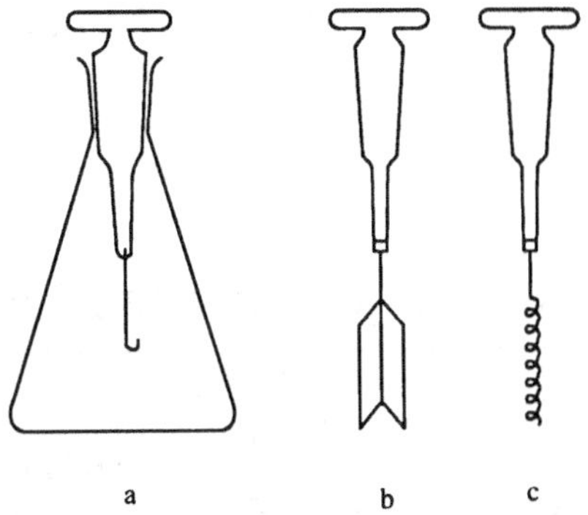

图 14-3 燃烧瓶及铂金丝

燃烧瓶的容积和试样量的大致比例为：

3~5mg 试样，选用 250mL 燃烧瓶；

10~20mg 试样，选用 500mL 燃烧瓶；

20~50mg 试样，选用 1000mL 燃烧瓶。

B 吸收

分解产物一般可用氢氧化钠溶液（含卤较低时）或氢氧化钠和过氧化氢的混合溶液（含卤较高时）吸收。

$$HCl(HBr) + NaOH \longrightarrow NaCl(NaBr) + H_2O$$

$$Cl_2(Br_2) + 2NaOH + H_2O_2 \longrightarrow 2NaCl(NaBr) + O_2 + 2H_2O$$

C　滴定

加热煮沸溶液，除去过量的 H_2O_2，调节溶液呈弱酸性（pH≈3.2），用硝酸汞标准溶液滴定，卤离子和汞离子生成几乎不离解的卤化汞。

$$2Cl^-\ (Br^-)\ + Hg^{2+} \longrightarrow HgCl_2\ (HgBr_2)$$

以二苯卡巴腙（二苯偶氮碳酰肼）为指示剂，微量过量的汞离子与二苯卡巴腙生成紫红色的配合物，指示滴定终点。

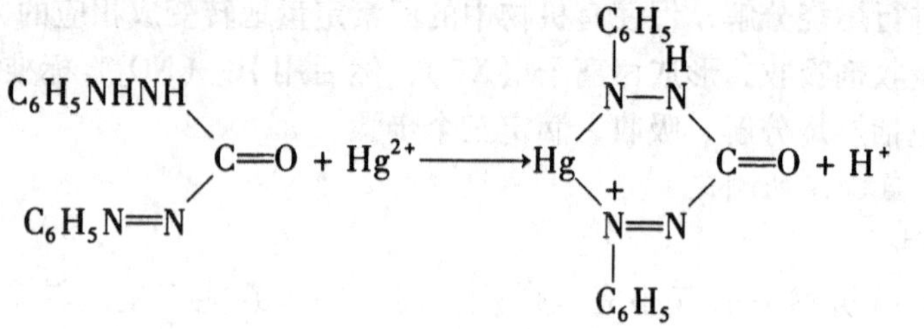

14.2.1.2　碘的测定

含碘的有机物在氧气中燃烧分解，其中的碘元素除生成碘离子外还生成游离碘和碘酸根。因此，以硫酸肼和氢氧化钾混合溶液为吸收液，使其还原为碘离子，在溶液 pH≈3.5±0.5 的条件下，用硝酸汞标准溶液滴定。

$$有机碘化物 + O_2 \xrightarrow{Pt，燃烧} HI + I_2 + HIO_3 + CO_2 + H_2O + \cdots$$

$$I_2 + 2KOH + N_2H_4 \longrightarrow 2KI + N_2\uparrow + 2H_2O + H_2\uparrow$$

$$2KIO_3 + 3N_2H_4 \longrightarrow 2KI + 3N_2\uparrow + 6H_2O$$

$$2I^- + Hg^{2+} \longrightarrow HgI_2$$

14.2.1.3　结果计算

分析结果按下式计算：

$$卤素含量 = \frac{(V - V_0) \times c[\frac{1}{2}Hg(NO_3)_2] \times M_X}{1000m} \times 100\%$$

$$卤化物含量 = \frac{(V - V_0) \times c[\frac{1}{2}Hg(NO_3)_2] \times M}{1000mn} \times 100\%$$

式中　V——试样试验消耗硝酸汞标准溶液的体积，mL；

V_0——空白试验消耗硝酸汞标准溶液的体积，mL；

$c[\frac{1}{2}Hg(NO_3)_2]$——硝酸汞标准溶液的浓度，mol/L；

M_X——卤素原子的摩尔质量，g/mol；

M——卤化物的摩尔质量，g/mol；

m——试样的质量，g；

n——卤化物分子中卤素的数目。

14.2.2　测定条件

用氧瓶燃烧法测定卤素含量，关键是要使试样分解完全，选择合适的吸收液来吸收分解的产物，确保完全吸收。由于燃烧分解时采用的吸收液碱性较强，滴定时必须将溶液调节到适当的酸度，有利于提高滴定终点的灵敏度和准确度。

（1）对于含卤量高的样品，燃烧分解时常加入试样质量 2 ~ 3 倍的助燃剂（如蔗糖）一起燃烧才能使它定量地转变成卤离子。

（2）滴定时溶液的酸度约为 pH = 3.2 为宜，酸度过大，二苯卡巴腙与 Hg^{2+} 反应的灵敏度降低；碱性溶液中二苯卡巴腙呈红色，与滴定终点颜色相近。

（3）在 80% 的乙醇介质中进行滴定，二苯卡巴腙汞合物的电离度降低，使终点更为明显。

14.2.3　测定步骤

14.2.3.1　硝酸汞标准溶液 $\{c[\frac{1}{2}Hg(NO_3)_2] = 0.01 mol/L\}$ 的配制与标定

A　配制

称取硝酸汞 $[Hg(NO_3)_2 \cdot H_2O]$ 1.75g 溶于 10mL 0.5mol/L 硝酸中，待硝酸汞全部溶解后，再用 0.05mol/L 硝酸溶液稀释至 1000mL，放置 24h 后标定。

B　标定

取分析纯氯化钠于 100℃ 烘箱干燥 4h，置于干燥器内冷至室温。称取 0.24 ~ 0.28g 于 250mL 锥形瓶中，加 20mL 乙醇、3 滴溴酚蓝指示剂（0.2% 乙醇溶液），用 0.5mol/L 硝酸中和至刚显黄色再过量 1 滴，加入 5 滴二苯卡巴腙指示剂（1% 无水乙醇溶液），用 0.01mol/L 硝酸汞标准溶液滴定至溶液由黄色变为紫红色即为终点。同时做空白试验。

硝酸汞标准溶液的浓度按下式计算：

$$c[\frac{1}{2}Hg(NO_3)_2] = \frac{m}{58.45(V - V_0)} \times 1000$$

式中　V——标定时消耗硝酸汞标准溶液的体积，mL；

V_0——空白试验消耗硝酸汞标准溶液的体积，mL；

m——氯化钠的质量，g；

58.45——氯化钠的摩尔质量，g/mol。

14.2.3.2　试样测定

A　称样

准确称取试样 10 ~ 15mg，置于剪好的滤纸上，如图 14-4 所示。按图 14-5 所示包好滤纸，夹于燃烧瓶铂丝的螺旋钩上，使滤纸尾部向上。

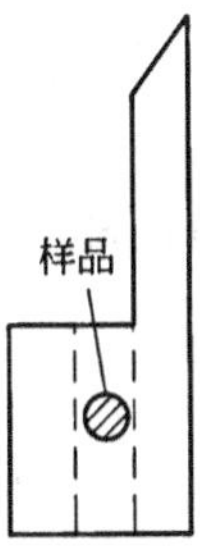

图 14-4　包试样的滤纸

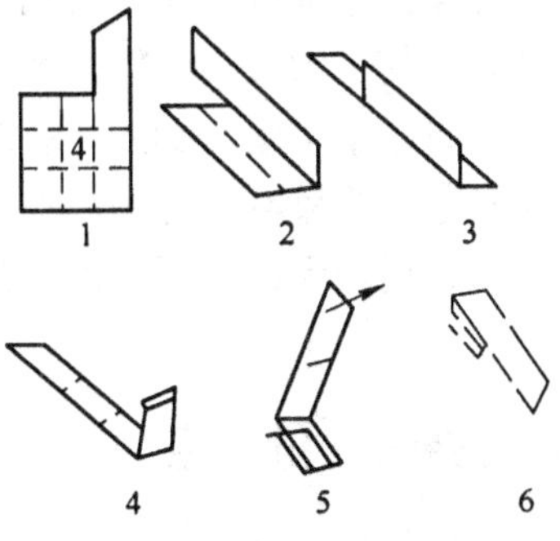

图 14-5　试样的包裹

沸点较高的液体试样，可直接滴在滤纸中央，与固体样品同样的方法处理。沸点较低的样品，应将液体封入胶囊中的滤纸条上，把开口端捏压黏合后，再同样用滤纸裹住，夹在铂金丝上，如图 14-6 所示。

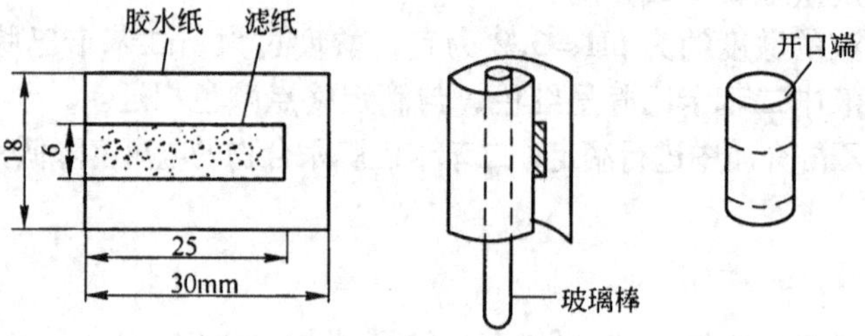

图 14-6　小胶囊的制法和试样的包制

B　燃烧和吸收

于燃烧瓶中加 10mL、1% 氢氧化钠溶液和 5 滴 30% 过氧化氢溶液，然后将氧气导管伸入燃烧瓶中，管尖接近吸收液液面，通入氧气 20 ~ 30s，点燃滤纸尾部，迅速插入燃烧瓶中，压紧瓶塞，小心倾斜燃烧瓶，让吸收液封住瓶口，如图 14-7 所示。待燃烧完毕，按紧瓶塞，用力振摇 15min，至瓶内白烟全部消失，说明吸收完全。

取瓶时应瓶底向后，勿对向他人，如图 14-8 所示。燃烧后，滤纸和试样必须被彻底破坏。若吸收液中有黑色小颗粒或滤纸碎片，则可能试样未被完全分解，必须重做。

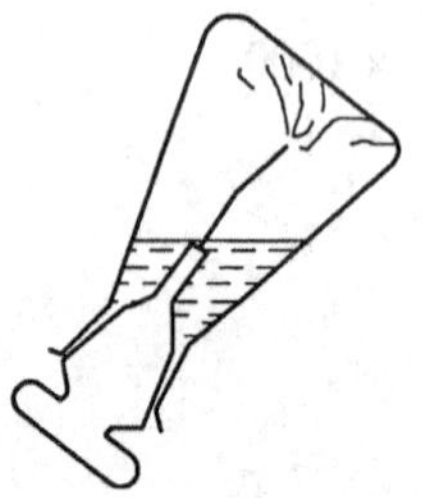

图 14-7　试样的燃烧

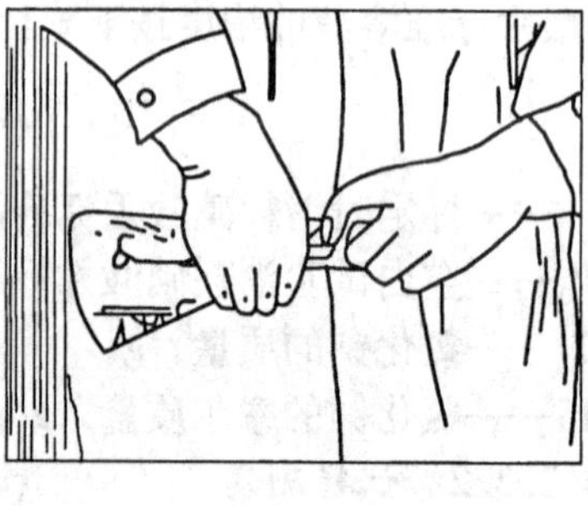

图 14-8　燃烧时的取瓶方式

C　滴定

在燃烧瓶的槽沟中加少量水，转动并拔下瓶塞，用少量水洗涤瓶塞和铂丝，将溶液煮沸浓缩至 5mL，冷却后加入 20mL 乙醇、3 滴溴酚蓝指示剂，逐滴加入 0. 5mol/L 硝酸至吸收液刚显黄色，再过量 1 滴，加入 5 滴二苯卡巴腙指示剂，用 0. 01mol/L 硝酸汞标准溶液滴定至溶液由黄色变为紫红色即为终点。同时做空白试验。

氧瓶燃烧法只适用于测定氯、溴、碘的含量，有机氟化物通常很难分解完全，所以不能用此法测定。

14. 3　烯基化合物含量测定

有机化合物分子中含有碳—碳双键或碳—碳叁键的，属于不饱和化合物。含碳—碳双键的称为烯基化合物，该类化合物分子中的烯基具有较高的反应活性，容易发生亲电加成反应。利用这一特性，建立了测定烯基化合物不饱和度的方法。根据所用加成试剂的不同，可分为卤素加成法、氢加成法、硫氰加成法等。下面主要介绍烯基化合物不饱和度测定中的卤素加成法。

14.3.1　测定原理

卤素加成法是利用过量的卤化剂与烯基化合物发生加成反应，然后测定剩余的卤化剂。在卤素加成中，氟、氯、溴的单质作为卤化剂过于活泼，往往伴随取代反应发生。而碘的活性较小，进行加成比较困难。由此可见，直接使用单质卤素作为卤化剂，难以满足分析反应的要求，因而大多使用它们的化合物，例如氯化碘、溴化碘、碘的乙醇溶液、溴酸盐-溴化物的酸性溶液等。其中用氯化碘作为卤化剂的加成法称为氯化碘加成法，又称韦氏（Wijs）法，常用于动植物油脂等不饱和度的测定。下面介绍氯化碘加成法的基本原理。

使过量的氯化碘溶液与不饱和化合物分子中的双键进行定量的加成反应。

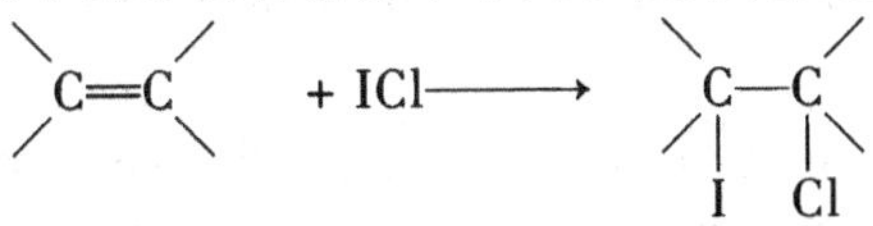

反应完全后，加入碘化钾溶液，与剩余的氯化碘作用析出碘，以淀粉作为指示剂，用硫代硫酸钠标准溶液滴定，同时做空白试验。

$$KI + ICl \longrightarrow I_2 + KCl$$

$$I_2 + 2Na_2S_2O_3 \longrightarrow 2NaI + Na_2S_4O_6$$

分析结果计算如下：

$$烯基含量 = \frac{(V_0 - V)c \times 24.02/2}{1000m} \times 100\%$$

$$烯基化合物含量 = \frac{(V_0 - V)c \times M/2}{1000mn} \times 100\%$$

$$碘值 = \frac{(V_0 - V)c \times 126.9}{1000m} \times 100\%$$

式中　V_0——空白试验消耗硫代硫酸钠标准溶液的体积，mL；

V——试样消耗硫代硫酸钠标准溶液的体积，mL；

c——硫代硫酸钠标准溶液的浓度，mol/L；

24.02——烯基的摩尔质量，g/mol；

m——试样的质量，g；

M——烯基化合物的摩尔质量，g/mol；

126.9——碘原子的摩尔质量，g/mol；

n——试样分子中烯基的个数。

碘值是物质不饱和度的一种量度，其定义是在规定条件下，每100g试样在反应中加成所需碘的克数。碘值是油脂的特征常数和衡量油脂质量的重要指标。

14.3.2　测定条件

（1）该法不适用于双键值大于2的试样，只能测共轭双键的一半。

（2）加成试剂的用量一般以过量 70% 为宜，过多会导致发生取代反应，过少则反应不完全。

（3）油样中的不饱和烃与氯化碘大约在 30min 以上才能反应完全，故在移加油样后必须充分振摇。

（4）加成反应不应有水存在，仪器要干燥，因 ICl 遇水会发生分解。

14.3.3 测定步骤

14.3.3.1 氯化碘溶液（又称韦氏液）的配制

有三种配制方法。

方法一：称取三氯化碘 8g 于干燥的 500mL 烧杯中，加冰乙酸 200mL 使溶解；另取研细的碘 9g 于干燥的 500mL 烧杯中，加四氯化碳 300mL 使其溶解，将两种溶液混合后用冰乙酸稀释至 1000mL，贮于棕色试剂瓶中避光保存。

方法二：取一氯化碘 16.5g 于 1000mL 干燥烧杯中，加冰乙酸 1000mL 溶解，然后转入棕色试剂瓶中避光保存。

方法三：取 13.0g 碘于 1000mL 干燥烧杯中，加 1000mL 冰乙酸，可微热溶解，冷却后，倾出 200mL，其余部分通入干燥的氯气（可以用工业高锰酸钾和盐酸制氯气通过水洗瓶和浓硫酸洗瓶），至溶液由红棕色变为橘红色，经检验合格后使用。

检验方法：分别吸取 25.00mL 已通氯气和未通氯气的碘冰乙酸溶液于 500mL 碘量瓶中，加水 100mL、20% 碘化钾溶液 15mL，用 0.1mol/L 硫代硫酸钠标准溶液滴定至淡黄色，加 2mL 0.5% 淀粉液，继续滴定至蓝色刚好消失即为终点，按下式进行计算。

若 $A-2B=0$，韦氏液合格，一般允许碘过量 1.5% 左右。

若 $A-2B<0$，说明氯气没有通够，应继续通入氯气。

若 $A-2B>0$，说明溶液中碘不够，应按下式计算加入留存的碘液：

$$V = V_0 \frac{A-2B}{B}$$

式中 A——滴定 25.00mL 韦氏液消耗硫代硫酸钠标准溶液的体积，mL；

B——滴定 25.00mL 留存碘冰乙酸溶液消耗硫代硫酸钠标准溶液的体积，mL。

14.3.3.2 试样测定

用减量法称取油样 0.25～0.3g 于 500mL 干燥的碘量瓶中，加 10mL 三氯甲烷，轻轻摇动，使油样完全溶解，准确加入 25.00mL 韦氏液，塞紧瓶塞，并用少量碘化钾溶液封口（勿使流入瓶内），摇匀后在室温下于暗处放置 60min。取出沿瓶口加 20% 碘化钾液 10mL，稍加摇动，以 100mL 水冲洗瓶塞及瓶口，用 0.1mol/L 硫代硫酸钠标准溶液滴定至淡黄色，加入 2mL 淀粉液，继续滴定至蓝色刚好消失即为终点。同样条件下进行空白试验。

14.3.3.3 注意事项

（1）试样量应根据油脂中碘值的大小确定。可参见表 14-1 韦氏法测定碘值试样参考质量及表 14-2 常见油脂的碘值和密度。

（2）一般规定碘值在 150 以下，暗处放置时间为 30min，碘值在 150 以上放置 60min。

表 14-1 韦氏法测定碘值试样参考质量

碘 值	试样参考质量/g	碘 值	试样参考质量/g
20 以下	1.20 ~ 1.22	100 ~ 120	0.23 ~ 0.25
20 ~ 40	0.70 ~ 0.72	120 ~ 140	0.19 ~ 0.21
40 ~ 60	0.47 ~ 0.49	140 ~ 160	0.17 ~ 0.19
60 ~ 80	0.35 ~ 0.37	160 ~ 200	0.15 ~ 0.17
80 ~ 100	0.28 ~ 0.30		

表 14-2 常见油脂的碘值和密度

名 称	碘 值	密度（15℃）/g · cm^{-3}	名 称	碘 值	密度（15℃）/g · cm^{-3}
牛 油	35 ~ 59	0.937 ~ 0.953	菜 油	94 ~ 106	0.910 ~ 0.917
羊 油	33 ~ 46	0.937 ~ 0.953	蓖麻油	83 ~ 87	0.950 ~ 0.970
猪 油	50 ~ 77	0.931 ~ 0.938	糠 油	91 ~ 110	0.917 ~ 0.928
鱼 油	120 ~ 180	0.951 ~ 0.953	骨 油	46 ~ 56	0.914 ~ 0.916
豆 油	105 ~ 130	0.922 ~ 0.927	蚕蛹油	116 ~ 136	0.925 ~ 0.934（20℃）
花生油	86 ~ 105	0.915 ~ 0.921	亚麻籽油	170 ~ 204	0.931 ~ 0.938
棉籽油	105 ~ 110	0.922 ~ 0.935			

14.4 醇含量的测定

醇的测定通常是根据醇容易酰化成酯的性质，用酰化方法测定。其中以乙酰化法应用最为普遍，按乙酰化剂组成的不同，该法可分为乙酸酐—高氯酸—吡啶乙酰化法和乙酸酐—乙酸钠乙酰化法。后者的优点是避免使用有臭、有毒的吡啶，且操作简便、快速、准确度较高，因而是目前较普遍采用的方法。以上方法主要用于伯醇和仲醇的定量测定。叔醇中的羟基在酰化过程中易脱水成烯，难以用酰化成酯法测定。

位于相邻碳原子上含有多个羟基的多元醇，称为α-多羟醇，如常见的乙二醇、丙三醇等。这类化合物具有醇的一般性质，同时也具有其特殊性，在弱酸性介质中，高碘酸能定量地氧化α-多羟醇类化合物，氧化的结果是碳链断裂，生成相应的羰基化合物和羧酸。测定它们有一种专属分析方法，即高碘酸氧化法。一元醇及羟基不在相邻碳原子上的多元醇，均不被高碘酸氧化。

下面主要介绍乙酸酐—乙酸钠乙酰化法和高碘酸氧化法。

14.4.1 乙酸酐—乙酸钠乙酰化法

14.4.1.1 *测定原理*

以乙酸钠作为催化剂，醇与乙酸酐发生乙酰化反应，反应生成的乙酸和过量的乙酸酐用碱中和后，加入一定量过量的碱，使生成的酯定量皂化，剩余的碱用酸标准溶液滴定，同时做空白试验。由空白滴定和试样滴定之差值即可求得醇含量。以季戊四醇测定为例，其反应过程如下。

乙酰化：

$$C(CH_2OH)_4 + 4(CH_3CO)_2O \xrightarrow{CH_3COONa} C(CH_2OOCCH_3)_4 + 4CH_3COOH$$

水解：

$$(CH_3CO)_2O + H_2O \longrightarrow 2CH_3COOH$$

中和：

$$CH_3COOH + NaOH \longrightarrow CH_3COONa + H_2O$$

皂化：

$$C(CH_2OOCCH_3)_4 + 4NaOH \xrightarrow{\triangle} C(CH_2OH)_4 + 4CH_3COONa$$

滴定：

$$H_2SO_4 + 2NaOH \longrightarrow Na_2SO_4 + 2H_2O$$

分析结果计算如下：

$$羟基含量 = \frac{(V_0 - V) \times c(\frac{1}{2}H_2SO_4) \times 17.01}{1000m} \times 100\%$$

$$醇含量 = \frac{(V_0 - V) \times c(\frac{1}{2}H_2SO_4) \times M}{1000mn} \times 100\%$$

式中 V_0——空白试验消耗硫酸标准溶液的体积，mL；

V——试样试验消耗硫酸标准溶液的体积，mL；

$c(\frac{1}{2}H_2SO_4)$——硫酸标准溶液的浓度，mol/L；

17.01——羟基的摩尔质量，g/mol；

m——试样的质量，g；

M——醇的摩尔质量，g/mol；

n——试样分子中羟基的个数。

14.4.1.2 测定步骤

准称试样5～6mmol置于500mL干燥锥形瓶中，加入1g无水乙酸钠、5mL乙酸酐，轻轻摇动，使固体润湿，在电炉上缓慢加热，微沸2～3min，使回流现象至锥形瓶3/4处，取下锥形瓶，加入25mL水，再继续加热至沸使溶液清亮后，取下冷却至室温。加入8滴酚酞指示剂（1%乙醇溶液），用1mol/L氢氧化钠中和至微红色，然后准确滴加50.00mL、1mol/L氢氧化钠溶液，在电炉上加热煮沸10min后，装上碱石棉干燥管，急速冷却至室温，再加8滴酚酞指示剂，用硫酸标准溶液［$c(\frac{1}{2}H_2SO_4) = 1mol/L$］滴定至微红色即为终点。同样条件下做空白试验。

14.4.1.3 注意事项

（1）氢氧化钠质量浓度不要大于1mol/L，硫酸标准溶液质量浓度不要小于0.5mol/L，以免空白值超过50mL。

（2）样品与固体乙酸钠应轻轻摇匀后，再加入5mL乙酸酐，然后轻轻摇动使乙酸酐将混合固体浸润。

（3）乙酰化反应加热时，可轻轻转动瓶子，但切忌摇动，否则发生崩溅现象，一旦有液体溅出瓶外，应重做。

（4）以氢氧化钠中和乙酸时，滴加速度不要太快，以免局部提前皂化。

14.4.2 高碘酸氧化法

14.4.2.1 测定原理

试样中加入一定量过量的高碘酸，氧化反应完全后，加入碘化钾溶液，剩余的高碘酸和反应生成的碘酸被还原析出碘，用硫代硫酸钠标准溶液滴定，同时做空白试验。由空白试验与试样滴定所消耗的硫代硫酸钠标准溶液量的差值，即可计算出试样中 α-多羟醇的含量。其反应过程如下。

氧化：

$$\begin{array}{l} CH_2OH \\ | \\ CH_2OH \end{array} + HIO_4 \longrightarrow 2HCHO + H_2O + HIO_3$$

$$\begin{array}{l} CH_2OH \\ | \\ CHOH \\ | \\ CH_2OH \end{array} + 2HIO_4 \longrightarrow 2HCHO + HCOOH + H_2O + 2HIO_3$$

试样中邻位排列的羟基数目不同，产物也不同，在室温下氧化时，分子两端的羟基都氧化成醛，中间的羟基则氧化成甲酸，其反应通式为：

$$\underset{\displaystyle OH}{\underset{|}{CH_2}}(CHOH)_n\underset{\displaystyle OH}{\underset{|}{CH_2}} + (n+1)HIO_4 \longrightarrow 2HCHO + nHCOOH + (n+1)HIO_3 + H_2O$$

还原：

$$HIO_4 + 7KI + 7H^+ \longrightarrow 7K^+ + 4H_2O + 4I_2$$

$$HIO_3 + 5KI + 5H^+ \longrightarrow 5K^+ + 3H_2O + 3I_2$$

滴定：

$$I_2 + 2Na_2S_2O_3 \longrightarrow 2NaI + Na_2S_4O_6$$

由于糖类分子中含有多元邻位羟基，所以高碘酸氧化法也能用来测定糖。除 α-多羟醇和糖外，α-氨基酸、α-羟基醛（酮）、α-酮醛、α-二酮、多羟基二元酸例如酒石酸等有机物，在酸性条件下，也能被高碘酸定量氧化，影响测定结果。

从上述反应过程中可以看出，α-多羟醇与滴定剂 $Na_2S_2O_3$ 之间的定量关系为：

1mol α-多羟醇 $\Leftrightarrow$ $(n+1)$ mol HIO_4 $\Leftrightarrow$ 生成 $(n+1)$ mol HIO_3 $\Leftrightarrow$ $(n+1)$ mol I_2 $\Leftrightarrow$ $2(n+1)$ mol $Na_2S_2O_3$。

分析结果计算如下：

$$\alpha\text{-多羟醇含量} = \frac{(V_0 - V)cM}{m \times 2(n+1) \times 1000} \times 100\%$$

式中 V_0——空白试验消耗硫代硫酸钠标准溶液的体积，mL；

V——试样试验消耗硫代硫酸钠标准溶液的体积，mL；

c——硫代硫酸钠标准溶液的浓度，mol/L；

M——α-多羟醇的摩尔质量，g/mol；

m——试样的质量，g；

n——邻位羟基的个数减去2。

14.4.2.2　测定条件

（1）要求在滴定时，滴定试样消耗硫代硫酸钠标准溶液的体积必须超过空白试验消耗量的80%，以保证有足够的高碘酸，使氧化反应完全，如果仅为空白试验所消耗的75%，则表明所有的高碘酸已全部消耗。此时应减小试样称量或增加高碘酸用量，重新测定。

（2）酸度和温度对氧化反应速率等有影响。较满意的条件是：pH =4 左右，反应温度宜在室温或低于室温。温度较高会导致生成的醛或酸被进一步氧化等副反应。

（3）反应需静置 30 ~ 90min。乙二醇、丙三醇等多数化合物需 30min，羟基酸、糖、甘露醇等常需 60 ~ 90min。

（4）非水溶性试样，可以用三氯甲烷溶解或稀释。

14.4.2.3　测定步骤

（1）高碘酸溶液的配制：取 5.5g 高碘酸（$HIO_4 \cdot 2H_2O$）溶于 200mL 水中，用冰乙酸稀释至 1000mL，贮于棕色瓶中备用。

（2）试样测定：准确称取 2 ~ 3mmol 试样于 250mL 容量瓶中，用水溶解并稀释至刻度。吸取 25.00mL 试样溶液于 250mL 碘量瓶中，准确加入 25.00mL 高碘酸溶液，盖好瓶塞，摇匀，于室温放置 30min，然后加入 10mL 20% 碘化钾溶液，析出的碘用 0.1mol/L 硫代硫酸钠标准溶液滴定，当溶液呈淡黄色时，加 2mL 0.5% 的淀粉指示液，继续滴定至蓝色刚好消失即为终点。同样条件下进行空白试验。

14.5　酚含量的测定

酚类化合物中由于羟基和苯环直接相连，在苯环的作用下酚羟基显弱酸性，利用这一性质可以在非水介质中，用碱标准溶液进行非水滴定来测定酚的含量。此外，由于酚羟基的推电子共轭效应使苯环邻、对位上的氢原子很容易发生亲电取代反应，一般酚类化合物在室温时能与卤素定量地发生反应，基于这种特性，建立了另一种测定酚类化合物含量的方法，即卤代法（氧化还原法）测定酚含量。下面主要介绍该方法。

14.5.1　测定原理

氟和氯都比较活泼，在进行邻、对位取代反应的同时，苯环的其他位置也可能发生取代，甚至苯环的侧链上也能发生取代，以至无法进行定量测定。碘不够活泼，一般难以发生取代反应，因此通常用溴代法测定酚类。但液态溴或溴的水溶液不够稳定，反应也难以控制，所以一般不用游离态溴作为溴化剂，而常用溴酸钾和溴化钾在酸性溶液中析出的新生态溴来进行溴化反应。以苯酚为例，其测定过程如下。

用过量的溴酸钾—溴化钾溶液，在酸性条件下与试样反应，待反应完全后，剩余的溴再和碘化钾作用，析出与溴等量的碘，然后用硫代硫酸钠标准溶液滴定，同时做空白试验。由空白试验与试样测定所消耗的硫代硫酸钠标准溶液的体积之差值，计算试样中酚的含量。

$$5KBr + KBrO_3 + 6HCl \longrightarrow 3Br_2 + 3H_2O + 6KCl$$

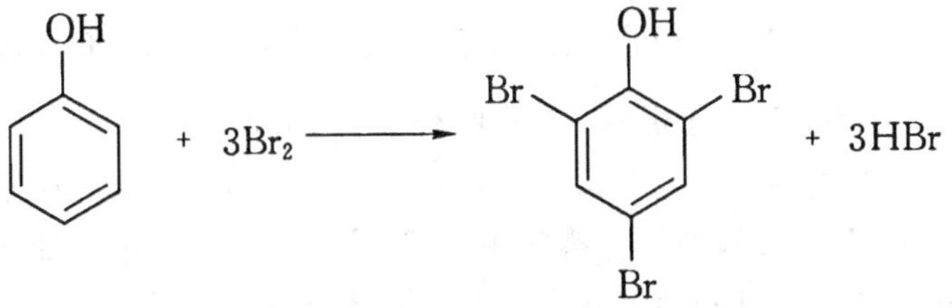

$$Br_2 + 2KI \longrightarrow I_2 + 2KBr$$

$$I_2 + 2Na_2S_2O_3 \longrightarrow 2NaI + Na_2S_4O_6$$

注意，酚羟基的邻、对位上有取代基的酚类，不能用此法测定。

由以上反应可以看出，苯酚与硫代硫酸钠的定量关系为：

1mol $C_6H_5OH \Leftrightarrow$ 3mol Br_2反应$\Leftrightarrow$ 3mol $I_2 \Leftrightarrow$ 6mol $Na_2S_2O_3$，分析结果计算如下：

$$酚含量 = \frac{(V_0 - V)cM}{6 \times 1000m} \times 100\%$$

式中 V_0——空白试验消耗硫代硫酸钠标准溶液的体积，mL；

V——试样试验消耗硫代硫酸钠标准溶液的体积，mL；

c——硫代硫酸钠标准溶液的浓度，mol/L；

M——酚的摩尔质量，g/mol；

m——试样的质量，g。

14.5.2 测定条件

溴代反应是本法的关键，反应温度、时间及溴的用量是影响溴代反应的重要因素，在测定时必须严格控制这些条件。

（1）反应温度：通常在室温或低于室温下进行反应时，不致发生苯环上的其他位置或侧链上的取代副反应，只有溴代困难的酚，才在较高的温度（50～70℃）下进行反应。

（2）反应时间：溴代反应一般在5～30min内即可完成。

（3）溴的用量：溴化试剂的用量一般应该比理论量大一倍。

（4）溴代反应应该在阴暗处进行。因为光线的照射能促使溴离子在酸性介质中被空气氧化，重新生成单质溴，使测定结果偏低。

（5）不饱和化合物或能与溴发生作用的物质，例如芳胺等，会干扰测定。

14.5.3 测定步骤

14.5.3.1 溴酸钾—溴化钾溶液 [$c(\frac{1}{6}KBrO_3) = 0.1$mol/L] 的配制

称取1.5g溴酸钾和12.5g溴化钾置于烧杯中，分次加入200mL水使其完全溶解。用蒸馏水稀释至500mL。

14.5.3.2 试样测定

准确称取3～4mmol试样于250mL烧杯中，加少量蒸馏水溶解。若试样不溶于水，则加入5mL 0.5mol/L氢氧化钠溶液。将溶液转入250mL容量瓶中，稀释至刻度。

用移液管移取 25.00mL 试样溶液，放入 250mL 碘量瓶中，准确加入 25.00mL $c(\frac{1}{6}KBrO_3)$ =0.1mol/L溴酸钾—溴化钾溶液，微开碘量瓶塞，加入 10mL 6mol/L 盐酸溶液，立即盖紧瓶塞，振摇 5～10min，置于暗处静置 15min。

反应完全后，微启瓶塞，加入 10mL 0.6mol/L 碘化钾溶液，盖紧瓶塞充分振摇后，加 2mL 氯仿。用 0.1mol/L 硫代硫酸钠标准溶液滴定至溶液呈淡黄色，加入 2mL 0.5% 的淀粉指示液，继续滴定至蓝色刚好消失即为终点。同样条件下进行空白试验。

14.5.3.3　注意事项

三溴苯酚是白色无定型沉淀，难溶于水，易吸附和包裹 Br_2 而影响测定结果，因此，在用硫代硫酸钠滴定前，加入氯仿以溶解沉淀，同时溶解反应中析出的碘，使滴定终点易于观察。

14.6　醛酮含量的测定

醛和酮都是含有羰基的化合物，它们有相似的化学性质，例如醛酮都能与羟胺缩合生成肟；与肼类缩合生成腙；醛和甲基酮可与亚硫酸氢钠加成生成 α-羟基磺酸钠等。测定醛酮的常用方法有：羟胺肟化法、2，4-二硝基苯肼称量法、亚硫酸氢钠加成法、次碘酸钠氧化法等。其中羟胺肟化法应用较广，下面重点介绍该方法。

14.6.1　测定原理

羟胺肟化法测定醛酮时，采用酸碱返滴定法进行滴定。先用碱中和盐酸羟胺，使其产生游离的羟胺，试样与羟胺发生肟化反应，待反应完全后，以盐酸标准溶液中和剩余的碱，并使未反应的羟胺生成羟胺盐酸盐，同样条件下进行空白试验。根据空白试验与试样测定消耗的盐酸标准溶液的体积差，计算出试样中醛或酮的含量。

$$H_2NOH \cdot HCl + NaOH \longrightarrow H_2NOH + NaCl + H_2O$$

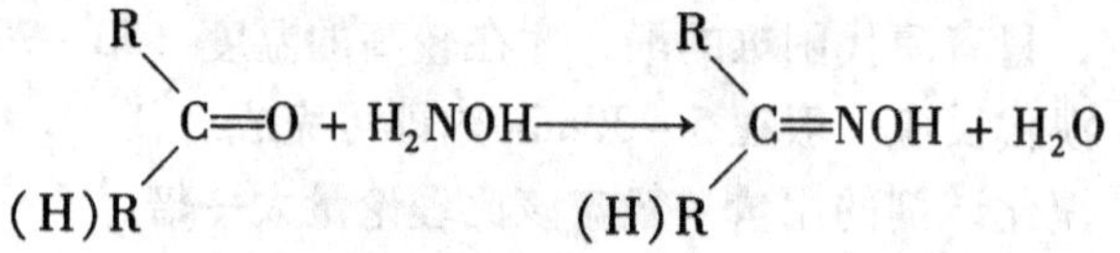

$$H_2NOH + HCl \longrightarrow H_2NOH \cdot HCl$$

分析结果计算如下：

$$羰基含量 = \frac{(V_0 - V)c \times 28.01}{1000m} \times 100\%$$

$$醛或酮含量 = \frac{(V_0 - V)cM}{1000mn} \times 100\%$$

式中　V_0——空白试验消耗盐酸标准溶液的体积，mL；

V——试样试验消耗盐酸标准溶液的体积，mL；

c——盐酸标准溶液的浓度，mol/L；

28.01——羰基的摩尔质量，g/mol；

m——试样的质量，g；

M——醛或酮的摩尔质量，g/mol；

n——试样分子中羰基的个数。

14.6.2 测定条件

（1）用本方法进行测定的关键在于准确观察滴定终点。用指示剂法判断终点时，需在相同照射光和相同玻璃制成的器皿中进行，并做空白试验作为滴定样品时观察指示剂终点颜色的对照标准。若采用电位滴定法判断终点则较为准确，不存在这个问题。

（2）肟化反应是可逆反应，通常使用过量一倍的试剂，反应方能趋于完全。以乙醇作为反应介质，可以抑制逆反应发生，使反应能定量完成。乙醇还可以增加试样的溶解度。

（3）某些分子量较大的醛或酮肟化反应的速度较慢，在室温下不能定量完成，需要提高反应温度和延长反应时间，使反应完全，然后再进行滴定。

（4）试样中的酸性或碱性杂质对测定均有干扰，必须事先另取一份试样进行滴定校正。

14.6.3 测定步骤

准确称取2～3mmol试样置于洁净的小烧杯中，移取25.00mL 0.5mol/L盐酸羟胺溶液和25.00mL 0.2mol/L氢氧化钠—乙醇溶液置于小烧杯中，加入10mL、95%中性乙醇，用表面皿盖好，在室温下放置40min，然后加2滴溴酚蓝指示液（0.4%乙醇溶液）。

安装好电位滴定装置并调试好仪器。开启磁力搅拌器，以0.2mol/L盐酸标准溶液滴定。滴定至溶液由深蓝色变为浅蓝色后，每滴0.5mL记录一次pH值。继续滴定至溶液由浅蓝色变为绿黄色后，每滴0.2mL记录一次pH值。当溶液变为黄色后，再按每滴0.2mL记录一次pH值，共记录5次后停止滴定。将滴定数据填入表14-3中。同样条件下做空白试验。

表14-3 滴定数据记录表

V/mL	pH值	ΔpH值	ΔV/mL	ΔpH值/ΔV

终点体积可用一次微商法确定：根据表中的数据，以V为横坐标，ΔpH值/ΔV为纵坐标绘制曲线，与ΔpH值/ΔV极大值所对应的体积即为滴定终点。

14.6.4 注意事项

（1）一般羰基化合物于30min内即可与羟胺试剂反应完全。但是也有个别空间位阻较大的羰基化合物需要延长反应时间。

（2）由于溶液有一定的缓冲性，因此观察到的终点突跃值很小，一般只有0.02pH单位，以致影响终点的确定，所以要小心观察。

14.7 羧酸含量的测定

羧酸具有一定的酸性，与碱作用生成盐。但羧酸的酸性相对较弱，大多数羧酸的电离

常数在 $10^{-7} \sim 10^{-4}$ 之间。测定羧酸的常用方法是酸碱滴定法。其他方法如氧化法、酯化滴定测水法、称量法等在经常工作中应用较少，但各具有一定的优点。下面主要介绍酸碱滴定法。

14.7.1　测定原理

利用羧基的酸性，可用碱标准溶液进行中和滴定，反应通式为：

$$RCOOH + NaOH \longrightarrow RCOONa + H_2O$$

根据碱标准溶液的消耗量可以计算羧酸含量，分析结果计算如下：

$$羧基含量 = \frac{Vc \times 45.02}{1000m} \times 100\%$$

$$羧酸含量 = \frac{VcM}{1000mn} \times 100\%$$

$$酸值 = \frac{Vc \times 56.11}{m}$$

式中　V——试样试验消耗氢氧化钠标准溶液的体积，mL；

c——氢氧化钠标准溶液的浓度，mol/L；

45.02——羧基的摩尔质量，g/mol；

m——试样的质量，g；

M——羧酸的摩尔质量，g/mol；

n——试样分子中羧基的个数；

56.11——氢氧化钾的摩尔质量，g/mol。

酸值是在规定条件下，中和 1g 试样中的酸性物质所消耗的氢氧化钾的毫克数。根据酸值的大小，可判断产品中所含酸性物质的量。

14.7.2　测定条件

由于羧酸分子结构的复杂性，没有一个适合于所有羧酸测定的通用方法。只能根据羧酸酸性的强弱和对不同溶剂的溶解性，选择适当的溶剂和滴定剂，根据滴定突跃范围正确选择指示剂或用电位法确定终点。

14.7.2.1　溶剂

电离常数大于 10^{-8}，能溶于水的羧酸，在水溶液中用氢氧化钠标准溶液直接滴定。

难溶于水的羧酸，可将试样先溶解于过量的碱标准溶液中，再用酸标准溶液回滴剩余的碱。但是相对分子质量较大（C 数大于 10）的羧酸，当用碱溶液溶解时，往往生成胶状溶液，难以用酸滴定。在这种情况下，可用醇作为溶剂，因为醇的极性比水弱，对难溶于水的极性较弱的羧酸有较强的溶解能力。常用的醇有甲醇、乙醇、异丙醇等，其中以乙醇最为普遍。试样用中性乙醇溶解后，用氢氧化钠水溶液或醇溶液进行滴定。

不溶于水或因酸性太弱，在水溶液中滴定时，滴定突跃不明显而不能测得准确结果的羧酸，则应在非水介质中进行滴定。一般常用的非水溶剂有丙酮、乙二胺、二甲基甲酰胺等。以丙酮作为溶剂，可用氢氧化钠-甲醇溶液滴定，以二甲基甲酰胺作为溶剂时，可用甲醇钠-苯溶液滴定。

14.7.2.2 终点判断

终点的确定通常采用目视酸碱指示剂，但当试样溶液颜色较深，或滴定的羧酸较弱、或滴定不同强度酸的混合物时，滴定终点就难以观测或不突变，应改用电位法确定终点，灵敏度较高，同时也较客观。如果酸的强度不明时，可先用电位法求出终点时的大约 pH 值，再选择合适的指示剂。指示剂一般可用酚酞，如果试样的酸性较弱（$K_a=10^{-7}\sim10^{-6}$）则改用百里酚酞作为指示剂，如仍用酚酞作为指示剂，则在中和 90% 的酸时就出现红色，以致造成很大误差。单一指示剂的变色范围较大，变色不太敏锐，因此在某些滴定中常采用混合指示剂，因混合指示剂的变色范围较小，变色比较灵敏，尤其适用于在化学计量点附近滴定曲线的突跃斜度较小的滴定。

14.7.2.3 测定的干扰

在水溶液中滴定时，必须注意某些化合物的干扰，例如甲酸酯、乙酸酯、二羟醇酯等易水解的酯，因为它们极易皂化，消耗碱标准溶液。另外，易水解的酯存在时，滴定终点极易褪色。酸酐、酰卤存在时，也容易水解成酸，尤其在用碱滴定时，水解更易进行。活泼的醛在碱的水溶液中易于缩合而起干扰作用。

上述化合物的反应程度各不相同，在某些情况下，反应是完全的，而且可以得到重复的结果。因此可以另外测定这些干扰物的含量后加以校正。有时可以控制一定的反应温度以减少或防止某些干扰。例如，乙酸乙酯在0℃时水解相当慢。低级酯、酸酐、酰卤及醛等的干扰，可以改用惰性非水溶剂滴定来防止。

14.7.3 有机弱酸测定（非水滴定法）

14.7.3.1 原理

在二甲基甲酰胺介质中，用标准甲醇钠的醇溶液滴定羧酸，反应如下：

$$RCOOH + CH_3ONa \rightleftharpoons RCOO^- + Na^+ + CH_3OH$$

滴定中生成的甲醇在溶剂二甲基甲酰胺中，所显示的酸性比羧酸弱，所以能使反应顺利进行。

14.7.3.2 操作

（1）0.1mol/L 甲醇钠的苯-甲醇标准溶液的配制与标定：取约 2.4g 新切的纯净金属钠，放入存有 100mL 无水甲醇的锥形瓶中，置该锥形瓶于冰水浴中，防止反应时甲醇挥发，待反应结束后，用干燥的苯和甲醇稀释至 1L，使溶液澄清，然后用苯甲酸（溶在苯和甲醇溶液中）作为基准物，标定其浓度。

（2）试样测定：准确称取试样 1～2mmol，于 150mL 干燥的锥形瓶中，加入 20mL 二甲基甲酰胺，振荡使样品溶解，加入百里酚蓝指示剂（0.3% 甲醇溶液）2～3 滴，用 0.1mol/L 甲醇钠的苯和甲醇标准溶液滴定至淡蓝色，即为终点。

14.8 酯含量的测定

酯在碱性溶液中的水解反应称为皂化反应，这也是酯含量测定的最常用的方法，即皂化法。皂化法又可分为皂化-回滴法和皂化-离子交换法，各有利弊。下面主要介绍皂化-回滴法。

14.8.1　测定原理

试样用过量的碱溶液皂化后，再用酸标准溶液滴定剩余的碱，在相同的条件下做空白试验。由空白试验和试样测定所消耗的盐酸标准溶液体积的差值，即可计算出酯的含量。

$$RCOOR' + KOH \xrightarrow{\triangle} RCOOK + R'OH$$

$$KOH + HCl \longrightarrow KCl + H_2O$$

分析结果计算如下：

$$酯含量 = \frac{(V_0 - V)cM}{1000mn} \times 100\%$$

$$皂化值 = \frac{(V_0 - V)c \times 56.11}{m}$$

式中　V_0——空白试验消耗盐酸标准溶液的体积，mL；

V——试样试验消耗盐酸标准溶液的体积，mL；

c——盐酸标准溶液的浓度，mol/L；

M——酯的摩尔质量，g/mol；

m——试样的质量，g；

n——试样分子中酯基的个数；

56.11——氢氧化钾的摩尔质量，g/mol。

在生产实际应用中，测定结果常用皂化值和酯值表示。

皂化值是在规定条件下，中和皂化 1g 试样所消耗氢氧化钾的毫克数，它是试样中总酯、内酯、羧基和其他酸性基团的一个量度。

酯值是在规定条件下，1g 试样中的酯所消耗的氢氧化钾的毫克数。它等于皂化值减去酸值。如果试样不含游离酸，则皂化值在数值上就等于酯值。测定酯值和酯含量时，如果试样含有游离酸等，应先用碱中和，或测定酸值或酸含量后再进行计算或加以校正。

14.8.2　测定条件

此法的关键是皂化反应的速度和完全程度。酯的皂化反应是双分子反应，反应速度较慢，为了达到定量测定的目的，必须加快皂化反应的速度并使之反应完全。

(1) 碱的浓度：皂化过程是氢氧根离子对酯分子的作用，显然氢氧根离子浓度越大，也就是说碱性越强，用量越大，则反应速度越快，越容易达到完全。但是，碱的浓度也不能太大，否则将造成滴定时的困难。

(2) 反应介质：皂化速度除了与皂化剂的浓度有关外，还与酯的浓度有关。所以必须考虑溶剂对皂化速度的特殊效应，在分析中根据酯的特性选择合适的反应介质。

对于水溶性易皂化的酯，可以在水溶液中皂化。对于非水溶性易皂化的酯，通常选用既能溶解强碱，又能使酯具有良好溶解效率的乙醇作为溶剂。而对于相对分子质量较大、溶解度较小、难皂化的酯，因为要提高皂化温度及延长皂化时间，则应选用高沸点的溶剂，例如苄醇（205℃）、正戊醇（132℃）、乙二醇（179.8℃）等。

(3) 皂化温度：温度对皂化反应有很大影响，一般温度每升高 10℃，反应速度可加快 2 倍。

(4) 羧酸、酰卤、酰胺、酸酐、醛等干扰皂化反应，影响测定结果。若样品中含有游离的酸和碱，则必须事先加以测定。

14.8.3　测定步骤

准确称取约 10mmol 试样于 250mL 锥形瓶中，加约 10mL 95% 中性乙醇溶解，加入酚酞指示剂（0.1% 乙醇溶液）5 滴，用 0.1mol/L 氢氧化钠乙醇标准溶液滴定，如果要求测定试样中游离酸的含量，则应记录消耗 0.1mol/L 氢氧化钠乙醇标准溶液的体积，否则可不必记录。

准确加入 0.5mol/L 氢氧化钠乙醇标准溶液 50.00mL，加入几粒沸石，装上回流冷凝管，于 100℃ 水浴中加热回流 1～2h 后，以不含二氧化碳的水约 20mL 冲洗冷凝管，并使洗涤液流入反应液中，于流水中迅速冷却至室温。然后补加 2～3 滴酚酞指示剂，用 0.5mol/L 盐酸标准溶液滴定至溶液呈微红色即为终点。同样条件下进行空白试验。

结果计算如下：

$$\text{游离酸含量} = \frac{V_1 \times c(\mathrm{NaOH}) M_{\text{游离酸}}}{1000 m n_1} \times 100\%$$

$$\text{酯含量} = \frac{(V_0 - V) c M}{1000 m n_2} \times 100\%$$

$$\text{皂化值} = \frac{[(V_0 - V) \times c(\mathrm{HCl}) + V_1 \times c(\mathrm{NaOH})]}{m} \times 56.11$$

式中　V_0——空白试验消耗盐酸标准溶液的体积，mL；

V——试样试验消耗盐酸标准溶液的体积，mL；

V_1——滴定试样中游离酸消耗氢氧化钠标准溶液的体积，mL；

c（NaOH）——滴定试样中游离酸所用氢氧化钠标准溶液的浓度，mol/L；

c（HCl）——盐酸标准溶液的浓度，mol/L；

m——试样的质量，g；

$M_{\text{游离酸}}$——游离酸的摩尔质量，g/mol；

M——酯的摩尔质量，g/mol；

56.11——氢氧化钾的摩尔质量，g/mol；

n_1——游离酸分子中所含羧基的个数；

n_2——试样分子中酯基的个数。

14.9　胺含量的测定

胺是含有氨基的化合物，是有机含氮化合物中最大的一类，被广泛用于工业生产中。氨基是碱性基团，所以胺具有一定程度的碱性。碱性强弱视烃基的性质和被取代的氢原子数而定。大部分脂肪胺（电离常数 $K_b = 10^{-6} \sim 10^{-3}$）碱性比氨强，可在水溶液中，用酸标准溶液滴定；芳胺的碱性通常比氨弱，只能在冰乙酸中进行非水滴定。

伯胺和仲胺与乙酰化剂作用发生乙酰化反应，生成 N-乙酰胺，可用于定量分析。常用的测定方法是乙酸酐-吡啶乙酰化法。在用酸滴定法测定叔胺时，也常用此法来消除伯胺、仲胺的干扰。

脂肪族伯胺与亚硝酸反应放出氮气，测量氮气体积可计算伯胺含量，但需要在特殊仪器中进行，不宜推广。

芳伯胺在无机酸存在下，和亚硝酸发生重氮化反应，生成重氮盐，常用重氮化法测定，在染料和药物分析中应用较广。

对于一些不活泼的胺，可用克达尔法或杜马法测定。氨基酸、酰胺、季铵盐等可以在冰乙酸等非水介质中，用高氯酸滴定。

下面重点介绍酸碱滴定法和重氮化法。

14.9.1　酸碱滴定法

14.9.1.1　测定原理

具有不同碱性强度的胺，可以在水溶液中或非水溶液中，用酸碱滴定法测定其含量。因此，酸碱滴定法又分为直接滴定法和非水滴定法两种。

碱性较强的胺（$K_b=10^{-6}\sim10^{-3}$的脂肪胺类）可直接滴定。

伯胺　$$RNH_2+HCl\longrightarrow RNH_3^+Cl^-$$

仲胺　$$R_2NH+HCl\longrightarrow R_2NH_2^+Cl^-$$

叔胺　$$R_3N+HCl\longrightarrow R_3NH^+Cl^-$$

水溶性的胺，可在水溶液中，用盐酸标准溶液直接滴定。不溶于水的长链脂肪胺可溶于乙醇或异丙醇中进行滴定。

因为中和产物是强酸弱碱盐，所以选用中性红、甲基红等在酸性环境中变色的指示剂。如果用甲基红-溴甲酚绿混合指示剂，则终点颜色变化更加敏锐（绿色刚好消失，溶液无色或呈淡红色）。

碱性很弱的胺（$K_b=10^{-12}\sim10^{-6}$），不能在水或醇溶剂中滴定，需要在非水溶剂中滴定。通常用不同比例的乙酸酐和冰乙酸作为溶剂，以结晶紫的冰乙酸溶液作为指示剂，用高氯酸的冰乙酸溶液滴定，终点为绿色或蓝绿色。

在冰乙酸中用高氯酸冰乙酸溶液滴定苯胺时，其反应如下：

$$C_6H_5NH_2+CH_3COOH\rightleftharpoons C_6H_5NH_3^++CH_3COO^-$$

$$HClO_4+CH_3COOH\rightleftharpoons CH_3COOH_2^++ClO_4^-$$

$$CH_3COOH_2^++CH_3COO^-\rightleftharpoons 2CH_3COOH$$

总的滴定反应式为：$C_6H_5NH_2+HClO_4\rightleftharpoons C_6H_5NH_3^++ClO_4^-$

从总的滴定结果看，虽然是高氯酸滴定苯胺，但是在滴定过程中，实质上是一种强酸$CH_3COOH_2^+$滴定另一种较强的碱CH_3COO^-，所以终点敏锐。若改用电位滴定法，可使测定灵敏度增高。

分析结果计算如下：

$$胺含量=\frac{VcM}{1000mn}\times100\%$$

式中　V——试样试验消耗盐酸标准溶液的体积，mL；

c——盐酸标准溶液的浓度，mol/L；

M——胺的摩尔质量，g/mol；

m——试样的质量，g；

n——试样分子中氨基的个数。

14.9.1.2 测定步骤

量取50mL水于250mL锥形瓶中，加甲基红-溴甲酚绿混合指示剂（3份体积0.1%溴甲酚绿的20%乙醇溶液和1份体积0.2%甲基红的60%乙醇溶液）4~5滴，以0.1 mol/L盐酸标准溶液滴定至绿色刚好消失，溶液无色或呈淡红色。然后准确称取试样2~3mmol于锥形瓶中，振荡至样品溶解（这时溶液应该又显绿色），用0.1mol/L盐酸标准溶液滴定至绿色刚好消失，溶液无色或呈淡红色即为终点。

14.9.2 重氮化法

14.9.2.1 测定原理

在强无机酸存在下，芳伯胺与亚硝酸作用定量地生成重氮盐。因为亚硝酸不稳定，所以重氮化反应是用亚硝酸钠和盐酸作用产生亚硝酸，其反应式如下。

$$ArNH_2 + NaNO_2 + 2HCl \longrightarrow ArN_2^+ Cl^- + NaCl + 2H_2O$$

当亚硝酸稍过量时，重氮化反应即完全，可用淀粉—碘化钾试纸作为外指示剂来确定终点的到达。指示剂不能直接加入反应液中，因为亚硝酸与碘化钾反应比芳伯胺起重氮化反应快得多，无法观察终点。临近终点时，用玻璃棒蘸出少许滴定液置于淀粉—碘化钾试纸上，如果反应已完全，过量的亚硝酸立即与碘化钾作用，析出游离碘，遇淀粉使试纸变蓝。

$$2KI + 2HNO_2 + 2HCl \longrightarrow I_2 + 2KCl + 2NO + 2H_2O$$

必须注意，有时虽无过量的亚硝酸，但在强无机酸存在下，淀粉—碘化钾试纸因受空气氧化亦能呈蓝黑色。不过亚硝酸引起的变色比无机酸快，而且比较明显。因此，必须注意二者的区别。如果有疑问，最好做空白对照试验。

应用外指示剂操作麻烦，终点不易掌握，如果滴定液蘸出次数过多，容易造成损失。近年来，常采用内指示剂（如中性红）来测定磺胺类药物含量，结果尚能符合要求。由于中性红与亚硝酸作用也消耗标准溶液，故指示剂应在临近终点时加入，最好同时做空白试验以校正标准溶液的消耗量，使结果更加准确。

使用内指示剂虽然操作简便，但终点颜色变化有时也不够敏锐，尤其是重氮盐带色时更难观察，在实际工作中常采用内外指示剂结合的方法，即在内指示剂已指示临近终点时，再用外指示剂进行最后确定，其效果较好。最好用“永停法”指示终点。

分析结果计算如下：

$$\text{氨基含量} = \frac{(V - V_0)c \times 16.03}{1000m} \times 100\%$$

$$\text{胺含量} = \frac{(V - V_0)cM}{1000mn} \times 100\%$$

式中 V——试样试验消耗亚硝酸钠标准溶液的体积，mL；

V_0——空白试验消耗亚硝酸钠标准溶液的体积，mL；

c——亚硝酸钠标准溶液的浓度，mol/L；

16.03——氨基的摩尔质量，g/mol；

M——胺的摩尔质量，g/mol；

m——试样的质量，g；

n——试样分子中氨基的个数。

14.9.2.2　测定条件

重氮化法测定芳伯胺含量的关键是重氮化反应，影响重氮化反应的因素较多，在测定时必须严格控制条件，才能保证测定结果的准确度。

（1）酸度：重氮化反应须在盐酸介质中进行，因在盐酸中反应速度快，且芳伯胺的盐酸盐溶解度快。盐酸必须大量过量，一般酸度在1～2mol/L为宜。大量过量的盐酸，可以抑制副反应，增加重氮盐的稳定性并加速重氮化反应。

酸度不足时，生成的重氮盐能与尚未反应的芳伯胺耦合，生成耦氮化合物，使测定结果偏低。酸度也不能过高，否则将阻碍芳伯胺的游离，反而影响重氮化反应速度。

（2）温度：重氮化反应一般应在低温（0～5℃）条件下进行。温度较高时虽然重氮化反应速度可加快，但会造成亚硝酸的损失和重氮盐的分解。当苯环上有卤素、磺酸基或硝基时，其重氮盐较稳定，可以在较高的温度下进行重氮化。但当有烷基、羟基、烷氧基等基团时，重氮盐则较不稳定，反应必须在低温下进行。

（3）滴定方法：通常采用“快速滴定法”以加快滴定速度，即将滴定管尖插入液面以下2/3处，将大部分亚硝酸钠溶液在不断搅拌下一次滴入，近终点时，将管尖提出液面，再缓慢滴定。这样开始生成的亚硝酸在剧烈搅拌下，向溶液中扩散立即与试样反应，来不及逸出或分解，即可作用完全。

（4）对于难重氮化的化合物，例如苯胺、萘胺等，可加入适量的溴化钾作为催化剂，以促进重氮化反应，同时滴定终点也更加明显。

14.9.2.3　测定步骤

A　0.1mol/L亚硝酸钠标准溶液的配制与标定

称取7.2g亚硝酸钠，置于1000mL烧杯中，加入适量已煮沸并冷至室温的水使其溶解，用蒸馏水稀释至1000mL，摇匀后转入具有玻璃塞的棕色瓶中保存。

准确称取经120℃干燥至恒重的基准无水对氨基苯磺酸约0.5g于400mL烧杯中，用浓氨水2mL及30mL水溶解后，用水稀释至150～220mL，加盐酸10mL，于冰水浴中冷却至20℃以下。将装有待标定的亚硝酸钠溶液的滴定管的管尖插入液面2/3处，在不断搅拌下迅速滴入待标定的亚硝酸钠溶液至需要量的95%左右（可以事先计算，理论上对氨基苯磺酸0.5g，需要0.1mol/L的亚硝酸钠溶液约27.5mL）。将滴定管提出液面，用少量水冲洗，洗液并入滴定液。加2滴中性红指示剂（0.5%水溶液），然后再缓慢地滴定（因为临近终点时，重氮化反应更加缓慢，必须给予充分时间，使反应完全），当溶液刚好出现浅蓝色时，用玻璃棒蘸一小滴反应液点在淀粉—碘化钾试纸上，试纸立即变蓝。继续搅拌5min后，再取一小滴检验，如果仍能使试纸变蓝，说明滴定已经达到终点，否则，说明未达到终点，应再继续小心滴定后，检验。根据滴定所消耗的亚硝酸钠溶液的体积和基准物的质量，计算亚硝酸钠标准溶液的浓度。

$$c = \frac{m \times 1000}{V \times 173.2}$$

式中 m——对氨基苯磺酸的质量，g；

V——标定消耗的亚硝酸钠标准溶液的体积，mL；

173.2——对氨基苯磺酸的摩尔质量，g/mol。

B 试样测定

准确称取样品约15mmol于小烧杯中，加盐酸5mL（这时可能有胺的盐酸盐析出，但加水后，应完全溶解），转移至250mL容量瓶中，用水稀释至刻度。

准确移取样品溶液25.00mL于250mL烧杯中，加100mL水和2g溴化钾，再加2滴中性红指示剂，于冰水浴中冷却至0～5℃，然后按标定亚硝酸钠标准溶液浓度的方法滴定。

同样条件下进行空白试验。

14.10 糖的测定

糖分为单糖、双糖和多糖三类。单糖不能再水解成更小的分子，而双糖和多糖在一定的条件下能水解成单糖。相反，在一定条件下，两个单糖分子间脱水后，可结合成一个双糖，例如蔗糖、乳糖和麦芽糖等均是双糖；多个单糖分子间脱水后，可生成一个多糖，例如淀粉、纤维素等均为多糖。

糖类化合物从化学结构上看是多羟基醛或多羟基酮，或水解后可以转变成多羟基醛或多羟基酮的化合物。例如单糖分子中有醛基的称为醛糖，含有酮基的称为酮糖。例如葡萄糖是己醛糖，果糖是己酮糖。

所有的单糖和大部分双糖（例如乳糖和麦芽糖），由于分子中有醛基或酮基，因此具有还原性，被称为还原糖。双糖中的蔗糖和所有的多糖无游离的羰基，不具有还原性。但是，蔗糖在一定条件下水解后生成1分子葡萄糖和1分子果糖的混合物，在生产实际中被称为转化糖，具有还原性。

糖类的测定方法可以分为两类。第一类是根据溶液物理性质的改变来测定溶液中被测物的含量。例如旋光分析法、折射分析法、密度法等。第二类是利用还原性来测定糖类化合物的含量。根据所用氧化剂的不同，常用的测定方法有：费林试剂氧化法、铁氰化钾氧化法和次碘酸钠氧化法。费林试剂和铁氰化钾二者的氧化能力比较强，对醛糖、酮糖都适用。测得的糖为总还原糖。

使用费林试剂测糖的方法甚多，分为容量法、称量法和比色法等。实际生产中多用容量法。容量法操作简单迅速、试剂稳定，故被广泛采用。其中费林溶液直接滴定法即蓝—埃农（Lane Evnon）法是还原糖的标准分析法。

费林氏容量法由于反应复杂，影响因素较多，故不及铁氰化钾法准确。次碘酸钠氧化性较弱，只能使醛基氧化。所以，在酮糖存在下测定醛糖，应选用次碘酸钠法。

下面主要介绍费林试剂氧化法中的直接滴定法。

14.10.1 测定原理

费林试剂由费林溶液Ⅰ（硫酸铜的水溶液）和费林溶液Ⅱ（酒石酸钾钠的氢氧化钠水溶液）混合而成。两种溶液混合后生成深蓝色的配合物——酒石酸钾钠铜，反应式如下：

$$CuSO_4 + 2NaOH \longrightarrow Na_2SO_4 + Cu(OH)_2$$

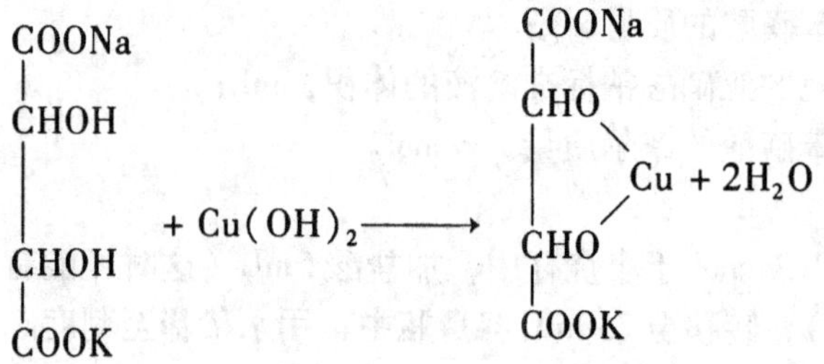

酒石酸钾钠铜被还原糖（例如葡萄糖和果糖）还原，生成红色氧化亚铜沉淀。反应式如下：

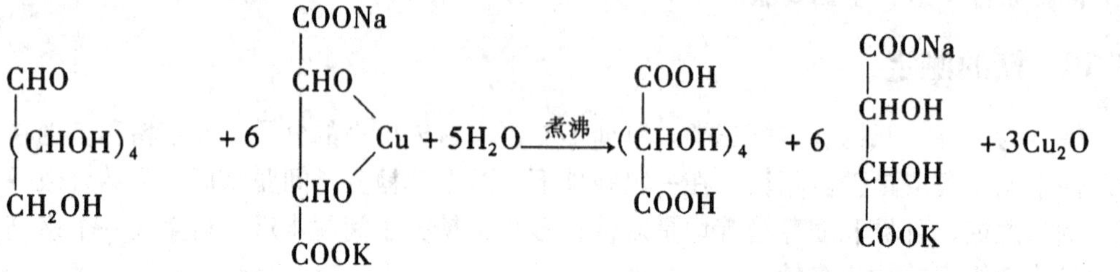

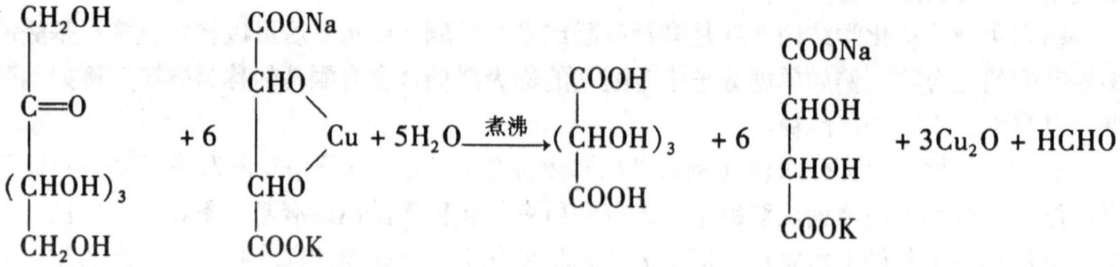

在加热煮沸的情况下，用还原糖溶液滴定一定量的费林试剂，因定量的费林试剂中 Cu^{2+} 量为一定，只能与相当量的还原糖起作用。近终点时，加入亚甲基蓝（又称次甲基蓝）指示剂。亚甲基蓝也是一种氧化剂，但氧化性弱，所以当二价铜全部被还原后，稍过量的还原糖立即将亚甲基蓝还原，使之由蓝色变为无色，溶液出现氧化亚铜的暗红色，即为滴定终点。亚甲基蓝的变色反应如下：

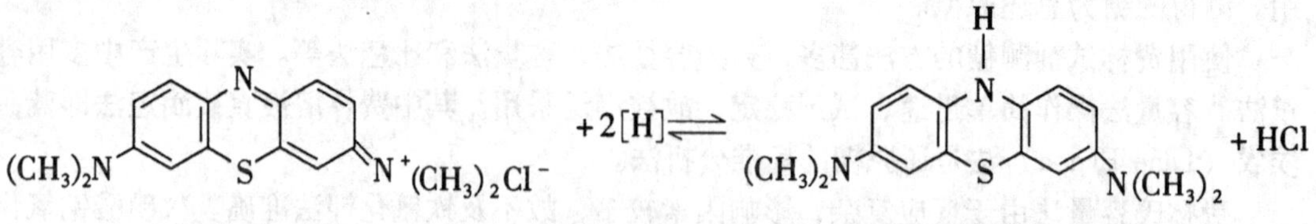

（氧化型，蓝色）　　（还原型，无色）

上述反应是可逆的，当无色的亚甲基蓝被空气中的氧所氧化时，又变为蓝色。故滴定时不要离开热源，使溶液保持沸腾，让上升的蒸气阻止空气浸入溶液中。

因为亚甲基蓝必须被还原糖还原后，蓝色才能消失，就是说，必须消耗一定量的还原糖。所以，在滴定过程中，过早加入与加量过多也会引入滴定误差。

实验结果证明：还原糖还原费林试剂的反应不符合化学计量关系。从前面所列的反应式可知，1 分子葡萄糖可以将 6 个二价铜离子还原为一价铜离子，但实际上 1 分子葡萄糖只能将 5 个多二价铜离子还原，而且随反应条件而改变。果糖与费林试剂反应，果糖被氧化为甲醛和三羟基戊二酸，而甲醛是否全部被进一步氧化为甲酸，则视反应条件而改变。所以，不能根据上述反应式直接计算出还原糖含量，而是在相同条件下，用标准糖液对照分析（标定），以确定10.00mL费林试剂（Ⅰ、Ⅱ各5mL）相当于还原糖的克数。在相同条件下测定试样，再计算还原糖含量。

蔗糖在酸性条件下水解，生成1分子葡萄糖和1分子果糖即转化糖，然后再进行测定。计算时将转化糖量乘以“0.95”，即为蔗糖的量。因为0.95g蔗糖可转化为1g转化糖。

$$C_{12}H_{22}O_{11} + H_2O \xrightarrow{H^+} 2C_6H_{12}O_6$$

$$\frac{C_{12}H_{22}O_{11}}{2C_6H_{12}O_6} = \frac{342}{360} = 0.95$$

应该说明：如果以纯蔗糖配制的标准转化糖溶液进行标定（费林试剂的浓度以蔗糖量表示），计算时就不必再乘以“0.95”。

粗糖制品中，常含有各种杂质，影响终点观察。若试样本身有色或固体悬浮物，可用25%乙酸铅及草酸、磷酸盐沉淀过滤除去，一般要在0.75mol/L HCl溶液中，于60～70℃下水解10～20min。水解完全后应立即冷却，并用碱中和。因为在强酸性溶液中，会有部分糖被分解。

淀粉经酸或酶水解生成葡萄糖。

$$(C_6H_{10}O_5)_n + nH_2O \longrightarrow nC_6H_{12}O_6$$

所生成的葡萄糖溶液（中性）用费林试剂测定。计算时将葡萄糖量乘以“0.9”即为淀粉的量。

淀粉相对分子质量为162n，生成的葡萄糖的质量为180n，其比值为

$$\frac{162n}{180n} \approx 0.9$$

14.10.2 测定条件

（1）反应液的碱度要一致，这就需要严格控制反应液的体积。一般要求消耗液在20～40mL之间，如果糖液浓度有变动，需补加适量水予以调整，使标定和测定时反应液体积尽量保持一致。

（2）反应的温度和时间要严格控制。一般控制在3min内沸腾，整个沸腾反应时间为3min。否则，煮沸时间改变，引起蒸发量改变，使反应液浓度改变，从而引入误差。

（3）反应产物中氧化亚铜极不稳定，易被空气所氧化而增加耗糖量。故滴定时不要随意摇动锥形瓶，更不能离开热源进行滴定。

（4）测定所用的热源及锥形瓶规格，会直接影响加热速度和终点的观察，故在标定和测定试样时，最好使用同一套仪器。

14.10.3 测定步骤

14.10.3.1 试剂溶液的配制

（1）0.2%葡萄糖基准溶液：准确称取葡萄糖（预先在105℃干燥6h）约0.5g于250mL容量瓶中，用水溶解后，稀释至刻度，摇匀备用。

(2) 0.2%转化糖基准溶液：准确称取蔗糖 0.5g 于 250mL 容量瓶中，加水约 70mL，6mol/L 盐酸溶液 10mL，于 67 ~ 70℃水浴中加热 5min，于流水中迅速冷却至室温，加 6mol/L 氢氧化钠溶液 10mL，中和后，用水稀释至刻度，摇匀备用。

(3) 草酸、磷酸盐混合溶液：磷酸氢二钠 70g，草酸钾 30g，分别溶解于水中后混合并稀释为 1L。

(4) 费林溶液Ⅰ：称取结晶硫酸铜（$CuSO_4 \cdot 5H_2O$）34.63g，于 500mL 容量瓶中，用水溶解后，稀释至刻度并摇匀。

(5) 费林溶液Ⅱ：称取酒石酸钾钠 173g，氢氧化钠 50g，用水溶解。冷却后移入 500mL 容量瓶中，用水稀释至刻度并摇匀。

14.10.3.2　*费林试剂的标定*

在试验中，标定浓度或测定样品，都应该进行两次滴定，即预先滴定，然后正式滴定。

标定费林试剂的浓度：准确移取费林溶液Ⅰ和Ⅱ各 5.00mL 于 250mL 锥形瓶中混合后，加水 25mL，加热使其在 3min 内沸腾，立即用 0.2%葡萄糖（或转化糖）基准溶液迅速滴定（注意控制加热温度，不能因滴定而停止溶液的沸腾），至溶液的天蓝色接近消失而有大量红色氧化亚铜沉淀产生（从开始滴定至天蓝色接近消失，应该为 2min，误差不得大于 5s）。加 1%次甲基蓝溶液 3 滴（这时溶液应为深蓝色），继续使其沸腾并滴定至溶液的蓝色逐渐消失而呈紫色，表明滴定已接近终点。这时一般再滴入还原糖溶液 2 ~ 3 滴，即可达到终点，紫色消失变为褐红色浑浊溶液。为了证实已经达到终点，可以再加 1%次甲基蓝溶液 1 滴于沸腾的溶液中，蓝色应立即消失，否则说明终点未到，应继续滴定。但是应当注意，滴定后的溶液，在放置冷却后往往又返回蓝色，这是因为被还原了的次甲基蓝又被空气中的氧氧化所致，不能误认为是终点未到。

自加入指示剂至滴定到达终点，应于 1min 内完成，即由开始加热至完成滴定，全过程的时间不得超过 6min。有了滴定经验后，再进行正式滴定。

正式滴定是先加入比预滴定消耗量少约 1mL 的还原糖基准溶液，然后加热，使溶液在 3min 内沸腾，其余操作与预滴定相同。

按下式计算费林试剂对还原糖的滴定度（T），以 10.00mL 费林试剂相当于还原糖的克数表示。

$$T = \frac{mV}{250 \times 10}$$

式中　m——配制还原糖基准溶液时称取的还原糖的质量，g；

V——滴定 10.00mL 费林试剂所消耗还原糖基准溶液的体积，mL。

14.10.3.3　*试样测定*

A　*还原糖含量测定*

准确称取还原糖试样 1.0g 于 100mL 容量瓶中，加 25%中性乙酸铅溶液 10mL，用水稀释至刻度，摇匀后静置，待澄清，以干燥滤纸过滤，最初 20mL 滤液弃去。

准确移取中间滤液 50.00mL 于 250mL 容量瓶中，加草酸、磷酸盐混合溶液 1.5mL，用水稀释至刻度，摇匀后静置，待澄清，以干燥滤纸过滤，最初 20mL 滤液弃去。以后的滤液装滴定管，做滴定用。

以下的操作与标定费林试剂的操作相同。

还原糖含量计算如下：

$$还原糖含量 = \frac{T \times 10}{m \times \frac{50}{100} \times \frac{V}{250}} \times 100\%$$

式中 T——费林试剂对还原糖的滴定度，g/mL；

m——试样的质量，g；

V——滴定消耗试样溶液的体积，mL。

B 蔗糖含量测定

如待测样品为非还原糖如蔗糖，则准确称取含糖样品 2.0g 于 100mL 容量瓶中，加 25% 中性乙酸铅溶液 10mL，用水稀释至刻度，摇匀后静置，待澄清，以干燥滤纸过滤，最初 20mL 滤液弃去。

准确移取中间滤液 50.00mL 于另一 100mL 容量瓶中，加草酸、磷酸盐混合溶液 1.5mL，用水稀释至刻度，摇匀后静置，待澄清，以干燥滤纸过滤，最初 20mL 滤液弃去。

准确移取中间滤液 50.00mL 于 250mL 容量瓶中，加 6mol/L 盐酸溶液 10mL，于 67 ~ 70℃ 水浴中加热 5min，于流水中迅速冷却至室温，加 6mol/L 氢氧化钠溶液 10mL，中和后，用水稀释至刻度，混合均匀，装滴定管做滴定用。

以下的操作与标定费林试剂的操作相同。

蔗糖含量计算如下：

$$蔗糖含量 = \frac{T \times 10}{m \times \frac{50}{100} \times \frac{50}{100} \times \frac{V}{250}} \times 100\%$$

式中，符号的意义与前面一致。

应该说明，在这里因为费林试剂的浓度是以蔗糖表示的，所以计算中，不必再乘以“0.95”，但是如果费林试剂的浓度以转化糖表示，则应该乘以“0.95”。

以上是一些常见有机化合物的定量分析方法。除这些外，还有水分测定法、有机物灰分、挥发分等测定法等，这些内容在前面或后面的部分章节中有所介绍，这里就不再一一赘述。

15 石油产品分析

石油已成为世界第一能源，石油产品是以石油或石油某一部分做原料直接生产出来的各种商品的总称，如燃料、润滑油、润滑脂、石蜡、沥青、石油焦及炼厂气等。对于石油产品的准确分析，可为石油从原油到石油产品的生产过程和产品质量进行有效控制和检验，也有助于人类正确认识和合理使用石油这一不可再生性能源。

由于石油和石油产品是多种有机化合物的混合物，因此石油产品很少进行化学成分分析，通常是测定密度、黏度、闪点和燃点、残炭及蒸发性能等。下面分别介绍。

15.1 油品基本理化性质的测定

油品的理化性质是组成它的各种化合物性质的综合表现，这些性质的测定对评定产品质量、控制石油炼制过程和进行工艺设计都有着重要的实际意义。本节主要介绍油品的密度、黏度、闪点、燃点和残炭等理化性质的测定。

15.1.1 密度

密度是指在规定温度下，单位体积物质的质量，用 ρ_t 表示，单位为 g/cm^3。密度是石油产品质量控制指标之一。

测定液体石油产品密度的方法有密度计法和密度或相对密度法两种。生产分析中主要用密度计法。

15.1.1.1 *密度计法*

用密度计法测定液体石油产品密度是按 GB/T 1884—2000《原油和液体石油产品密度实验室测定法（密度计法）》标准试验方法进行的，该方法等效采用国际标准 ISO 3675—1998。其理论依据是阿基米德原理。测定时将密度计垂直放入液体中，当密度计排开液体的质量等于其本身的质量时，处于平衡状态，漂浮于液体中。密度大的液体浮力较大，密度计露出液面较多；相反，液体密度小，浮力也小，密度计露出液面部分较少。在密度计干管上，是以纯水在4℃时的密度为 1g/cm^3 作为标准刻制刻度的，因此在其他温度下的测量值仅是密度计读数，并不是该温度下的密度，故称为视密度。测定后，要用 GB/T 1885—1998《石油计量表》把修正后的密度计读数（视密度）换算成标准密度。

表 15-1 密度计技术要求

型号	单位	密度范围	每只单位	刻度间隔	最大刻度误差	弯月面修正值
SY-02	kg/m^3 (20℃)	600～1100	20	0.2	±0.2	+0.3
SY-05		600～1100	50	0.5	±0.3	+0.7
SY-10		600～1100	50	1.0	±0.6	+1.4
SY-02	g/cm^3 (20℃)	0.600～1.100	0.02	0.0002	±0.0002	+0.0003
SY-05		0.600～1.100	0.05	0.0005	±0.0003	+0.0007
SY-10		0.600～1.100	0.05	0.0010	±0.0006	+0.0014

根据 GB/T 1884—2000 的规定，密度计，见图 15-1a，应符合 SH/T 0316—1998《石油密度计技术条件》和表 15-1 中给出的技术要求。按国际通行方法，测定透明液体，先使眼睛稍低于液面的位置，慢慢地升到液面，先看到一个不正的椭圆，然后变成一条与密度计刻度相切的直线，如图 15-1b 所示，则以读取液体下弯月面与密度计干管相切的刻度作为检定标准。对不透明液体，使眼睛稍高于液面的位置观察，如图 15-1c，密度计读数为液体上弯月面与密度计干管相切的刻度。再按表 15-1 进行修正。

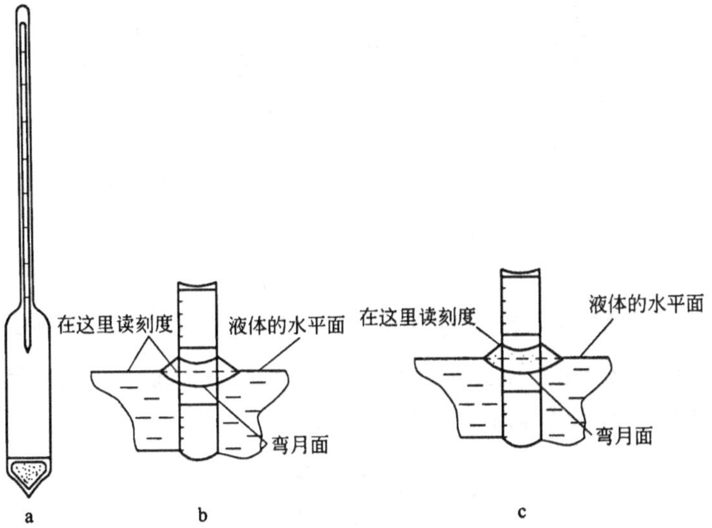

图 15-1 石油密度计及其读数方法

a—密度计；b—透明液体的读数方法；c—不透明液体的读数方法

密度计法简便、迅速，但准确度受最小分度值及测试人员的视力限制，不可能太高。

15.1.1.2 *密度或相对密度测定法*

密度或相对密度测定法测定石油或石油产品密度是按 GB/T 1337—1992《原油和液体或固体石油产品密度或相对密度测定法（毛细管塞密度瓶和带刻度双毛细管密度瓶法）》标准试验方法进行的，该标准参照并采用了国际标准 ISO 3838—1983。毛细管塞密度瓶是一种瓶颈上刻有标线及塞子上带有毛细管的瓶子，共有三个型号，见图 15-2a ~ c。各种型号的容量及用途如下：盖吕·萨克密度瓶有 10mL、25mL、50mL 三个规格，它适用于除较黏稠液体外的不易挥发的液体（如润滑油）；防护帽型密度瓶是由盖吕·萨克密度瓶配一磨口帽构成的，它适用于除黏稠和固体产品以外的所有试样，通常用于易挥发的试样（如汽油），防护帽的作用可以减少膨胀和挥发损失；广口型密度瓶只有 25mL 一个规格，它适用于固体和较黏稠液体（如重油）。

带刻度双毛细管密度瓶，见图 15-2d，有 1mL、2mL、5mL 和 10mL 四种规格，它适用于测定高挥发性及试样量较少的液体密度。

各种密度瓶在使用时首先要测定其水值。在恒定 20℃ 的条件下，分别对装满纯水前后的密度瓶准确称量，注意瓶体保持清洁干燥，则后者与前者的质量之差称为密度瓶的水值。至少测定 5 次，取平均值作为密度瓶的水值。

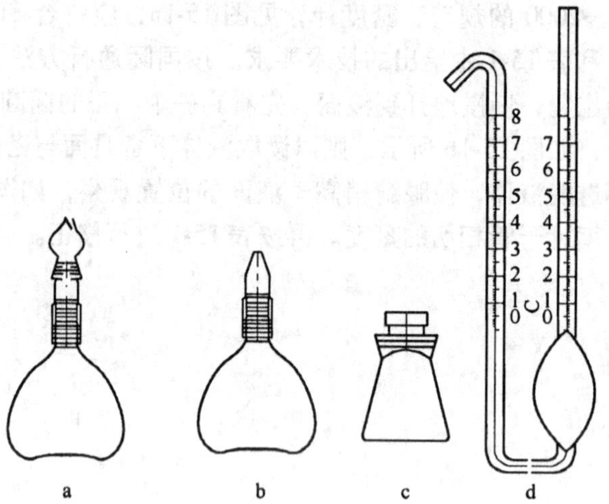

图 15-2　密度瓶

a—盖吕·萨克密度瓶；b—防护帽型密度瓶；c—广口型密度瓶；d—带刻度双毛细管密度瓶

液体试样一般选择 25mL 和 50mL 的密度瓶，在恒定温度下注满试样，称其质量。当测定温度为 20℃时，密度及相对密度按下式计算。

$$\rho_{20} = \frac{(m_{20} - m_0)\rho_c}{m_c - m_0} + C$$

$$d_4^{20} = \frac{\rho_{20}}{0.99820}$$

式中　ρ_{20}——20℃时试样的密度，g/cm^3；

ρ_c——20℃时纯水的密度，g/cm^3；

m_{20}——20℃时盛试样密度瓶在空气中的表观质量，g；

m_c——20℃时盛水密度瓶在空气中的表观质量，g；

m_0——空密度瓶在空气中的质量，g；

d_4^{20}——20℃时试样的相对密度；

0.99820——20℃时水的密度，g/cm^3；

C——空气浮力修正值（见表 15-2），kg/m^3。

如果是固体或半固体试样，应选用广口型密度瓶，装入半瓶剪碎或熔化的试样后，置于干燥器中，冷却至 20℃时称其质量，然后往瓶中注满纯水，称其质量。则其密度可按下式计算：

$$\rho_{20} = \frac{(m_1 - m_0)\rho_c}{(m_c - m_0) - (m_2 - m_1)} + C$$

式中　m_1——20℃时盛固体或半固体试样的密度瓶在空气中的表观质量，g；

m_2——20℃时盛固体或半固体试样和水的密度瓶在空气中的表观质量，g；

其他符号意义同前，相对密度计算同上。

密度或相对密度测定法是以测量一定体积产品质量为基础的，称量所用的分析天平的最小分度值（感量）仅为0.1mg，测量温度也易控制，所以是测量石油产品密度的最精确方法之一，应用比较广泛，缺点是测定时间较长。

表 15-2 空气浮力修正值

$\frac{m_{20}-m_0}{m_c-m_0}$	修正值 $C/kg \cdot m^{-3}$	$\frac{m_{20}-m_0}{m_c-m_0}$	修正值 $C/kg \cdot m^{-3}$
0.60	0.48	0.80	0.24
0.61	0.47	0.81	0.23
0.62	0.46	0.82	0.22
0.63	0.44	0.83	0.20
0.64	0.43	0.84	0.19
0.65	0.42	0.85	0.18
0.66	0.41	0.86	0.17
0.67	0.40	0.87	0.16
0.68	0.38	0.88	0.14
0.69	0.37	0.89	0.13
0.70	0.36	0.90	0.12
0.71	0.35	0.91	0.11
0.72	0.34	0.92	0.10
0.73	0.32	0.93	0.08
0.74	0.31	0.94	0.07
0.75	0.30	0.95	0.06
0.76	0.29	0.96	0.05
0.77	0.28	0.97	0.04
0.78	0.26	0.98	0.02
0.79	0.25	0.99	0.01

15.1.2 黏度

当流体在外力作用下做层流运动时，相邻两层流体分子之间存在内摩擦力而阻滞流体的流动，这种特性称为流体的黏滞性。衡量黏滞性大小的物理性能称为黏度，通常分为动力黏度、运动黏度和恩氏黏度。各种黏度的含义如下：

动力黏度：又称绝对黏度，指的是流体在一定剪切应力下流动，是内摩擦力的量度，其值为所加于流体的剪切应力和剪切速率之比，单位 Pa · s。

运动黏度：指的是流体在重力作用下流动时的摩擦力的量度，其值为相同温度下流体的动力黏度与其密度之比，单位 mm^2/s。

恩氏黏度：是指在规定条件下，试样从恩氏黏度计中流出200mL所需要的时间与该黏度计的水值之比。其中水值是指20℃时从同一黏度计中流出200mL蒸馏水所需的时间。恩氏黏度单位为条件度，用符号°E表示。

黏度是石油产品的一个重要物理性能，通过黏度的测定，可以确定该液体的输送条件和工艺。下面介绍常用的测定方法。

15.1.2.1　运动黏度

液体石油产品运动黏度的测定按 GB/T 265—1988《石油产品运动黏度测定法和动力黏度计算法》标准试验方法进行，主要仪器是玻璃毛细管黏度计。在一定温度下，当液体在直立的毛细管中，以完全湿润管壁的状态流动时，其运动黏度 ν 与流动时间 τ 成正比。测定时，用已知运动黏度的液体（常用20℃时的蒸馏水为标准液体）为标准，测量水从毛细管黏度计流出的时间，再测量试样从同一黏度计流出的时间，按下式计算出试样的运动黏度。

$$\nu_t^S = \frac{\tau_t^S}{\tau_t^W} \times \nu_t^W$$

式中　ν_t^S ——试样在一定温度下的运动黏度，m^2/s；

ν_t^W ——水在一定温度下的运动黏度，m^2/s；

τ_t^S ——试样在某一毛细管黏度计中的流出时间，s；

τ_t^W ——水在某一毛细管黏度计中的流出时间，s。

由于在一定温度下，水的 ν_t^W 和 τ_t^W 是定值，因此对某一毛细管黏度计来说 ν_t^W/τ_t^W 是一常数，称为该毛细管黏度计常数，单位 m^2/s^2，用 C 表示，则

$$\nu_t^S = C\tau_t^S$$

毛细管黏度计一组共有 13 支，毛细管内径分别为 0.4mm、0.6mm、0.8mm、1.0mm、1.2mm、1.5mm、2.0mm、2.5mm、3.0mm、3.5mm、4.0mm、5.0mm 和 6.0mm。每支毛细管黏度计的 C 值在出厂时都已测定好，并附在每支黏度计的包装盒内。毛细管黏度计的构造如图 15-3 所示。

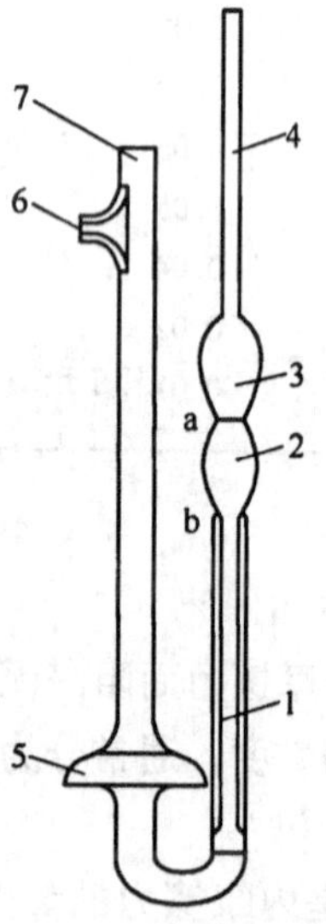

图 15-3　毛细管黏度计

1—毛细管；2，3，5—扩大部分；4，7—管身；6—支管；a，b—标线

选用的黏度计应使试样流出时间在 120～480s 内。在 0℃ 及更低温度测定高黏度试样时，流出时间可增加至 900s；在 20℃测定液体燃料时，流出时间可减少至 60s。

测定时先将样品吸入毛细管黏度计，使黏度计直立于恒温浴中，在 20℃时恒温 10min 以上。用洗耳球将样品吸至标线“a”以上少许，使液体自由流下，注意观察液面。当液面至标线“a”时，立即启动秒表；当液面流至标线“b”时，按停秒表。记下由“a”至“b”的时间，即为试样在该毛细管黏度计中的流出时间。

15.1.2.2　恩氏黏度

石油产品恩氏黏度的测定按 GB/T 266—1988《石油产品恩氏黏度测定法》标准试验方法进行。其测定原理就是按恩氏黏度的规定，分别测定试样在一定温度下（通常为 20℃、50℃、80℃、100℃），由恩氏黏度计流出 200mL 所需的时间（s）和同样量的水在 20℃时由同一黏度计流出的时间，根据下式计算恩氏黏度。

$$E_t = \frac{\tau_t}{K_{20}}$$

式中 E_t——试样在温度 t 时的恩氏黏度，°E；

τ_t——试样在温度 t 时从恩氏黏度计中流出 200mL 所需时间，s；

K_{20}——恩氏黏度计的水值，s。

恩氏黏度计如图 15-4 所示。其结构是将两个圆形容器套在一起，内筒装试样，外筒为热浴。内筒壁上有三个尖钉，作为控制液面高度和调节仪器水平的指示标志，底部中央有流出孔，试液可经小孔流出，流入接受量瓶。筒上有盖，盖上有插堵塞棒的孔及插温度计的孔。外筒装在铁制的三角架上，足底有调整仪器水平的螺旋。黏度计热浴一般用电加热器加热并能自动调整控制温度。

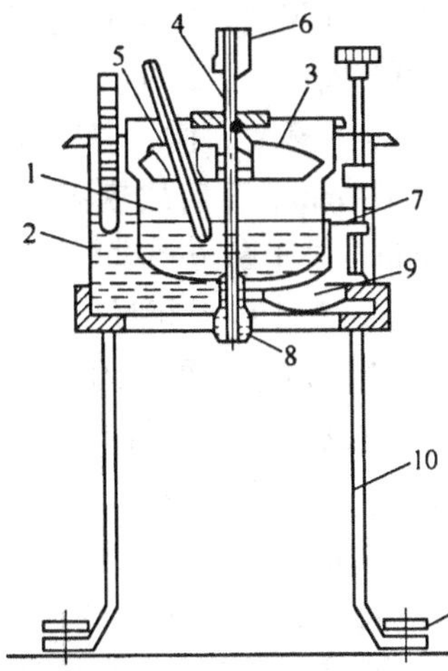

图 15-4 恩氏黏度计

1—内筒；2—外筒；3—内筒盖；4，5—孔；6—堵塞棒；7—尖钉；8—流出孔；9—搅拌器；10—三角架；11—水平调节螺旋

接受量瓶是具有一定尺寸规格的葫芦形玻璃瓶，其中刻有 100mL 和 200mL 两条刻度线。

测定时，将堵塞棒塞紧内筒的流出口，注入一定量的蒸馏水至将要淹没三个尖钉，调整水平调节螺旋至水平，再补充蒸馏水至刚好淹没三个尖钉。盖上内筒盖，插好温度计。向外筒中注入一定量的恒温浴液（一般情况下用蒸馏水）至内筒的扩大部分，打开电加热器，选择控制温度，边加热边搅拌内、外筒，至内筒试样温度为控制温度。

将清洁干燥的接受量瓶置于流出孔下，准备好秒表，轻轻转松并稍提堵塞棒，使流出孔下端悬挂一滴试样，迅速提起堵塞棒，同时按下秒表，开始计时，当试液至 200mL 刻度线时，按停秒表，记录测定时间。要求测定水值应该在 50 ~ 52s 之间，否则要检查原因并使测定值符合此要求。按测定水值相同的方法测定样品。

15.1.3 闪点和燃点

在规定条件下，易燃性物质受热后所产生的油蒸气与周围空气形成的混合气体，在遇到明火时发生瞬间着火（闪火现象）的最低温度，称为该石油产品的闪点。能发生连续 5s 以上的燃烧现象的最低温度，称为燃点。闪点是预示出现火灾和爆炸危险性程度的指标，闪点越低越容易发生爆炸和火灾事故。通过测定闪点，不仅可以控制产品质量，还可以判断其馏分轻重，指导油品生产。

闪点的测定有开口杯法和闭口杯法两种，开口杯法是将样品暴露在空气中进行，而闭口杯法有杯盖将样品和空气分隔，处于封闭状态。因此测定同一样品时，开口杯法的测定结果要高于闭口杯法 20 ~ 30℃。这是因为用开口杯法测定时，试样蒸气的一部分逸散到空气中了，这是在样品液面上方的蒸气密度相对较少所致。一般相对分子质量越大，闪点越高。向高沸点的样品中加入少量低沸点样品，会使闪点大为降低。

一般情况下，高闪点的物质采用开口杯法测定，低闪点的物质采用闭口杯法测定。但这并非绝对，有的样品两种方法都可用，开口杯法测定闪点时常常也要求测定燃点。

15.1.3.1　闭口杯法

按 GB/T 261—1983（1991）《石油产品闪点测定法（闭口杯法）》标准试验方法进行，该法是参照 ISO 2719—1988 标准试验方法制定的，适用于测定燃料油、润滑油等油品的闭口杯闪点。通常采用符合 SH 0315 的闭口闪点测定器进行测定。

测定操作时，油杯用无铅汽油洗涤后用空气吹干。将试样注入油杯中至标线处，盖上清洁干燥的杯盖，插入温度计，并将油杯放入浴套中。点燃点火器，调整火焰为球形，直径为 3 ~ 4mm。开启加热器，调整加热速度，对于闪点低于 50℃ 的试样，升温速度应为 1℃/min，并不断搅拌试样；对于闪点在 50 ~ 150℃ 的试样，开始加热的升温速度应为 5 ~ 8℃/min；对于闪点超过 150℃ 的试样，开始加热的升温速度应为 10 ~ 12℃/min，并定期搅拌。当温度达到预计闪点前 20℃ 时，加热升温的速度应控制在 2 ~ 3℃/min，并不断搅拌。当达到预计闪点前 10℃ 左右时，开始点火试验。对于闪点低于 104℃ 的试样每升高 1℃ 点火一次，对于闪点高于 104℃ 的试样每升高 2℃ 点火一次（注意点火时停止搅拌，但点火后应继续搅拌），点火时扭动滑板及点火器控制手柄，使滑板滑开，点火器伸入杯口，使火焰在 0.5s 内降到杯口，留在这一位置 1s 立即回到原位。若无闪火现象，重复进行点火试验。当第一次在试样液面上方出现蓝色火焰时，记录温度。

闭口杯闪点的压力校正公式为：

$$T = T_p + 0.0259 \times (101.3 - p)$$

式中　T——标准压力下的闪点，℃；

T_p——实际测定的闪点，℃；

p——测定闪点时的大气压力，kPa。

15.1.3.2　开口杯法

按 GB/T 267—1988《石油产品闪点与燃点测定法（开口杯法）》标准试验方法进行，测定装置如图 15-5 所示。主要由内坩埚、外坩埚、点火器、护罩等组成。内坩埚是用优质碳素结构钢制成的，上口内径(64 ± 1)mm，底部内径(38 ± 1)mm，高(47 ± 1)mm，厚度约为 1mm，内壁刻有两道环状标线，各与坩埚上口边缘的距离为 12mm 和 18mm。外坩埚是用优质碳素结构钢制成的，上口内径(100 ± 5)mm，底部内径(56 ± 2)mm，高(50 ± 5)mm，厚度约为 1mm。点火器喷嘴直径 0.8 ~ 1.0mm，能调节火焰长度，使成 3 ~ 4mm 近似球形，并能沿坩埚水平面任意移动。

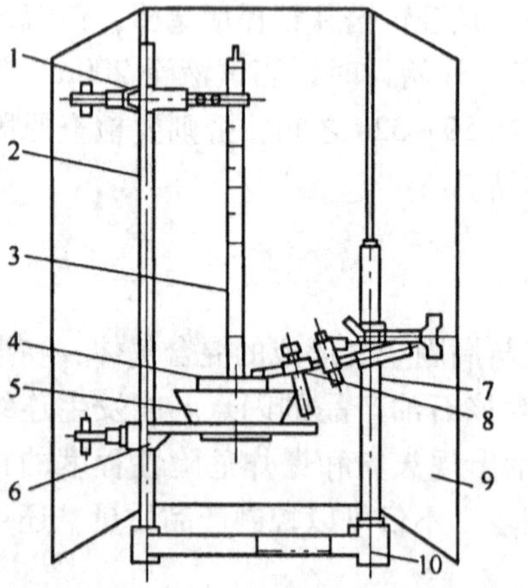

图 15-5　开口杯闪点测定装置

1—温度计夹；2—支柱；3—温度计；4—内坩埚；5—外坩埚；6—坩埚托；7—点火器支柱；8—点火器；9—护罩；10—座

测定时，将内坩埚用无铅汽油洗涤并干燥后，在外坩埚内铺一层经过煅烧的细砂，厚度约 5 ~ 8mm [对于闪点高于 300℃ 的试样，允许砂层稍薄些，但必须保持升温速度在到达闪点前 40℃ 时为 (4 ± 1)℃/min]。加试样于内坩埚中至标线，对于闪点在 210℃ 以下的试样至上标线；闪点在 210℃ 以上的试样至下标线。置坩埚于铁环中，插入温度计，并使水银球至试样深度的一半。点燃点火器，调整火焰为球形，直径为 3 ~ 4mm。加热外坩埚，使试样在开始加热后能迅速

达到 (10±2)℃/min 的升温速度。当达到预计闪点前约10℃左右时，移动点火器火焰于距试样液面10~14mm处，并沿着内坩埚上边缘水平方向从坩埚一边移到另一边，经过时间为2~3s。试样温度每升高2℃，重复点火试验一次。当试样表面上方最初出现蓝色火焰时，立即读出温度，同时记录大气压力。

若要测定燃点，继续加热，保持 (4±1)℃/min 的升温速度，每升高2℃点火试验一次。当燃烧能持续5s时，立即读出测定温度，即为试样燃点。

开口杯闪点的压力校正公式为：

$$T = T_P + (0.001125T_P + 0.21) \times (101.3 - p)$$

15.1.4 残炭

油品在规定的仪器中隔绝空气加热，使其蒸发、裂解和缩合所形成的残留物，称为残炭。残炭用残留物占油品的质量分数表示。残炭是评价油品在高温条件下生成焦炭倾向的指标，可通过残炭值预测焦炭产量。残炭也是油品中胶状物质和不稳定化合物的间接指标，可通过残炭值判断原料优劣。

残炭的测定方法主要有康氏法、电炉法和兰氏法三种。

15.1.4.1 康氏法残炭

康氏法残炭是按 GB/T 286—1987《石油产品残炭测定法（康氏法）》标准试验方法进行的。该方法参照采用了国际标准 ISO 6615—1983，是国际普遍应用的一种标准试验方法，我国石油产品多采用康氏残炭指标。康氏法残炭一般用于常压蒸馏时易分解、相对易挥发的石油产品，其测定器如图15-6所示。

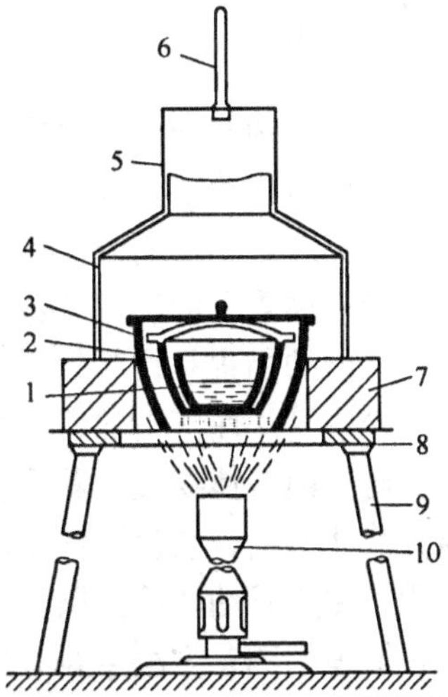

图15-6 康氏残炭测定器

1—矮型瓷坩埚；2—内铁坩埚；3—外铁坩埚；4—圆铁罩；5—烟罩；6—火桥；7—遮焰体；8—镍铬丝三角架；9—铁三角架；10—喷灯

测定时，用恒重好的瓷坩埚按规定称取试样，通常润滑油或柴油10%残留物取样7~8g，重质燃料油取样1.5~2g，渣油沥青取样0.7~1g。将盛有试样的瓷坩埚放入内铁坩埚中，再将内铁坩埚放在外铁坩埚内（内外铁坩埚之间装有细砂），然后再将外全套坩埚放在镍铬丝三角架上，使外铁坩埚置于遮焰体中心，用圆铁罩罩好。用强火焰的煤气喷灯加热，使试样蒸发、燃烧，生成残留物，冷却40min后称量，计算残炭占试样的质量分数，即为康氏法残炭值。

加热过程分预热期、燃烧期和强热期三个阶段，测定时一定要严格执行标准，以确保测定结果的有效性。

15.1.4.2 电炉法残炭

电炉法残炭按 SH/T 0170——1992（2000）《石油产品残炭测定法（电炉法）》标准试验方法进行。该法适用于润滑油、重质燃料油或其他石油产品。与康氏法的主要区别是用电炉作为热源。

测定前，先将符合规定的瓷坩埚放入(800±20)℃的高温炉中煅烧1h，冷却后准确称量。接通电源，使残炭测定器电炉的温度恒定在(520 ±5)℃的范围内。在上述称量过的坩埚中加入规定量的试样，放入电炉的空穴中，盖上坩埚盖。当试样在炉中加热至开始从坩埚盖的毛细管中逸出油蒸气时，立即点燃，燃烧结束后，继续维持炉温在(520 ±5)℃，煅烧残留物。从试样加热至残留物煅烧结束共需 30min。然后从电炉中取出坩埚，冷却 40min 后称量，计算质量分数，即为电炉法残炭值。

15.2 油品蒸发性能的测定

蒸发性能又称汽化性能，它是指液体在一定的温度下能否迅速蒸发为蒸气的能力。目前，石油产品绝大部分作为燃料使用，例如车用汽油、喷气燃料、车用柴油等都是重要的内燃机燃料。内燃机燃料在燃烧前，首先要经过一个雾化、汽化及与空气形成可燃混合气的过程，该过程是保证燃料燃烧稳定、完全的先决条件，因此蒸发性能是液体燃料的重要性能之一。油品的蒸发性能主要通过馏程、饱和蒸气压和气液比等指标来评定，这些指标除可以用来预测汽油、喷气燃料和柴油等内燃机燃料能否正常燃烧及发动机的工作状况外，还可以判断油品在贮运中的蒸发损失倾向和着火安全性，以及为检查工艺条件、控制产品质量和使用性能、直至为确定合理的原油加工方案等提供依据。

15.2.1 馏程

纯液体物质在一定温度下具有恒定的蒸气压。温度越高，蒸气压越大。当饱和蒸气压与外界压力相等时，液体表面和内部同时出现汽化现象，这一温度称为该液体物质在此压力下的沸点。通常所说的沸点是指在 101.325kPa 下的沸点，又称正常沸点。沸点是液态物质的一项重要的物理常数，是检验液体有机物纯度的一项重要指标。

液体的馏程是指挥发性有机液体，在规定条件下（101.325kPa）蒸馏，第一滴馏出物从冷凝管末端落下的瞬间温度至蒸馏瓶底最后一滴液体蒸发的瞬间温度之间的温度间隔。对于纯液体物质，其馏程一般不超过 1～2℃。石油产品是多种有机化合物的混合物，与纯液体不同，它没有恒定的沸点，其沸点表现为一很宽的范围，该沸点范围即为油品的沸程。测定石油产品的馏程是其质量控制的主要指标之一。

馏程的测定方法主要有恩氏蒸馏、减压蒸馏及实沸点蒸馏。

15.2.1.1 恩氏蒸馏

测定汽油、喷气燃料、溶剂油、煤油和车用柴油等轻质石油产品的馏分组成可按照 GB/T 255—1977（1988）《石油产品馏程测定法》（恩氏蒸馏）和 GB/T 6536—1997《石油产品蒸馏测定法》标准方法进行。常用的恩氏蒸馏装置如图 15-7 所示。

恩氏蒸馏测定时，将 100mL 试样在规定的试验条件下［通常在(20 ±3)℃］，按产品性质不同，控制不同的蒸馏操作升温速度。当冷凝管流出第一滴冷凝液时的气相温度，称为初馏点。蒸馏过程中，烃类分子按其相对挥发度由大到小的次序逐渐蒸出，随之，气相温度也逐渐升高，当馏出物体积分数为装入试样的 10%、50%、90% 时，蒸馏瓶内的气相温度分别称之为 10%、50%、90% 馏出温度。蒸馏过程中的最高气相温度，称为终馏点。蒸馏烧瓶底部最后一滴液体汽化的瞬间所测得的气相温度称为干点，此时不考虑蒸馏烧瓶壁及温度计上的任何液滴或液膜。由于终馏点一般在蒸馏烧瓶底部全部液体蒸发后才出现，故与干点往往相同。初馏点到终馏点这一温度范围即为馏程。蒸馏结束后，以装入

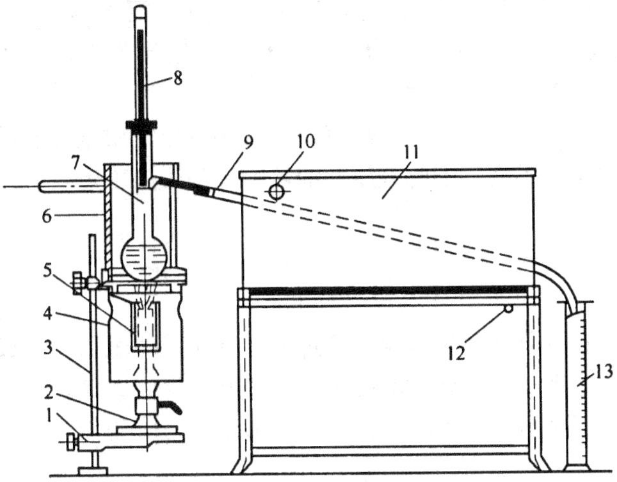

图 15-7 石油产品的馏程测定器

1—托架；2—喷灯；3—支架；4—下罩；5—石棉垫；6—上罩；7—蒸馏烧瓶；8—温度计；9—冷凝管；10—排水支管；11—水槽；12—进水支管；13—量管

试样量为 100% 减去馏出液体和残留物的体积分数，所得之差值称为蒸发损失。生产实际中常将上述这套完整数据称为馏程，它是轻质燃料油的质量指标。

恩氏蒸馏测定时，不同产品的操作条件有所不同。例如，冷凝温度控制如下：汽油产品冷凝温度通常为 0～5℃；煤油产品不高于 30℃；含蜡液体燃料的冷凝温度一般在 50～70℃。加热速度控制如下：蒸馏汽油时，从开始加热到初馏点的时间为 5～10min；航空汽油，7～8min；喷气燃料、煤油、车用柴油，10～15min；重质燃料油或其他重质油料，10～20min。馏出速度应保持在 4～5mL/min（每 10s 约 20～25 滴），当总馏出量达 90mL 时，需调整加热速度，使 3～5min 内达到干点，否则会影响干点测定的准确性。

石油产品馏程测定是间歇式的简单蒸馏，这种蒸馏没有精馏作用。油品中的烃类并不是按各自沸点逐一蒸出，而是在温度从低到高的渐次汽化过程中，以连续增高沸点的混合物形式蒸出。换言之，在蒸馏时既有首先汽化的轻组分携带部分沸点较高的重组分一同汽化的过程，同时又有留在液体中的一些低沸点轻组分与高沸点组分被一同蒸出的过程。因此，馏分组成数据仅粗略地判断油品的轻重及使用性质。

由于恩氏蒸馏测定操作简单、迅速，结果易重合，对评定石油产品特别是评定轻质油品的使用性质，控制产品质量和检查操作条件等都有着重要的实际意义。

15.2.1.2 *减压蒸馏*

减压蒸馏是采用抽真空设施，利用各组分相对挥发度的不同，使混合物在低于正常沸点的情况下得到分离的过程。

石油产品的减压蒸馏测定是按 GB/T 9168—1997《石油产品减压蒸馏测定法》标准方法进行的。该标准适用于在常压下蒸馏可能分解的石油产品，例如燃料油、蜡油、重油等重质馏分的馏程。

该标准方法中用约一个理论塔板的分馏装置蒸馏试样，由于采取了抽真空措施，其仪器设备、技术条件比常压蒸馏复杂得多，操作难度比较大。测定时通常规定操作压力严格控制为 1.3kPa，对沸点超过 500℃ 的重油产品，一般规定操作压力控制为 0.13kPa 或 0.27kPa。蒸馏时按规定收集多个窄馏分，记下对应的馏出温度，并用 GB/T 9168—1997 中的附表或公式换算成常压馏出温度。

油品的馏程直接与黏度、蒸气压、热值、平均相对分子质量等性质有关，这些性质是决定产品使用性质的重要因素，因此减压蒸馏可为油品生产确定合适进料以及为有关工程计算提供依据。

15.2.2 饱和蒸气压

在一定温度下，液体分子由于本身的热运动，会从液体表面汽化成蒸气分子而扩散到空气中，当气液两相达到动态平衡时液面上的蒸气称为饱和蒸气。而在规定条件下，油品在适当的仪器中气液两相达到平衡时液面蒸气所显示的最大压力称为饱和蒸气压，简称蒸气压，单位 kPa。

石油馏分的蒸气压通常有两种表示方法：一种是汽化率为零时的蒸气压，又称泡点蒸气压或真实蒸气压，它在工艺计算中常用于计算气液相组成、换算不同压力下烃类的沸点或计算烃类的液化条件；另一种是雷德蒸气压，它是用特定的仪器，在规定的条件下测得的油品蒸气压，主要用于评价汽油的汽化性能、启动性能、生成气阻倾向及贮存时损失轻组分等重要指标。通常，泡点蒸气压要比雷德蒸气压高。

测定石油产品蒸气压的标准方法有 GB/T 257—1964（1990）《发动机燃料饱和蒸气压测定法（雷德法）》和 GB/T 8017—1987《石油产品蒸气压测定法（雷德法）》。前者适用于测定汽油发动机燃料的蒸气压；后者不仅适用于测定汽油，而且还适用于测定易挥发性原油及其他易挥发性石油产品的蒸气压，但不适用于测定液化石油气的蒸气压；目前两种方法都在使用。

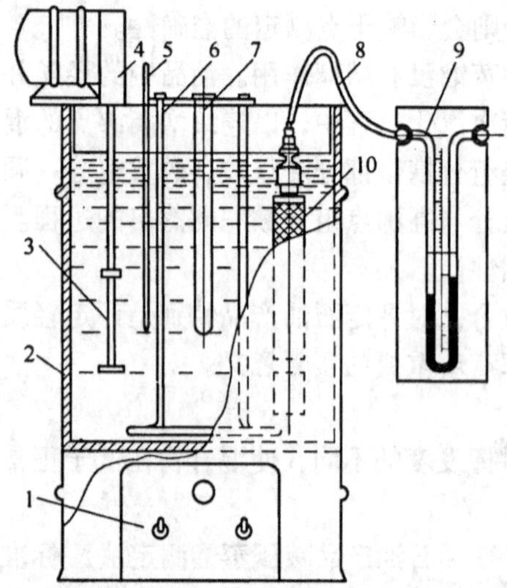

图 15-8 雷德法饱和蒸气压测定装置

1—继电器；2—水浴；3—搅拌器；4—电机；5—温度计；6—电热器；7—接触式温度计；8—橡皮管；9—水银压差计；10—雷德蒸气压测定器

雷德法饱和蒸气压测定装置如图 15-8 所示。它由蒸气压测定器、压力计和水浴三部分组成，测定器又分为空气室和汽油室，二者的体积比为 4∶1。

测定时，将装有 0～1℃ 试样的容器从冷却浴中取出，开封检查液体容积应为容器的 70%～80%，当液体容积符合要求立即封口，剧烈摇动后，放回冷却浴中至少 2min。将开口的汽油室和试样转移的连接装置完全浸入冷却浴中，放置 10min 以上，使汽油室和连接装置均达到 0～1℃。空气室和压力表清洗后，将压力表连接在空气室上。将空气室浸入 (37.8 ±0.1)℃ 的水浴中，使水浴的液面高出空气室顶部至少 25mm，并保持 10min 以上，汽油室充满试样之前不要将空气室从水浴中取出。将冷却的试样容器从冷却浴中取出，开盖，插入经冷却的试样转移连接装置和空气管（如图 15-9 所示）。经冷却的汽油室尽快放空，放在试样转移连接装置的试样转移管上，将整个装置很快倒置，最后汽油室应保持直立位置，试样转移管应延伸到离汽油室底部6mm处。试样充满汽油室直至溢出，取出移液管，向试验台轻轻地叩击汽油室以保证试样不含气泡。将空气室和汽油室连接，要求汽油室在充满试样后10s之内完成仪器的安装。向汽油室补充试样直至溢出。将空气室从37.8℃水浴中取出，空气室与汽油室连接。将装好的蒸气压测定器倒置，使试样从汽油室进入空气室，在与测定器长轴平行的方向剧烈摇动。将测定器浸入温度为（37.8±0.1)℃的水浴中，测定器应稍微倾斜，以使汽油室与空气室的连接处刚好位于水面下，并且仔细检查连接处是否漏气或漏油，如未发现漏气或漏油，则把测定器浸在水浴中，使水浴的液面高出空气室顶部至少25mm。

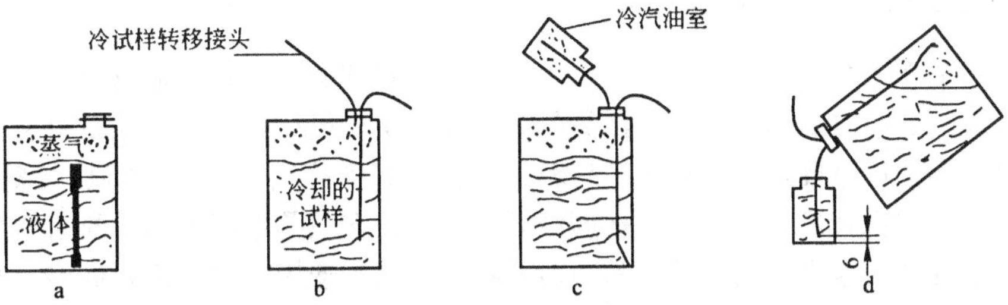

图15-9　从开式容器转移试样至汽油室的示意图

a—转移试样前的容器；b—用试样转移接头代替密封盖；c—汽油室置于移液管上方；d—试样转移时的装置位置

当空气室从水浴中移出时，排水的时间要短，不要摇动，防止室温空气与空气室内37.8℃空气的对流。安装好的蒸气压测定器浸入水浴5min后，轻轻敲击压力表，并观察读数。将测定器从水浴中取出，倒转剧烈摇动，重新放回水浴，完成这个操作的时间越短越好，以避免测定器的冷却。为保证达到平衡状态，重复该操作至少5次，每次间隔至少2min，直至最后两次测定读数相等。这一系列操作一般20～30min完成。读出最后恒定的表压，记录这个压力为试样的“未修正的蒸气压”。然后立即卸下压力表，除去残留压力表内的液体，用水银压差计对读数进行校对。校对后的值为雷德蒸气压。

15.2.3　气液比

气液比是指在任一规定的温度和压力下，达到汽-液平衡时其平衡蒸气体积与装入液体试样在0℃的体积之比，用符号 V/L 表示。气液比是评定汽油形成气阻倾向的指标，通常用 $V/L=20$ 时的试验温度高低来判断。

气液比的测定按GB/T 6534—1986（1991）《汽油气液比测定法》标准方法进行，该标准是参照ASTM D 2533—1982《汽油气液比标准试验方法》制定的。该标准方法适用于测定汽油的气液比，但不适用于评定含有醇、醚或能溶于甘油

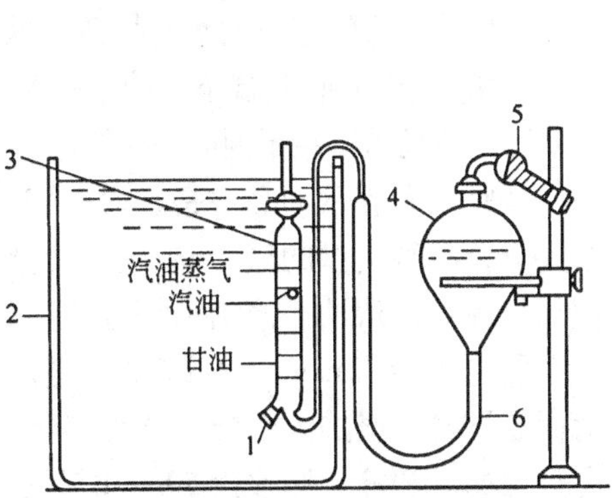

图15-10　气液比测定装置

1—进样胶塞；2—恒温水浴；3—带刻度量管；4—水平球；5—干燥管；6—橡胶管

的其他化合物组成的燃料。

气液比测定装置如图 15-10 所示。测定时，用注射器将一定体积（不大于 1mL）指定温度（0～4℃）的汽油，通过胶塞注入充满甘油的玻璃量管中，再将玻璃量管放在水浴中，直至液体汽油处于蒸发平衡状态。在规定压力（通常为 101.325kPa，用水平球位置高低来调节）和所要求的一个或几个温度下，测定与液体汽油处于平衡的蒸气的体积。然后计算气液比。

由于汽油形成气阻的倾向用 $V/L=20$ 时的试验温度来评定，因此可将相同压力、不同温度下测得的气液比数据绘成温度-气液比曲线。通过该曲线即可查取 $V/L=20$ 时的温度。此温度越低，说明汽油中含轻组分越多，其饱和蒸气压越高。

15.3　油品腐蚀性能的测定

石油产品在贮存、运输和使用过程中，对所接触的机械设备、金属材料、塑料及橡胶制品等的腐蚀、溶胀的作用，称为油品的腐蚀性。由于机械设备和零件多为金属制品，因此，油品的腐蚀性主要指的是对金属材料的腐蚀。腐蚀作用不但会使机械设备受到损坏，影响使用寿命，而且还会由于金属被腐蚀后的生成物多数是不溶于油品的固体杂质，所以还会影响油品的洁净度和安定性，从而对贮存、运输和使用带来一系列危害。油品中的腐蚀性组分主要是酸性物质、碱性物质和含硫化合物，有关检测内容包括水溶性酸、碱、酸度、酸值、硫含量和金属腐蚀试验等。本节主要介绍汽油、柴油、喷气燃料和润滑油等石油产品腐蚀性能的测定。

15.3.1　水溶性酸、碱的测定

石油产品中的水溶性酸、碱是指石油炼制及油品运输、贮存过程中，混入其中的可溶于水的酸、碱。水溶性酸通常为硫酸、磺酸、酸性硫酸酯以及相对分子质量较低的有机酸等；水溶性碱主要为氢氧化钠、碳酸钠等。这些水溶性酸、碱多为油品精制工艺中加入的酸、碱残留物，它是石油产品质量检验的重要质量指标之一。

油品中水溶性酸、碱的测定，属于定性分析试验法，按 GB/T 259—1988《石油产品水溶性酸及碱测定法》标准试验方法进行，主要适用于测定液体石油产品、添加剂、润滑脂、石蜡、地蜡及含蜡组分的水溶性酸、碱。测定时，用蒸馏水与等体积的试样混合，经摇动在油水两相充分接触的情况下，使水溶性酸、碱被抽提到水相中。分离分液漏斗下层的水相，用甲基橙（或酚酞）指示剂或用酸度计测定其 pH 值，以判断试样中有无水溶性酸、碱的存在。

这是一种表示油品中是否含有酸、碱腐蚀活性物质的定性试验方法，既不能说明油品中究竟含哪种类型的酸、碱，也不能给出酸、碱各自的准确含量，但可以作为产品质量的控制指标。对汽油、溶剂油等轻质石油产品，试验时在常温下用蒸馏水抽提；对 50℃ 时运动黏度大于 $75mm^2/s$ 的试样，需先用中性溶剂稀释，再加入 50～60℃ 的蒸馏水抽提；对固态试样，需加入蒸馏水并加热至固形物熔化后抽提。如果试样与蒸馏水混合，形成不易分层的乳浊液，则改用 50～60℃ 的 95% 乙醇水溶液（1∶1）进行抽提，必要时再加入稀释溶剂，以降低试样的黏度，达到油、水两相彻底分离的目的。

用酸碱指示剂来判断试样中是否存在水溶性酸、碱的方法是：抽出溶液对甲基橙不变色，说明试样不含水溶性酸；若对酚酞不变色，则不含水溶性碱。采用 pH 值来判断试样

中是否存在水溶性酸、碱，如表 15-3 所示。当对油品的质量评价出现不一致时，水溶性酸、碱的仲裁试验按酸度计法进行。

表 15-3 抽出溶液 pH 值与油品中有无水溶性酸、碱的关系

pH 值	油品水相特性	pH 值	油品水相特性
<4.5	酸性	9.0~10.0	弱碱性
4.5~5.0	弱酸性	>10.0	碱性
5.0~9.0	无水溶性酸、碱		

15.3.2 酸度、酸值的测定

石油产品的酸度、酸值都是用来衡量油品中酸性物质数量的指标。中和 100mL 石油产品中的酸性物质所需 KOH 的质量，称为酸度，以 mgKOH/100mL 表示；中和 1g 石油产品中的酸性物质所需 KOH 质量，称为酸值，以 mgKOH/g 表示。

油品中的酸性物质主要为无机酸、有机酸、酚类化合物、酯类、内酯、树脂以及重金属盐类、铵盐和其他弱碱的盐类、多元酸的酸性盐和某些抗氧及清净添加剂等。馏分油或油品中酸性物质的存在，无疑对炼油装置、贮存设备和使用机械等产生严重的腐蚀性，酸性物质还能与金属接触生成具有催化功能的有机酸盐。对石油产品中酸性物质的测定，所得的酸度、酸值一般为有机酸、无机酸以及其他酸性物质的总值，但主要是有机酸性物质（环烷酸、脂肪酸、酚类、硫醇等）的中和值。通过测定油品的酸度、酸值，不仅可以判断油品中所含酸性物质的数量，还可判断油品对金属材料的腐蚀性，以及判断润滑油的变质程度等。

15.3.2.1 轻质油品酸度的测定

测定汽油、煤油、柴油的酸度，按 GB/T 258—1977（1988）《汽油、煤油、柴油酸度测定法》标准试验方法进行，该方法主要适用于测定未加乙基液（四乙基铅与导出剂如溴乙烷的混合物，俗称铅水）的汽油、煤油和柴油的酸度。

采用化学滴定分析法测定油品酸度的基本原理是：利用沸腾的乙醇溶液抽提试样中的酸性物质，再用已知浓度的 KOH 乙醇溶液进行滴定，通过酸碱指示剂颜色的改变来确定终点，由滴定时消耗 KOH 乙醇溶液的体积来计算试样的酸度。其化学反应如下：

$$RCOOH + KOH \longrightarrow RCOOK + H_2O$$

$$H^+ + OH^- \longrightarrow H_2O$$

试样的酸度按下式计算

$$X = \frac{100VT}{V_1}$$

$$T = 56.1c$$

式中 X——试样的酸度，mgKOH/100mL；

V——滴定时消耗 KOH 乙醇溶液的体积，mL；

T——KOH 乙醇溶液的滴定度，mgKOH/mL；

V_1——试样的体积，mL；

56.1——KOH 的摩尔质量，g/mol；

c——KOH 乙醇溶液的物质的量浓度，mol/L。

能够用于测定油品酸度、酸值的酸碱指示剂有酚酞、甲酚红、碱性蓝 6B、溴百里酚蓝等。不同标准试验方法依据待测试样的馏分轻重与取样多少，滴定时选用的指示剂也不尽相同，关键在于抽出溶液的颜色必须能够与酸碱指示剂所改变的颜色区分开来。油品酸度、酸值测定的终点确定，除可利用上述酸碱指示剂外，还可以使用电位计检测。

15.3.2.2　*石油产品酸值的测定*

石油产品酸值的测定按 GB/T 264—1983（1991）《石油产品酸值测定法》标准试验方法进行。该法与 GB/T 258—1977（1988）的测定原理基本一致，也是利用沸腾乙醇萃取分离技术，将试样中的待测酸性物质抽提出来，用 KOH 乙醇溶液中和抽出混合溶液中的酸性物质，再进行化学滴定分析。

测定时，用清洁、干燥的锥形瓶称取试样 8 ~ 10g，称准至 0.2g。在另一只清洁无水的锥形瓶中加入 95% 乙醇 50mL，装上回流冷凝管。在不断摇动下，将 95% 乙醇煮沸 5min，除去溶解于 95% 乙醇内的 CO_2。在煮沸过的 95% 乙醇中加入 0.5mL 碱性蓝 6B（或甲酚红）溶液，趁热用 KOH 乙醇标准溶液滴定，直至溶液由蓝色变成浅红色（或由黄色变成紫红色）为止。对未中和就已呈现浅红色（或紫红色）的乙醇，若要用它测定酸值较小的试样时，可考虑事先用 0.2% HCl 溶液若干滴，中和乙醇恰好至微酸性，然后再按上述步骤中和直至溶液由蓝色变成浅红色（或由黄色变成紫红色）为止。将中和过的 95% 乙醇注入装有已称好试样的锥形瓶中，并装上回流冷凝管。在不断摇动下，将溶液煮沸 5min。在煮沸过的混合液中，加入 0.5mL 碱性蓝 6B（或甲酚红）溶液，趁热用 KOH 乙醇标准溶液滴定，直至 95% 乙醇层由蓝色变成浅红色（或由黄色变成紫红色）为止。

试样的酸值按下式计算。

$$X = \frac{VT}{m}$$

$$T = 56.1c$$

式中　X——试样的酸值，mgKOH/g；

m——试样的质量，g；

其他符号意义同前。

石油产品中酸性物质含量的测定，之所以有酸度、酸值等不同术语的出现，是由于不同油品的轻重馏分构成不同，存在状态也有差异，致使标准试验方法中的取样方式有所区别，抽出溶液颜色深浅不一。一般而言，轻质燃料油中酸性物质的总含量用酸度表示；润滑油中酸性物质的总含量用酸值表示。

15.3.3　硫含量的测定

原油的元素组成中除 C 和 H 外，还有少量的 S、N、O 等其他元素，这些元素是构成石油非烃类物质的主要成分。目前原油中可鉴定出 100 多种含硫化合物，主要包括硫醚、硫醇、噻吩、二（多）硫化物等。在原油炼制过程中，各种含硫有机化合物分解后均可部分生成 H_2S，H_2S 一旦遇水将对金属设备造成严重腐蚀；含硫物质的存在还会与重金属催化剂中的元素形成硫化物，使催化剂降低或失去活性，造成催化剂中毒；含硫化合物通常具有特殊异味，如硫醇具有强烈的恶臭味，影响感官性能，且会加速油品的氧化、变质过程，影响油品质量；另外，燃料油品中的硫及含硫化合物，燃烧后最终转化成 SO_2 或 SO_3 排放到大气中，严重污染环境。

硫含量是油品质量控制指标之一，它是指存在于油品中的硫及其衍生物（硫化氢、硫醇、二硫化物等）的含量，通常以质量分数表示。目前，测定石油产品中含硫化合物与硫含量的方法分为定性和定量两种类型，下面分别介绍。

15.3.3.1 博士试验法

定性测定芳烃和轻质石油产品中的硫醇，按 SH/T 0174—1992（2000）《芳烃和轻质石油产品硫醇定性试验法（博士试验法）》标准试验方法进行，该标准等效于ISO 5257—79，主要适用于定性检测芳烃和轻质石油产品中硫醇性硫，也可检测其中的硫化氢。

博士试验法所用的博士试剂为亚铅酸钠（Na_2PbO_2）溶液，其配制方法如下：

$$(CH_3COO)_2Pb + 2NaOH \longrightarrow Na_2PbO_2 + 2CH_3COOH$$

其基本原理是：根据 Na_2PbO_2 溶液与试样中的硫醇反应，形成铅的有机硫化物，该物质再与硫元素反应形成深色的硫醇铅，来定性检测试样中是否存在硫醇类物质。测定过程如下：

用博士试剂进行“初步试验”，若试样中有硫醇存在，则有如下反应：

$$Na_2PbO_2 + 2RSH \longrightarrow (RS)_2Pb + 2NaOH$$

硫醇铅以溶解状态存在于试液中，通常呈现的颜色并不明显，或因硫醇相对分子质量的不同而呈现微黄色。

用博士试剂进行“最后试验”，即向上述溶液中加入少量硫磺粉，硫醇铅遇到硫磺粉则生成硫化铅深色沉淀，反应如下：

$$(RS)_2Pb + S \longrightarrow PbS\downarrow + RSSR$$

生成的 PbS 沉淀将使博士试剂与试样的液接界面（该界面同时还含有硫磺粉层）颜色变深（呈橘红色、棕色，甚至黑色）。若参与反应的硫磺粉层的颜色没有明显变深，则说明试样中不含硫醇性硫。

15.3.3.2 氨—硫酸铜法

测定发动机燃料中硫醇性硫的含量，按 GB/T 505—1965（1990）《发动机燃料硫醇性硫含量测定法（氨—硫酸铜法）》标准试验方法进行。其基本原理是：将氨—硫酸铜溶液（氨过量时为深蓝色）与试样中的硫醇相互作用形成铜的硫醇化合物从而使深蓝色溶液快速褪色，随着氨—硫酸铜溶液的逐步滴入，当反应接近化学计量点时溶液又呈现浅蓝色，该颜色虽经摇动也不消失则达到滴定终点。反应过程如下：

向 $CuSO_4$ 水溶液中加入氨水，生成淡绿色的碱式盐 $Cu_2(OH)_2SO_4$ 沉淀。

$$2CuSO_4 + 2NH_3 \cdot H_2O \longrightarrow Cu_2(OH)_2SO_4\downarrow + (NH_4)_2SO_4$$

补加过量的氨水，则有深蓝色的四氨合铜配离子 $[Cu(NH_3)_4]^{2+}$ 生成。

$$Cu_2(OH)_2SO_4 + 8NH_3 \cdot H_2O \longrightarrow [Cu(NH_3)_4]SO_4 + [Cu(NH_3)_4](OH)_2 + 8H_2O$$

通过上述氨—硫酸铜溶液所生成的产物 $[Cu(NH_3)_4]^{2+}$ 与试样中存在的硫醇作用，使得滴入试液中的滴定剂自身颜色（深蓝色）很快褪色。

$$[Cu(NH_3)_4](OH)_2 + 2C_2H_5SH \longrightarrow (C_2H_5S)_2Cu + 4NH_3 + 2H_2O$$

$$[Cu(NH_3)_4]SO_4 + 2C_2H_5SH \longrightarrow (C_2H_5S)_2Cu + 4NH_3 + H_2SO_4$$

借助稍微过量的氨—硫酸铜溶液（注意本身为指示剂）滴入试液后，此时混合溶液会呈现出$[Cu(NH_3)_4]^{2+}$的低浓度颜色(浅蓝色)，达到滴定终点。

本试验还需要事先确定氨—硫酸铜溶液的滴定度，操作方法如下：先移取100mL氨—硫酸铜溶液，逐步滴加H_2SO_4使氨水完全被中和，使配离子$[Cu(NH_3)_4]^{2+}$分解，此时溶液由深蓝色转变为浅蓝色，然后再过量加入1～2mL H_2SO_4，其反应过程如下：

$$[Cu(NH_3)_4]SO_4 + 2H_2SO_4 \longrightarrow CuSO_4 + 2(NH_4)_2SO_4$$

$$[Cu(NH_3)_4](OH)_2 + 3H_2SO_4 \longrightarrow CuSO_4 + 2(NH_4)_2SO_4 + 2H_2O$$

再加入KI溶液与生成的$CuSO_4$作用，

$$2CuSO_4 + 4KI \longrightarrow I_2 + Cu_2I_2\downarrow + 2K_2SO_4$$

最后将析出的I_2用$Na_2S_2O_3$溶液滴定，当溶液呈微黄色时，加入几滴新配制的淀粉溶液，滴定至蓝色消失为止。

$$I_2 + 2Na_2S_2O_3 \longrightarrow 2NaI + Na_2S_4O_6$$

综合以上滴定和标定反应过程可以看出：

$$CuSO_4 \sim [Cu(NH_3)_4]^{2+} \sim 2C_2H_5SH \sim 2KI \sim \frac{1}{2}I_2 \sim Na_2S_2O_3$$

即

$$CuSO_4 \sim 2C_2H_5SH$$

故所用氨—硫酸铜溶液的滴定度，即每毫升氨—硫酸铜溶液相当于试样中硫醇性硫的质量，可按下式计算。

$$T = \frac{32.06 \times 2VT_1}{126.91 \times 100}$$

式中　T——氨—硫酸铜溶液的滴定度，g/mL；

32.06——硫原子的摩尔质量，g/mol；

V——滴定氨—硫酸铜溶液所消耗$Na_2S_2O_3$溶液的体积，mL；

T_1——$Na_2S_2O_3$溶液的滴定度，即每毫升$Na_2S_2O_3$溶液相当于I_2的质量，g/mL；

126.91——I_2的摩尔质量，g/mol；

100——测定氨—硫酸铜溶液滴定度时，所取氨—硫酸铜溶液体积，mL。

试样中硫醇性硫的质量分数按下式计算。

$$w = \frac{V_2T}{V_3\rho} \times 100\%$$

式中　w——试样中硫醇性硫含量,%；

V_2——滴定试液所消耗氨—硫酸铜溶液体积，mL；

T——氨—硫酸铜溶液的滴定度，g/mL；

V_3——试样的体积，mL；

ρ——试样的密度，g/mL。

氨—硫酸铜法测定发动机燃料中硫醇性硫含量的主要试验步骤如下：取一定量的试样(可根据试样中预测硫醇性硫的质量分数确定，0.01%以下，取100mL；0.01%～0.02%，取50mL；0.02%以上，取25mL）于分液漏斗中，用氨—硫酸铜溶液滴定。逐次滴入氨—硫酸铜溶液后，每次都应当将装有试样的分液漏斗剧烈摇动，使水相中的蓝色变浅直至消失为止。当滴定至水相中的浅蓝色经过剧烈摇动5min也不消失，则认为达到化学计量点，可作为滴定终点。

氨—硫酸铜法属于化学定量分析中的直接滴定分析法。该方法的优点是简单、快速，但不足之处是准确性不十分理想。目前对石油产品中硫醇性硫的定量测定多采用电位滴定法，也可用间接测定法如燃灯法、管式炉法等，这里不一一介绍了。

15.3.4 油品的金属腐蚀试验

金属材料与环境介质接触发生化学或电化学反应而被破坏的现象，称为金属腐蚀。石油产品与金属材料接触所发生的腐蚀，既有化学腐蚀也有电化学腐蚀，高温情况下还可能发生更为严重的“烧蚀”现象。导致油品腐蚀金属设备、机械构件的因素很多，但直接原因就是油品中含有水溶性酸、碱和有机酸性物质以及含硫化合物等，特别是油品中没有彻底清除的硫及其化合物对发动机及其他机械设备的腐蚀更为严重。

含硫物质按其化学性质可分为“活性硫”和“非活性硫”两大类。“活性硫”包括硫、硫化氢、低级硫醇、磺酸等，能直接与金属作用；“非活性硫”包括硫醚、二硫化物、环状硫化物等，其化学性质比较稳定，不能直接与金属作用，但燃烧后可转化为“活性硫”。油品中的某些含硫化合物要完全将其脱除，不仅技术上有难度，而且经济上也不尽合理。尽管实际生产过程中对不同原料、中间产品和最终产品都有规范的质量控制指标，但这些质量指标还是不能很好地反映实际应用场合中成品油对金属材料的腐蚀倾向。因此，需要用铜片、银片腐蚀等试验来评价油品对金属材料的腐蚀性。

油品对金属材料的腐蚀性试验，是将金属试片放置（悬挂）于待测试样中，在一定温度条件下持续一段时间，根据金属试片的变化现象来评定油品有无腐蚀倾向的试验方法。在试样中浸渍金属试片的腐蚀性试验，主要反映油品中“活性硫”含量是多少，但也能一定程度地显示出油品中酸、碱存在时的协同效果，因此可认为是一项较为综合的试验方法。下面重点介绍石油产品的铜片腐蚀试验和银片腐蚀试验。

15.3.4.1 铜片腐蚀的测定

测定油品铜片腐蚀试验，按 GB/T 5096—1985（1991）《石油产品铜片腐蚀测定法》标准试验方法进行。该标准等效于 ASTM D130—1983，主要适用于测定航空汽油、喷气燃料、车用汽油、天然汽油或具有雷德蒸气压不大于 124kPa（930mmHg）的其他烃类、溶剂油、煤油、柴油、馏分燃料油、润滑油和其他石油产品对铜的腐蚀性程度，试验过程中使用的主要仪器设备为试验弹（内放盛样试验容器与金属试片）、液体浴或铝块浴等。

若试样的雷德蒸气压大于 124kPa，则采用 SH/T 023—92《液化石油气铜片腐蚀试验法》。

铜片腐蚀试验的主要步骤如下：

A 针对不同的产品采用不同的试验条件

（1）航空汽油、喷气燃料。把完全清澈和无任何悬浮水或内含水的试样倒入清洁干燥的试管中 30mL 刻线处，并将经过最后磨光的干净的铜片（纯度大于 99.9% 的电解铜，宽为 12.5mm、厚为 1.5～3.0mm、长为 75mm）在 1min 内浸入该试管的试样中。把试管小心地滑入试验弹中，旋紧弹盖。将试验弹完全浸入已维持在（100±1)℃的水浴中。放置（120±5）min 后取出试验弹，并在自来水中冲洗几分钟。打开试验弹，取出试管，按下述步骤 B 检查铜片。

（2）天然汽油。按上述步骤（1）进行试验，但温度控制在（40±1)℃，浸泡时间

为 (180 ±5) min。

(3) 柴油、燃料油、车用汽油。把完全清澈、无悬浮水或内含水的试样，倒入清洁干燥的试管中30mL刻线处，并将经过最后磨光的干净的铜片在1min内浸入该试管的试样中。用一个有排气孔的软木塞塞住试管。把该试管放到已维持在 (50 ±1)℃的浴中。在试验过程中，试管的内容物要防止强烈的光线。在浴中放置(180 ±5)min后，按下述步骤B检查铜片。

(4)溶剂油、煤油。按上述步骤(3)进行试验,但温度控制在(100 ±1)℃。

(5)润滑油。按上述步骤(3)进行试验,但温度控制在(100 ±1)℃。此外,还可以在改变了的试验时间和温度下进行实验。为统一起见,建议从120℃起,以30℃为一个平均增量向上提高温度。

B 铜片的检查

把试管的内容物倒入150mL高型烧杯中,倒时要让铜片轻轻地滑出,以免碰破烧杯。用不锈钢镊子立即将铜片取出,浸入洗涤溶剂中,洗去试样。立即取出铜片,用定量滤纸吸干铜片上的洗涤溶剂。把铜片与腐蚀标准色板比较来检查变色或腐蚀迹象。比较时,把铜片和腐蚀标准色板对光线成45°角折射的方式拿持,进行观察。

试验过程中铜片表面受待测试样的侵蚀程度,取决于试样中含有的腐蚀活性组分的多少,由此预测石油产品在使用环境下对金属设备及构件的腐蚀倾向。腐蚀标准共分为四级,如表15-4所示。

表15-4 铜片腐蚀标准色板的分级

级别	名称	说明
1	轻度变色	淡橙色,几乎与新磨光的铜片一样 深橙色
2	中度变色	紫红色 淡紫色 带有淡紫蓝色或银色,或两种都有,并分别覆盖在紫红色上的多彩色 银色 黄铜色或金黄色
3	深度变色	洋红色覆盖在黄铜色上的多彩色 有红和绿显示的多彩色(孔雀绿),但不带灰色
4	腐蚀	透明的黑色、深灰色或仅带有孔雀绿的棕色 石墨黑色或无光泽的黑色 有光泽的黑色或乌黑发亮的黑色

15.3.4.2 银片腐蚀的测定

银片腐蚀性试验主要用来检测喷气燃料中的“活性硫”,它比铜片腐蚀试验更为灵敏。随着航空事业的迅速发展,一些喷气发动机供油系统中的高压柱塞泵已经采用了镀银部件,以改善防腐性能,延长使用周期。但在使用某些经铜片腐蚀性试验合格的喷气燃料时,还存在喷气发动机燃油泵镀银部件受侵蚀的现象。为此,喷气燃料要求对银片进行腐蚀性试验,直接评定喷气燃料中对金属银具有腐蚀作用的活性组分,对改善喷气燃料的质量、防止其对银的腐蚀作用、保证燃油泵安全运行具有十分重要的意义。

油品银片腐蚀实验按 SH/T 0023—1990(2000)《喷气燃料银片腐蚀试验法》标准试验方法进行，主要适用于测定喷气燃料对航空涡轮发动机燃料系统银部件的腐蚀倾向，实验过程中使用的主要仪器设备为银片腐蚀装置、水浴、银片等。

其主要步骤如下：量取 250mL 试样注入银片腐蚀装置的盛样磨口试管中（如图 15-11 所示），将银片悬放在冷凝器下端玻璃钩所挂的玻璃框架上，一并浸到内盛试样的银片腐蚀装置的磨口试管中，盖上带有冷凝器的磨口盖，连接冷凝器上的冷却水流（入口水温在(20 ± 5)℃），控制其流速为 10mL/min。将上述装配妥当的银片腐蚀装置浸入水浴中至盛样磨口试管浸入线处，维持温度为(50 ± 1)℃。当达到规定试验时间 4h 时，取出银片浸入异辛烷中，随后立即取出，用滤纸吸干，检查银片的腐蚀痕迹。并按标准中规定的银片腐蚀分级表确定该试样对银片的腐蚀级别。

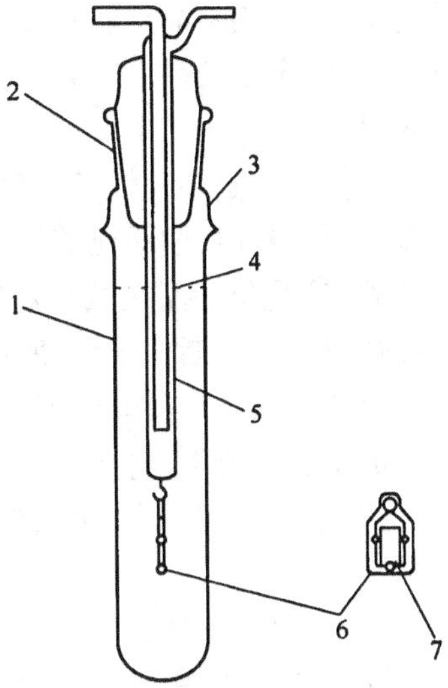

图 15-11 喷气燃料银片腐蚀装置

1—试管；2—磨口(45 号)；3—试管接口处容积(350mL)；4—浸入线；5—冷凝器；6—玻璃钩；7—银片

银片腐蚀等级共分为五级，如表 15-5 所示。

表 15-5 银片腐蚀分级

级 别	名 称	现 象 描 述
0	不变色	除局部可能稍失去光泽外，几乎和新磨光的银片相同
1	轻度变色	淡褐色或银白色褪色
2	中度变色	孔雀屏色，如蓝色或紫红色或中度和深度麦黄色或褐色
3	轻度变黑	表面有黑色或灰色斑点和斑块，或有一层均匀的黑色沉积膜
4	变 黑	均匀的深度变黑，有或无剥落现象

15.4 油品其他性能的测定

除上述性能外，油品的低温流动性能、燃烧性能、腐蚀性能、安定性等都是评价油品质量的指标。本节将针对凝点、汽油辛烷值测定、水分测定等作为选择性介绍。

15.4.1 低温流动性能及凝点

油品的低温流动性能是指油品在低温下使用时，维持正常流动顺利输送的能力。例如，我国北方冬季气温可达 -30℃左右，室外发动机或机器的启动温度与环境温度基本相同，因此发动机燃料和润滑油要求有相应的低温流动性能。石油产品在低温时失去流动性的原因主要有两方面：一是油品随温度的降低而黏度增大，当黏度增大到一定程度时，油品便丧失流动性；另一原因是溶解在油品内的石蜡发生结晶，使油品失去流动性。根据油品的用途不同，评价低温流动性能的指标也有差异，常用的评价指标有浊点、结晶点、冰点、倾点、凝点等。

试样在规定条件下冷却，开始呈现雾状或浑浊时的最高温度，称为浊点。此时油品中出现了许多肉眼看不见的微小晶粒,因此不再呈现透明状态。冷却时出现肉眼可见结晶时的最高温度,称为结晶点。在结晶点时,油品仍处于可流动的液体状态。若试样在规定条件下,冷却到出现结晶后,再升温至结晶消失的最低温度,称为冰点。一般结晶点与冰点之差不超过3℃。

石油产品是多种烃类的复杂混合物,在低温下油品是逐渐失去流动性的。在试验规定的条件下冷却时,油品能够流动的最低温度,称为倾点,又称流动极限。而油品的凝点(又称凝固点)是指油品在试验规定的条件下,冷却至液面不移动时的最高温度。由于油品的凝固过程是一个渐变过程,所以凝点的高低与测定条件有关。

凝点是石油产品低温流动性能的重要指标。由于石油产品的凝点与使用时实际失去流动性的温度有所不同,在输送和使用时应比油品的凝点高3℃,以保证油品处于流动状态。另外,对于含石蜡油品,凝点在某种程度上可作为估计石蜡含量的指标。下面简单介绍凝点的测定方法。

石油产品凝点的测定按 GB/T 510—1983(1991)《石油产品凝点测定法》标准方法进行,该标准方法常用于润滑油及深色石油产品凝点的测定。测定时将试样装入规定的试管中,按规定的条件预热到(50±1)℃,在室温中冷却到(35±5)℃,然后将试管放入装好冷却剂的容器中。当试样冷却到预期的凝点时,将浸在冷却剂中的试管倾斜45°,保持1min,观察表面是否移动。然后,从套管中取出试管重新将试样预热到(50±1)℃,按液面有无移动的情况,用比上次试验温度低或高4℃的温度重新测定,直至能使液面位置静止不动而提高2℃又能使液面移动时,则取液面不动时的温度作为试样的凝点。

测定石油产品凝点时,温度计在试管内的位置要固定好,若固定不好,使温度计在试管内能活动,会搅动试油,从而阻碍石蜡"结晶网络"的形成。往往当石蜡"结晶网络"的个别部分正在形成时,温度计一搅动就给破坏了,从而使测定结果偏低。另外预热条件和冷却速度也是影响凝点测定的主要因素,试验时只有严格遵守操作规程,才能得到正确的具有可比性的数据。

15.4.2　油品的燃烧性能和汽油辛烷值的测定

石油产品绝大部分作为燃料使用,燃料油占全部石油产品的90%以上,其中又以汽油发动机、柴油发动机及喷气式发动机等发动机燃料占主要地位。这些发动机都是以液体石油燃料为动力而运转的。燃烧性能是评价燃料油品的重要指标。所谓燃烧性能就是指燃料是否具有较高的热值,在发动机工作状况下能否充分燃烧并提供更高的有效功率的能力。燃料能否充分燃烧与发动机的结构、工作状况、空气的合理供应、油品的物理性质和化学组成等因素有关。下面主要介绍汽油机的爆振现象及汽油抗爆性的评定方法。

汽油机又称点燃式发动机或汽化器式发动机,它是用电火花点燃油气混合气而膨胀做功的机械。在正常情况下,当汽油蒸气和空气的混合气体在汽缸中被压缩时,温度也随之上升,一经电火花点燃,便以火花为中心,逐层发火燃烧,平稳地向未燃区传播,火焰速度约为20~50m/s。此时,汽缸内的温度、压力变化均匀,活塞被均匀地推动,发动机处于良好的工作状态。但是,使用燃烧性能差的汽油时,油气混合物被压缩点燃后,在火焰尚未传播到的地方,就已经生成了大量不稳定的过氧化物,并形成了多个燃烧中心,同时自行猛烈爆炸燃烧,使火焰传播速度剧增至1500~2500m/s。这样高速的爆炸燃烧,产生强大冲击波,猛烈撞击活塞头和汽缸，发出金属敲击声，这种现象称为爆振。

汽油机发生爆振时，火焰速度极快，瞬间掠过，使得燃料来不及充分燃烧便被排出汽缸，形成黑烟，因而造成功率下降，油耗增大。同时受高温高压的强烈冲击，发动机很容易损坏，可导致活塞顶或汽缸盖撞裂、汽缸剧烈磨损及汽缸门变形，甚至连杆折断，迫使发动机停止工作。

辛烷值是表示汽油在汽油机中燃烧时的抗爆性指标，常将异辛烷(2,2,4-三甲基戊烷）的辛烷值规定为100，正庚烷的辛烷值规定为0，将这两种标准燃料以不同的体积比混合起来，可得到各种不同的抗爆性等级的混合液。在发动机工作相同的条件下，与待测燃料进行对比，抗爆性与样品相等的混合液中所含异辛烷百分数，即为该样品的辛烷值。如当某种汽油的爆振性与90%异辛烷和10%正庚烷的混合物的爆振性相当时，其辛烷值定为90。平时所说的90号、93号和97号无铅汽油，就是指它们的辛烷值分别为90、93和97。

测定汽油辛烷值的方法可分为马达法和研究法两种。

15.4.2.1 马达法辛烷值

马达法辛烷值的测定按GB/T 503—1995《汽油辛烷值测定法（马达法）》标准方法进行，该标准等效采用ASTM D2700—94，适用于车用汽油和点燃式航空发动机用汽油。测定汽油辛烷值是在一台可调整压缩比的单缸发动机上进行的，标准规定的试验设备是美国制造的ASTM—CFR试验机。机上装有测量爆振强度的爆振表，可以把被测试样的爆振强度准确指示出来，通过转换，得到试样的辛烷值。马达法辛烷值的测定方法可以采用内插法或压缩比法，下面介绍内插法。

内插法的基本原理是：在固定的压缩比条件下，使试样的爆振表读数位于两个参比燃料调和油爆振表读数之间，然后采用内插法计算试样的辛烷值。具体步骤如下：

（1）将仪器调试到标准爆振强度要求。按表15-6所要求的标准操作条件，确定试验装置的工作状态，再调试装置使其符合标准爆振强度要求。所谓标准爆振强度是已知辛烷值的参比调和油在爆振试验装置中燃烧时产生爆振的程度，通常调整爆振表读数为50。这时参比燃料的马达法辛烷值与测微计数值对应关系符合该标准方法中表1的要求。

表15-6 辛烷值测定的标准操作条件

操作条件	马达法 GB/T 503—1995	研究法 GB/T 5487—1995	操作条件	马达法 GB/T 503—1995	研究法 GB/T 5487—1995
发动机转速/r·min^{-1}	900±9	600±6	混合气温度/℃	149±1.1	不控制
曲轴箱润滑油	SAE 30	SAE 30	火花塞间隙/mm	0.51±0.13	0.51±0.13
操作温度下的油压/kPa	172~207	172~207	断电器间隙/mm	0.51	0.51
曲轴箱油温/℃	57±8.5	57±8.5	气门间隙 吸气阀/mm	0.20±0.03	0.20±0.03
冷却液温度/℃	100±1.5	100±1.5	排气阀/mm	0.20±0.03	0.20±0.03
吸气湿度/(g水/kg干空气)	3.56~7.12	3.56~7.12	点火时间		
吸气温度/℃	38±2.8	见GB/T 5487表5的规定	上止点前角度/(°)	详见GB/T 503—1995中第九章的有关规定	13
混合气温度/℃	149±1.1	不控制			

（2）估计试样的辛烷值。先用试样调整燃料与空气的混合比，使之获得最大爆振强度，让爆振表指针在接近50的位置上。再调整压缩比使爆振表读数为50。确定试样产生标准爆振强度时的汽缸高度，记下此时爆振表读数。根据测微计读数，按该标准方法中的表1估算出试样的辛烷值。

（3）用内插法计算试样的辛烷值。根据试样估算的辛烷值，配制两个不同辛烷值的参比燃料，一个辛烷值略高于试样；另一个略低于试样，二者之差不大于两个辛烷值单位。然后，在相同条件下分别对两个参比燃料进行试验，保持压缩比不变，测定爆振强度，记下爆振表读数，并按下式计算试样的辛烷值。

$$X = \frac{b - c}{b - a}(A - B) + B$$

式中　X——试样的辛烷值；

A——高辛烷值参比燃料的辛烷值；

B——低辛烷值参比燃料的辛烷值；

a——高辛烷值参比燃料的平均爆振表读数；

b——低辛烷值参比燃料的平均爆振表读数；

c——试样的平均爆振表读数。

15.4.2.2　*研究法辛烷值*

研究法辛烷值是按GB/T 5487—1995《汽油辛烷值测定法（研究法）》标准方法进行的，该标准等效于ASTM D2699—1992标准方法，适用于测定车用汽油的抗爆性。

研究法与马达法测定辛烷值都使用ASTM—CFR试验机，其测定原理、方法基本相同，仅是发动机的工作状况和试验条件略有差异（详见表15-6）。当然，有关数据换算表的对应性也作了调整。其测定结果要求修约到小数点后一位，报告为研究法辛烷值，简写为××.×/RON。

15.4.3　油品中水分的测定

石油产品在贮运及使用中会由于种种原因而混入水分，或溶解空气中的水分，这些水分通常以悬浮水、溶解水或游离水的形式存在。通常油品分析中所说的无水，是指没有游离水和悬浮水，溶解水是很难去除的。石油产品中的水分会破坏油品的低温流动性，降低油品的抗氧化性能，如果溶剂油中含水，会降低油的溶解能力和使用效率，润滑油中含水会降低润滑性能，因此，油品中的水含量是评价石油产品质量的重要指标之一。通过测定油品中的水分，可以计量容器内油品的数量，还可为设计脱水工艺提供依据，同时由于水分是各种石油产品标准中必不可少的规格之一，可以评定油品质量。

通常，测定水分的方法按其含量不同分为常量法和微量法两种。

15.4.3.1　*蒸馏法*

蒸馏法按GB/T260—1977（1988）《石油产品水分测定法》标准方法进行。该法属于常量分析法，测定装置由蒸馏烧瓶、带刻度的接受器及冷凝管组成。

试验主要操作步骤如下：在洗净并烘干的圆底烧瓶中称入摇匀的试样100g，称准至0.1g。注入无水溶剂100mL，将混合物摇匀后，投入无釉瓷片、沸石或毛细管。按规定条件安装好仪器，加热煮沸混合物并控制回流速度，使冷凝管的斜口每秒滴下2～4滴液体。

溶剂和水分一同蒸馏出来，冷凝后水分收集在接受器中。蒸馏将近完毕时，如果冷凝管内壁沾有水滴，应使圆底烧瓶中的混合物在短时间内进行剧烈沸腾，利用冷凝的溶剂将水滴尽量洗入接受器中。直至接受器中水的体积不再增加时，停止加热。回流时间不应超过1h。仪器冷却后，读出接受器中收集到的水的体积。当接受器中的溶剂呈现浑浊，而且管底收集的水不超过0.3mL时，将接受器放入热水中浸20~30min，使溶剂澄清，再将接受器冷却到室温，才读出管底收集水的体积。

试样含水的质量分数（w）和体积分数（φ）分别按下式计算。

$$w = \frac{V\rho}{m} \times 100\%$$

$$\varphi = \frac{V\rho_1}{m} \times 100\%$$

式中 V——接受器中收集水的体积，mL；

m——试样的质量，g；

ρ——水的密度，g/mL；

ρ_1——油品试样的密度，g/mL。

由于蒸馏法是一种常量分析法，因此只能测定含水量在0.03%以上的油品。当含水量少于0.03%时，认为是痕迹，如接受器中没有水，则认为试样无水。在石油化工生产和科研中，常常要测定痕量水，如铂重整装置一般要求原料油中含水量小于60mg/kg；双金属及多金属重整装置要求原料油中含水量小于15mg/kg。因此，痕量水的测定将是不可缺少的。

15.4.3.2 卡尔·费休法

按GB/T 11133—1989《液体石油产品水含量测定法（卡尔·费休法）》标准方法进行。该法参照采用ASTM D1744—83标准方法，是应用卡尔·费休试剂进行滴定来测定液体石油产品水含量的方法。该法适用于测定水含量为50~1000mg/kg的液体石油产品，结果准确，是当今最为广泛应用的测定水含量的方法之一。

卡尔·费休法测定原理是：I_2被SO_2还原时需要定量的水，反应如下：

$$I_2 + SO_2 + 2H_2O \rightleftharpoons 2HI + H_2SO_4$$

但上述反应是可逆的，要使反应向右进行，需加入适当的碱性物质以中和反应后生成的酸。采用吡啶可以满足要求，其反应为

$$H_2O + I_2 + SO_2 + 3C_5H_5N \longrightarrow 2C_5H_5N \cdot HI + C_5H_5N \cdot SO_3$$

生成的硫酸酐吡啶很不稳定，能与水发生副反应，消耗一部分水，因而干扰测定，其反应是

$$C_5H_5N \cdot SO_3 + H_2O \longrightarrow C_5H_5NH \cdot SO_4H$$

当有甲醇存在时，可以防止上述副反应

$$C_5H_5N \cdot SO_3 + CH_3OH \longrightarrow C_5H_5NH \cdot SO_4CH_3$$

由上述讨论可知，滴定时的标准溶液是含有I_2、SO_2、C_5H_5N及CH_3OH的混合溶液，此溶液称为卡尔·费休试剂，其中甲醇670mL、二氧化硫65g、吡啶270mL、碘85g（使用前需进行标定）。

终点判断早期用目视法，卡尔·费休试剂滴定时出现过量碘，由浅黄色变为棕红色为

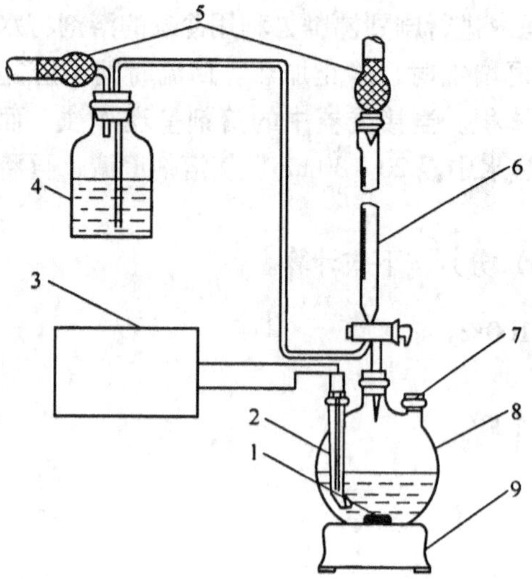

图 15-12　永停点滴定装置

1—搅拌子；2—指示电极；3—终点显示器；4—贮液瓶；5—干燥器；6—滴定管；7—进样口；8—滴定瓶；9—搅拌器

终点。但对于微量分析，由于滴定剂浓度低，终点不易辨别，现多用永停点滴定法。永停点滴定装置如图 15-12 所示。

测定时，滴定瓶内装入溶剂（体积比为 1:3 的甲醇—氯仿混合液）和待测试样，插入两根铂丝作为指示电极，外加一个低电动势（10～15mV）。当试样所含的水分与滴加的卡尔·费休试剂作用时（终点前），指示电极间无电流通过，微安表仍指示在零位上。若滴定到达终点后，继续滴加卡尔·费休试剂，碘过量，则指示电极间发生电极反应

$$I_2 \longrightarrow 2I^- - 2e$$

两极间就有电流通过，微安表指针偏转。根据卡尔·费休试剂的滴定度（又称水当量）和滴定时消耗的体积，可按下式计算试样中水的质量分数。

$$X = \frac{V_1 T}{m_1} \times 1000$$

$$T = \frac{m_0}{V_0}$$

式中　X——试样中的水含量，mg/kg；

V_1——滴定试样所消耗的卡尔·费休试剂的体积，mL；

T——卡尔·费休试剂的滴定度，mg/mL；

m_1——试样质量，g；

m_0——标定时加入的纯水质量，mg；

V_0——滴定纯水所消耗的卡尔·费休试剂体积，mL。

15.4.4　油品灰分的测定

灰分指的是在规定条件下，油品被炭化后的残留物经煅烧所得的无机物。即油品在规定条件下灼烧后所剩的不燃物质，用质量分数表示。

灰分的组成和含量随原油的种类、性质和加工方法不同而异。原油的灰分主要是由于少量的无机盐和金属的有机化合物以及一些混入的杂质造成的，而一些成品油则可能是在精炼、生产、贮存或运输等过程中产生灰分。油品中可形成灰分的物质不能蒸馏出来，大部分留在残油中。胶质及酸性组分含量高的油品含灰分较多。灰分大的油品在使用中会增加机件的磨损、腐蚀和结垢积炭，因而灰分是油品严格控制的质量指标之一。通过测定灰分，可判断油品洗涤与精制是否正常，评定重质燃料油、柴油、润滑油等的使用性能。

不同石油产品的灰分测定方法有所不同，下面介绍几种常用方法。

15.4.4.1 石油产品灰分测定法

现通用的 GB/T 508—1985（1991）《石油产品灰分测定法》标准方法广泛用于测定燃料油和润滑油的灰分。其基本原理是将试油加热燃烧，最后强热灼烧，使其中的金属盐类分解或氧化为金属氧化物（灰渣），然后冷却并称量，以质量分数表示。

测定时，在已恒重的坩埚中称入 25g 试样，称准至 0.0002g，将一张定量滤纸卷成圆锥体形的引火芯放入坩埚内，引火芯须将大部分试样盖住，以避免在试样燃烧时固体微粒随气流带走，引火芯浸透试样后点火燃烧，烧至获得干性炭化残渣为止，然后将坩埚移入高温炉中在（775±25）℃的温度下灼烧 1.5~2h，直至残渣完全成为灰烬。若残渣难烧成灰时，则向冷却的坩埚中滴几滴硝酸铵溶液，蒸发并继续煅烧至质量恒定。试样的灰分按下式计算。

$$w = \frac{m_2 - m_1}{m} \times 100\%$$

式中 w——试样的灰分，%；

m_2——试样和滤纸灰分的质量，g；

m_1——滤纸灰分的质量，g；

m——试样的质量，g。

15.4.4.2 添加剂和含添加剂润滑油硫酸盐灰分测定法

按 GB/T 2433—2001《添加剂和含添加剂润滑油硫酸盐灰分测定法》标准方法进行。该方法参照 ISO 3987—1980、ASTM D874—IP163 标准方法，其测定原理是将试样用无灰滤纸点燃后燃烧直到仅剩下灰分和微量碳。冷却后，残渣用浓硫酸处理，并在（775±25）℃高温下加热直到碳完全氧化。灰分冷却后，再用稀硫酸处理，并在（775±25）℃的温度下加热至恒重，试验结果以质量分数表示。

该方法适用于测定含硫酸盐灰分的下限量为 0.005% 的添加剂和含添加剂润滑油的硫酸盐灰分，不适用于硫酸盐灰分小于 0.02% 的含有无灰添加剂的润滑油及含有铅的、使用过的发动机油。

测定前先按预计生成的硫酸盐灰分计算应称取试样的质量。

$$m = \frac{10}{w}$$

式中 m——应称取的试样质量，g；

w——预计生成的硫酸盐灰分，%。

若预计生成的硫酸盐灰分大于 2% 时，在坩埚内需用约 10 倍质量的低灰分矿物油稀释称量的试样。但取样数量不能超过 80g，并使其混合均匀。如测得的硫酸盐灰分质量分数与预计的质量分数相差两倍以上，则应重新称取适量的试样进行分析。

测定时，将试样称入已恒重的坩埚内，用一张定量滤纸叠两折，卷成圆锥体，用剪刀把距尖端 5~10mm 的顶端部分剪去并放入坩埚内，把卷成圆锥体的滤纸（引火芯）立放入坩埚内，并将大部分试样表面盖住。引火芯浸透试样后，在规定条件下，点火燃烧并加热至不再冒烟，将盛有残渣的坩埚冷却至室温，滴加浓硫酸使残渣完全浸湿，在电炉上加热直至不再冒烟为止。然后将坩埚移入（775±25）℃高温炉中，加热到碳氧化完全或近乎完全为止。取出坩埚冷却至室温，加 3 滴蒸馏水及 10 滴稀硫酸（1:1）浸湿残渣，加热蒸发至不冒烟，再将坩埚移入（775 ± 25）℃高温炉中重复进行煅烧、冷却及称量至恒重。用同样的方法做空白试验。

试样的硫酸盐灰分按下式计算。

$$w = \frac{m_1 - m_0}{m} \times 100\%$$

式中　w——试样的硫酸盐灰分，%；

m_1——硫酸盐灰分的质量，g；

m_0——空白试验测得的硫酸盐灰分的质量，g；

m——试样的质量，g。

15.4.4.3　润滑脂灰分测定法

按 SH/T 0327—1992《润滑脂灰分测定法》标准方法进行。该方法与 GB/T 508—1985（1991）方法相类似。但 SH/T 0327—1992 方法中取样只有 2 ~ 5g，灼烧空坩埚温度为（800 ± 20）℃，而灼烧炭化残渣坩埚的温度为（600 ± 20）℃。试验步骤、计算方法均与 GB/T 508—1985（1991）方法相同。

16 农 药 分 析

农药是指用于防治或者控制危害农业、林业的病、虫、菌、草等有害生物，以及有目的地调节植物、昆虫生长的药剂的简称。农药产品分为原药和制剂两种类型，原药是农药合成单位通过工业化生产线直接合成的农药产品，一般为单一有效成分。原药一般不能直接使用，必须加工成制剂产品，才能用于农田。制剂是用农药原药加入一定的助剂（如溶剂、乳化剂、湿展剂、载体等）加工而成的农药产品。

农药分析主要指对农药产品质量指标的控制分析，是农药产品化学研究的主要手段，其中包括农药产品中有效成分的含量分析、理化性状分析、原材料的质量分析以及杂质的定性定量分析等。农药分析对农药科研、生产和应用都有重要作用。农药工厂对中间体和产物的分析是控制合成步骤和改进合成方法的依据，农药分析是工厂保证出厂产品质量的主要措施，也是农药检定部门和农业生产资料部门质量管理的重要措施，还是检测农药在贮藏期的变化，改进制剂性能和改善农药应用技术等操作中不可缺少的手段。

本章将介绍商品农药采样方法、农药理化性状分析及农药有效成分的化学分析方法，并介绍一些常用农药的分析实例。

16.1 商品农药采样方法

商品农药采样方法依据国家标准 GB/T 1605—1979（1989），适用于商品农药原药及各种加工剂型。

16.1.1 总则

（1）商品农药样品是代表售出或购入的商品农药平均质量的样品。商品农药样品的检验结果，作为供需双方验收的依据。

（2）在供需双方同意下，允许将生产厂所采样品的检验结果，作为商品检验结果。

（3）所取商品样，仅能代表本批产品。所取样品均需注明：厂名、产品名称、批号、生产日期、取样日期及地点。

16.1.2 采样工具

（1）一般用取样器长约 100cm，一端装有木柄或金属柄，用不锈钢或铜管制成，钢管的外表面有小槽口。

（2）采取容易变质或易潮解的样品时，可采用双管取样器，其大小与一般取样器相同，外边套一黄铜管。内管与外管需密合无空隙，两管都开有同样大小的槽口 3 节。当样品进入槽中后，将内管旋转，使其闭合，取出样品。

（3）在需开采件数较多和样品较坚硬情况下，可以用较小的取样探子和实心尖形取样器，小探子柄长 9cm，槽长 40cm，直径 1cm。实心尖形取样器与一般取样器大小相同。

（4）对于液体样品，可用取样管采样。采样管为普通玻璃或塑料制成，其长短和直径随包装容器大小而定。

16.1.3　原粉采样

（1）开采件数：农药原粉开采件数，取决于货物的批重或件数。一般每批在200件以下者，按5%采取；200件以上者，按3%采取。

（2）取样：从包装容器的上、中、下三部分取样品，倒入混样器或贮存瓶中。

（3）样品缩分：将所取得的样品，预先破碎到一定程度，用四分法反复进行缩分，直至适用于检验所需的量为止。

（4）原粉样品，每件取样量不应少于0.1kg。

16.1.4　乳剂和液体状态的采样

乳剂和液体状态的样品，取样时应尽量使产品混合均匀。然后用取样器取出所需质量或容积。每批产品取一个样品。取样量不少于0.5kg，密封保存。

16.1.5　粉剂和可湿性粉剂的采样

粉剂和可湿性粉剂取样时，一次取够，不再缩分，取样量不得少于200g，保存在磨口容器内。

16.1.6　其他

对于特殊形态的样品，应根据具体情况，采取适宜的方法取样。如溴甲烷，可自每批产品的任一钢瓶中取出。

16.2　农药理化性状分析

农药的理化性状是农药产品质量标准的主要内容之一，其分析项目主要有水分、酸度、乳液稳定性、悬浮率、润湿性、细度、贮藏稳定性等，有些项目的分析在其他章节中也介绍过，但由于分析对象不同，所采用的标准也不同。下面分别介绍。

16.2.1　水分测定

农药水分测定有三种方法，卡尔·费休法、共沸法（即蒸馏法）和重量法。共沸法和重量法适于热稳定性好，且不含挥发性或低沸点成分的农药水分测定。卡尔·费休法几乎适用于各种农药样品中水分的测定，尤其是微量水分测定。下面重点介绍卡尔·费休法。

农药水分的卡尔·费休测定法引自GB/T 1600—2001，分为卡尔·费休—化学滴定法和卡尔·费休—库仑滴定法。该法原理与15.4中石油产品中水分的卡尔·费休测定法相同，主要是将样品分散在甲醇中，用已知水当量的卡尔·费休试剂滴定。这里补充介绍卡尔·费休试剂的配制与标定，以及样品中水分的测定步骤。

16.2.1.1　卡尔·费休试剂的配制

将63g碘溶解在干燥的100mL无水吡啶中，置于冰中冷却，向溶液中通入SO_2直至增重32.3g为止，避免吸收环境潮气，补充无水甲醇至500mL后，放置24h。

16.2.1.2 卡尔·费休试剂的标定

加20mL甲醇于滴定瓶中，用卡尔·费休试剂滴定至终点，不记录体积，此时迅速加入0.15~0.2g（准称至0.0002g）二水酒石酸钠，搅拌至完全溶解（约3min），然后以1mL/min的速度滴加卡尔·费休试剂至终点。

卡尔·费休试剂的水当量（滴定度）按下式计算。

$$T = \frac{36m}{230V} \times 1000$$

式中 T——卡尔·费休试剂的水当量，mg/mL；

m——二水酒石酸钠的质量，g；

V——消耗卡尔·费休试剂的体积，mL；

230——二水酒石酸钠的摩尔质量，g/mol；

36——水的摩尔质量的2倍，g/mol。

若以水为基准物，操作如下：加20mL甲醇于滴定瓶中，用卡尔·费休试剂滴定至终点，迅速用0.25mL注射器向滴定瓶中加入35~40mg（准称至0.0002g）水，搅拌1min后，以1mL/min的速度滴加卡尔·费休试剂至终点。

卡尔·费休试剂的水当量（滴定度）按下式计算。

$$T = \frac{m}{V} \times 1000$$

式中 m——水的质量，g；

其他符号意义同前。

16.2.1.3 样品水分测定步骤

加20mL甲醇于滴定瓶中，用卡尔·费休试剂滴定至终点，迅速加入已称量的试样（准称至0.01g，含水约5~15mg），搅拌1min，然后以1mL/min的速度滴加卡尔·费休试剂至终点。

试样中水的质量分数按下式计算。

$$X = \frac{V_1 T}{m_1} \times 1000$$

式中 X——试样中的水含量，mg/kg；

V_1——滴定试样所消耗的卡尔·费休试剂的体积，mL；

T——卡尔·费休试剂的滴定度，mg/mL；

m_1——试样质量，g。

由于本试验的目的是测定农药样品中的水含量，除农药样品外，任何器械和空气均不能给体系带进水。因此本方法采取的措施是对试剂进行脱水处理，达到绝对无水；反应装置与外界相通的任何端口都要装上干燥剂以除去空气中的水分。

16.2.2 酸度测定

酸度是农药的质量指标之一。很多农药的分解与H^+和OH^-的浓度直接相关，只有在一定的pH值范围内才比较稳定。一般农药在中性或偏酸性物质中比较稳定，遇碱性物质极易分解失效，有机磷农药多数品种都具有这种特性。也有少数农药，在酸性介质中不稳定，例如福美双、福美锌、退菌特等，遇酸性物质就会分解。因此农药制剂的酸度是保证其药效的重要因素。酸度测定的方法有常规酸碱滴定法和pH计法。

16.2.2.1　酸碱滴定法

农药有效成分大多是有机化合物，制剂中的溶剂也大多与水不互溶，而酸碱滴定要在水中进行，因此选择丙酮作为溶剂，溶解样品后，再用水稀释，进行测定。

测定步骤如下：称取10g试样（准称至10mg），置于250mL锥形瓶中，加25mL丙酮，待样品溶解后加75mL中性蒸馏水。用塞盖紧，剧烈摇动后，加3~4滴0.2%甲基红指示剂，用0.02mol/L NaOH标准溶液滴定；同时不加样品做空白测定。

空白测定时可能消耗少量的碱，也可能消耗少量的酸。如果消耗少量的碱，可按下式计算：

$$\text{酸度（以}H_2SO_4\text{计）}\% = \frac{c_1(V_1 - V_2) \times 0.049}{m} \times 100\%$$

$$\text{酸度（以}HCl\text{计）}\% = \frac{c_1(V_1 - V_2) \times 0.03646}{m} \times 100\%$$

如果消耗少量的酸，则应按下式计算：

$$\text{酸度（以}H_2SO_4\text{计）}\% = \frac{(c_1V_1 + c_2V_2) \times 0.049}{m} \times 100\%$$

$$\text{酸度（以}HCl\text{计）}\% = \frac{(c_1V_1 + c_2V_2) \times 0.03646}{m} \times 100\%$$

式中　c_1——NaOH标准溶液的浓度，mol/L；

c_2——HCl标准溶液的浓度，mol/L；

V_1——滴定样品时消耗NaOH标准溶液的体积，mL；

V_2——空白滴定时消耗NaOH或HCl标准溶液的体积，mL；

m——样品的质量，g；

0.049——1/2硫酸分子摩尔质量，kg/mol；

0.03646——盐酸分子摩尔质量，kg/mol。

测定酸度时取样量要根据样品含酸量来决定。一般含酸量在0.1%以下的，可取样5~10g；含酸量在0.1%~1%的，可取样2g左右；含酸量在1%以上的，可取样1g。

16.2.2.2　氢离子浓度测定法

该法采用pH计进行测定，步骤如下：

（1）粉剂与可湿性粉剂　在100mL烧杯中，加入1g样品，然后再加50mL水，充分搅拌混合，稀释至100mL，静置，待沉淀完全后，将洗干净的玻璃电极和饱和甘汞电极插入烧杯上层清液中进行测定。如果在2min内读数变化不超过0.1pH，此读数即为样品的pH值。

（2）乳油　在100mL烧杯中加入1mL乳油、99mL水，充分搅拌混合，然后将冲洗干净的玻璃电极和饱和甘汞电极插入其中，进行测定。如果在2min内读数变化不超过0.1pH，此读数即为样品的pH值。

16.2.3　乳液稳定性测定

该测定方法引自 GB/T 1603—2001。乳液是一种液体以细小液珠的形式分散在另一种与它不相溶的液体中所形成的体系。这两种互不相溶的液体通常一相为水，另一相为有机物液体（可以统称为油相）。它所形成的体系为热力学不稳定体系，加入某些表面活性剂可有效提高体系的稳定性。因此在农药加工中，需要加入乳化剂等表面活性剂来提高制剂的稳定性能，使制剂在使用过程中，有效成分能够均匀地分散在水中，达到充分发挥制剂药效的作用。

由于各种表面活性剂的性能不同，制剂的乳液稳定效果也差别很大，因此在制剂加工中，需检测农药的乳液稳定性。

乳液稳定性测定的基本原理是：由于乳液为热力学不稳定体系，有油相自动絮结从而使体系有分为油、水两相的趋势，通过乳化剂的加入，可有效阻止油相的重新絮结。因此将试样用标准硬水稀释，放置一段时间后，通过观察乳液分离情况可检测乳液的稳定性能。

标准硬水是指硬度以碳酸钙计为 0.342g/L 的水，其配制方法如下。

方法一：称取无水氯化钙 0.304g 和带结晶水的氯化镁 0.139g 于 1000mL 的容量瓶中，用蒸馏水溶解稀释到刻度。

方法二：称取 2.704g 碳酸钙及 0.276g 氧化镁，用少量 2mol/L 的盐酸溶解，在水浴上蒸发至干以除去多余的盐酸。然后用蒸馏水将残留物完全转移至 100mL 容量瓶中，并用蒸馏水稀释至刻度，再取出 10mL 溶液于 1000mL 容量瓶中，用蒸馏水稀释至刻度。

方法三：

（1）A 溶液——0.04mol/L 钙离子溶液的配制：准确称取碳酸钙 4.000g 于 800mL 烧杯中，加入少量水润湿，然后缓缓加入 1.0mol/L 盐酸 82mL，充分搅拌混合，待碳酸钙全部溶解后，加水 400mL，煮沸除去二氧化碳。冷却至室温，加入 2 滴甲基红指示液，用 1mol/L 氨水中和至橙色。将此溶液转移到 1000mL 容量瓶中，用水定容后摇匀，备用。

（2）B 溶液——0.04mol/L 镁离子溶液的配制：配制方法同上，只是将碳酸钙换成氧化镁。

（3）标准硬水配制：移取 68.5mL 溶液 A 和 17.0mL 溶液 B 溶于 1000mL 烧杯中，加水 400mL，滴加 0.1mol/L 氢氧化钠溶液或 0.1mol/L 盐酸溶液，调节溶液 pH 值为 6.0 ~ 7.0，将此溶液转移到 1000mL 容量瓶中，用水定容摇匀，备用。

以上方法可任选一种。

农药乳液稳定性的测定步骤如下：将所配制的标准硬水放入烧杯中，用移液管移取适量的乳剂试样，在不断搅拌下慢慢加入到硬水中（按各产品规定的稀释浓度），将其配成乳状液。搅拌一段时间，立即将乳状液移到清洁、干燥的量筒中，并将量筒置于恒温水浴中，在一定范围内，静置一定时间（通常为 1h），然后再取出观察乳状液分离情况，以在量筒中有无浮油（膏）、沉油和沉淀析出来判定乳液稳定性。本方法适用于农药乳油、水乳剂和微乳剂等微乳液稳定性的测定。当上无浮油、下无沉淀时为合格。

16.2.4　悬浮率测定

该测定方法引自 GB/T 14825—1993。悬浮性是多种农药制剂性能的重要指标。它是指分散的药粒在悬浮液中保持悬浮一定时间的能力。在实际使用中，悬浮性好的制剂，悬浮率高，有利于药粒在水中的均匀分散，可有效避免喷雾不匀和堵塞喷头现象的发生，从而有效提高了制剂药效的充分发挥。

悬浮率的测定是决定可湿性粉剂、微囊悬浮剂、水悬浮剂、水分散性粒剂和悬浮种衣剂等多种剂型质量好坏的重要因素之一。

通常悬浮率的测定有质量悬浮率和有效悬浮率两种方法，均可用于可湿性粉剂、微囊悬浮剂、水悬浮剂、悬浮种衣剂等剂型悬浮率的测定。其基本原理是：药粒在进入水中后，服从斯托克斯定律，粒子下降的速度与其本身的密度和粒径的平方成正比。在农药制剂加工中，影响粒子下降速度的主要原因是粒径的大小和粒谱的宽窄。粒径越小，粒谱越窄，其悬浮率越会相应提高。除此之外，不同性能分散剂的加入，同样也会导致悬浮率的提高，其主要原因是分散剂的加入会有效阻止小颗粒聚结成大颗粒。因此粒径大小和分散剂的不同，会导致制剂有不同的悬浮率。

16.2.4.1　质量悬浮率的测定

称取适量试样，置于盛有标准硬水的烧杯中，用手摇荡做圆周运动，将该悬浮液在温度恒定的水浴中放置一段时间后，用标准硬水将其全部洗入量筒中，并稀释至刻度，盖上塞子，以量筒底部为轴心，将量筒在 1min 内上下颠倒 30 次（将量筒倒置并恢复至原位为一次，约 2s）。打开塞子，再垂直放入无振动的恒温水浴中，静置一段时间后，用吸管将内容物的 9/10 悬浮液移出，不要摇动或搅起量筒内的沉降物，确保吸管的顶端总是在液面下几毫米处。按规定方法测定试样和留在量筒底部悬浮液中的有效成分含量。

试样质量悬浮率（质量分数）按下式计算。

$$X_1 = \frac{10}{9} \times \frac{m_1 - m_2}{m_1} \times 100\%$$

式中　X_1——试样质量悬浮率（质量分数），%；

m_1——配制悬浮液所取试样中有效成分的质量，g；

m_2——留在量筒底部 25mL 悬浮液中有效成分的质量，g。

16.2.4.2　有效悬浮率的测定

称取适量试样，直接置于盛有标准硬水的量筒中，轻轻振摇使试样分散，然后用标准硬水稀释至刻度，盖上塞子。以量筒底部为轴心，将量筒上下颠倒若干次。打开塞子，垂直放入无振动的恒温水浴中，避免阳光直射，放置 30min。用吸管将内容物的 9/10 悬浮液移至一干净的三角瓶中，不要摇动或搅起量筒内的沉降物，确保吸管的顶端总是在液面下几毫米处。将三角瓶中的悬浮液充分摇匀后，迅速移取一定体积试液，测定其中有效成分含量或测定底部 1/10 悬浮液和沉淀物中有效成分含量。

测定上部 225mL 悬浮液时，试样的有效悬浮率（质量分数）按下式计算。

$$X_2 = \frac{250}{V} \times \frac{m_2}{m_1} \times 100\%$$

式中　X_2——试样有效悬浮率（质量分数），%；

m_1——配制悬浮液所取试样中有效成分的质量，g；

m_2——V 毫升悬浮液中有效成分的质量，g；

250——配制悬浮液的总体积，mL。

16.2.5　润湿性测定

该测定方法引自 GB/T 5451—2001。润湿性一般是指微粉被水浸湿的能力，常用于可湿性粉剂的性能检测。对于可湿性粉剂而言，润湿性包含两方面内容：一是指药粉倒入水中，能自然润湿下降，而不是漂浮在水面；二是指药剂的稀释悬浮液对植株、虫体及其他防治对象表面的润湿能力。大多数农药为有机物质，自身润湿性差，如不加任何助剂，很难被水润湿，导致在使用过程中不能形成悬浮液喷雾，同时也不能很好润湿有害生物表面，进而影响到对有害物的防治效果。因此润湿性是农药可湿性粉剂的一个重要性能指标，常用润湿时间来表示润湿性能的好坏。

该测定法的基本原理是：润湿作用与表面张力有密切关系，通过某些表面活性剂的加入，可有效降低物体界面的表面张力，从而增加物体被水润湿的能力。因此将一定量的可湿性粉剂从规定的高度倾入盛有一定量标准硬水的烧杯中，测定其完全润湿的时间以确定其润湿性能。

测定步骤如下：取标准硬水注入烧杯中，将此烧杯置于 (25 ± 1)℃的环境中，称取一定量的试样（试样应为有代表性的均匀粉末，而且不允许成团、结块），置于表面皿上，将全部试样从与烧杯口齐平的位置一次性均匀地倾倒在该烧杯的液面上，但不要过分地扰动液面。加试样时立即用秒表记时，直至试样全部润湿为止（留在液面上的细粉膜可忽略不计）。记下润湿时间（准确至秒）。多次重复后取平均值，作为该样品的润湿时间。

16.2.6　细度测定

该测定方法引自 GB/T 16150 — 2001。细度是指药粉粒子的大小，一般是通过粉碎来实现的。任何粉碎都不可能得到均匀粒径、相同形状的群体，而是得到一粒谱不同、形状差异的群体。通常细度的表示方法为粒子的平均大小。细度的大小与粒谱和药效密切相关，对于粉剂而言，细度越小，粒谱越窄，越有利于药效的发挥。当然粉粒太细，有效成分挥发过快，同时也容易产生飘逸，污染环境。对于可湿性粉剂而言，细度将直接影响悬浮率的高低。

细度通常用筛析法测定，即以能否通过某一孔径的标准筛目来表示其粒子大小。一般有干筛和湿筛两种方法。

16.2.6.1　干筛法（适用于粉剂）

根据样品的特性，调节烘箱至适宜温度，将足量的样品置于烘箱中干燥至恒重，然后使样品自然冷却至室温并与大气湿度达到平衡，备用。如果样品易吸潮，应将其置于干燥器中冷却至室温，并尽量减少与大气环境接触。

称取适量试样，置于与接收盘相吻合的适当孔径试验筛中，盖上盖子，按下述两种方法之一进行试验。

（1）振筛机法。将试验筛装在振筛机上振荡，同时交替轻敲接收盘的左右侧。一段时间后，关闭振筛机，让粉尘沉降数秒钟后揭开筛盖，用刷子清扫所有堵塞筛眼的物料，同时分散筛中软团块，但不应压碎硬颗粒。盖上筛盖，开启振筛机，重复上述过程至过筛物残留少于0.01g为止。将筛中残余物移至玻璃皿中称量。

（2）手筛法。两手同时握紧筛盖及接收盘两侧，在具有胶皮罩面的操作台上，将接收盘左右侧底部反复与操作台接触振筛，并不时按顺时针方向调整筛子方位（也可按逆时针方向）。在揭盖之前，让粉尘沉降数秒，用刷子清扫堵塞筛眼的物料，同时分散软团块，但不应压碎硬颗粒。重复振筛至过筛物残留少于0.01g为止。将筛中残余物移至玻璃皿中称量。

16.2.6.2　湿筛法

称取适量试样，置于装有自来水的烧杯中，用玻璃棒搅动，使其完全润湿。如果试样抗润湿，可加入适量非极性润湿剂。

将试验筛浸入水中，使金属丝布完全润湿。必要时可在水中加入适量非极性润湿剂。用自来水将烧杯中润湿的试样进行初步稀释，搅拌均匀，然后全部倒入润湿的标准筛中，用自来水洗涤烧杯，洗涤水也倒入筛中，直至烧杯中粗颗粒完全移至筛中为止。用橡皮管导出的平缓自来水流冲洗筛上试样，通常水流速度控制在4～5L/min，橡皮管末端出水口保持与筛缘平齐为度。在筛洗过程中，保持水流对准筛上的试样，使其充分洗涤（如试样中有软团块，可用玻璃棒轻压，使其分散），一直洗到通过试验筛的水清亮透明为止。再将试验筛移至盛有自来水的盆中，上下移动洗涤，筛缘始终保持在水面之上，重复至无物料过筛为止。弃去过筛物，将筛中残余物先冲至一角，再转移至已恒重的烧杯中。静置，待烧杯中颗粒沉降至底部后，倾去大部分水，加热，将残余物蒸发近干，于适宜温度（根据产品的物化性能，采用适当温度）烘箱中烘至恒重，取出烧杯置于干燥器中冷却至室温，称量。本方法适用于可湿性粉剂的测定。

粉剂、可湿性粉剂的细度按下式计算。

$$X = \frac{m_1 - m_2}{m_1} \times 100\%$$

式中　X——粉剂（或可湿性粉剂）的细度，%；

m_1——粉剂（或可湿性粉剂）试样的质量，g；

m_2——玻璃皿（或烧杯）中残余物的质量，g。

两次平行测定结果之差应在0.8%以内。

16.2.7　贮藏稳定性测定

贮藏稳定性是多种剂型农药的一项重要性能指标，它直接影响到产品质量的好坏及使用效果。贮藏稳定性是指制剂在贮藏一段时间后，其物理、化学性能变化的大小。变化小的则贮藏稳定性较好，反之较差。贮藏稳定性有冷贮稳定性和热贮稳定性。不同的剂型，贮藏稳定性的测定范围也有所不同。对于固体制剂（如可湿性粉剂），通常以热贮稳定性来表示制剂的贮藏稳定性。对于液体制剂（如乳油）而言，则需要同时测定制剂的热贮稳定性和冷贮稳定性。

16.2.7.1　低温稳定性试验测定方法（引自GB/T 19137—2003）

（1）乳剂和均相液体制剂。取一定量样品加入离心管中，在制冷器中冷却，让离心管及其内容物在（0±2）℃下保持一段时间（通常为1h），每隔一定时间搅拌一次，期间检查并记录有无固体物或油状物析出。再将离心管放回制冷器，在（0±2）℃继续放置几天后，将离心管取出，在室温下静置，离心分离。之后记录管子底部析出物的体积，一般析出物不超过0.3mL为合格。

（2）悬浮制剂。取试样置于烧杯中，在制冷器中冷却至（0±2）℃，保持一段时间，隔若干分钟搅拌一次，观察外观有无变化。再将烧杯放回制冷器中，在（0±2）℃继续放置几天后，将烧杯取出，恢复至室温，测试筛析、悬浮率或其他必要的物化指标。悬浮率和筛析符合标准要求为合格。

16.2.7.2 *热贮稳定性试验测定方法*（引自 GB/T 19136—2003）

（1）粉剂。将试样放入烧杯，在不加任何压力的条件下，使其铺成等厚度的平滑均匀层。将圆盘压在试样上面，置烧杯于烘箱中，在恒温箱中放置，一般为 14 天。取出烧杯，拿出圆盘，放入干燥器中，使试样冷至室温，检验有效成分含量等规定项目。

（2）片剂。将试样放入广口玻璃瓶中，不加任何压力，加盖置玻璃瓶于烘箱中，贮存 14 天。取出玻璃瓶，放入干燥器中，使试样冷至室温，检验有效成分含量等规定项目。

（3）液体制剂。用注射器将试样注入洁净的安瓿中（避免试样接触瓶颈），置此安瓿于冰盐浴中制冷，用高温火焰迅速封口（避免溶剂挥发），称量。将封好的安瓿置于金属容器中。再将金属容器放入恒温箱（或恒温水浴）中，放置 14 天。取出冷至室温，将安瓿外面拭净，分别称量，质量未发生变化的试样，检验规定项目。

16.2.8 悬乳剂分散稳定性能测定

悬乳剂的分散相主要为粒径 0.5～5μm 的固体农药原药，加工时将原药和湿润剂、分散助悬剂、增黏剂、防冻剂等助剂和分散介质混合而成。当分散介质为水时，称为水悬剂，以矿物油或有机溶剂为分散介质时称为油悬剂。对于不含水或其他液体分散介质而又能在水或其他介质中很好分散，形成悬浮液的粉、粒或片状物的剂型，称为干悬浮剂。

悬浮剂的分散稳定性是悬浮剂产品质量好坏的重要检测性能之一，对制剂药效发挥有着重要的影响，通常影响分散稳定性的因素主要有粒子粒径的大小和分散助剂的性能。

悬浮剂分散稳定性能测定的基本原理是：悬浮剂是固体原药微粒均匀地分散在连续相中所组成的固-液分散体系，此体系为热力学不稳定体系，悬浮的粒子会很快发生颗粒凝聚，导致颗粒变大而沉降。在农药加工中，通过粒径大小的改变和分散助悬剂的加入，能有效地降低这一现象的发生。因此，在加工成制剂后，需观察悬浮剂稀释液在最初、放置一定时间和重新分散后该分散液的分散性。

测定步骤如下：在室温下，分别向两个刻度量筒（量筒是否具塞?）中加标准硬水，用移液管向每个量筒中滴加试样（按规定数量），滴加时移液管尖端尽量贴近水面，但不要在水面之下。最后加标准硬水至刻度。戴布手套，以量筒中部为轴心，重复上下颠倒，确保量筒中液体温和的流动，不发生反冲，用其中一个量筒进行沉淀和乳膏试验，另一个量筒进行再分散试验。

16.2.8.1 *最初分散性*

观察分散液的分散情况，记录沉淀、乳膏或浮油的体积。

16.2.8.2 *放置一定时间后的分散性*

A *沉淀体积的测定*

分散液制备好后，立即将分散液转移至乳化管中，盖上塞子，在室温下直立，用灯照亮乳化管，调整光线角度和位置，达到对两相界面的最佳观察，如果有沉淀（通常反射光比透射光更易观察到沉淀)，记录沉淀体积。

B　顶部油膏（或浮油）体积的测定

分散液制备好后，立即将其倒入乳化管中，至离管顶端附近，戴好保护手套，塞上带有排气管的橡胶塞，排除乳化管中所有空气，去掉溢出的分散液，将乳化管倒置，在室温下保持一段时间，没有液体从乳化管排出就不必密封玻璃管的开口端，记录已形成的乳膏或浮油的体积。测定乳化管总体积，并以下式校正测量出的乳膏或浮油的体积。

$$F = \frac{100}{V_0}$$

式中　F——测量乳膏或浮油的体积时的校正因子；

V_0——乳化管总体积。

16.2.8.3　重新分散性测定

分散液制备好后，将第二支量筒在室温下静置 24h，按前述方法颠倒量筒 30 次，记录没有完全重新分散的沉淀。将分散液加到另外的乳化管中，放置 30min 后，按前述方法测定沉淀体积和乳膏或浮油的体积。

16.2.9　粒剂基本理化性能测定

粒剂为农药主要剂型之一，·由原药、载体和辅助剂构成，可分为遇水解体型和遇水不解体型两大类。农药粒剂的主要质量指标有颗粒剂松密度和堆密度、粒度、脱落率以及水分散粒剂分散性等。

16.2.9.1　颗粒剂松密度和堆密度测定方法

称取约占 90% 量筒体积的样品质量 m（g）于蜡光纸上，将纸折成斜槽，使样品滑入量筒，轻轻弄平颗粒表面，测量体积 V_1。轻握量筒上部，提高 25mm，让其落在橡胶基垫上，如此反复若干次，测量并记录颗粒体积 V_2。

试样的松密度 $X_{1\text{-}1}$（g/mL）和堆密度 $X_{1\text{-}2}$（g/mL）分别按下式计算。

$$X_{1\text{-}1} = \frac{m}{V_1}$$

$$X_{1\text{-}2} = \frac{m}{V_2}$$

16.2.9.2　颗粒剂粒度范围测定方法

通常粒剂的粒径比应不大于 1∶4，在产品标准中应注明具体粒度范围。

将标准筛上下叠装，大粒径筛置于小粒径筛上面，筛下装承接盘，同时将组合好的筛组固定在振筛机上，称取颗粒剂试样质量 m（g），置于上面筛上，加盖密封，启动振筛机振荡，收集规定粒径范围内筛上物称量 m_1（g）。

试样的粒度 X（%）按下式计算。

$$X = \frac{m_1}{m} \times 100\%$$

16.2.9.3　颗粒剂脱落率测定方法

准确称取已测过粒度的试样质量 m（g），放入盛有钢球的标准筛中，将筛置于底盘上加盖，移至振筛机中固定后振荡，准确称取接盘内试样质量 m_1（g）。试样脱落率 X（%）按下式计算。

$$X = \frac{m_1}{m} \times 100\%$$

16.2.9.4 水分散粒剂分散性测定方法

在规定温度下，于烧杯中加入标准硬水，将搅拌棒固定在烧杯中央（搅拌棒叶片距烧杯底 15mm），搅拌棒叶片间距和旋转方向能保证搅拌棒推进液体向上翻腾，以恒定的速度开启搅拌器。将水分散粒剂样品 m（g）加入搅拌的水中，继续搅拌。一段时间后关闭搅拌，让悬浮液静置，借助真空泵，抽出 9/10 的悬浮液，并保持玻璃细管的尖端始终在液面下，且尽量不搅动悬浮液，用旋转真空蒸发器蒸掉剩余悬浮液中的水分，并干燥至恒重 m_1（g），干燥温度依产品而定，一般推荐温度为 60～70℃。

试样的分散性 X（%）按下式计算。

$$X = \frac{10}{9} \times \frac{m - m_1}{m} \times 100\%$$

16.2.9.5 水分散粒剂流动性测定方法

将样品置于圆筒中，不用任何压力将样品 m_1（g）摊平，使其成均匀平滑层，将压实器放在颗粒剂的表面。在规定温度下贮存（一般为 14 天），贮后，将圆筒放入干燥器中（不放干燥剂），冷至室温，将仪器翻转过来，拿掉底盖，向下推圆筒，小心将样品转移到试验筛上，按干筛法筛析样品，检查样品是否自由地从筛中落下，若没有，记录筛子上下跌落 20 次后留在筛上样品的质量 m_2（g）。

试样的流动性 X（%）按下式计算。

$$X = \frac{m_1 - m_2}{m_1} \times 100\%$$

16.2.10 其他物理化学性状测定

16.2.10.1 水剂的稀释稳定性和可溶性液剂与水互溶性测定

用移液管吸取一定体积试样，置于量筒中，加入标准硬水至刻度，混匀。将此量筒放入恒温水浴中，静置一定时间后，稀释液均一，无析出物为合格。

16.2.10.2 持久起泡性试验测定

将量筒加标准硬水，置量筒于天平上，称入试样，加硬水至距量筒塞底部 9cm 的刻度线处，盖上塞，以量筒底部为中心，重复上下颠倒。放在试验台上静置一定时间后，记录泡沫体积。

16.2.10.3 水剂水不溶物质量分数测定方法

于高温下将玻璃砂芯坩埚漏斗干燥至恒重，准确称取试样，用水淋洗转移到量筒中，盖上塞子，猛烈振摇，使可溶物全部溶解。将此溶液经坩埚过滤，用蒸馏水洗涤坩埚中的残留物。置坩埚及残留物于烘箱中干燥至恒重。

本方法适用于水剂和可溶性粉（粒）剂的水不溶物质量分数测定。

水不溶物质量分数 X（%）按下式计算。

$$X = \frac{m_1 - m_0}{m} \times 100\%$$

式中 m_1——坩埚与不溶物恒重后的质量，g；

m_0——坩埚恒重后的质量，g；

m——试样的质量，g。

16.2.10.4　可分散片剂、烟剂粉末和碎片测定

将抽样时一个完整内包装的粉末和碎片收集起来，置于天平上称量，记录其质量。

粉末和碎片 X（%）按下式计算。

$$X = \frac{m_1}{m} \times 100\%$$

式中　m_1——粉末和碎片的质量，g；

m——取样总质量，g。

16.2.10.5　原药中丙酮不溶物测定

将玻璃砂芯坩埚漏斗烘干至恒重，放入干燥器中冷却待用。称取适量样品置于锥形烧瓶中，加入丙酮并振摇，尽量使样品溶解。然后经回流冷凝器在热水浴中加热至沸腾，自沸腾开始回流一段时间后停止加热。装配砂芯坩埚漏斗抽滤装置，在减压条件下尽快使热溶液快速通过漏斗。用热丙酮洗涤，抽干后取下玻璃砂芯坩埚漏斗，将其干燥、称量。

丙酮不溶物的质量分数 W（%）按下式计算。

$$W = \frac{m_1 - m_0}{m} \times 100\%$$

式中　W——丙酮不溶物的质量分数，%；

m_1——坩埚与不溶物恒重后的质量，g；

m_0——坩埚恒重后的质量，g；

m——试样的质量，g。

16.3　农药有效成分分析

常用农药有效成分分析方法包括化学法、光谱法和色谱法等。本节将概述经典的化学分析法。由于化学分析法的选择性相对较差，杂质的存在对分析结果影响很大，为了得到较为准确的测定结果，在进行含量分析之前往往需要先进行适当的前处理，将农药有效成分与杂质分离。因此本节将先介绍前处理方法。

16.3.1　薄层色谱法

前处理的目的是使杂质不至于影响分析结果。在进行前处理前，首先有必要了解样品的杂质类型及特点。农药原药中存在的杂质主要是有效成分的异构体、原料和中间产物，可以通过对合成路线的了解判断这些化合物的类型和性质，因此比较容易拟订较为合理的处理方案。由于原料和中间产物与产物在结构上差异较大，一般薄层色谱法可以满足分离的需要。制剂中的杂质大多是一些助剂，含量较大，与有效成分性质差异也大，分离相对容易。但原药中异构体的分离相对较难，如果是对映异构体，必须采用拆分方法处理。

常用农药分析的前处理方法有挥发、液—液分配和薄层色谱法三种，其中以薄层色谱法为主。经典方法例如薄层—定胺法、薄层—溴酸钾法、薄层—紫外分析法等都使用薄层色谱法进行前处理。

16.3.1.1　薄层色谱法原理

薄层色谱法的原理，按作用方式分为吸附、分配、离子交换及凝胶色谱法等。农药分

析中主要使用吸附薄层色谱。吸附色谱法是利用样本中各组分的理化性质不同，它们在吸附剂（或固定相）上被吸附或解吸的作用力大小不同，在随展开剂由原点向预定的前沿移动时，各组分在两相间反复进行吸附和解吸附过程，吸附强的成分难以被展开剂解吸下来，移动速度较小，吸附弱的成分较易被展开剂解吸附，移动速度较大，移动速度的差别，使各成分达到分离。

16.3.1.2 操作技术

薄层色谱法的操作程序为制板、活化、点样、展开、显色、定性和溶出。

A 薄层板的制备

纯化农药样品用的薄层板一般由玻璃板作为支撑材料，有 5cm×20cm、10cm×20cm、20cm×20cm 等规格。将吸附剂均匀地铺在玻璃板上成为厚度一致的薄层，薄层质量的优劣是分离测定成败的关键。

常用的吸附剂是硅胶和氧化铝。硅胶略带酸性，适用于酸性和中性物质的分离；碱性物质则能与硅胶作用，不易展开，或发生拖尾的斑点，不好分离。氧化铝本身略带碱性，适用于碱性和中性物质的分离而不适于分离酸性物质。不过，可在铺层时用稀碱液代替水制备硅胶薄层，用稀酸液代替水制备氧化铝薄层以改变它们原来的酸碱性。市售氧化铝有些已经处理过，因此可以根据需要选择酸性、中性或碱性氧化铝使用。

碱性氧化铝用作吸附剂时，有时能对被吸附的物质产生不良反应，例如，引起醛、酮的缩合，酯和内酯的水解，醇羟基的脱水，乙酰糖的脱乙酰化，维生素 A 和 K 的破坏等。因此有时需要把碱性氧化铝先转变成中性或酸性氧化铝后使用。硅胶对于样品的副反应较少，但也发现萜类中的烃、甘油酯在硅胶薄层上发生异构化，邻羟基黄酮类的氧化，甾醇在含卤素的溶剂存在下硅胶板上异构化等副反应。大多数农药对硅胶稳定，因此硅胶在农药分析中应用最广。

常用硅胶型号主要为硅胶 H（silica gel H）、硅胶 G（含 13% 的石膏黏合剂）[G-Gypsum（石膏 $Ca_2SO_4 \cdot 1/2\ H_2O$）] 和硅胶 GF_{254}（含 13% 的石膏黏合剂和在 254nm 波长下发荧光的物质，锰激活的硅酸锌 $ZnSiO_3$: Mn）等。

常用的黏合剂有煅石膏、羧甲基纤维素钠（CMC）和淀粉。通常煅石膏的用量为吸附剂的 10%~20%，CMC 为 0.5%~1%，淀粉为 5%。用煅石膏为黏合剂时，可与吸附剂混合，加一定量的水调成均匀的糊状物铺层。用 CMC 时，需要把 0.5~1g CMC 溶于 100mL 水中，先制成水溶液，再用该溶液将适量的吸附剂调成稠度适中的均匀糊状物铺层。用淀粉时，把吸附剂和淀粉加水调匀后在 85℃ 水浴或用直接火加热数分钟，使淀粉变得有黏性后再铺层。石膏为黏合剂制成的薄层，能耐受腐蚀性显色剂的作用，但仍不够牢固，易剥落。用 CMC 或淀粉黏合剂制成的薄层较牢固，可用铅笔在上面写字，但在显色时不宜用腐蚀性很强的显色剂。

吸附剂匀浆的调制、加液量和活化条件见表 16-1。

表 16-1 吸附剂的调制及薄层活化条件

吸附剂	调浆剂	吸附剂与溶剂之比	活化温度和时间
硅胶 G	蒸馏水 + 黏合剂	1:2	110℃，0.5h；105℃，1h

以涂 CMC 硅胶板为例，称取 10～15g 硅胶 G，放入小研钵内，加 CMC 水溶液 20～30mL，迅速搅拌，把吸附剂糊状物直接倒在玻璃板上，轻轻敲打，使糊状物均匀分布在玻璃板上，其厚度约为 0.5～0.8mm。将涂好的薄板自然风干后进行活化处理。活化的目的是去除薄层上所吸着的水分，以提高其对样品组分的吸附能力。含水量为 0、活性度 1 级时，吸附力最强，但 R_f 值偏低，分离效果差。当硅胶含水量大于 17% 时，吸附作用弱，分离效果也不好。硅胶板一般在 105～110℃ 活化，含水量在 5%～15%，达到 2～3 级活化度最常用。活化温度太高，硅胶中的"结构水"失去，形成硅氧环结构，丧失了表面的硅醇基，失去吸附能力；温度太低，"自由水"失去不完全，活度低。因此控制活化温度十分重要。经活化的硅胶板放在干燥器中存放备用。

B　展开剂的选择

展开剂也称为溶剂系统、流动相或洗脱剂，是薄层色谱中用作流动相的液体。展开剂的选择必须根据被分离物质与所选用的吸附剂性质这两者结合起来进行考虑。在用极性吸附剂进行色谱分离时，若被分离物质为弱极性物质，一般选用弱极性溶剂为展开剂；若被分离物质为强极性成分，则需选用极性溶剂为展开剂。如果对某一极性物质使用吸附性较弱的吸附剂（如以硅藻土或滑石粉代替硅胶），则展开剂的极性也必须相应降低。在薄层色谱中，当吸附剂活度为一定值时，对多组分的样品能否获得满意的分离，决定于展开剂的选择，而展开剂的选择原则主要还是根据被分离物质的极性选择相应极性的展开剂。配制展开剂应注意以下问题：

（1）配制多元展开剂时各溶剂的体积必须准确，可以用有刻度的带塞试管配制，当加入少量酸、碱或其他溶剂时，需要用移液管或微量注射器吸取。

（2）如果多元展开剂中各种溶剂的沸点相差甚远，应该临时配制，而且不能重复使用，以免展开剂比例改变而影响最后的分离效果。

（3）配制两种不相混合溶剂的展开剂时，应注意分层后再使用，但应注意在某些需要展开剂有一定含水量时，在用水饱和展开剂后，应立即分出浑浊的有机溶剂层。

（4）溶剂中不应含有影响分离或破坏被分离物质的微量杂质。

C　供试样品制备

对于乳油可直接用适当的有机溶剂稀释后点样，但对于颗粒剂等剂型需要提取后才能点样，常规的提取方法有加热回流、冷热溶剂浸泡、超声处理等。提取用的溶剂既可以用单一溶剂，也可以用混合溶剂将有效成分提取出来，将其他成分或杂质留在样品残渣中。对于水剂一般采用溶剂萃取法、分段萃取法、液液萃取法、固液萃取法，这几种方法也可交替使用。目前应用最多的是液液萃取法。有时为满足特殊需要或避免乳化现象，还经常采用固液萃取的方法。

溶解样品，溶剂的选择十分重要。在大多数情况下，是把样品溶解在一种合适的低沸点（50～100℃）溶剂里制成溶液再点样。溶剂应是相对非极性的，尽量避免用水为溶剂，因为水溶液点样时斑点易扩散，且不易挥发。一般用甲醇、乙醇、丙酮、氯仿等挥发性有机溶剂，最好用与展开剂极性相似的溶剂。应尽量使点样后溶剂能迅速挥发，并减少空气中水分对薄层吸附剂活度的影响。若样品为水溶液，且遇热不易破坏，为加快点样速度，可以一边点样，一边加热干燥，例如用吹风机吹热风。若化合物遇热不稳定，则可用冷风吹干，这样可在较短的时间内完成点样工作。

在制备标准品溶液时，应注意所选择的溶剂、制备的方法以及溶液的浓度都应尽可能地与样品溶液一致，以保证薄层定性的准确性。

D 点样

a 点样量

点样量与薄层的性能、厚薄及显色剂的灵敏度有关。点样量对组分的分离结果有很大影响，点样量太少，可能斑点模糊或完全显不出斑点。但点样量太大时，展开后往往出现斑点过大或拖尾等情况，从而使 R_f 值相近的斑点连接起来，达不到分离效果。农药样品纯化中一般使用厚度较大的制备板，样品和标准品的点样量都需要通过预试确定。标准品只起定性作用，其点样量以显色定位的灵敏度为依据，可以显出斑点即可。通常点成圆点，常用量一般为几至几十微克。要进行含量测定的样品，其合适的点样量需要根据最后测定方法的灵敏度而定。一般点成带状，点样量可达到毫克级。

b 点样方式

点样时要求小心准确操作，因为只有准确点样，才能得到准确的和重现的定量结果。点样工具的端口要平齐，点样时应保持垂直方向，不要划伤薄层板面，更不能刺穿薄层板上所铺的固定相，否则展开后斑点成不规则状。另外，点样的位置以及展开剂平面在展开槽中是否水平，对 R_f 值都有影响。一般用微量注射器或校正过的移液管点样，点样位置距薄层板底端2cm，两端各留出 1～1.5cm。点样斑点应尽量小，谱带尽量细直，以保证较好的分离效果。

E 展开

展开为流动相沿薄层板从原点移向前沿的过程。在此过程中，样品中组分被流动相带动前移，并由于与固定相的亲和力不同而得以分离。一般展开采用直立型展开方式，薄层板在层析缸内放置角度可大于60°，或接近直角，采用上行法，展开剂浸入薄层板底边的深度约0.5～1.5cm，展开距离一般为10～15cm。薄层分析开始前，层析缸内需用新近配制好的展开剂蒸气进行饱和，展开时的温度可在10～30℃，最好控制在15～25℃。展开后，取出薄层色谱板，使展开剂挥散。

F 显色定位

展开后需要对待测成分确认和检出。用薄层色谱分离农药，通常使用以下几种方法显出谱带或斑点。

a 荧光硅胶板在紫外灯下显色

具有芳香环、杂环及共轭双键结构的组分可以用一般硅胶板在紫外灯下直接显色。纯化农药常用以硅胶 GF_{254} 制成的薄板，展开后挥发溶剂，将薄板放在紫外灯下照射，由于化合物可使荧光淬灭而在荧光背景下形成紫色谱带或斑点。这样检出的化合物包括了没有紫外吸收特性的化合物。

b 碘

元素碘是一种非破坏性显色剂，它能检出的化合物很多，而且价廉易得，显色迅速、灵敏。其最大特点是它与物质的反应往往是可逆的。展开后的薄层板在除去溶剂后，放入盛有碘的容器内，由于碘蒸气与化合物发生物理吸附作用，致使斑点呈淡黄棕色，然后取出薄层板，划出斑点轮廓，在空气中放置一段时间，碘会自然挥发。

c 氯化钯

取0.1g氯化钯，溶解于5mL　0.1 mol/L硫酸中，加水100mL放置后，直接喷洒于薄层板上即可。含硫的农药都可用此法检出，谱带呈黄棕色。

G　定性

薄层色谱法定性的依据是比移值（R_f 值）。比移值是试样移动的速度与展开剂移动速度之比。

$$比移值(R_f\ 值) = \frac{农药谱带中心至原点的距离(cm)}{展开剂前沿至原点的距离(cm)}$$

原点即为薄层板上点加样品的位置，展开剂前沿是指展开剂移动的终止位置。同一农药在相同展开剂、吸附剂及相同环境条件下的比移值是不变的，因此可作为农药定性的依据。

影响 R_f 值的因素有吸附剂的性质和质量、吸附剂的活度、展开槽的饱和程度以及边缘效应等。同一样品，点在薄层板中部和点在薄层板两边缘处时，R_f 值不同，特别是用低沸点混合展开剂（如氯仿、甲醇混合物等）时更明显。这种现象叫做“边缘效应”。因为当混合展开剂在薄层上爬行时，沸点低的展开剂在薄层的两边较易挥发，因此在薄层两边的展开剂与中部的展开剂组成有差异，在中间极性较大（或沸点较高）的展开剂含量较多。若层析缸中展开剂蒸气饱和程度较高，则可避免边缘效应发生。薄层的厚度和薄厚不均、展开剂或样品中的杂质（如水分等）也会影响 R_f 值。因此最好是同时在同一块板上点标准品对照定性。

H　洗脱

从薄层板上将农药有效成分的条带刮下来，选合适的有机溶剂将农药有效成分从硅胶上洗脱下来，准备用合适的方法进行定量分析。荧光物质和黏合剂不溶于有机溶剂，一般不影响农药有效成分的测定。

16.3.2　重量分析法

重量分析法是采用适当方法，先使被测组分与试样中的其他组分分离，转化为一定的称量形式，然后用称量的方法测定该组分的含量。重量分析法不需要与标准样品或基准物质进行比较，只要操作细心、规范，称量误差一般很小。所以重量分析法通常能得到准确的分析结果，相对误差小于0.1%。但重量分析法操作繁琐、耗时较长，不适于微量和痕量组分的测定，目前在农药分析中应用相对较少。

16.3.2.1　*沉淀法*

沉淀法是重量分析中的主要方法。沉淀法是将被测组分以微溶化合物的形式沉淀下来，再将沉淀过滤、洗涤、烘干或灼烧，最后称量，计算其含量。测定以烟碱为有效成分的农药中烟碱含量时，常采用硅钨酸与烟碱在酸性溶液中反应生成烟碱硅钨酸盐的重量分析法。

测定中先将样品适当处理并调为碱性溶液（使烟碱游离出来），利用水蒸气蒸馏法蒸馏出烟碱，收集于稀盐酸溶液中，在其中加入过量的硅钨酸，发生如下化学反应：

$$2C_{10}H_{14}N_2 + SiO_2 \cdot 12WO_3 \cdot 26H_2O \longrightarrow$$
$$SiO_2 \cdot 12WO_3 \cdot 2H_2O \cdot 2\ (C_{10}H_{14}N_2)\ \cdot 5H_2O \downarrow + 19H_2O$$

用无灰定量滤纸过滤出沉淀（烟碱硅钨酸盐），用酸性水溶液洗涤沉淀，然后将沉淀和滤纸一起放入坩埚，在800～850℃的高温下灼烧至恒重。由于烟碱硅钨酸盐是复合盐，在高温下烟碱分子和水分子挥发移出，剩余的是不能氧化的无水硅钨酸残渣，即 $SiO_2 \cdot 12WO_3$。称其质量，根据硅钨酸在复合盐中的比例，即可计算出样品中烟碱的含量。

$$\text{烟碱含量} = \frac{\text{硅钨酸残渣质量} \times \text{分取倍数} \times 0.114}{\text{样品质量} \times (1 - \text{含水率})} \times 100\%$$

0.114 是1g沉淀相当于烟碱的质量（g），其理论值可用下式计算：

烟碱/硅钨酸沉淀残渣 = 2（$C_{10}H_{14}N_2$）/$SiO_2 \cdot 12WO_3$ = 324.46/2903.22 = 0.1118

考虑到实验误差等因素，根据大量实验结果验证，采用0.114比0.1118更接近实际。

16.3.2.2 手性农药的经典拆分定量法

利用外消旋酸dLA可以与某一光学活性碱dB作用，生成两种溶解度不同的非对映异构体盐进行分离，在一定条件下分别沉淀，最后再脱除拆分剂，便可以分别得到一对对映异构体。根据沉淀的质量可以分析手性农药有效成分含量。

$$dLA + dB \longrightarrow dA \cdot dB + LA \cdot dB$$

根据非对映异构体之间溶解度差异进行的拆分方法，必须具备两个条件：（1）所形成的非对映异构体盐中至少有一个能够结晶；（2）两个非对映异构体盐的溶解度差别必须显著。

这种拆分方法适用于具有一定酸、碱性农药对映体的分离，但这种方法目前应用较少。

16.3.3 滴定分析法

滴定分析法以滴定剂与农药有效成分中某元素或官能团的化学反应为计算有效成分含量的依据。滴定分析法适用于测定纯度较高的农药。根据化学反应类型不同，可将农药滴定分析法分为酸碱滴定法、氧化还原滴定法、沉淀滴定法和非水滴定法。

16.3.3.1 酸碱滴定法

酸碱滴定法是以酸碱反应为基础的滴定分析法，该法操作简单，应用面宽。但由于在酸碱滴定过程中，酸碱溶液通常不发生外观变化，故需用指示剂来确定滴定终点。酸碱指示剂是一类能够利用本身的颜色改变指示溶液pH值变化的物质，农药分析中常用的酸碱指示剂及其配制方法如表16-2所示。

表16-2 常用的酸碱指示剂

指示剂名称	变色范围（pH值）	酸色	碱色	配制方法
溴酚蓝	3.0～4.6	黄	蓝	0.1%的20%乙醇溶液或其0.1%的钠盐水溶液
甲基橙	3.1～4.4	红	黄	0.05%的水溶液
甲基红	4.4～6.2	红	黄	60mL乙醇溶解0.02g，再加水40mL
溴百里酚蓝	6.0～7.6	黄	蓝	0.1%的20%乙醇溶液或其钠盐水溶液
中性红	6.8～8.0	红	橙	50mL乙醇溶解0.01g，再加水50mL
酚酞	8.0～9.6	无	红	0.1%的70%乙醇溶液
百里酚酞	8.0～9.6	黄	蓝	0.1%的70%乙醇溶液

A 农药酸度测定

很多农药（如磷酸酯类、拟除虫菊酯类、氨基甲酸酯类农药等）在碱性条件下会分解，因此酸度是农药质量的一个重要指标。在20世纪90年代初期，我国农药制剂的酸度通常用pH值表示，原药以酸含量表示，即以样品中所含硫酸或盐酸的质量分数来表示。现在制剂也要求用酸含量表示，测定方法可参见农药理化性状分析。

B　农药有效成分含量测定

有的农药有效成分本身具有酸（碱）性，或在一定条件下可水解、酯化或皂化等，故可利用酸碱滴定进行含量分析。

a　敌敌畏含量测定

敌敌畏经薄层色谱分离杂质后，在0～1℃用1mol/L NaOH标准溶液反应20min，可定量地水解成二甲氧基磷酸钠和二氯乙醛，用酸标准溶液滴定反应后剩余的碱，根据消耗的碱和酸标准溶液的量计算其含量。

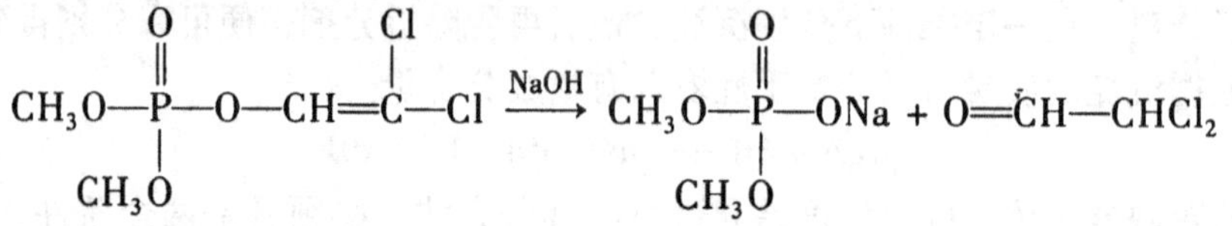

值得注意的是，测定时必须严格控制时间和温度，因为水解时间过长，二氯乙醛在碱性介质中可继续分解而消耗碱液。

$$Cl_2CHCHO + 3NaOH \longrightarrow HCOONa + HCHO + 2NaCl + H_2O$$

b　异丙威等氨基甲酸酯类农药的有效成分分析（薄层—定胺法）

氨基甲酸酯类农药如异丙威、速灭威等，经薄层分离后，可通过碱解反应，定量地放出挥发性甲胺，用硼酸吸收，再用盐酸标准溶液滴定，从而计算出有效成分含量，这种方法已列入国家农药分析的标准方法。由于先用薄层分离，再测定胺含量，故该法又称为薄层—定胺法。

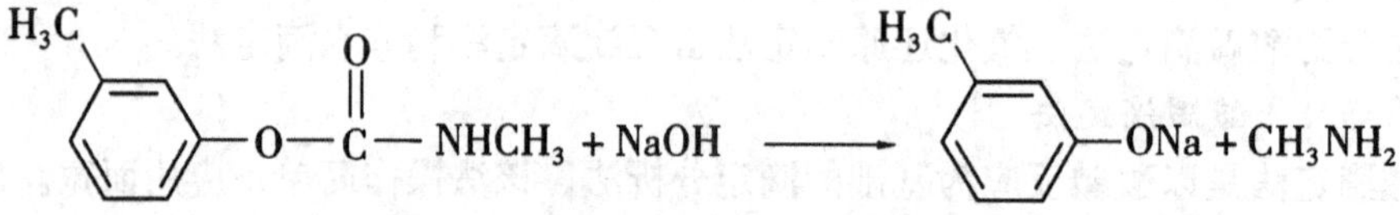

$$CH_3NH_2 + H_3BO_3 \longrightarrow CH_3NH_2H_3BO_3 \xrightarrow{HCl} H_3BO_3 + CH_3NH_3Cl$$

滴定时指示剂不能用酚酞，只能使用甲基红或溴甲酚氯。

c　苯基脲类除草剂有效成分分析（蒸馏—定胺法）

苯基脲类除草剂如除草隆。在碱性溶液中水解出二甲胺，可使用蒸馏—定胺法。水解产物二甲胺被蒸出，用硼酸溶液吸收，用盐酸标准溶液滴定二甲胺，计算敌草隆含量。

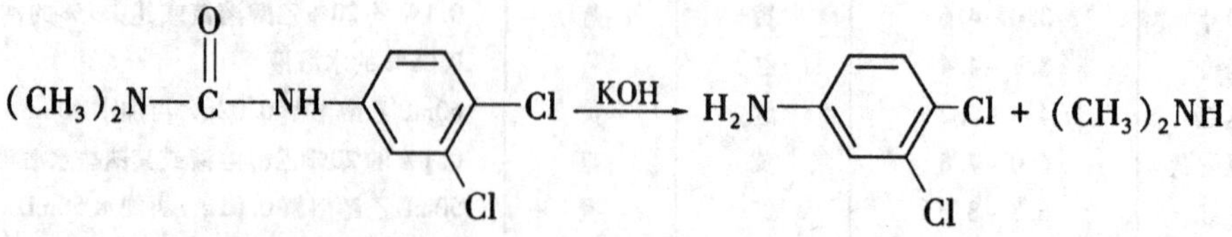

16.3.3.2　氧化还原滴定法

氧化还原滴定法是以氧化还原反应为基础的滴定分析方法，用于测定具有氧化性或还原性物质的含量。氧化还原滴定法还可以测定不具有氧化还原性物质的含量，如Ca^{2+}的含量测定（先将Ca^{2+}转变为CaC_2O_4沉淀，过滤后将沉淀用酸溶解，再用$KMnO_4$滴定由

沉淀转入溶液中 $C_2O_4^{2-}$ 的含量)。

在农药分析中，由于许多反应的历程不够清楚，速度慢且副反应较多，不能满足滴定分析要求。所以，能够用于氧化还原滴定的化学反应必须具备三个条件：(1) 反应能够定量进行，一般认为滴定剂和被滴定物质相应电对的电极电位要相差 0.4V 以上。(2) 有足够快的反应速度。(3) 有适当的方法或指示剂指示终点。

用于分析农药的氧化还原滴定法有碘量法、溴酸钾法（溴化法）、高锰酸钾法等。这些方法的特点是反应时间短，操作简单，终点明显，空白值小。但在溴化法与薄层色谱法联用时，展开剂甲醇、乙醇、丙酮、石油醚等都可能消耗溴而产生干扰，必须尽量除去展开剂或选用干扰小的展开剂。在进行氧化还原反应时，农药本身的官能团有时也会干扰，测定时必须严格控制温度、反应时间和氧化剂用量。

在处理氧化还原滴定结果时，按照转移一个电子的特定组合确定基本单元。

A　碘量法

碘量法是利用 I_2 的氧化性和 I^- 的还原性进行滴定分析的方法。其半反应式为：

$$I_2 + 2e^- \rightleftharpoons 2I^-$$

固体碘在水中的溶解度很小，因此滴定分析时所用碘液是 I_3^- 溶液。该溶液是将固体碘溶于 KI 溶液制得的，其反应式为：

$$I_2 + I^- \rightleftharpoons I_3^-$$

半反应为：　$I_3^- + 2e^- \rightleftharpoons 3I^-$　　$E^\ominus = 0.54V$

为简便起见，一般仍将 I_3^- 简写为 I^-。

由 I_2/I^- 电对的 $E^\ominus$ 值可知，I_2 的氧化能力较弱。它只能与一些较强的还原剂作用。I^- 是一中等强度的还原剂，它能被许多氧化剂氧化为 I_2。因此碘量法又可分为直接碘量法和间接碘量法两种。

a　直接碘量法

利用碘标准溶液直接滴定还原性物质的方法称为直接碘量法（碘滴定法），适用于分子中含有不饱和烃或水解后生成—SH（具有还原性）的农药有效成分。例如，早期分析甲胺磷的国家标准是采用薄层—碘量法，先用薄层法将甲胺磷与杂质分开，经甲醇—氢氧化钠碱解后，用标准碘溶液滴定。

(1) 有机氮农药杀螟丹的测定：是在碱性溶液中将杀螟丹分解为二氢沙蚕毒，再在酸性介质中用碘氧化为沙蚕毒，加入淀粉指示剂用碘滴定至微蓝色。

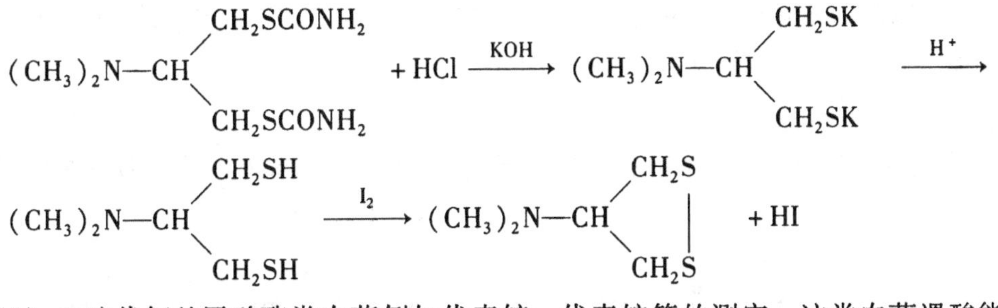

(2) 二硫代氨基甲酸酯类农药例如代森锌、代森铵等的测定。这类农药遇酸能分解释放二硫化碳，用甲醇—氢氧化钾吸收后生成黄原酸钾，然后用标准碱液滴定至淀粉指示剂变蓝，为了避免受氧气的影响而产生误差，必须立即滴定。

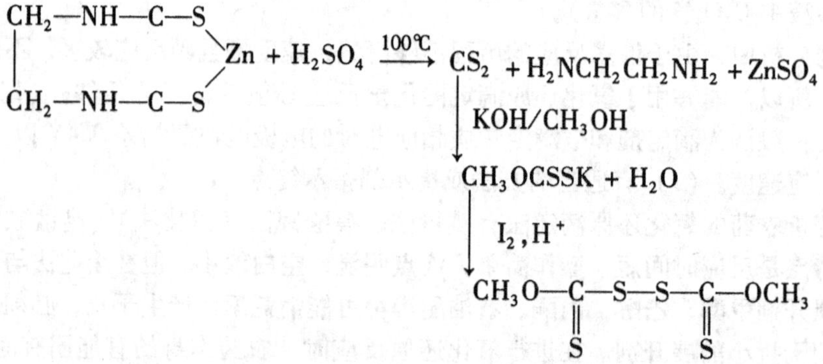

（3）福镁锌（二甲基二硫代氨基甲酸锌）的测定。试样于煮沸的氢碘酸—冰醋酸溶液中分解，生成二硫化碳、乙胺盐及干扰分析的硫化氢气体。先用乙酸铅溶液吸收硫化氢气体，继之以氢氧化钾—乙醇溶液吸收二硫化碳，并生成乙基黄原酸钾。二硫化碳吸收液用乙酸中和后立即以碘标准溶液滴定。相关反应式为：

$$C_6H_{12}N_2S_4Zn + 2HI \longrightarrow 2C_2H_7N + 2CS_2 + ZnI_2$$

$$CS_2 + C_2H_5OK \longrightarrow C_2H_5OCSSK$$

$$2C_2H_5OCSSK + I_2 \longrightarrow C_2H_5OC(S)SSC(S)OC_2H_5 + 2KI$$

（4）此外，测定样品水分的卡尔·费休法，也是一种碘量法。

b　间接碘量法

间接碘量法是先将氧化性试样与 I^- 作用，再将反应析出的 I_2 用硫代硫酸钠标准溶液进行滴定（滴定碘法）。间接碘量法可以测定具有氧化性的试样。农药中的砷酸药剂就是利用间接碘量法测定的。在样品中加入盐酸和碘化钾溶液，碘化钾将五价砷还原为三价砷，生成的碘用硫代硫酸钠回滴。

$$As_2O_5 + 4H^+ + 4I^- \longrightarrow As_2O_3 + 2I_2 + 2H_2O$$

农业上硫酸铜类杀菌剂的测定也利用间接碘量法（GB 437—1993）。试样用水溶解，在酸性条件下加入过量的碘化钾，二价铜与碘化钾反应析出等物质的量（按照转移一个电子的特定组合确定基本单元）的碘，生成的碘用硫代硫酸钠回滴。反应式如下：

$$2Cu^{2+} + 4I^- = 2CuI + I_2$$

$$2S_2O_3^{2-} + I_2 = S_4O_6^{2-} + 2I^-$$

又如三乙膦酸铝的测定，样品用丙酮做萃取处理，以除去主要杂质，然后用氢氧化钠溶液将三乙膦酸铝碱解成亚磷酸盐。在中性介质中生成的亚磷酸盐与过量的碘反应，剩余的碘用硫代硫酸钠标准溶液滴定。反应式如下：

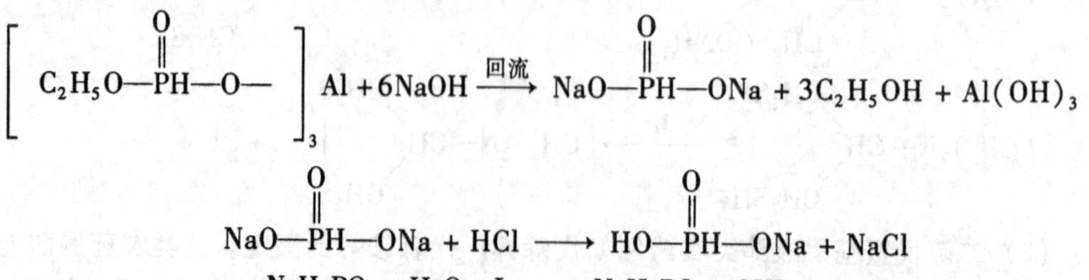

$$NaH_2PO_3 + H_2O + I_2 \rightleftharpoons NaH_2PO_4 + 2HI$$

$$3HI + (NH_4)_3BO_3 \longrightarrow 3NH_4I + H_3BO_3$$

$$I_2(\text{过量}) + 2Na_2S_2O_3 \longrightarrow Na_2S_4O_6 + 2NaI$$

本方法适用于三乙膦酸铝原药、可湿性粉剂、可溶性粉剂等单制剂的分析。对不同的制剂，可视具体情况适当改变条件来达到最佳效果。

使用间接碘量法时，由于碘易升华，在酸性溶液中 I^- 易被空气氧化，反应应在碘量瓶中进行，同时加入过量的 KI 与 I_2 生成 I_3^- 以减少挥发，在室温下进行反应，温度不能太高，不要过度摇动，以避免与空气接触。

B 溴酸钾法

溴酸钾法是农药分析中应用最广的氧化还原滴定法。用溴酸钾和过量的溴化钾作标准溶液，在酸性条件下析出溴，溴与被测农药反应，剩余的溴与碘化钾反应析出碘，再用硫代硫酸钠滴定，可计算出被测农药有效成分的含量。相关反应式如下：

$$BrO_3^- + 5Br^- + 6H^+ = 3Br_2 + 3H_2O$$

$$Br_2(\text{过量}) + \text{农药} \longrightarrow \text{反应产物随农药分子不同}$$

$$Br_2\ (\text{剩余量}) + 2I^- = 2Br^- + I_2$$

$$I_2 + 2S_2O_3^{2-} = 2I^- + S_4O_6^{2-}$$

农药中除了硫代磷酸酯如氧乐果、久效磷、磷胺、对硫磷、杀螟硫磷等以外，目前在用的有机磷农药如乐果等，取代硫脲、沙蚕毒素类等农药，在一定条件下能定量地被溴氧化，一些水解后生成酚或苯胺的农药也能定量地被溴取代。有些农药分子中的基团与溴不发生定量反应，如稻瘟净，则不能使用此法。伏杀硫磷不易被氧化断链，不能用溴酸钾法，可用高锰酸钾法。

溴化反应机理比较复杂，各种农药亦不相同，当反应温度、时间及氧化剂数量改变时，反应的结果亦不相同，因此必须严格遵守方法的测定条件。

目前，应用溴化反应测定有效成分的农药主要有以下三类：

（1）硫代磷酸酯类农药：

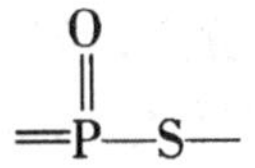

硫代磷酸酯基团的结构

含有硫代磷酸酯结构的农药（如乐果等）可以被溴氧化成硫酸。且反应比较迅速，在室温下，氧化剂过量20%以上，超过5min，反应即可完成。乐果的溴化反应式为：

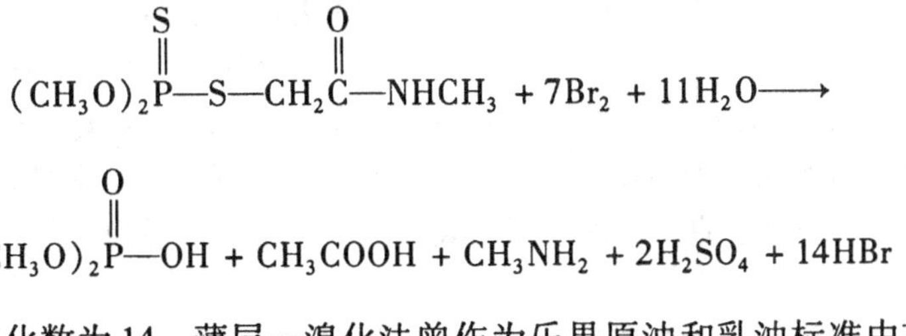

乐果的反应氧化数为14，薄层—溴化法曾作为乐果原油和乳油标准中有效成分的标准分析方法（GB 9558—2001）。

（2）分子中含双键和苯环的农药：该类农药也能间接与溴反应，例如氨基甲酸酯农药速灭威水解后得间甲酚，可被溴定量取代，反应氧化数为6。

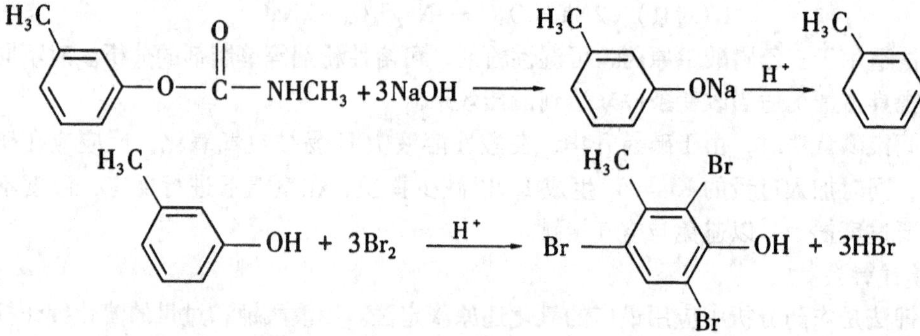

(3) 其他含硫农药：有些分子中含硫的农药如杀虫双、福美双、甲基硫菌灵、福美锌、杀螟丹等也能发生溴化反应。

杀虫双的反应氧化数为 12，福美双的反应氧化数为 30，甲基硫菌灵的反应氧化数为 16。

$$(CH_3)_2NCH(CH_2SSO_3H)_2 + 6Br_2 + 8H_2O \longrightarrow (CH_3)_2NCH(CH_2SO_3H)_2 + 2H_2SO_4 + 12HBr$$

杀虫双

$$(CH_3)_2N\text{—}\overset{\overset{\displaystyle S}{\|}}{C}\text{—}S\text{—}S\text{—}\overset{\overset{\displaystyle S}{\|}}{C}\text{—}N(CH_3)_2 + 15Br_2 + 20H_2O \longrightarrow 2(CH_3)_2NCOOH + 4H_2SO_4 + 30HBr$$

福美双

溴酸钾法也是一种间接碘量法，由于 $KBrO_3$—KBr 溶液比较稳定，实验误差主要来源于滴定碘的过程中。在碘量法中已讨论过，如果是薄层—溴化法，板上的溶剂一定要完全挥发掉，因为醇、酮等溶剂与溴发生反应，会影响测定结果。

C　高锰酸钾法

高锰酸钾法曾用于多种无机农药的测定，如 GB 5452—2001 规定用高锰酸钾法对磷化铝（磷化锌亦可）的测定。把磷化铝与稀硫酸作用，产生的磷化氢气体通过系列吸收瓶，被过量的高锰酸钾标准溶液（吸收）氧化成磷酸。然后加入过量的草酸标准溶液以还原剩余的高锰酸钾，最后再用高锰酸钾标准溶液回滴多余的草酸，根据高锰酸钾消耗量可计算出磷化铝含量。反应式如下：

$$2AlP + 3H_2SO_4 = Al_2(SO_4)_3 + 2PH_3\uparrow$$

$$5PH_3 + 8KMnO_4 + 12H_2SO_4 = 4K_2SO_4 + 8MnSO_4 + 5H_3PO_4 + 12H_2O$$

$$2KMnO_4 + 5H_2C_2O_4 + 3H_2SO_4 = 2MnSO_4 + K_2SO_4 + 8H_2O + 10CO_2$$

高锰酸钾自身为指示剂，反应中通常使用硫酸调节酸度。硝酸是氧化性酸，可与农药反应；盐酸中的 Cl^- 有还原性，能与高锰酸钾反应；乙酸是弱酸，不能满足反应所需强酸性条件。

有的有机磷农药中的硫较难溴化，而且分子中含有能和溴发生副反应的部位，则不能使用溴酸钾法。例如，稻瘟净分子中的硫很难溴化，若溴化时间长，则苯环上会起无法定量的副反应。稻瘟净的测定改用高锰酸钾法后，则硫易被氧化，且苯环上不起副反应。反应后在过量高锰酸钾中加入碘化钾，生成的碘再用硫代硫酸钠回滴至淀粉指示剂的蓝色消失。

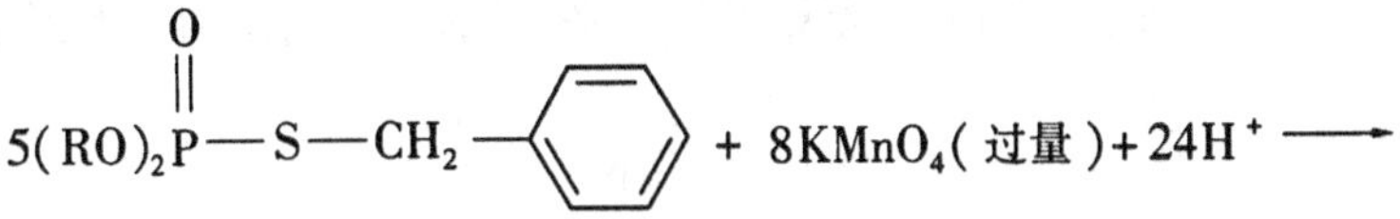

$$5(RO)_2P(=O)—OH + 8K^+ + 8Mn^{2+} + 2H_2O + 2H_2SO_4$$

$$8KMnO_4\ (\text{剩余})\ + KI \xrightarrow{H^+} I_2 + Mn^{2+}$$

$$I_2 + 2Na_2S_2O_3 \longrightarrow Na_2S_4O_6 + 2NaI$$

D 氯胺T法（对甲苯磺酰氯胺钠法）

氯胺T（对甲苯磺酰氯胺钠）在酸性介质中能氧化硫代磷酸酯农药的 ═P 键和其他农药的 ═C—S— 键，将硫氧化成硫酸，多余的氯胺T则与碘化钾作用析出碘，可用碘量法定量。如果已限用农药治螟磷（苏化203）的测定可用该法。

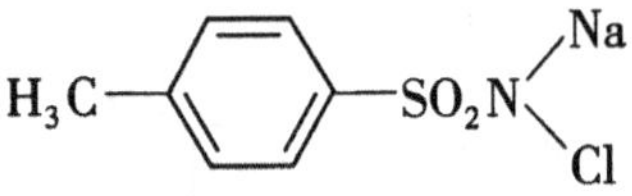

氯胺T

16.3.3.3 沉淀滴定法

沉淀滴定法是以沉淀反应生成难溶物为基础的滴定分析方法。沉淀滴定法对沉淀反应的要求是：(1) 反应速率快；(2) 生成沉淀的溶解度小；(3) 反应需定量进行；(4) 反应有准确确定终点的方法。

由于以上条件的限制，能用于沉淀滴定的反应较少。微溶性卤化银盐类的沉淀反应是最常用的沉淀滴定法，以这类反应为基础的沉淀滴定法称为银量法。含有氯、溴、碘的农药可以采用沉淀滴定法，但不同分子结构的农药脱卤素的方法亦不同。

A 脱卤素的方法

原则上，从农药分子中脱去卤素均在碱性溶液中进行，但随着卤素所在分子的结构不同，溶剂中的含水量差别较大。

(1) 脂肪链上的卤素，如敌百虫、敌敌畏、矮壮素等在水解脱氯时，使用 KOH 或 NaOH 水溶液。国家标准中矮壮素的分析方法是在碱水解后，滴定总氯量，然后与水解前滴定游离氯之差来计算有效成分含量。

$(CH_3O)_2P(=O)CH(OH)CCl_3$ 敌百虫　　$(CH_3O)_2P(=O)OCH{=}CCl_2$ 敌敌畏　　$[ClCH_2CH_2N(CH_3)_3]Cl$ 矮壮素

(2) 由苯基取代的农药，例如三氯杀螨醇、甲草胺等，使用 NaOH 或 KOH 的乙醇溶液脱氯。

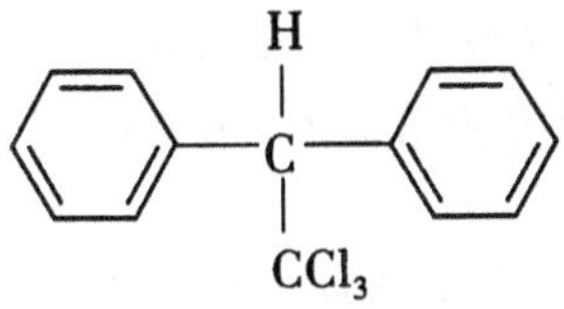

三氯杀螨醇

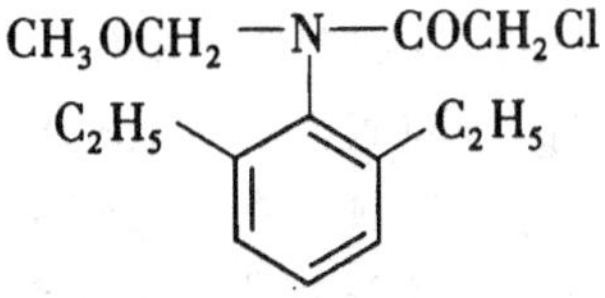

甲草胺

（3）稳定直链上的卤素，例如溴氰菊酯、氯氰菊酯、氯菊酯等，使用氢氧化钾—乙二醇溶液脱氯。

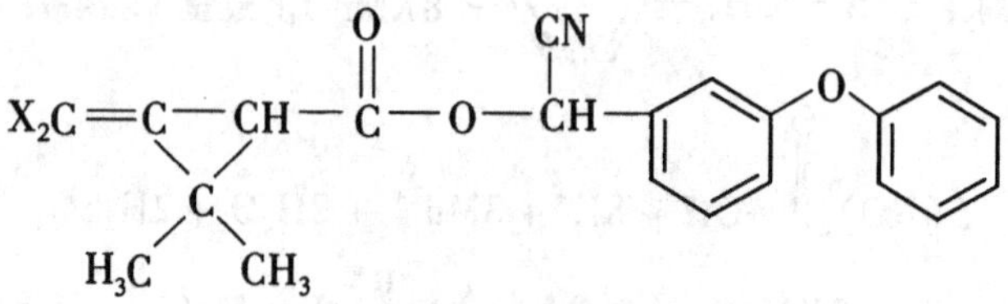

$X = Cl$　氯氰菊酯

$X = Br$　溴氰菊酯

$X = F_3C$、Cl，去 CN 基氟氯菊酯

（4）苯或杂环上的卤素，例如氰戊菊酯、百菌清、敌草隆、杀虫脒、除草醚等农药，则需要金属钠在无水乙醇中回流脱氯。

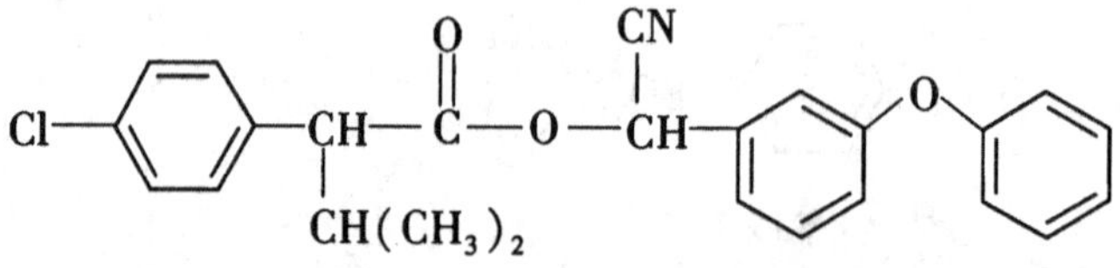

氰戊菊酯

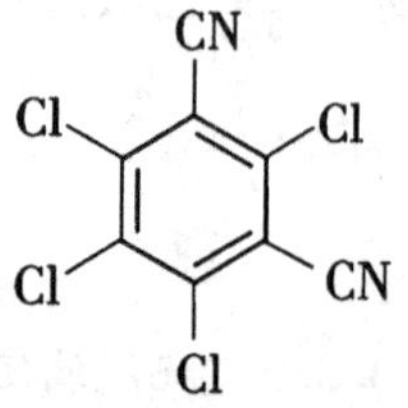

百菌清

值得注意的是，在（3）、（4）两类含氯农药测定前需加入甲醛溶液，以去除脱下的—CN基的干扰。

B　沉淀滴定法举例

以敌百虫为例，脱氯反应式为：

$$(CH_3O)_2\overset{O}{\overset{\|}{P}}O\overset{OH}{\overset{|}{C}}HCCl_3 \xrightarrow{Na_2CO_3} (CH_3O)_2\overset{O}{\overset{\|}{P}}OCH{=}CCl_2 + NaCl + H_2O + CO_2$$

脱下的卤素以铬酸钾为指示剂，用硝酸银标准溶液滴定的沉淀滴定法称为莫尔（Mohr）法。使用铁铵矾［$NH_4Fe(SO_4)_2$］作为指示剂的银量法称为佛尔哈德（Volhard）法。也可以采用电位法确定终点。

在农药样品分析中常用佛尔哈德法测定卤素离子。以测定 Cl^- 为例，加入已知过量的 $AgNO_3$，使 Cl^- 全部形成 AgCl 沉淀，再以铁铵矾为指示剂，用硫氰酸铵（NH_4SCN）标准溶液返滴过量的 $AgNO_3$。滴入的 NH_4SCN 首先与 Ag^+ 发生反应，生成 AgSCN 沉淀。在 Ag^+ 与 SCN^- 反应完全后，过量一滴 NH_4SCN 溶液便与 Fe^{3+} 反应，生成红色 $FeSCN^{2+}$，指示终点已到。这时若再滴入 NH_4SCN，由于 AgCl 的溶解度比 AgSCN 大，过量的 SCN^- 将与 AgCl 反应，使 AgCl 转化为溶解度更小的 AgSCN。溶液中出现红色后，如仍不断摇动溶液，红色又逐渐消失，会误认为终点未到而造成误差。

$$Ag^+ + Cl^- \longrightarrow AgCl\downarrow \text{（白色，溶度积常数} = 1.8\times10^{-10}\text{）}$$

$$Ag^+ + SCN^- \longrightarrow AgSCN\downarrow \text{（白色，溶度积常数} = 1.0\times10^{-12}\text{）}$$

$$AgCl\downarrow + SCN^- \longrightarrow AgSCN\downarrow + Cl^-$$

为了避免误差，在试液中加入过量的 $AgNO_3$ 后，加入 1～2mL 邻苯二甲酸二丁酯或硝基苯，用力摇动使 AgCl 沉淀的表面上覆盖一层有机物，避免沉淀与外部溶液接触，阻止

NH_4SCN 与 AgCl 发生转化反应。用返滴定法测溴化物或碘化物时，由于 AgBr 及 AgI 的溶解度均比 AgSCN 小，不会发生上述转化反应。

利谷隆［1-甲氧基-1-甲基-3-（3，4-二氯苯基）脲］的测定，是在采用薄层分离得到利谷隆后，通过加热碱解，使有机氯变为氯离子，然后以电位法确定终点，用硝酸银标准溶液滴定。此法也称为薄层-定氯法。

16.3.3.4 亚硝酸钠滴定法

亚硝酸钠滴定法又称重氮化滴定法，在农药样品分析中常用于测定含氨基和硝基的芳香化合物。其原理是利用芳香伯胺类农药在盐酸存在时能与亚硝酸作用生成芳香族伯胺的重氮盐。

有的农药，例如对氨基苯磺酸钠，可用亚硝酸钠标准溶液直接滴定测定其含量。若是芳香族硝基取代时，例如对硫磷、除草醚等，分子中的硝基可被冰醋酸—锌粉或乙酸—盐酸锌粉等还原成氨基后，再用亚硝酸钠标准溶液滴定。

在滴定中必须注意以下几个问题。

（1）酸度：1mol 芳胺需要 2mol 的盐酸，实际测定时酸用量要超过理论量，有时达 3～4mol，因为在强酸介质中能加速反应，还能增加重氮盐的稳定性，当酸度不足时，生成的重氮化物与未被重氮化的芳伯胺耦合，造成测定结果偏低。

酸量过多时会阻碍芳伯胺的解离，减慢重氮化速度，重氮化反应多使用盐酸，因为在盐酸中比在硝酸、硫酸中反应快。

（2）温度：在 15～25℃进行重氮化滴定比较合适。

（3）搅拌：滴定过程中应不断搅拌，因接近终点时溶液中伯胺量很少，要逐滴加入并充分搅拌。

（4）加入溴化钾可以使反应加速：在测定对硫磷、除草醚时，芳胺的对位取代基对重氮化反应速率有影响，在滴定前加入溴化钾，可发生下列反应：

$$HNO_2 + H_3O^+ + Br^- \longrightarrow NOBr + 2H_2O$$

式中，NOBr 的解离常数较 NOCl 小，能加快重氮化反应。

（5）终点的判定：常用外指示剂法，以碘化钾—淀粉为指示剂，滴定至终点时，由过量的亚硝酸钠产生的亚硝酸将碘化钾氧化成碘，遇淀粉变蓝色。

$$2NO_2^- + 2I^- + 4H^+ \longrightarrow I_2 + 2NO + 2H_2O$$

将糊状淀粉指示剂倒在白瓷板上，铺成约 1mm 厚的均匀薄层，在近终点时，用玻璃棒尖端蘸取溶液少许，划过涂有碘化钾淀粉的白瓷板，即时出现蓝色条痕，再搅拌后，蘸取溶液划过白瓷板仍显蓝色即已达终点。

16.3.3.5 非水滴定法

在水以外的溶剂中进行滴定分析称为非水滴定法。弱酸性、弱碱性、在水中溶解度很小的农药难以在水溶液中进行酸碱滴定，采用各种非水溶剂作为滴定介质，从而扩大酸碱滴定范围。

农药中含氮的杂环化合物很多，它们带有微弱的碱性或酸性，有的在水中溶解度小，有的在水溶液中滴定没有明显的突跃，难以掌握终点。采用有机溶剂或无水的无机溶剂作为滴定介质，不仅能增加农药的溶解度，且可改变它们的酸碱性或其强度，使滴定反应能顺利进行。

对于弱碱性化合物，用乙酸、丙酮、苯、三氯甲烷等溶解，以高氯酸标准溶液滴定。对于弱酸性化合物，用二乙胺、乙二胺和二甲基甲酰胺、苯、乙腈等溶解，以氢氧化四丁基铵标准溶液滴定。

GB 8200—2001 中，杀虫双的含量分析采用非水滴定法。用石油醚萃取除去样品中的沙蚕毒、游离胺氯化物等杂质，在盐酸介质中加热水解，使杀虫双转变成二氢沙蚕毒，加碱中和至碱性，二氢沙蚕毒被氧化成沙蚕毒，用四氯化碳、石油醚混合溶剂萃取。在非水介质中，沙蚕毒能与盐酸发生反应，生成沙蚕毒盐酸盐，根据盐酸标准溶液的用量计算杀虫双的含量。反应式如下：

$$(CH_3)_2NCH\ (CH_2SSO_3^-)_2 + 2H^+ + 2H_2O \xrightarrow{\text{加热}} (CH_3)_2NCH\ (CH_2SH)_2 + 2H_2SO_4$$

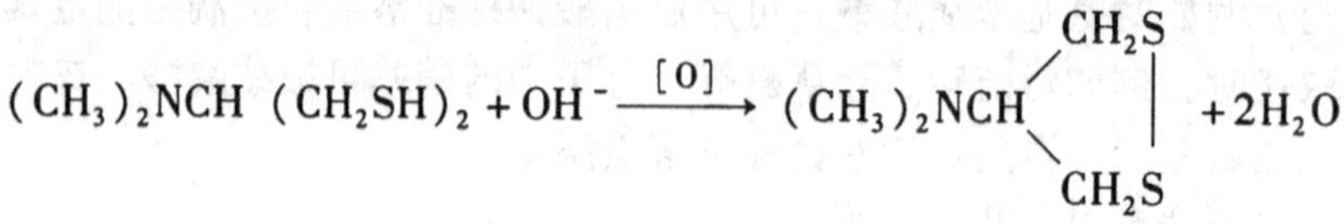

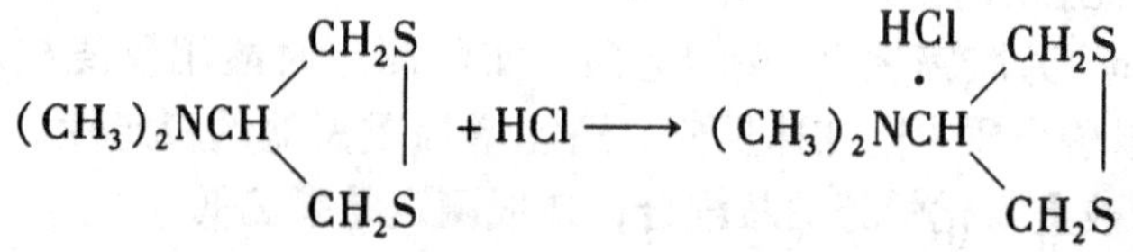

16.4 常用农药分析实例

16.4.1 有机硫农药代森锌

代森锌（zineb）的化学名称是亚乙基-（二硫代氨基甲酸锌），是一种高效、低毒、广谱、保护性的杀菌剂，多用于蔬菜、果树等作物多种病害的防治。代森锌是以乙二胺、二硫化碳等为原料制得原粉，再制成80%和65%的可湿性粉剂使用。其结构式如下。

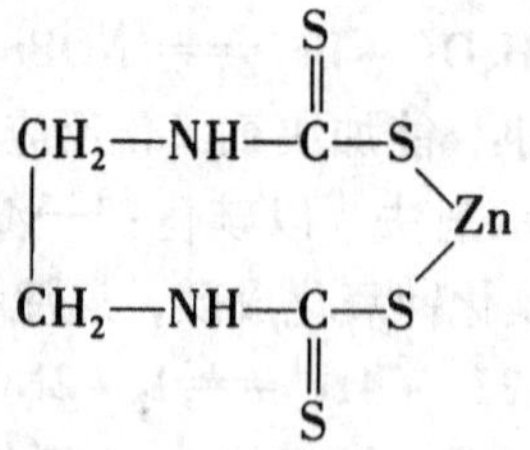

16.4.1.1 测定原理

二硫代氨基甲酸酯类农药遇酸能分解放出 CS_2。将试样置于煮沸的硫酸溶液中分解生成 CS_2、乙二胺盐及干扰分析的 H_2S 气体，先用乙酸铅溶液吸收 H_2S，继之以 KOH-乙醇溶液吸收 CS_2，并生成乙基磺原酸钾，CS_2 吸收溶液用乙酸中和后立即以碘标准溶液滴定。反应式如下：

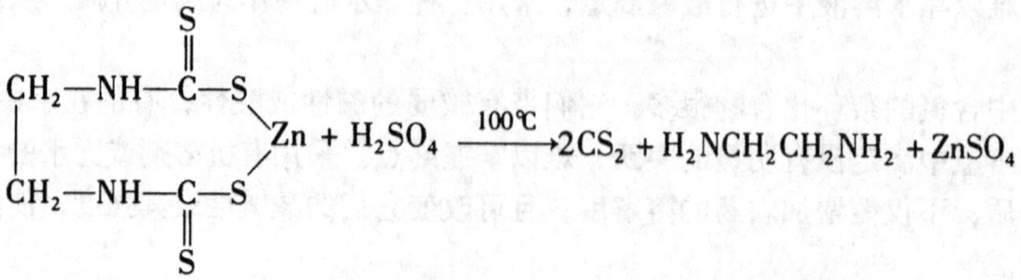

$$CS_2 + KOH + C_2H_5OH \longrightarrow C_2H_5OCSSK + H_2O$$

$$2C_2H_5OCSSK + I_2 \longrightarrow C_2H_5OC(S)SSC(S)OC_2H_5 + 2KI$$

16.4.1.2 试剂和仪器

（1）硫酸溶液：0.55mol/L。

（2）乙酸铅溶液：100g/L。

（3）冰乙酸溶液：体积分数为30%。

（4）氢氧化钾—乙醇溶液：2mol/L。

（5）可溶性淀粉溶液：5g/L，取0.5g可溶性淀粉与5mL冷水调和均匀。将所得乳浊液在搅拌下徐徐注入100mL沸腾着的水中，再煮沸2~3min，使溶液透明，加0.1g碘化汞作为防腐剂。

（6）酚酞溶液：10g/L，取1.0g溶于60mL乙醇中，用水稀释至100mL。

（7）碘标准溶液：$c(\frac{1}{2}I_2)=0.1mol/L$。

配制：称取13g碘及35g碘化钾，溶于100mL水中，稀释至1000mL，摇匀，保存于棕色具塞瓶中。

标定（比较法）：用滴定管准确量取30.00~35.00mL配好的碘标准溶液。置于已装有150mL水的碘量瓶中，然后用硫代硫酸钠标准溶液（其配制和标定见三乙膦酸铝原药的分析）滴定，近终点时，加3mL淀粉指示剂，继续滴定至溶液蓝色消失。

碘标准溶液的浓度 $c(\frac{1}{2}I_2)$ 按下式计算。

$$c(\frac{1}{2}I_2)=\frac{c(Na_2S_2O_3)\times V(Na_2S_2O_3)}{V(\frac{1}{2}I_2)}$$

式中 $c(Na_2S_2O_3)$——硫代硫酸钠标准溶液的浓度，mol/L；

$V(Na_2S_2O_3)$——滴定时消耗硫代硫酸钠标准溶液的体积，mL；

$V(\frac{1}{2}I_2)$——量取碘标准溶液的体积，mL。

代森锌测定器及其装配见图16-1。

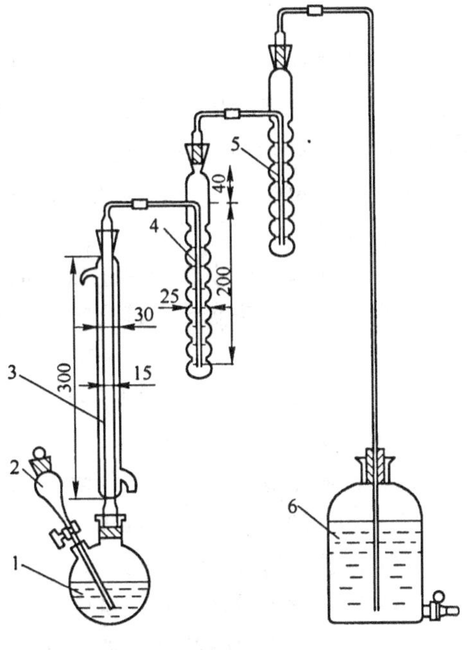

图16-1 代森锌测定器（单位：mm）

1—反应瓶（容量500mL）；2—分液漏斗（容量50mL）；3—直形冷凝器；4—第一吸收管；5—第二吸收管；6—下口瓶（容量10L）

16.4.1.3 测定步骤

称取样品0.5g（准称至0.0001g）于反应瓶中，在图16-1的第一吸收管内加入100g/L的醋酸铅溶液50mL，第二吸收管内加入2mol/L氢氧化钠—乙醇溶液50mL。按图16-1连接仪器，打开分液漏斗活塞并调节排水速度150mL/min。经分液漏斗慢慢加入0.55mol/L 硫酸溶液50mL于反应瓶中，加热使其沸腾45min，使试样全部分解后停止加热。将第二吸收管中的溶液定量地移入500mL锥形瓶中，并用100mL水冲洗3～5次，洗液合并于500mL锥形瓶中，加酚酞指示液2～3滴，用醋酸溶液（体积分数为30%）中和并过量4～5滴，然后用0.1mol/L碘标准溶液滴定至近终点时，加水200mL及淀粉指示液10mL，继续滴定至刚呈现蓝色即为终点。同样条件下以不加样品作空白测定。

16.4.1.4　结果计算

代森锌的质量分数 w（代森锌）按下式计算。

$$w(\text{代森锌}) = \frac{(V - V_0) \times c(\frac{1}{2}\mathrm{I_2}) \times 137.9}{m \times 1000} \times 100\%$$

式中　V——滴定样品时所消耗碘标准溶液的体积，mL；

V_0——滴定空白时所消耗碘标准溶液的体积，mL；

$c(\frac{1}{2}\mathrm{I_2})$——碘标准溶液的浓度，mol/L；

m——样品的质量，g；

137.9——$\frac{1}{2}$代森锌分子的摩尔质量，g/mol。

16.4.1.5　方法讨论

本法具有代表性。对于代森锌可湿性粉剂以及其他有机硫类杀菌剂（如代森铵、代森锰锌、福美锌等）仍然适用，操作方法类似。

16.4.2　有机氯农药毒杀芬

有机氯农药主要是指有机氯杀虫剂，毒杀芬是一种典型的有机氯杀虫剂，它是含氯67%～69%的莰烯氯化物的混合物。毒杀芬乳剂是以松节油为原料，经异构、氯化和含氯量为66.8%～68.5%（体积分数）的原粉配乳而制成的500g/L毒杀芬乳剂。毒杀芬的杀虫效力以含氯量在67%～69%为好，含氯量低于60%或高于70%都显著降低。

16.4.2.1　测定原理

毒杀芬在氧气瓶中燃烧时生成氯离子及游离氯，游离氯可用过氧化氢再还原为氯离子，然后用法扬司法滴定。其反应式如下：

$$Cl_2 + 2NaOH \longrightarrow NaCl + NaClO + H_2O$$

$$NaClO + H_2O_2 \longrightarrow NaCl + H_2O + O_2\uparrow$$

16.4.2.2　试剂和仪器

（1）过氧化氢溶液：体积分数为30%。

（2）乙酸钠溶液：0.1mol/L。

（3）冰乙酸溶液：0.1mol/L。

（4）氢氧化钠溶液：0.1mol/L。

（5）乙酸—乙酸钠缓冲溶液（pH值为5.8）：0.1mol/L乙酸溶液1mL和0.1mol/L乙酸钠溶液16mL混合而成。

（6）可溶性淀粉溶液：1g/L。

（7）荧光黄指示剂：2g/L酒精溶液。

（8）硝酸银标准溶液：c（$AgNO_3$）=0.05mol/L。

配制：称取4.3g硝酸银溶于500mL水中，混匀后，保存于棕色具塞瓶中。

标定（法扬司法）：称取在500～600℃灼烧至恒重的基准氯化钠0.2g（准称至0.2mg），溶于70mL水中，加10mL淀粉溶液（10g/L），在摇动下用配好的硝酸银标准溶液避光滴定，近终点时，加3滴荧光黄指示液，继续滴定至乳液呈粉红色。

硝酸银标准溶液的浓度c（$AgNO_3$）按下式计算。

$$c(AgNO_3) = \frac{m(NaCl)}{V \times 58.45} \times 1000$$

式中 m（NaCl）——称取基准氯化钠的质量，g；

V——滴定时消耗硝酸银标准溶液的体积，mL；

58.45——氯化钠的摩尔质量，g/mol。

（9）滴定分析法常用仪器。

16.4.2.3 测定步骤

用小滴瓶以减量法称取样品0.04～0.06g（准称至0.0002g），滴于夹在铂丝上的无灰滤纸中，引火点燃纸尾，迅速放入已盛有20mL 0.1mol/L氢氧化钠溶液、2～4滴体积分数为30%的过氧化氢并充满氧气的500mL磨口锥形瓶中，盖紧，防止漏气。小心倒置并转动瓶，让样品分解燃烧完全（如果燃烧后吸收液变黑，表示称样过多或氧气不足，应重新称样燃烧）。振荡瓶至瓶内白烟全部消失。打开瓶塞，用蒸馏水冲洗瓶塞、瓶壁和铂丝，加入10mL pH值为5.8的乙酸—乙酸钠缓冲溶液、5mL可溶性淀粉溶液和2～4滴荧光黄指示剂，用硝酸银标准溶液滴定溶液由黄绿色变为浅玫瑰色为止。

16.4.2.4 结果计算

毒杀芬样品中氯的质量分数w（Cl）按下式计算。

$$w(Cl) = \frac{c(AgNO_3) \cdot V \times 35.45}{m \times 1000} \times 100\%$$

式中 c（$AgNO_3$）——硝酸银标准溶液的浓度，mol/L；

V——滴定毒杀芬试样时消耗硝酸银标准溶液的体积，mL；

m——试样的质量，g；

35.45——氯的摩尔质量，g/mol。

16.4.2.5 方法讨论

本法允许平行误差0.3%，毒杀芬含量为1.49w（根据67%的氯）。

16.4.3 有机磷农药三乙膦酸铝

三乙膦酸铝的化学名称是三（O-乙基膦酸）铝，是一种有机磷内吸杀菌剂。由于它的内吸传导作用是双向的，即向顶性和向基性，故具有保护和治疗的双重作用，而且杀菌谱广、对人畜毒性低、对环境污染小、价格低廉，因此深受用户欢迎。三乙膦酸铝是以三氯化磷、硫酸铝、乙醇等为原料制成的三（O-乙基膦酸）铝，即三乙膦酸铝原粉。再制成40%的可湿性粉剂、30%的水悬剂使用。三乙膦酸铝的结构式如下。

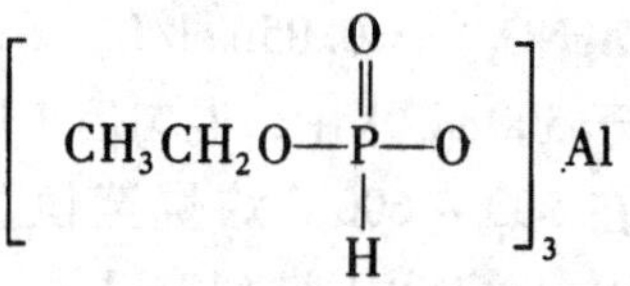

16.4.3.1 测定原理

三乙膦酸铝属亚磷酸酯类化合物，在氢氧化钠强碱性溶液中完全水解，生成亚磷酸钠盐，中和后与碘发生氧化还原反应，过量的碘用硫代硫酸钠标准溶液回滴。反应式如下：

$$C_6H_{18}AlO_9P_3 + 3OH^- \xrightarrow{\Delta} 3HPO_3^{2-} + 3C_2H_5OH + Al^{3+}$$

$$HPO_3^{2-} + I_2 \xrightarrow{OH^-} HPO_4^{2-} + 2I^-$$

$$I_2 + 2S_2O_3^{2-} \longrightarrow S_4O_6^{2-} + 2I^-$$

16.4.3.2 试剂和仪器

（1）醋酸。

（2）碘化钾。

（3）磷酸溶液（80%）。

（4）硫酸溶液：$c\left(\frac{1}{2}H_2SO_4\right) = 2mol/L$。

（5）氢氧化钠 A 溶液：$c(NaOH) = 1mol/L$。

（6）氢氧化钠 B 溶液：$c(NaOH) = 0.1mol/L$。

（7）酚酞指示剂：1g/L。

（8）淀粉指示剂：0.5g/L，新鲜配制。

（9）碘标准溶液：$c\left(\frac{1}{2}I_2\right) = 0.1mol/L$，见代森锌原粉的分析。

（10）硫代硫酸钠标准溶液：$c(Na_2S_2O_3) = 0.1mol/L$。

配制：称取 26g 硫代硫酸钠（$Na_2S_2O_3 \cdot 5H_2O$）及 0.2g 无水碳酸钠，溶于 1000mL 水中，缓慢煮沸 10min，冷却。保存在棕色具塞瓶中，放置两周后过滤备用。

标定（重铬酸钾法）：称取 0.15g 于 120℃ 烘至恒重的基准重铬酸钾（准称至 0.0001g），置于碘量瓶中，溶于 25mL 煮沸并冷却的水中，加 2g 碘化钾及 20mL 硫酸溶液（20%），摇匀，于暗处放置 10min。加 150mL 水，用配好的硫代硫酸钠标准溶液滴定。近终点时，加 3mL 淀粉指示液，继续滴定至溶液由蓝色变为亮绿色。同时做空白试验。

硫代硫酸钠标准溶液的浓度 $c(Na_2S_2O_3)$ 按下式计算。

$$c(Na_2S_2O_3) = \frac{m}{(V - V_0) \times 49.03} \times 1000$$

式中 m——称取基准重铬酸钾（$K_2Cr_2O_7$）的质量，g；

V——滴定时消耗硫代硫酸钠标准溶液的体积，mL；

V_0——空白试验消耗硫代硫酸钠标准溶液的体积，mL；

49.03——$\frac{1}{6}K_2Cr_2O_7$ 的摩尔质量，g/mol。

（11）缓冲溶液（pH 值为 7.3±0.2）：称量 100g 氢氧化钠（准称至 0.0002g）溶解于 1.8L 水中，加磷酸溶液中和至 pH 值为 8，冷却至室温后，在 pH 计控制下滴加磷酸溶液至pH值为7.3±0.2，加入30g碘化钾和碘标准溶液［$c(\frac{1}{2}I_2)$ = 0.1mol/L］20mL，溶解后用水稀释至2L。暗处室温保存，使用之前滴加硫代硫酸钠标准溶液至无色。

（12）具有玻璃电极的电位滴定仪。

（13）超声波水浴。

（14）pH计。

（15）恒温水浴。

（16）可调电热套：1200W。

（17）球形冷凝管。

（18）碘量瓶：250mL具塞。

（19）滴定管：25mL棕色。

16.4.3.3 测定步骤

（1）试样溶液的制备：称量约3g三乙膦酸铝试样（准称至0.0002g），置于500mL容量瓶中，加入氢氧化钠B溶液200mL，将容量瓶放在超声波水浴中超声10min，冷却至室温后，用氢氧化钠A溶液定容混匀。用移液管移取该试液10mL于250mL碘量瓶中，加40mL氢氧化钠A溶液，与回流冷凝管连接，煮沸回流1h。用少量水冲洗冷凝管，冷却至室温，用硫酸溶液中和，近终点时加2滴酚酞指示剂，继续滴定至红色消失。

（2）试样测定：用移液管分别加入pH值为7.3±0.2的缓冲溶液25mL和碘标准溶液20mL，盖上瓶塞混匀，用水封口，置于暗处放置30～45min。加醋酸溶液3mL酸化，用硫代硫酸钠标准溶液滴定，近终点时加入3mL淀粉指示液，继续滴定至蓝色消失为终点（或用电位滴定仪确定终点）。

（3）空白测定：在相同条件下，用10mL氢氧化钠A溶液替换试样溶液，其他操作同试样测定。

16.4.3.4 结果计算

试样中三乙膦酸铝的质量分数w（三乙膦酸铝）按下式计算。

$$w(\text{三乙膦酸铝}) = \frac{c(Na_2S_2O_3) \times (V_0 - V) \times 59.02}{m \times 1000 \times 10/500} \times 100\%$$

$$= \frac{c(Na_2S_2O_3) \times (V_0 - V) \times 295.1}{m}$$

式中 V_0——滴定空白时消耗硫代硫酸钠标准溶液的体积，mL；

V——滴定试样时消耗硫代硫酸钠标准溶液的体积，mL；

$c(Na_2S_2O_3)$——硫代硫酸钠标准溶液的浓度，mol/L；

m——试样的质量，g；

59.02——$\frac{1}{6}$三乙膦酸铝的摩尔质量，g/mol。

16.4.3.5 方法讨论

（1）碘量法测定试样中三乙膦酸铝的含量，可完全排除正磷酸酯（盐）类的干扰。当产品中含有其他亚磷酸盐时，可利用各组分在乙腈—乙醇溶剂中的溶解度不同，而预先以抽提法除去。

(2) 与其他方法相比，本法杂质干扰少，故能较准确地反映产品中有效成分含量，同时本法可适用于各种合成工艺路线的产品分析。方法简便、可靠、重现性好，两次平行测定结果之差不大于1.0%。本法对于三乙膦酸铝所含杂质亚磷酸盐、三乙膦酸铝可湿性粉剂仍然适用，操作方法类似。

16.4.4 其他类农药绿麦隆

除前述的有机硫、有机氯、有机磷农药外，还有杂环类、氨基甲酸酯类、拟除虫菊酯类、脲类等类型的农药。绿麦隆的化学名称是 N-（3-氯-4-甲基苯基）-N′，N′-二甲基脲，是目前广泛使用的取代脲类除草剂，其特点是水溶性低、脂溶性差；不抑制种子发芽；对杂草的主要作用部位在叶片，当叶片受害后自叶尖起发生褪绿，最后坏死；适用作物范围广；抗光解，不挥发等。绿麦隆是以对硝基甲苯、液氯和二甲胺等为原料制成的，即绿麦隆原粉，再制成50%的可湿性粉剂使用。绿麦隆的化学结构式如下。

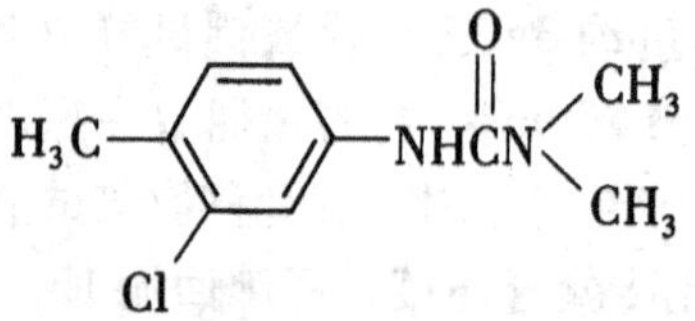

16.4.4.1 测定原理

试样用二氯甲烷溶解，以盐酸萃取游离的胺，蒸除二氯甲烷，残留物用氢氧化钾和1，2-丙二醇溶液水解，将释放出的胺用硼酸溶液吸收，以盐酸标准溶液滴定后得到总胺量，再减去用薄层色谱法测定的副产物Ⅰ［3-（3-氯-4-甲苯基）-1-甲基脲］和副产物Ⅱ［3-（4-甲苯基）-1，1-二甲基脲］的含量，即可得到绿麦隆的含量。

16.4.4.2 试剂和仪器

(1) 硼酸。

(2) 1，2-丙二醇。

(3) 二氯甲烷。

(4) 盐酸标准溶液：c（HCl）＝1.0mol/L。

(5) 甲基红—亚甲基蓝混合指示液：称取60mg甲基红和40mg亚甲基蓝，溶于100mL 95%的乙醇中。

(6) 电磁搅拌器。

(7) 旋转蒸发仪。

(8) 带玻璃塞和活栓的250mL分液漏斗。

(9) 带磨口接头的蒸馏装置。

(10) 滴定管：25mL，具有0.05mL分度的酸式滴定管。

(11) 蒸馏装置：如图16-2所示。

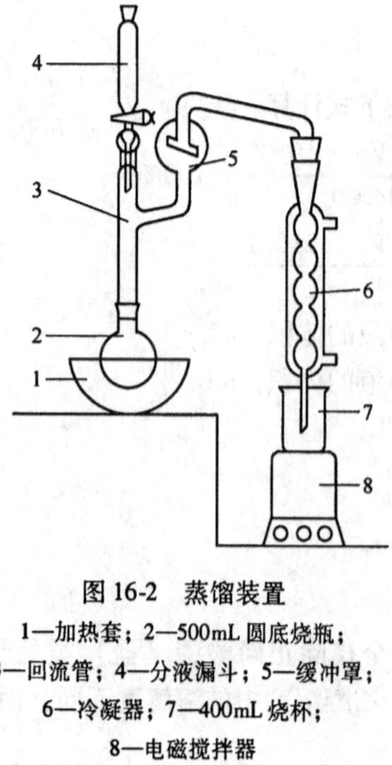

图16-2　蒸馏装置

1—加热套；2—500mL圆底烧瓶；3—回流管；4—分液漏斗；5—缓冲罩；6—冷凝器；7—400mL烧杯；8—电磁搅拌器

16.4.4.3 测定步骤

称取含绿麦隆约3g的试样（准称至0.0001g），用100mL二氯甲烷溶解并转移至分液漏斗中，旋摇使试样完全溶解，加入50mL盐酸标准溶液。强烈摇动1min，并将有机层溶液放入第二个分液漏斗中，加入25mL上述盐酸标准溶液，摇动30s，再将有机层溶液放入500mL烧瓶中。用总体积为200mL的二氯甲烷连续洗上述两漏斗中的水层，将有机层溶液放入上述烧瓶中，弃去水溶液。在旋转蒸发仪中蒸发二氯甲烷至干（水浴的最高温度为40℃）。加100mL 1，2-丙二醇，40g氢氧化钾及一些沸石于残渣中，立即将烧瓶紧密地连接至蒸馏装置上。所有接头处都要涂一薄层硅润滑脂。加150mL蒸馏水，0.2g硼酸和1.0mL混合指示液至烧杯中，导管的末端应放在液面之下，温热，使烧杯中的氢氧化钾和绿麦隆全部溶解，然后煮沸10min，使1，2-丙二醇在冷凝器中回流，并以每秒1滴的速度从分液漏斗中加水到烧瓶内的沸腾物中，以此来完成胺的蒸馏，同时用盐酸标准溶液滴定胺，连续滴定至指示液的颜色由绿色变为蓝色，并保持2min不变。同时在相同条件下做空白试验。

16.4.4.4 结果计算

绿麦隆的质量分数w（绿麦隆）按下式计算。

$$w(\text{绿麦隆}) = \frac{(V - V_0)c_{(\mathrm{HCl})} \times 212.7}{m \times 1000} \times 100\% - x_4$$

式中 V——试样消耗盐酸标准溶液的体积，mL；

V_0——空白消耗盐酸标准溶液的体积，mL；

$c_{(\mathrm{HCl})}$——盐酸标准溶液的浓度，mol/L；

m——试样的质量，g；

212.7——绿麦隆的摩尔质量，g/mol；

x_4——副产物的质量分数，%。

16.4.4.5 副产物Ⅰ和Ⅱ的测定——薄层色谱法

A 基本原理

将试样和副产物的标样溶液经薄层色谱分离，在紫外光照射下，比较试样和副产物Ⅰ和Ⅱ的标样溶液所产生的斑点，然后确定其含量。

B 试剂和仪器

（1）副产物Ⅰ［3-（3-氯-4-甲苯基）-1-甲基脲］标样，已知含量。

（2）副产物Ⅱ［3-（4-甲苯基）-1，1-二甲基脲］标样，已知含量。

（3）三氯甲烷。

（4）乙酸乙酯。

（5）四氢呋喃。

（6）展开剂：三氯甲烷∶乙酸乙酯 = 80∶20（体积比）。

（7）硅胶HF_{254}：层析用。

（8）展开缸。

（9）移液管：5mL，0.05分度。

（10）玻璃板：20cm×20cm。

（11）容量瓶：50mL，10mL。

（12）紫外灯：波长254nm。

C 测定步骤

（1）薄层板的制备：称取8g硅胶HF_{254}，研磨至均匀糊状，立即倒在一个预先洗净、干燥的层析玻璃板上，轻轻振动使硅胶分布均匀且无气泡。置板于水平处自然风干后移至烘箱中，在140℃活化2h，取出放入干燥器中备用。

（2）试样溶液的配制：称取0.5g（准称至0.0001g）试样于10mL容量瓶中，用四氢呋喃溶解并稀释至刻度，摇匀。

（3）副产物标样溶液的配制：称取副产物Ⅰ和Ⅱ各（50±1）mg置于50mL容量瓶中，用四氢呋喃溶解并稀释至刻度，摇匀，用移液管吸取上述溶液2.00mL、4.00mL、6.00mL、8.00mL和10.00mL分别放入5个10mL容量瓶中，用四氢呋喃稀释至刻度。相应的质量浓度分别为0.2mg/mL，0.4mg/mL，0.6mg/mL，0.8mg/mL，1.0mg/mL。

（4）层析：在同一块薄层板上，距底边2.5cm，两侧1.5cm，用5μL注射器分别吸取5μL副产物标准溶液（按浓度由低至高的顺序）和试样溶液在板上并排点成圆点状。让溶剂挥发至干，置于在室温下充满展开剂饱和蒸气的展开缸中，当展开剂的前沿上升至距点样线约13cm时（约70min）取出，待展开剂挥发后，于紫外灯下比较层析板上 R_f 值约为0.25（副产物Ⅰ）和0.35（副产物Ⅱ）处，由试样溶液和副产物标样溶液所产生的斑点，当试样溶液中副产物与相应的副产物标样某一含量的溶液斑点一致时，该含量即为试样中副产物的含量。

当试样溶液的副产物质量浓度超过10mg/mL时，应先将试样溶液定量稀释至副产物标样溶液的浓度范围以内，再按上述方法进行测定。

附　　表

附表1　常用酸碱的相对密度和浓度

名　称	相对密度（20℃）	浓度（约数）	
		质量分数/g·$(100g)^{-1}$	物质的量浓度/mol·L^{-1}
盐　酸	1.19	37.22	12
硫　酸	1.84	95.6	18
硝　酸	1.42	69.80	16
高氯酸	1.67	70.0	12
磷　酸	1.69	85.0	14.7
醋　酸	1.05	90.5	17
氢氟酸	1.14	48	27
氢溴酸	1.49	47	9
氢碘酸	1.50	45	5.3
氨　水	0.90	25～27	15
氢氧化钾	1.40	40	10
氢氧化钠	1.52	50	19

附表2　弱酸和弱碱的离解常数

（一）弱酸（K_a）

名　　称	温度/℃	电离常数 K_a	pK_a
碳酸（H_2CO_3）	25	$K_1=4.3\times10^{-7}$	6.37
		$K_2=5.61\times10^{-11}$	10.25
铬酸（H_2CrO_4）	25	$K_1=1.8\times10^{-1}$	0.74
		$K_2=3.20\times10^{-7}$	6.49
砷酸（H_3AsO_4）	18	$K_1=5.62\times10^{-3}$	2.25
		$K_2=1.70\times10^{-7}$	6.77
		$K_3=3.95\times10^{-12}$	11.60
亚硫酸（H_2SO_3）	18	$K_1=1.54\times10^{-2}$	1.81
		$K_2=1.02\times10^{-7}$	6.91
醋酸（CH_3COOH）	20	1.76×10^{-5}	4.75
氢氰酸（HCN）	25	4.93×10^{-10}	9.31
氢氟酸（HF）	25	3.53×10^{-4}	3.45
硫化氢（H_2S）	18	$K_1=9.1\times10^{-8}$	7.04
		$K_2=1.1\times10^{-12}$	11.96
亚硝酸（HNO_2）	12.5	4.6×10^{-4}	3.37

续附表 2

名　称	温度/℃	电离常数 K_a	pK_a
草酸($H_2C_2O_4$)	25	$K_1=5.9\times10^{-2}$	1.23
	25	$K_2=6.4\times10^{-5}$	4.19
硫酸(H_2SO_4)	25	$K_2=1.2\times10^{-2}$	1.92
磷酸(H_3PO_4)	25	$K_1=7.52\times10^{-3}$	2.12
	25	$K_2=6.23\times10^{-8}$	7.21
		$K_3=2.2\times10^{-13}$	12.67
酒石酸($H_2C_4H_4O_6$)	25	$K_1=1.04\times10^{-3}$	2.98
		$K_2=4.55\times10^{-5}$	4.34
柠檬酸($H_3C_6H_5O_7$)	18	$K_1=7.10\times10^{-4}$	3.14
	18	$K_2=1.68\times10^{-5}$	4.77
	18	$K_3=6.4\times10^{-6}$	6.39
甲酸(HCOOH)	20	1.77×10^{-4}	3.75
苯甲酸(C_6H_5COOH)	25	6.46×10^{-5}	4.19
邻苯二甲酸($C_6H_5(COOH)_2$)	25	$K_1=1.3\times10^{-3}$	2.89
	25	$K_2=2.9\times10^{-6}$	5.51
苯酚(C_6H_5OH)	20	1.28×10^{-10}	9.89
硼酸(H_3BO_3)	20	7.3×10^{-10}	9.14

（二）弱碱（K_b）

名　称	温度/℃	电离常数 K_a	pK_b
氢氧化铵(NH_4OH)	25	1.79×10^{-5}	4.75
羟　氨(NH_2OH)	20	1.07×10^{-8}	7.97
氢氧化铅($Pb(OH)_2$)	25	$K_1=9.6\times10^{-4}$	3.02
氢氧化银(AgOH)	25	1.1×10^{-4}	3.96
氢氧化铍($Be(OH)_2$)	25	$K_2=5\times10^{-11}$	10.30
氢氧化锌($Zn(OH)_2$)	25	9.6×10^{-4}	3.02
苯　胺($C_6H_5NH_2$)	25	4.6×10^{-10}	9.34

附表 3　难溶化合物溶度积

化　合　物	$K_{SP}(I=0)$	$K_{SP}(I=0.1)$
Ag_3AsO_4	1.12×10^{-30}	1.3×10^{-19}
AgBr	4.95×10^{-13}	8.7×10^{-13}
Ag_2CO_3	8.1×10^{-12}	4×10^{-11}
AgCl	1.77×10^{-10}	3.2×10^{-10}
Ag_2CrO_4	1.12×10^{-12}	5×10^{-12}
AgOH	1.9×10^{-8}	3×10^{-8}
AgI	8.3×10^{-17}	1.48×10^{-16}
$Ag_2C_2O_4$	1×10^{-11}	4×10^{-11}
Ag_3PO_4	1.45×10^{-16}	2×10^{-15}

续附表3

化 合 物	$K_{SP}(I=0)$	$K_{SP}(I=0.1)$
Ag_2SO_4	1.53×10^{-5}	8×10^{-5}
Ag_2S	6×10^{-50}	6×10^{-49}
AgSCN	1.07×10^{-12}	2×10^{-12}
$Al(OH)_3$	4.6×10^{-32}	3×10^{-32}
$BaCO_3$	4.9×10^{-9}	3×10^{-8}
$BaCrO_4$	1.17×10^{-10}	8×10^{-10}
$BaMnO_4$	3×10^{-10}	
BaC_2O_4	1.6×10^{-7}	1×10^{-6}
$BaSO_4$	1.07×10^{-10}	6×10^{-10}
BaF_2	1.06×10^{-6}	5×10^{-6}
$Bi(OH)_2Cl$	1.8×10^{-31}	
$CaCO_3$	3.8×10^{-9}	3×10^{-8}
CaC_2O_4	2.3×10^{-9}	1.6×10^{-8}
CaF_2	3.4×10^{-11}	1.6×10^{-10}
$Ca_3(PO_4)_2$	1×10^{-26}	1×10^{-23}
$CaSO_4$	2.4×10^{-5}	1.6×10^{-4}
$CaWO_4$	8.7×10^{-9}	
$CdCO_3$	3×10^{-14}	1.6×10^{-13}
$Cd(OH)_2$ 新沉淀	3×10^{-14}	6×10^{-14}
CdC_2O_4	1.51×10^{-8}	1×10^{-7}
CdS	8×10^{-27}	5×10^{-26}
$Co(OH)_2$ 新沉淀	1.6×10^{-15}	4×10^{-15}
$Co(OH)_3$	3×10^{-45}	1.6×10^{-44}
α-CoS	4×10^{-21}	3×10^{-20}
β-CoS	2×10^{-25}	1.3×10^{-24}
$Cr(OH)_3$	1×10^{-31}	5×10^{-31}
CuBr	5.2×10^{-9}	1×10^{-8}
CuCl	1.9×10^{-7}	3×10^{-7}
CuI	1.1×10^{-12}	2×10^{-12}
CuOH		1×10^{-14}
Cu_2S	3×10^{-48}	
CuSCN		2×10^{-13}
$CuCO_3$	2.3×10^{-10}	1.6×10^{-9}
$Cu(OH)_2$	2.6×10^{-19}	6×10^{-19}
CuS	6×10^{-36}	4×10^{-35}
$Fe(OH)_2$	8×10^{-16}	2×10^{-15}
FeS	6×10^{-18}	4×10^{-17}
$Fe(OH)_3$	3×10^{-39}	1.3×10^{-38}

续附表 3

化 合 物	$K_{SP}(I=0)$	$K_{SP}(I=0.1)$
$FePO_4$		1.3×10^{-32}
Hg_2Cl_2	1.32×10^{-18}	6×10^{-18}
$Hg_2(OH)_2$	2×10^{-24}	5×10^{-24}
Hg_2I_2	4.5×10^{-29}	2×10^{-28}
$Hg(OH)_2$	4×10^{-26}	1×10^{-25}
HgS 红色	4×10^{-53}	
黑色	1.6×10^{-52}	1×10^{-51}
$MgNH_4PO_4$	3×10^{-13}	
$MgCO_3$	1×10^{-5}	6×10^{-5}
MgC_2O_4	8.5×10^{-5}	5×10^{-4}
MgF_2	7.1×10^{-9}	3×10^{-8}
$Mg(OH)_2$	1.8×10^{-11}	4×10^{-11}
$MnCO_3$	5.0×10^{-10}	3×10^{-9}
$Mn(OH)_2$	1.9×10^{-13}	5×10^{-13}
MnS 粉红	3×10^{-10}	1.6×10^{-9}
绿	3×10^{-13}	
$Ni(OH)_2$ 新沉淀	2×10^{-15}	5×10^{-15}
α-NiS	3×10^{-19}	
β-NiS	1×10^{-24}	
γ-NiS	2×10^{-26}	
$PbCO_3$	8×10^{-14}	5×10^{-13}
$PbCl_2$	1.6×10^{-5}	8×10^{-5}
$PbCrO_4$	1.8×10^{-14}	1.3×10^{-13}
PbF_2	2.7×10^{-8}	1.3×10^{-7}
PbI_2	6.5×10^{-9}	3×10^{-8}
$PbMoO_4$	1×10^{-13}	8×10^{-13}
$Pb(OH)_2$	8.1×10^{-17}	2×10^{-16}
$PbSO_4$	1.7×10^{-8}	1×10^{-7}
PbS	3×10^{-27}	1.6×10^{-26}
$Sn(OH)_2$	8×10^{-29}	2×10^{-28}
SnS	1×10^{-25}	
$Sn(OH)_4$	1×10^{-56}	
$SrCO_3$	9.3×10^{-10}	6×10^{-9}
$SrCrO_4$	2.2×10^{-5}	
SrC_2O_4	5.6×10^{-8}	3×10^{-7}
$SrSO_4$	3×10^{-7}	1.6×10^{-6}
$TiO(OH)_2$	1×10^{-29}	3×10^{-29}
$ZnCO_3$	1.7×10^{-11}	1×10^{-10}
$Zn(OH)_2$	2.1×10^{-16}	5×10^{-16}
ZnS(闪锌矿)	1.6×10^{-24}	
ZnS(纤维锌矿)	5×10^{-25}	

附表4 常用缓冲溶液的配制

pH值	配制方法
0	1mol/L 盐酸
1	0.1mol/L 盐酸
2	0.01mol/L 盐酸
3.6	$NaAc \cdot 3H_2O$ 8g，溶于适量水中，加6mol/L HAc 134mL，稀释至500mL
4.0	$NaAc \cdot 3H_2O$ 20g，溶于适量水中，加6mol/L HAc 134mL，稀释至500mL
4.5	$NaAc \cdot 3H_2O$ 32g，溶于适量水中，加6mol/L HAc 68mL，稀释至500mL
5.0	$NaAc \cdot 3H_2O$ 50g，溶于适量水中，加6mol/L HAc 34mL，稀释至500mL
5.7	$NaAc \cdot 3H_2O$ 100g，溶于适量水中，加6mol/L HAc 13mL，稀释至500mL
7	NH_4Ac 77g，用水溶解后，稀释至500mL
7.5	NH_4Cl 60g，溶于适量水中，加15mol/L 氨水1.4mL，稀释至500mL
8.0	NH_4Cl 50g，溶于适量水中，加15mol/L 氨水3.5mL，稀释至500mL
8.5	NH_4Cl 40g，溶于适量水中，加15mol/L 氨水8.8mL，稀释至500mL
9.0	NH_4Cl 35g，溶于适量水中，加15mol/L 氨水24mL，稀释至500mL
9.5	NH_4Cl 30g，溶于适量水中，加15mol/L 氨水65mL，稀释至500mL
10.0	NH_4Cl 27g，溶于适量水中，加15mol/L 氨水197mL，稀释至500mL
10.5	NH_4Cl 9g，溶于适量水中，加15mol/L 氨水175mL，稀释至500mL
11	NH_4Cl 3g，溶于适量水中，加15mol/L 氨水207mL，稀释至500mL
12	0.01mol/L NaOH
13	0.1mol/L NaOH

附表5 国际相对原子质量表

元素		相对原子质量	元素		相对原子质量	元素		相对原子质量	元素		相对原子质量
符号	名称		符号	名称		符号	名称		符号	名称	
Ac	锕	[227]	Be	铍	9.01218	Cm	锔	[247]	Fe	铁	55.84_7
Ag	银	107.868	Bi	铋	208.9808	Co	钴	58.9332	Fm	镄	[257]
Al	铝	26.98154	Bk	锫	[247]	Cr	铬	51.996	Fr	钫	[223]
Am	镅	[243]	Br	溴	79.904	Cs	铯	132.9054	Ga	镓	69.72
Ar	氩	39.94_8	C	碳	12.011	Cu	铜	63.546	Gd	钆	157.2_5
As	砷	74.9216	Ca	钙	40.08	Dy	镝	162.50	Ge	锗	72.5_9
At	砹	[210]	Cd	镉	112.40	Er	铒	167.26	H	氢	1.0079
Au	金	196.9665	Ce	铈	140.12	Es	锿	[254]	He	氦	4.00260
B	硼	10.81	Cf	锎	[251]	Eu	铕	151.96	Hf	铪	178.4_9
Ba	钡	137.3_4	Cl	氯	35.453	F	氟	18.99840	Hg	汞	200.5_9

续附表 5

元素		相对原子质量	元素		相对原子质量	元素		相对原子质量	元素		相对原子质量
符号	名称		符号	名称		符号	名称		符号	名称	
Ho	钬	164.9304	Nb	铌	92.9064	Pu	钚	[244]	Tb	铽	158.9254
I	碘	126.9045	Nd	钕	144.2_4	Ra	镭	226.0254	Tc	锝	98.9062
In	铟	114.82	Ne	氖	20.17_6	Rb	铷	85.467_8	Te	碲	127.6_0
Ir	铱	192.2_2	Ni	镍	58.7_1	Re	铼	186.2	Th	钍	232.0381
K	钾	39.09_8	No	锘	[254]	Rh	铑	102.9055	Ti	钛	47.9_0
Kr	氪	83.80	Np	镎	237.04892	Rn	氡	[222]	Tl	铊	204.3_7
La	镧	138.905_5	O	氧	15.999_4	Ru	钌	101.0_7	Tm	铥	168.9342
Li	锂	6.941	Os	锇	190.2	S	硫	32.06	U	铀	238.029
Lr	铹	[257]	P	磷	30.97376	Sb	锑	121.7_5	V	钒	50.941_4
Lu	镥	174.94	Pa	镤	231.0359	Sc	钪	44.9559	W	钨	183.8_5
Md	钔	[256]	Pb	铅	207.2	Se	硒	78.9_6	Xe	氙	131.30
Mg	镁	24.305	Pd	钯	106.4	Si	硅	28.08_6	Y	钇	88.9059
Mn	锰	54.9380	Pm	钷	[145]	Sm	钐	150.4	Yb	镱	173.0_4
Mo	钼	95.9_4	Po	钋	[~210]	Sn	锡	118.6_9	Zn	锌	65.38
N	氮	14.0067	Pr	镨	140.907	Sr	锶	87.62	Zr	锆	91.22
Na	钠	22.9898	Pt	铂	195.0_9	Ta	钽	180.947_9			

注：以 $C^{12}=12$ 为基准，录自物理化学手册(1974)。原子量末位数印正常字体的准至 ±1，印小号字的准至 ±3，[ ] 中为稳定同位素。

参 考 文 献

1 有色金属工业分析丛书编委会．轻金属冶金分析．北京：冶金工业出版社，1992
2 江祖成等．稀土元素分析化学（第二版）．北京：科学出版社，2000
3 有色金属工业分析丛书编委会．贵金属分析．北京：冶金工业出版社，1997
4 陈五平．化学肥料．北京：化学工业出版社，1989
5 张锦柱．分析化学简明教程．北京：冶金工业出版社，2006
6 张锦柱．工业分析．重庆：重庆大学出版社，1997
7 有色金属工业标准计量研究所．铅锌质量技术监督手册．北京：冶金工业出版社，2002
8 王海舟．炉渣分析．北京：科学出版社，2006
9 王海舟．冶金物料分析．北京：科学出版社，2007
10 王海舟．铁矿石分析．北京：科学出版社，2000
11 李凤贵等．铁矿石检验技术．北京：中国标准出版社，2005
12 赵中一等．岩石矿物分析导论．北京：中国地质大学出版社，1993
13 孙成．环境监测实验．北京：科学出版社，2003
14 杨承义．环境监测．天津：天津大学出版社，1993
15 金钦汉．微波化学．北京：科学出版社，1999
16 朱嘉云．有机分析．北京：化学工业出版社，2004
17 王玉枝等．有机分析．长沙：湖南大学出版社，2004
18 盛晓东．工业分析技术．北京：化学工业出版社，2002
19 李广超．工业分析．北京：化学工业出版社，2007
20 张小康等．工业分析．北京：化学工业出版社，2004
21 王宝仁等．石油产品分析．北京：化学工业出版社，2004
22 平海宏等．石油化工分析．北京：化学工业出版社，2007
23 王惠等．农药分析与残留分析．北京：化学工业出版社，2006

冶金工业出版社部分图书推荐